フォトニクスシリーズ 1

先端材料光物性

工学博士 青柳克信
工学博士 南不二雄
工学博士 吉野淳二
博士(工学) 梶川 浩太郎
共 著

コロナ社

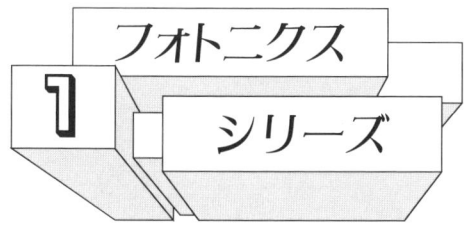

刊行のことば

フォトニクスはフォトン（光）を媒体とする情報伝達・処理技術である。21世紀にはフォトニクスはエレクトロニクスと両輪をなす重要な技術分野となることを予見し，平成2年にこのシリーズを企画した。以後シリーズは逐次刊行されてきたが，十数年が経過した現時点において，光ファイバ通信，光ディスク，液晶ディスプレイなどはわれわれの身近かなものとなり，産業としてもITを支える重要な存在となった。今後フォトニクスはさまざまな分野でいっそう進化，発展するはずである。

デバイスの視点では，青色半導体光源（発光ダイオード，レーザ）の実用化によって幅広い応用が展開されつつある一方，最近進歩の著しいナノテクノロジーを活用した新しい量子光デバイスやフォトニクス結晶など，新しい原理に基づいたデバイスの進展が期待される。応用分野としても，最近のバイオテクノロジーや情報技術の進展に伴って，これらの技術との融合がますます進むであろう。

本シリーズでは，光と物質との相互作用に関する基礎的な理解から，各種の重要な光デバイスについて，材料物性，プロセス，動作原理，特性，応用など，実際の研究開発と応用に役立つ基礎知識が得られる構成とした。

著者はいずれも各分野で指導的な役割を果たしている研究者であり，いわゆる教科書的な記述とは一味違った，経験に基づく迫力あふれた内容のシリーズになったと確信している。本シリーズがフォトニクスにおいて，理学と工学，基礎と応用を橋渡しする役目を果たすことを願っている。

2004年5月

ま　え　が　き

ヨーロッパを訪れ，いろいろな教会でそこの窓にはめ込まれたステンドガラスを通して差し込む光を見たとき，その美しさに目を奪われた人はそう少なくないと思われる。ステンドガラスに差し込む日差しにつられてその窓にはまっている色とりどりのガラスを見たとき，中世の人たちがどのようにしてこのようなすばらしい種々の色を出したのだろうかと思わず考え込んでしまう。有機色素を使っているとするといく百年もそれがもつとはとうてい考えられないし，そのような色をしたガラスを自然の中から探してきたとするとあまりにも色が多彩で，そのようなガラスもすべて見つけ出してくるのはそんなにたやすいことではなかったろう。彼らが生み出したなんらかの技術があるに違いない。実は，これらはナノサイズの金属微粒子と密接な関係がある。

教会のステンドガラスがあのようなきれいな色合いを出すのは，現在騒がれているナノテクノロジーそのものが中世においてすでに使われていたことを示している。ステンドガラスの中には種々の金属のナノ微粒子が分散されており，その種々のサイズの微粒子のレイリー散乱の波長がそれぞれ違っているために，それを含むガラスはある特定の波長は反射しある特定の波長は透過する特性を示す。詳しくはここでは述べないが，種々のナノサイズの金属微粒子がその光学的特性を大きく変えることは興味深い。

また別の例を挙げよう。例えばオパールの結晶である。オパールの輝きの美しさにたくさんの女性が魅了されてきた。見る角度によってその色合いは変わり，深遠な美しさをかもし出す。しかしこれを顕微鏡で微細な内部構造を見てみるとそれは柱状の結晶をしており，最近話題になっているフォトニック結晶そのものである。クジャクの尾羽根の色，あるいはある種の蝶々の羽根の色，あるいはアワビの貝の内側の微妙な色の変化もすべて天然のフォトニック結晶からできていることは，自然界の興味深いところである。このフォトニック結晶の議論の詳細は本書の6章でなされる。

また，多くの人は金の美しさに古代からあこがれてきた。そして装飾品として，また安定な材料として，そして類のない加工性のよさのために多くの芸術品にも利用されてきた。しかし，同じ金属でも銅は赤みがかっておりそして銀はグレーがかかった白色である。同じ金属であるのにこれらの色の違いが出るのはなぜだろうか。少し深く考えると不思議なことばかりである。これらの詳細な議論は本書の1章の中でされるが，これはいわゆるドーデルのモデルを使って説明でき，金属の自由電子のプラズマ周波数と金属の固有の吸収とのバランスの中で生まれたものである。人間に入る情報の入口は目，鼻，耳その他の器官があるが，目から入る光の情報が外から得る情報の80%を占めるといわれている。その意味で光をよく理解すること，あるいは光と物質の相互作用を理解することはこれから新しい光のデバイスをつくろうとしている研究者あるいは学生諸君にとってばかりでなく，日常生活にとってもたいへん重要なことである。

江崎玲於奈先生が超格子を初めて提案されたとき，われわれは人工的な構造をもった材料が量子力学との密接な関係でいままでにない特性を示すことを初めて知った。それは自然界では得られないものであり，また偶然自然界に存在する量子効果を的確に説明するきっかけを与えた。半導体や金属のバンド構造は，与えられたものでなく自由にエンジニアリングできるものとなった。いまや，超格子や量子細線，量子ドットを基礎とした新しい材料の考察を抜きにはわれわれが使おうとしている物質の光特性は理解できない。

本書は，大学院の前期課程の学生諸君および若手のこれから光を深く学ぼうとする人たちを対象に，最近の先端材料の光物性を理解するために種々の光物性の基礎および応用の理論，応用例を基礎から理解し，学べるように工夫されている。また最近の光物性のトピックスにも目を向けその理論的背景にもふれてある。本書が，これから最近の材料の光物性を深く学ぼうとする人に，少しでも役に立てれば著者一同幸いである。

2007年11月

青　柳　克　信

目　　次

1　媒質中を伝播する電磁波としての光

2　半導体のエネルギー構造

3　半導体における光の吸収

4　半導体からの発光

5　ヘテロ構造

6 フォトニック結晶と表面プラズモン

7　スピンと光学的特性

8　種々の先端材料の光物性

9 機能素子への光物性の適用

1 媒質中を伝播する電磁波としての光

1.1 は じ め に

光が粒子性と波動性の両面を示すことは知られている。多くの場合，光と物質の間の相互作用を知るためには粒子としての性質を議論する。エネルギー単位としての粒子に着目するためである。しかしながら，光を粒子として考えるだけではすべての光学現象を理解することはできない。例えば，光が真空中や媒質中をどのように伝搬するかを知るためには，光の波動としての性質を議論しなければばならない。光を波として捉える一つの方法として巨視的に光の伝播を記述したものが幾何光学である。幾何光学では物質を巨視的な連続した媒質として記述する。眼鏡やカメラ，望遠鏡を設計する技術は幾何光学を基としており，古くから発展してきた分野である。身近にあるCDプレーヤやDVDプレーヤ，ディジタルカメラなどのディジタル機器をはじめ，フォトレジスト用露光装置など現代の半導体産業の重要な基盤技術に応用されている。屈折率など光学定数と物質の関連を考えるために物質を分子や原子の集団として捉えるときには，波長に比べて十分小さい領域での光学を議論する必要があり，光の電磁学的な取扱いが不可欠となる。本章では媒質中における光の振舞いをマクスウェル方程式を用いて記述することから始め，波動としての光の性質を議論する。そして，光の反射や屈折，媒質中の光の伝搬についての定式化を行うことにする。さらに光学定数と物質の関連を考えるため，原子や分子を調和振動子と見なした簡単なモデルを使い，物質の屈折率の起源を探る。これらは量子論を使わない古典的なモデルであるが，線形光学の理解のために十分な知見を与えてくれる。また，入射光が非常に強い場合に生じる量子光学的な効果である非線形光学効果についても，直感的な描像を得ることもできる。

1.2 基　礎　論

1.2.1 偏　　光

光電界の方向を**偏光**（polarization of light）といい，大きさと方向をもつベクトル量として定義することができる。偏光方向を決めるためには偏光板や偏光子を用いる。**図 1.1**(a)に示したように偏光子を通過した光は一方向に偏光しており，1周期を通してその方向が変わらない。これを**直線偏光**（linearly polarized light）という。時刻 t，位置 $\boldsymbol{r}$ における光電界 $\boldsymbol{E}$ を式で表すとつぎのようになる。

$$\boldsymbol{E} = \hat{\boldsymbol{e}} E_0 \exp\left(2\pi i\left(\frac{1}{\lambda}\hat{\boldsymbol{k}}\cdot\boldsymbol{r} - \frac{v}{\lambda}t\right)\right) \tag{1.1}$$

ここで，v は光の速さ，λ は波長，$\hat{\boldsymbol{k}}$ は波が進む方向の単位ベクトルである。

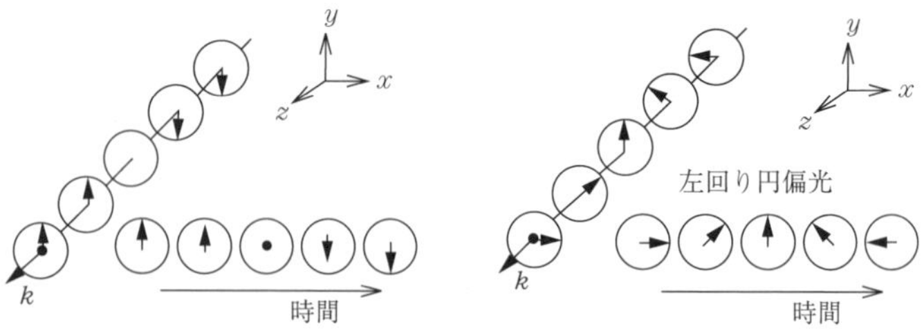

（a） 直線偏光　　（b） 左円偏光

円の中の矢印が偏光の方向を表す。時間依存性は最も手前の位置における偏光方向の時間変化を示したものである

図1.1 偏光の例

また，$\hat{\boldsymbol{e}}$ は直線偏光の方向の単位ベクトルであり，E_0 はその振幅の最大値である。ここで波数ベクトル $\boldsymbol{k}$ を下記のように定義すれば

$$\boldsymbol{k}=\hat{\boldsymbol{k}}\frac{2\pi}{\lambda} \tag{1.2}$$

光電界 $\boldsymbol{E}$ は，$\boldsymbol{E}_0=\hat{\boldsymbol{e}}E_0$ として

$$\boldsymbol{E}=\boldsymbol{E}_0\exp(i(\boldsymbol{k}\cdot\boldsymbol{r}-\omega t)) \tag{1.3}$$

のように表すことができる。ここで ω は角周波数であり，周波数 f を使って

$$\omega=2\pi f=\frac{2\pi v}{\lambda} \tag{1.4}$$

のように表される。

直線偏光が結晶や波長板などの異方性をもつ媒質を通過すると，多くの場合には偏光方向が周期的に変化する**円偏光**（circularly polarized light）や**楕円偏光**（elliptically polarized light）となる。この場合，電界 $\boldsymbol{E}$ の各成分は複素数で表される。図(b)に示すように $\boldsymbol{E}$ の x 方向と y 方向の各成分を E_x, E_y とした場合，どのような偏光になるかは，E_x と E_y の間の位相関係により決まる。例えば，E_x と E_y の位相差が $\pi/2$ の場合，すなわち，$\arg(E_x)-\arg(E_y)=\pi/2$† の場合には

$$\boldsymbol{E}=\begin{bmatrix}E_{0x}\\E_{0y}\end{bmatrix}=\boldsymbol{E}_0\begin{bmatrix}1\\e^{i}\end{bmatrix}\exp(i(\boldsymbol{k}\cdot\boldsymbol{r}-\omega t)) \tag{1.5}$$

となり，図(b)に示すように偏光が回転する。電場の大きさ $|\boldsymbol{E}|$ は周期を通して変わらず，ある位置Pにおけるその電場ベクトルの xy 平面上への軌跡の射影は円になる。この偏光状態を円偏光という。図(b)の場合は，光が向かってくる位置から見て，偏光が反時計方向に（左まわりに）回転する偏光なので左円偏光と定義される。逆に $\arg(E_x)-\arg(E_y)=-\pi/2$ の場合には，偏光が時計まわりに回転する。これを右円偏光と呼ぶ。一方，$\arg(E_x)-\arg(E_y)=0$, $\pm\pi$ の場合には直線偏光となり，これら以外の場合は楕円偏光となる。すなわち，円偏光や直線偏光は楕円偏光の特別な場合と考えられる。

---

† $\arg(a)$ は複素数 a のオイラー角 α を与える関数である。オイラー角 α は，$\tan\alpha=\mathrm{lm}(a)/\mathrm{Re}(a)$ で与えられる。

太陽光や電球などのわれわれの身のまわりの光源からの光はさまざまな方向に偏光した光が同時に発生しているため，偏光は観測されない。これを自然偏光と呼ぶ。自然偏光は円偏光と同じように偏光板を回転しても偏光板を通過した光の強度が変化しない。しかし，波長板などの光学素子を用いると両者の違いは明らかに区別できる。例えば，面内で直交する二つの結晶軸方向の偏光に $\pi/2$ の位相差を与える4分の1波長板を用いれば，円偏光は直線偏光に変換されるのに対して，自然偏光ではそのままである。

1.2.2　真空中のマクスウェル方程式

電界が式(1.3)のように表されることは前節で延べたとおりであるが，磁界 $\boldsymbol{H}$ についても同様に

$$\boldsymbol{H}=\boldsymbol{H}_0\exp(i(\boldsymbol{k}\cdot\boldsymbol{r}-\omega t)) \tag{1.6}$$

と表すことができる。ここで $\boldsymbol{H}_0$ は，磁界の偏向方向の単位ベクトル $\boldsymbol{h}$ と磁界の最大振幅 H_0 を用いて $\boldsymbol{H}=H_0\boldsymbol{h}$ と表される。真空中では電荷や電流は存在しないため，マクスウェル方程式は以下のように記述される。

$$\nabla\times\boldsymbol{E}=-\mu_0\frac{\partial\boldsymbol{H}}{\partial t} \tag{1.7}$$

$$\nabla\times\boldsymbol{H}=\varepsilon_0\frac{\partial\boldsymbol{E}}{\partial t} \tag{1.8}$$

$$\nabla\cdot\boldsymbol{E}=0 \tag{1.9}$$

$$\nabla\cdot\boldsymbol{H}=0 \tag{1.10}$$

ε_0 は真空の誘電率，μ_0 は真空の透磁率である。×は外積を表す。時間 t や位置 $\boldsymbol{r}$ に依存する電界や磁界の成分は $\exp(i(\boldsymbol{k}\cdot\boldsymbol{r}-\omega t))$ の形をしているため，∇ は $i\boldsymbol{k}$ に $\partial/\partial t$ は $-i\omega$ に置き換えることができる。その結果，式(1.7)～(1.10)は下記の式(1.11)～(1.14)のようになる。

$$\boldsymbol{k}\times\boldsymbol{E}=\mu_0\omega\boldsymbol{H} \tag{1.11}$$

$$\boldsymbol{k}\times\boldsymbol{H}=-\varepsilon_0\omega\boldsymbol{E} \tag{1.12}$$

$$\boldsymbol{k}\cdot\boldsymbol{E}=0 \tag{1.13}$$

$$\boldsymbol{k}\cdot\boldsymbol{H}=0 \tag{1.14}$$

式(1.13)から $\boldsymbol{E}$ と $\boldsymbol{k}$ が直交すること，式(1.14)から $\boldsymbol{H}$ と $\boldsymbol{k}$ が直交することがわかる。$\boldsymbol{E}$ と $\boldsymbol{H}$ は平行ではないので，式(1.13)，(1.14)から $\boldsymbol{E}$ と $\boldsymbol{H}$ は垂直である。ただし，電界と磁界が直交するのは光が自由空間中を伝搬する場合であり，光ファイバなどの導波路中では $\boldsymbol{E}$ や $\boldsymbol{H}$ が $\boldsymbol{k}$ と直交するとはかぎらない。

1.2.3　媒質中のマクスウェル方程式

誘電率 ε，透磁率 μ，導電率 σ，電荷密度 ρ の媒質中における**マクスウェル方程式**（Maxwell's equation）はつぎのようになる。

$$\nabla\times\boldsymbol{E}=-\frac{\partial\boldsymbol{B}}{\partial t} \tag{1.15}$$

$$\nabla\times\boldsymbol{H}=\frac{\partial\boldsymbol{D}}{\partial t}+\boldsymbol{J} \tag{1.16}$$

$$\nabla\cdot\boldsymbol{E}=\rho \tag{1.17}$$

$$\nabla\cdot\boldsymbol{B}=0 \tag{1.18}$$

ここで $\boldsymbol{B}$ と $\boldsymbol{D}$，$\boldsymbol{J}$ はそれぞれ磁束密度，電束密度，電流密度であり

$$\boldsymbol{B}=\mu\boldsymbol{H} \tag{1.19}$$

$$\boldsymbol{D}=\varepsilon\boldsymbol{E} \tag{1.20}$$

$$\boldsymbol{J}=\sigma\boldsymbol{E} \tag{1.21}$$

と表すことができる†。電束密度 $\boldsymbol{D}$ と電界 $\boldsymbol{E}$ の間には以下のような関係がある。

$$\boldsymbol{D}=\varepsilon\boldsymbol{E}=\varepsilon_0\boldsymbol{E}+\boldsymbol{P} \tag{1.22}$$

$\boldsymbol{P}$ は分極であり，微視的に媒質中の双極子モーメント $\boldsymbol{p}_i$ を使って

$$\boldsymbol{P}=\sum_i^N\boldsymbol{p}_i \tag{1.23}$$

---

† 媒質が異方性をもつ場合には ε, μ, σ はテンソル量である。ここでは異方性をもたない媒質について考えるので，それらをスカラ量として扱う。

と表される†。N は単位体積当りの双極子モーメントの数である。$\boldsymbol{P}$ は光電界 $\boldsymbol{E}$ により誘起され，それらは比例関係にある††。比例定数である電気感受率 χ_e を用いて，両者は

$$\boldsymbol{P} = \varepsilon_0 \chi_e \boldsymbol{E} \tag{1.24}$$

のように表される†††。

一方，磁界に関しても同様の関係を記述することができる。磁束密度 $\boldsymbol{B}$ と磁界 $\boldsymbol{H}$ の間には

$$\boldsymbol{B} = \mu \boldsymbol{H} = \mu_0 \boldsymbol{H} + \boldsymbol{M} \tag{1.25}$$

の関係があり，$\boldsymbol{M}$ は

$$\boldsymbol{M} = \mu_0 \chi_m \boldsymbol{H} \tag{1.26}$$

のように表される。$\boldsymbol{M}$ は磁化であり，χ_m は**磁気感受率**（magnetic susceptibility）と呼ばれる。磁性をもたない媒質では $\chi_m = 0$ と見なすことができるため $\mu = \mu_0$ である。

さて，ここでは電気的に中性($\rho = 0$)で電気を通さず($\sigma = 0$)磁性をもたない($\mu = \mu_0$)等方的な誘電体媒質中を伝搬する光電界 $\boldsymbol{E}$ を考える。式(1.15)の両辺に左側から $\nabla \times$ を作用させると

$$\nabla \times (\nabla \times \boldsymbol{D}) = \nabla \times \left(-\mu_0 \frac{\partial \boldsymbol{H}}{\partial t} \right) \tag{1.27}$$

となる。ベクトル解析の公式から任意のベクトル $\boldsymbol{A}$ に対して $\nabla \times (\nabla \times \boldsymbol{A}) = \nabla(\nabla \cdot \boldsymbol{A}) - \nabla^2 \boldsymbol{A}$ であるので，式(1.27)は $\nabla \cdot \boldsymbol{E} = 0$ を使って

$$\nabla^2 \boldsymbol{E} = \mu_0 \varepsilon \frac{\partial^2 \boldsymbol{E}}{\partial t^2} \tag{1.28}$$

となる。誘電率 ε と真空中の誘電率 ε_0 の比は，**比誘電率**（relative permittivity）ε_r と呼ばれ

---

† 双極子モーメント $\boldsymbol{p}$ は，原子や分子，イオンなどの分極を有する最小単位において生じる電荷の偏りのモーメントを指す。偏った電荷の大きさを q，負電荷から正電荷の方向を正にとったベクトルを用いて $\boldsymbol{p} = q\boldsymbol{l}$ と定義される。

†† 光電界 $\boldsymbol{E}$ が大きいときには式(1.24)に非線形項が生じる。これにより起こる光学現象を非線形光学効果という。

††† χ_e は**電気感受率**（electric susceptibility）と呼ばれる。異方性のある物質ではテンソル量である。

$$\varepsilon = \varepsilon_0 \varepsilon_r \tag{1.29}$$

と記述される。ε_r を用いると式(1.28)は

$$\nabla^2 \boldsymbol{E} = \mu_0 \varepsilon_0 \varepsilon_r \frac{\partial^2 \boldsymbol{E}}{\partial t^2} \tag{1.30}$$

となる。この方程式の解の一つは式(1.3)で記述される波動である。この場合，波の位相速度は $v=1/\sqrt{\varepsilon_0 \mu_0 \varepsilon_r}$ となる。式(1.30)において $\varepsilon_r=1$ のときは真空中の光の位相速度 c に等しいことから $c=1/\sqrt{\varepsilon_0 \mu_0}$ が求められる。これを式(1.30)に代入すると

$$\nabla^2 \boldsymbol{E} = \frac{\varepsilon_r}{c^2} \frac{\partial^2 \boldsymbol{E}}{\partial t^2} \tag{1.31}$$

となり，真空中の光速 c を媒質中の v で割った値が屈折率 n と定義すると，式(1.31)における位相速度 v は $v=c/\sqrt{\varepsilon_r}$ なので

$$\varepsilon_r = n^2 \tag{1.32}$$

の関係が導かれる。式(1.22)，(1.24)，(1.32)から電気感受率と誘電率や屈折率の関係は下記のように求まる。

$$\varepsilon_r = n^2 = 1 + \chi_e \tag{1.33}$$

屈折率は光学定数の一つであり，液体などの均一な物質（等方性物質）ではどの方向に偏光した光に対しても同じ値をもつ。一方，異方性をもつ固体結晶や液晶では，偏光方向に対して異なった屈折率の値を示す。これを**複屈折**（double refraction）と呼ぶ。

さて，電界と磁界の間には

$$\boldsymbol{B} = \frac{\boldsymbol{k} \times \boldsymbol{E}}{\omega} \tag{1.34}$$

$$\boldsymbol{E} = -\frac{\boldsymbol{k} \times \boldsymbol{H}}{\varepsilon \omega} \tag{1.35}$$

の関係がある。これらの式を用いれば電界と磁界の一方が既知であれば他方を求めることができる。

実際にわれわれが光を観測する場合には，電界 $\boldsymbol{E}$ ではなく，単位時間当りに単位面積を流れるエネルギーの流れとして光の強度 I を観測している。こ

れは，電界と磁界の外積で定義される量であるポインティングベクトル $\boldsymbol{S}$ を用いて下記のように記述される。

$$\boldsymbol{S}=\boldsymbol{E}\times\boldsymbol{H} \tag{1.36}$$

式(1.36)から $\boldsymbol{S}$ の時間平均 $\langle\boldsymbol{S}\rangle$ は

$$\langle\boldsymbol{S}\rangle=\frac{1}{2}(\boldsymbol{E}_0\times\boldsymbol{H}_0) \tag{1.37}$$

と表すことができる。$\langle\boldsymbol{S}\rangle$ を光の強度 I と考えるのが一般的である。自由空間中では，$\boldsymbol{k}$ は $\boldsymbol{E}$ と $\boldsymbol{B}$ につねに垂直であるから，I は以下のようになる。

$$I=\frac{1}{2}|\boldsymbol{E}_0||\boldsymbol{H}_0|=\frac{n}{2Z_0}|E_0|^2 \tag{1.38}$$

ここで，Z_0 は真空のインピーダンスである。単位は〔Ω〕であり，μ_0 と真空中の誘電率 ε_0 を用いて下記のように計算される。

$$Z_0=\sqrt{\frac{\mu_0}{\varepsilon_0}}=377\ 〔\Omega〕 \tag{1.39}$$

式(1.38)から，光の強度 I は$(E_0)^2$ に比例するので，光の強度は $\boldsymbol{E}$ を 2 乗(平均) したものであると見なして相対的に議論することが多い。

1.2.4　屈 折 と 反 射

われわれが屈折率を身近に感じるのは，真空中の光速に対する媒質中の光の速度の比としてよりも，屈折現象による。**図 1.2** に示すような屈折率 n_1 の媒質と屈折率 n_2 の媒質が平面状の界面で接している場合を考える。平面波を媒質 1 から入射した場合，境界において光は屈折と反射を起こす†。入射角を θ_1^+ とした場合，反射角 θ_1^- や屈折角 θ_2^+ は**スネルの法則**（Snell's law）によりつぎのように表される。

$$n_1\sin\theta_1^+=n_1\sin\theta_1^-=n_2\sin\theta_2^+ \tag{1.40}$$

これより，入射角 θ_1^+ と反射角 θ_1^- は等しいことがわかる。

一般に電界ベクトルの方向を偏光方向と呼ぶ。直線偏光した光が界面に入射

† 光学の分野では一般に入射角は入射する光の表面法線からの角度として定義されることに注意する。

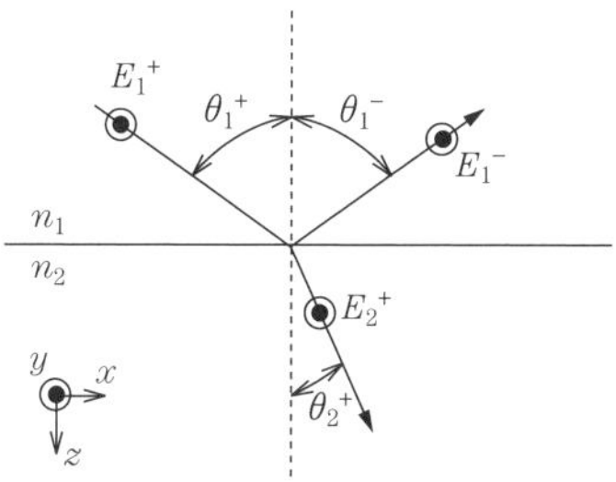

（a） s偏光の屈折と反射

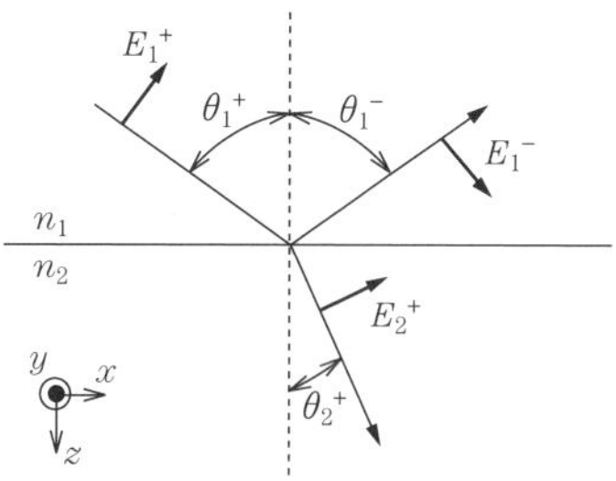

（b） p偏光の屈折と反射

図1.2　光の屈折と反射

するとき，偏光方向が入射面内にあるp偏光と偏光方向が入射面に垂直であるs偏光の二つの偏光成分に分けることができる。ここで，入射面とは光の波数ベクトルと表面法線を含む面として定義される。直線偏光以外にも入射光の偏光が楕円偏光や円偏光の場合も考えられるが，ここでは直線偏光のみを扱うことにする。入射光と反射光の電界をそれぞれ E_1^+, E_1^- と表し，透過した光の電界を E_2^+ と表すことにする。p偏光の電界ベクトルを図(b)のように定義するが，この定義では磁界に関する符号は入射光と反射光で逆になることに気を付けなければならない。境界においては電界と磁界の接線方向成分が保存されることから，入射光がp偏光の場合には

$$E_1^+ \cos\theta_1^+ + E_1^- \cos\theta_1^- = E_2^+ \cos\theta_2^+ \tag{1.41}$$

$$n_1 E_1^+ + n_1 E_1^- = n_2 E_2^+ \tag{1.42}$$

となり，s偏光の場合には

$$E_1^+ + E_1^- = E_2^+ \tag{1.43}$$

$$n_1 E_1^+ \cos\theta_1^+ - n_1 E_1^- \cos\theta_1^- = n_2 E_2^+ \cos\theta_2^+ \tag{1.44}$$

となる。入射光電界 E_1^+ と反射光電界 E_1^- の比 r は**反射係数**（reflection coefficient）と呼ばれる。式(1.41)と式(1.42)とから，p偏光に対する反射係数 r_p を求めるとつぎのようになる。ここで $\theta_1^+ = \theta_1^-$ の関係を用いた。

$$r_p = \frac{n_1 \cos\theta_2^+ - n_2 \cos\theta_1^+}{n_2 \cos\theta_1^+ + n_1 \cos\theta_2^+} \tag{1.45}$$

同様に，式(1.43)と式(1.44)からs偏光に対する反射係数 r_s を求めると

$$r_s = \frac{n_1 \cos\theta_1^+ - n_2 \cos\theta_2^+}{n_1 \cos\theta_1^+ + n_2 \cos\theta_2^+} \tag{1.46}$$

となる。入射光電界 E_1^+ と透過光電界 E_2^+ の比は**透過係数**（transmission coefficient）と呼ばれるが，同様に p 偏光に対する透過係数 t_p を求めると

$$t_p = \frac{2n_1 \cos\theta_1^+}{n_2 \cos\theta_1^+ + n_1 \cos\theta_2^+} \tag{1.47}$$

となる。また，s 偏光に対しては

$$t_s = \frac{2n_1 \cos\theta_1^+}{n_1 \cos\theta_1^+ + n_2 \cos\theta_2^+} \tag{1.48}$$

のようになる。媒質が吸収をもつ場合には屈折率が虚数となるため，反射係数や透過係数は複素数になる。

さて，1.2.3 項で述べたようにわれわれが実測できるのはエネルギーの流れに関する量であるから，それに対応する反射率 R や透過率 T はエネルギーの流れとして考えなければならない。反射率 R は反射係数を 2 乗することにより求まるが，透過係数 t は屈折による断面積と光の位相速度を考慮する必要がある。これにより，R は

$$R = r^* r \tag{1.49}$$

と表され，T は

$$T = \frac{n_2 \cos\theta_2^+}{n_1 \cos\theta_1^+} t^* t \tag{1.50}$$

と表される。ここで，r^* や t^* はそれぞれ r，t の複素共役である。これらは，エネルギー保存の法則から求められる $T+R=1$ の関係を満たしている。$n_1=1.0$，$n_2=1.5$ の場合における反射率 R を入射角 θ_1^+ の関数として図示したのが**図 1.3** である。s 偏光における反射率は p 偏光のそれよりつねに高く，両者は $\theta_1^+=90$ で 1 となる。透過率 T に関してはその逆であり，つねに p 偏光の透過率のほうが高い。また，$\theta_1^+=57^\circ$ で p 偏光の反射率は 0 になる。これを**ブルースター角**（Brewster's angle）θ_B とよび，$n=1.5$ のときには

$$\tan\theta_B = \frac{1}{1.5} \tag{1.51}$$

の関係を満たす。ブルースター角では透過率は 1 となるため，反射が小さいこ

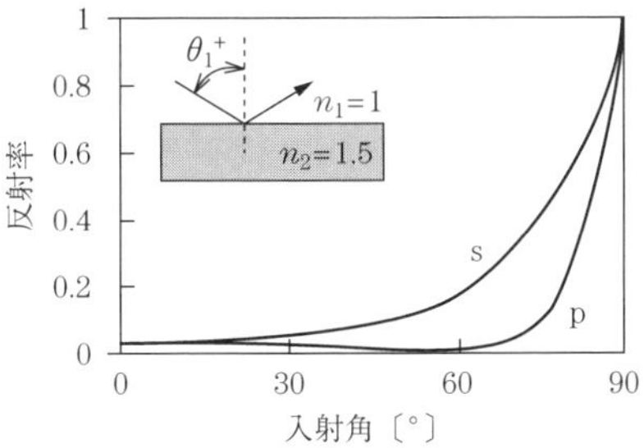

図 1.3 p偏光およびs偏光における反射率の入射角依存性

とが求められる高出力レーザの窓材はこの角度で光が入射するようにつくられている。

1.2.5 多層膜における反射と透過

図 1.4 のような N 層の薄膜が積層した多層膜における反射率や透過率の計算も同じように行うことができる。図のように座標を定義して，光が z の負の方向から正の方向に入射されている系を考えてみよう。j 層目の膜厚を d_j，屈折率を n_j とする。膜内における光は，z の正の方向へ伝搬する光だけでなく，界面で反射して負の方向に伝搬する光もある。前者を“＋”，後者を“－”として，電界や波数の右肩に記す。それぞれに対応した j 層目の波数ベクトルの大きさを k_j^+, k_j^- とする。電界に関しても同様に E_j^+, E_j^- と定義する。透過方向の最後の媒質 N では，図に示したように k_N^- が存在しないことに注意する。簡単な例としてここでは $N=3$ の場合を考えてみよう。

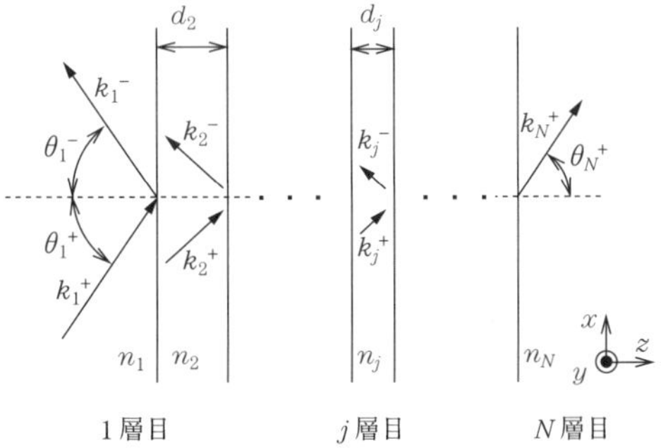

図 1.4 多層膜における屈折と反射

入射光がs偏光の場合を考えるが，p偏光の場合も同様に計算できる。媒質1から入射角 θ_1^+ で波長 λ の光が入射するとする。1層目と2層目の間の境界における連続条件から

$$E_1^+ + E_1^- = E_2^+ + E_2^- \tag{1.52}$$

$$n_1 E_1^+ \cos\theta_1^+ - n_1 E_1^- \cos\theta_1^- = n_2 E_2^+ \cos\theta_2^+ - n_2 E_2^- \cos\theta_2^- \tag{1.53}$$

が得られる。つぎに2層目と3層目の間の境界における連続条件は

$$E_2^+ \phi_2^+ + E_2^- \phi_2^- = E_3^+ \tag{1.54}$$

$$n_2 E_2^+ \cos\theta_2^+ \phi_2^+ - n_2 E_2^- \phi_2^- \cos\theta_2^- = n_3 E_3^+ \cos\theta_3^+ \tag{1.55}$$

となる。入射角と反射角は等しいことから

$$\theta_1^+ = \theta_1^-, \quad \theta_2^+ = \theta_2^- \tag{1.56}$$

である。また，2層目を伝搬する際に生じる位相差 ϕ_2^+ および ϕ_2^- が生じ，これらは下記のように記述できる。

$$\phi_2^+ = \exp(ik_2 \cos\theta_2^+ d_2) \tag{1.57}$$

$$\phi_2^- = \exp(-ik_2 \cos\theta_2^+ d_2) \tag{1.58}$$

ここで，$k_2 = n_2(\omega/c)$ である。この連立方程式を解くには行列を使うのが便利である。例えば，この場合，下記の三つの行列やベクトル $\boldsymbol{A}$, $\boldsymbol{B}$, $\boldsymbol{X}$ を使って

$$\boldsymbol{A} = \begin{bmatrix} -1 & 1 & 1 & 0 \\ n_1 \cos\theta_1^+ & n_2 \cos\theta_2^+ & -n_2 \cos\theta_2^+ & 0 \\ 0 & \phi_2^+ & \phi_2^- & -1 \\ 0 & n_2 \phi_2^+ \cos\theta_2^+ & -n_2 \phi_2^- \cos\theta_2^- & -n_3 \cos\theta_3^+ \end{bmatrix} \tag{1.59}$$

$$\boldsymbol{X} = \begin{bmatrix} E_1^- \\ E_2^+ \\ E_2^- \\ E_3^+ \end{bmatrix} \tag{1.60}$$

$$\boldsymbol{B} = \begin{bmatrix} E_1^+ \\ n_1 \cos\theta_1^+ E_1^+ \\ 0 \\ 0 \end{bmatrix} \tag{1.61}$$

のように記述すれば

$$X = A^{-1} B \tag{1.62}$$

を求めることにより，反射係数 r は $r = E_1^- / E_1^+$ であるから，透過係数 t は $t = E_3^+ / E_1^+$ から得ることができる。式(1.50)より，透過率は

$$T = \frac{n_3 \cos \theta_3^+}{n_1 \cos \theta_1^+} t^* t \tag{1.63}$$

となる。

1.2.6 全　反　射

高屈折率媒質から低屈折率媒質へ光が入射する場合は少し複雑である。**図1.5**に示すような系において，入射角 θ_1^+ を大きくしていくとある角度で $\sin \theta_2^+ = 1$ となる。この入射角を**臨界角**（critical angle）θ_c と呼ぶ。この角度を越えると屈折角 θ_2^+ の正弦は

$$\sin \theta_2^+ = \frac{n_1}{n_2} \sin \theta_1^+ > 1 \tag{1.64}$$

となる。この場合，入射した光のエネルギーはすべて反射される。すなわち，$R = 1$ でありこの状態を**全反射**（total reflection）という。

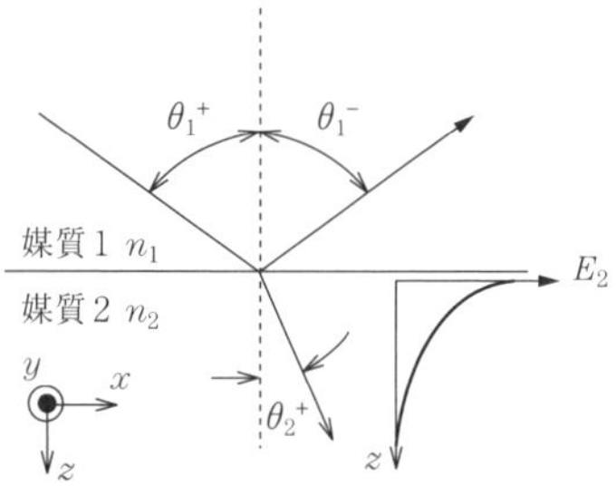

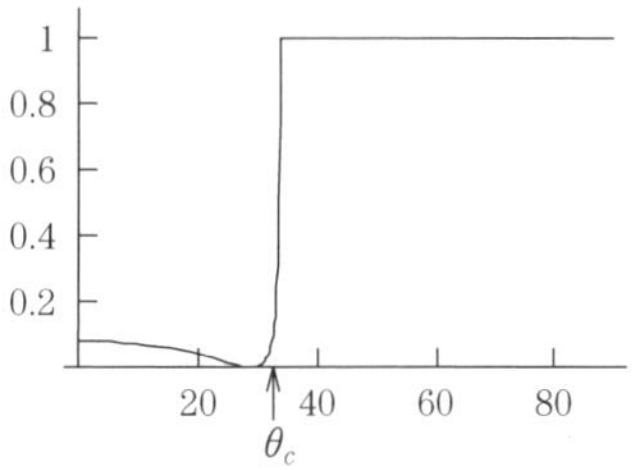

図1.5　全反射光学系とエバネッセント場 $E(n_1 > n_2)$

全反射時の透過係数や反射係数を求める際にも，式(1.45)～(1.48)をそのまま用いることができる[(2)]。ただし，形式的に $\sin \theta_2^+$ に式(1.64)の値を用いる。その結果，$\cos \theta_2^+$ は虚数となり

$$\cos\theta_2^+=\sqrt{1-\left(\frac{n_1}{n_2}\right)^2\sin^2\theta_1^+}=i\sqrt{\left(\frac{n_1}{n_2}\right)^2\sin^2\theta_1^+-1} \tag{1.65}$$

と記述することになる。式(1.64)，(1.65)を使って $\theta_1^+>\theta_c$ の場合の反射率 $R=rr^*$ はつねに1である。一方，入射電界に対する反射係数 r は複素数であるが，そのオイラー角はたとえ全反射状態であっても θ_1^+ により変化する。これは，反射した光電界の位相が入射角により変化することをを示している。また，全反射状態では入射光のすべての光エネルギーは反射されるが，透過係数 t は0にならない。これは媒質2の境界近傍には電界が存在することを示している。これを**エバネッセント場**（evanescent field）と呼び，以下のように考えることができる。式(1.65)から，波数ベクトルの z 成分 $k_2\cos\theta_2^+$ が虚数となる。これを用いて，全反射時の媒質2における入射面内の位置 P(x, z)におけ光電界を求めると

$$E_2(x, z)=E_2\exp(-k_2\cos\theta_2^+z)\exp(ik_2\sin\theta_2^+x)\exp(-i\omega t) \tag{1.66}$$

となり，$\exp(-k_2\cos\theta_2^+z)$の成分は界面からの距離に対して指数関数的な減衰を与える。電界の大きさが界面における電界強度に対して $1/e$ となる場所を**侵入長**（penetration depth）z_d と呼ぶ。これは，式(1.66)の一つめの exp の項が1に等しい場合であるから

$$z_d=\frac{\lambda}{2\pi\sqrt{n_1^2\sin^2\theta_1^+-n_2^2}} \tag{1.67}$$

となる。また，波数ベクトルの x 方向成分は真空中の波数ベクトルより大きい。さらに $|E_2^+|$ は入射光の振幅強度 $|E_1^+|$ に比べて数倍大きい。これは，全反射時に界面に沿って光が波長程度の長さ進むためである。この移動をグースヘンシェンシフト（Goos-Hänchen shift）という[(1)~(3)]。このように，エバネッセント波はさまざまな興味深い性質がある。エバネッセント波を利用した光学は，近年広く研究が進められている分野である[(6)]。

1.2.7 金属における反射

誘電体においては誘電率 ε の実数部分は正であり，ほとんどの場合で1よ

り大きい。また，磁性をもたず（$\mu=\mu_0$），電気的に中性（$\rho=0$）で電気を流さない（$\sigma=0$）と考える場合が多い。しかし，金属ではその様子は大きく異なり，誘電率の実部は負となる。金属の誘電率 ε のモデルとして，ε の実部と虚部をそれぞれ ε' と ε'' として以下のように表す[(2)]。

$$\varepsilon=\varepsilon'+\varepsilon''i=\varepsilon+\frac{\sigma}{\omega}i \tag{1.68}$$

ここで，σ は金属の導電率である。これに対応する屈折率 n の実部と虚部をそれぞれ n' と n'' とすれば

$$n'^2=\frac{c^2}{2}\sqrt{\mu^2\varepsilon^2+\frac{\mu^2\sigma^2}{\omega^2}}+\mu\varepsilon \tag{1.69}$$

$$n''^2=\frac{c^2}{2}\sqrt{\mu^2\varepsilon^2+\frac{\mu^2\sigma^2}{\omega^2}}-\mu\varepsilon \tag{1.70}$$

となる。金属の場合，$|n''|$ は無視できないので，金属中を伝搬する光の波数ベクトル k は下記のように複素数となる。

$$k=k_0(n'+n''i) \tag{1.71}$$

ここで k_0 は $k_0=\omega/c$ と表される真空中の波数である。金属中の位置 $\mathrm{P}(x, z)$ における z 方向に伝搬する光の電界 $E(x, z)$ を求めると

$$E_2(x, z)=E_2^+\exp(-k_0n''z)\exp(i(k_0n'z-\omega t)) \tag{1.72}$$

となり，z 方向への光の伝搬に従って急減に光電界が減衰していくことがわかる。金属に垂直に入射した光電界の振幅が $1/e$ になる深さ d を**表皮深さ**(skin depth) といい，$\varepsilon\ll\sigma/\omega$ であることから

$$d=\frac{\lambda}{2\pi n''}=\sqrt{\frac{2}{\omega\mu\sigma}} \tag{1.73}$$

となる。金属や波長によっても異なるが，d は大体数 nm ～ 数十 nm である。このような金属における反射率の計算は，屈折角 θ_2^+ が複素数となることに注意すれば，全反射の場合と同じように，式(1.45)～(1.48)をそのまま用いることができる。**図 1.6**(a)に波長 $\lambda=633$ nm における金表面の反射率を示す。

波長 $\lambda=633$ nm の光に対して金は比較的よい金属として振る舞うため，誘電体の場合と比べると p 偏光，s 偏光ともに高い反射率となっている。また，

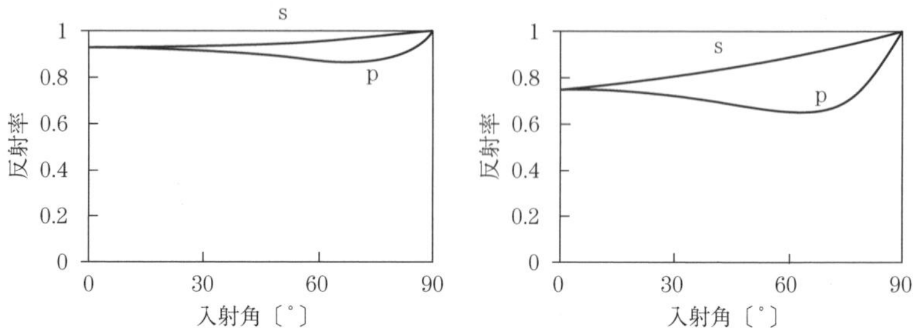

（a）　λ=633 nm　　　　（b）　λ=532 nm

図 1.6　金の反射率

金属ではブルースター角は存在しない。一方，図(b)に波長 $\lambda=532$ nm における金表面の反射率を示す。金のプラズマ周波数 ω_p は波長 500 nm 付近であるため，波長 $\lambda=532$ nm の光に対しては金は金属性が減少し誘電体的な性質が強くなる。そのため反射率が下がり，p 偏光に対するブルースター角での反射率の低下が顕著に現れてくるようになる。

1.2.8　誘電体の誘電率のミクロな描像

誘電率について考える最も簡単なモデルを**図 1.7**(a)に示す。これは，電荷 $-e$ の電子が正の原子核とばね定数 K のばねでつながれているモデルである[(4),(5)]。ここでは媒質は電気的に中性であり，その中で電子が電界 E によって平衡位置から r だけずれた場合にどのように振る舞うかを考える。このとき分極の大きさ P は電子の電荷 e と単位体積当りの振動子の数（体積数密度）N を使って

$$P=-Ner \tag{1.74}$$

と表すことができる。電子がその平衡位置から r だけずれた場合には復元力 $-Kr$ が働くと考え，運動方程式は下記のようになる。

$$m\frac{d^2r}{dt^2}+m\Gamma\frac{dr}{dt}+Kr=-eE \tag{1.75}$$

ここで摩擦力に対応する量として減衰項 $m\Gamma(dr/dt)$ を導入した。また，原子

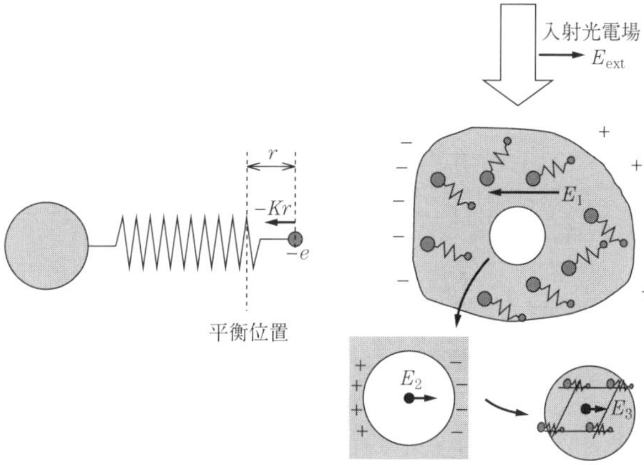

（a）振動子のモデル　　（b）ローレンツの局所場

図 1.7　誘電率について考える最も簡単なモデル

核は電子に比べて大きな質量をもつため，その位置は変位しないと考える。

外から加える電界 E の振動数が ω，振幅が E_0 であるとすると，式(1.75)に $E=E_0\exp(-i\omega t)$ を代入して

$$(-m\omega^2-i\omega m\Gamma+K)\,r=-eE \tag{1.76}$$

となる。その結果，分極 P は，式(1.74)を用いて

$$P=\frac{Ne^2}{-m\omega^2-i\omega m\Gamma+K}E \tag{1.77}$$

と表すことができる。式(1.23)から，電界と分極の間を表す比例係数が感受率であることから，電気感受率 χ は下記のように記述される。

$$\chi=\frac{Ne^2}{\varepsilon_0 m}\frac{1}{{\omega_0}^2-\omega^2-i\omega\Gamma} \tag{1.78}$$

ここで，ばねの固有振動数 $\omega_0=\sqrt{K/m}$ の関係を用いた。波動方程式(1.27)に代入して整理すると

$$\nabla\times(\nabla\times E)+\frac{1}{c^2}\frac{\partial^2 E}{\partial t^2}=-\frac{\mu_0 Ne^2}{m}\frac{1}{\omega_0^2-\omega^2-i\Gamma\omega}\frac{\partial^2 E}{\partial t^2} \tag{1.79}$$

または

$$\nabla^2 E = \frac{1}{c^2}\left(1 + \frac{Ne^2}{m\varepsilon_0}\frac{1}{{\omega_0}^2 - \omega^2 - i\Gamma\omega}\right)\frac{\partial^2 E}{\partial t^2} \tag{1.80}$$

となる。これを式(1.31)と比較して比誘電率 ε_r を求めると以下のようになる。

$$\varepsilon_r = 1 + \frac{Ne^2}{m\varepsilon_0}\frac{1}{{\omega_0}^2 - \omega^2 - i\Gamma\omega} \tag{1.81}$$

この ε_r の実部を ε'_r，虚部を ε''_r とすると

$$\varepsilon'_r = 1 + \frac{Ne^2}{m\varepsilon_0}\frac{\omega_0^2 - \omega^2}{({\omega_0}^2 - \omega^2)^2 - \Gamma^2\omega^2} \tag{1.82}$$

$$\varepsilon''_r = \frac{Ne^2}{m\varepsilon_0}\frac{\Gamma\omega}{({\omega_0}^2 - \omega^2)^2 - \Gamma^2\omega^2} \tag{1.83}$$

が求まる。吸収ピークより離れている波長領域では減衰項 Γ が無視できるので，固有角振動数 ω_0 が異なる j 種類の振動子に対して

$$\varepsilon_r = n^2 = 1 + \frac{Ne^2}{m\varepsilon_0}\sum_j\left(\frac{f_j}{{\omega_j}^2 - \omega^2}\right) \sim n_\infty^2 + \sum_j\left(\frac{A_j\lambda^2}{\lambda^2 - \lambda_j^2}\right) \tag{1.84}$$

と記述される。ただし，n_∞ は周波数 0 の極限の屈折率であり，A_j は定数である。

吸収がない領域では屈折率は長波長側で小さく，短波長側で大きくなる。これを**正常分散**（normal dispersion）という。式(1.84)は**セルマイヤーの分散式**（Sellmeier's dispersion formula）と呼ばれる。吸収から離れた長波長側の領域では，式(1.84)を級数展開して下記のように近似することもできる。

$$n = C_1 + \frac{C_2}{\lambda^2} + \frac{C_3}{\lambda^4} \tag{1.85}$$

ここで，C_i は実験的に決まる定数であり，**コーシーの式**（Cauchy's formula）と呼ばれ，吸収がない領域での波長分散の式として一般的に用いられている。

1.2.9　局所場と屈折率

実際に原子や分子が感じる電界は，局所電界 $\boldsymbol{E}_{loc}$ と呼ばれ，外部から加えた電界 $\boldsymbol{E}_{ext}$ と異なる。$\boldsymbol{E}_{loc}$ はつぎのような式で表される[7]。

$$\boldsymbol{E}_{loc} = \boldsymbol{E}_{ext} + \boldsymbol{E}_1 + \boldsymbol{E}_2 + \boldsymbol{E}_3 \tag{1.86}$$

$\boldsymbol{E}_1$ は誘電体外部に巨視的な分極 $\boldsymbol{P}$ により誘起された表面電荷による反電界であり

$$\boldsymbol{E}_1 = -\frac{\eta \boldsymbol{P}}{\varepsilon_0} \tag{1.87}$$

のように表される。ここで，η は**反電界係数**（deporarization coefficient）と呼ばれ誘電体の形状により決まるパラメータである。例えば，平板状の誘電体では $\eta=1$ であり，球状の誘電体では $\eta=1/3$ となる。つぎに図 1.7(b)に示したような誘電体中の原子や分子などの双極子（振動子）より十分大きいが，巨視的に見ると十分小さい半径の球の空洞を考える。この空洞中の表面に現れる電荷により生ずる電界が $\boldsymbol{E}_2$ である。これを**ローレンツ電界**（Lorentz electric field）といい，空洞を球にとる場合には簡単な計算から

$$\boldsymbol{E}_2 = \frac{\boldsymbol{P}}{3\varepsilon_0} \tag{1.88}$$

となる。$\boldsymbol{E}_3$ は空洞内の原子や分子などの双極子により中心に誘起される電界であり，結晶構造に依存する量である。対称性が高い立方晶などでは

$$\boldsymbol{E}_3 = 0 \tag{1.89}$$

である。これらの議論から，$\boldsymbol{E}_{ext}$ と $\boldsymbol{E}_1$ の和である巨視的な電界 $\boldsymbol{E}_{mac}$ で局所電界 $\boldsymbol{E}_{loc}$ を表すと

$$\boldsymbol{E}_{loc} = \frac{1}{3}\left(\frac{\varepsilon}{\varepsilon_0}+2\right)\boldsymbol{E}_{mac} = \frac{1}{3}(\varepsilon_r+2)\,\boldsymbol{E}_{mac} \tag{1.90}$$

となる。媒質中では $\varepsilon_r>1$ なので局所電界は巨視的電界より大きいことがわかる。

原子や分子などの振動子が感じる電界は $\boldsymbol{E}_{loc}$ であるため，電界により生ずる個々の振動子の双極子モーメント $\boldsymbol{p}$ は

$$\boldsymbol{p} = \alpha \boldsymbol{E}_{loc} \tag{1.91}$$

となる。α は振動子の分極率であり一般にはテンソル量であるが，ここでは等方的な物質を仮定してスカラ量で表す。式(1.74)から $\boldsymbol{P}$ と $\boldsymbol{p}$ との関係は

$$\boldsymbol{P} = N\boldsymbol{p} \tag{1.92}$$

であるから，微視的量である分極率 α と巨視的な量である誘電率 ε との関係

はつぎのようになる。

$$\frac{1}{3\varepsilon_0}N\alpha=\frac{\varepsilon_r-1}{\varepsilon_r+2} \tag{1.93}$$

これを**クラウジウス・モソッティーの式**（Clausius-Mosotti relation）という。液体や対称性の高い結晶などに適用される。

1.2.10　金属の誘電率のミクロな描像

金属の誘電率に関してモデルを立てて考えてみよう。金属中の自由電子は核に束縛されないので，電界 E が印加されたときの運動方程式は

$$m\frac{dv}{dt}+m\Gamma v=-eE \tag{1.94}$$

となる[(3)]。式(1.75)の中で Kr を除き，全体を r の代わりにその時間微分 $v=dr/dt$ で書き直したものである。これを**ドルーデモデル**（Drude's model）という。m は電子の有効質量であり，電流密度 J は電子の数密度 N を使って $J=-Nev$ のように表されるから，式(1.94)は

$$\frac{dJ}{dt}+\Gamma J=\frac{Ne^2}{m}E \tag{1.95}$$

のようになる。光電界 E は $\exp(-i\omega t)$ の時間依存性をもつので，式(1.95)は

$$(-i\omega+\Gamma)J=\frac{Ne^2}{m}E \tag{1.96}$$

と記述される。また，静的な導電率 σ は $\sigma=(Ne^2/m)\Gamma^{-1}$ と表されるので

$$J=\frac{\sigma}{1-i\omega\Gamma^{-1}}E \tag{1.97}$$

となり，これをマクスウェル方程式に代入して，波動方程式を求めると下記のようになる。

$$\nabla^2 E=\frac{1}{c^2}\frac{\partial^2 E}{\partial t^2}+\frac{\mu_0\sigma}{1-i\omega\Gamma^{-1}}\frac{\partial E}{\partial t} \tag{1.98}$$

これを式(1.31)と比較して比誘電率 ε_r を求めると

$$\varepsilon_r=n^2=1-\frac{\omega_p^2}{\omega^2+i\omega\Gamma} \tag{1.99}$$

となる。ここで ω_p は**プラズマ周波数**（plasma frequency）と呼ばれ

$$\omega_p=\sqrt{\frac{Ne^2}{m\varepsilon_0}}=\sqrt{\mu_0\sigma c^2\Gamma} \tag{1.100}$$

で表される。

$\tau=\Gamma^{-1}$ で表される τ は電子の緩和時間に対応し，金属では 10^{-13} 秒程度の値である。プラズマ周波数より低い周波数領域では，金属の誘電率は負となり光は全反射され金属内を伝搬できない。また，プラズマ周波数より高い周波数領域では，電子の運動は光の周波数に追従できないため，反射率が下がり金属というよりはむしろ誘電体的な性質が強くなる。

金などの貴金属では，電子遷移の影響が無視できない場合がある。この場合，上述のドルーデモデルに電子遷移の寄与としてローレンツモデルを加えた**ドルーデ・ローレンツモデル**が実際の誘電率をよく再現する。このモデルでは，遷移 j に対応する振動子強度 f_j と減衰定数 Γ_j を用いて

$$\hat{n}^2=1-\frac{{\omega_p}^2}{\omega^2+i\omega\Gamma}+\left(\frac{Ne^2}{m\varepsilon_0}\right)\sum_j\frac{f_j}{{\omega_j}^2-\omega-i\Gamma_j\omega} \tag{1.101}$$

と書き表す。

1.2.11　異方性媒質における屈折率

液体は光学的に等方的であるが，固体結晶や配向したフィルムなどは異方性をもつ。このような場合には，光の偏光方向により屈折率が異なる。これを図示したのが**図 1.8** に示した屈折率楕円体である[(3),(5),(8),(9)]。ある方向から結晶に入射した光の屈折率は，図に示すように偏光方向に依存して楕円の中心からの長さで表される。楕円の長軸を x, y, z とした場合，$n_x=n_y\neq n_z$ の場合を**一軸性結晶**（uniaxial crystal）といい，すべての成分が異なる場合を**二軸性結晶**（biaxial crystal）という。

一軸性結晶は屈折率の異なる二つの固有偏光が存在する。一つは常光（ordinary ray）であり，もう一つは異常光（extraordinary ray）である。常光に対する屈折率 n_o は，z 軸と $\boldsymbol{k}$ ベクトルとのなす角 Θ に依存しない，す

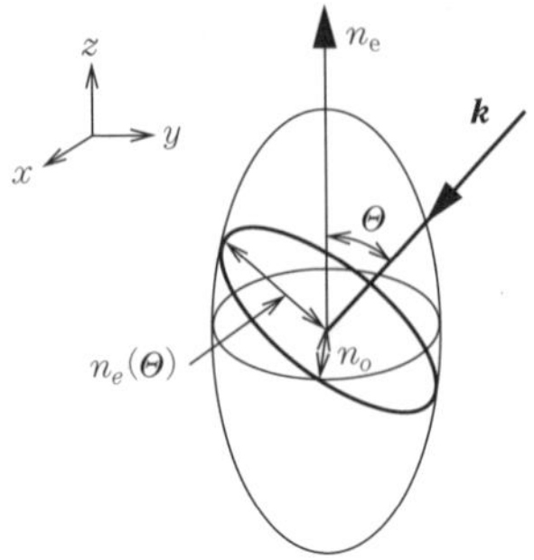

図1.8　屈折率楕円体

なわち伝搬方向に依存しない。逆に異常光の屈折率は Θ に依存しつぎのように表される。

$$n_e(\Theta) = \frac{n_e n_o}{\sqrt{{n_o}^2 \sin^2 \Theta + {n_e}^2 \cos^2 \Theta}} \tag{1.102}$$

ここで n_e は $\Theta = \pi/2$ のときの異常光線屈折率であり，$n_e = n_z$ である。$\Theta = 0$ の場合，すなわち光が z 軸方向に平行に伝搬するときには，偏光方向により屈折率が変化しない特別な場合となる。楕円の切口が円となるためである。$n_e > n_o$ の場合に正の一軸性結晶，$n_e < n_o$ の場合に負の一軸性結晶という。二軸性結晶の場合には，偏光方向により屈折率が変化しない特別な伝搬方向は二つ存在する。

異方性のある媒質では，光の偏光方向により誘電的な性質が異なる。そのため，誘電率はテンソルで記述され，式(1.20)は下記のように記述される。

$$\begin{bmatrix} D_x \\ D_y \\ D_z \end{bmatrix} = \begin{bmatrix} \varepsilon_{xx} & \varepsilon_{xy} & \varepsilon_{xz} \\ \varepsilon_{yx} & \varepsilon_{yy} & \varepsilon_{yz} \\ \varepsilon_{zx} & \varepsilon_{zy} & \varepsilon_{zz} \end{bmatrix} \begin{bmatrix} E_x \\ E_y \\ E_z \end{bmatrix} \tag{1.103}$$

誘電率テンソルは，適当な座標変換 $\boldsymbol{R}$ を施すことにより下記のような対角化行列となる。

$$\boldsymbol{R}\varepsilon = \begin{bmatrix} \varepsilon_{11} & 0 & 0 \\ 0 & \varepsilon_{22} & 0 \\ 0 & 0 & \varepsilon_{33} \end{bmatrix} \tag{1.104}$$

このときの，1, 2, 3 の方向を主軸と呼び，屈折率は下記の三つの**主屈折率**（principal refractive index）と呼ばれる量で表すことができる。

$$n_{11}=\sqrt{\varepsilon_{11}} \tag{1.105}$$

$$n_{22}=\sqrt{\varepsilon_{22}} \tag{1.106}$$

$$n_{33}=\sqrt{\varepsilon_{33}} \tag{1.107}$$

異方性媒質中を光が通過するときには，偏光方向によって屈折率が異なる。これを複屈折という。波数ベクトル $\boldsymbol{k}$ は真空中の波数ベクトル $\boldsymbol{k}_0$ を使って $\boldsymbol{k}=\boldsymbol{k}_0 n$ と表されるため，異方性媒質を通った光の位相は偏光方向により異なる。例えば，厚さ d の複屈折をもつフィルム（$n_x \neq n_y$）中で z 方向に光が進む場合，E_x と E_y の間には $k_0(n_x-n_y)d$ の位相差が生じる。そのため，主軸に対して斜めの直線偏光をもつ光を入射すると，透過光の E_x と E_y の位相が異なる。このときの透過光は一般に楕円偏光になる†。

1.3 非線形光学効果

1.3.1 非線形光学効果の基礎

媒質に光電界 $\boldsymbol{E}$ が加わったとき，内部では分極 $\boldsymbol{P}$ が生じる。$\boldsymbol{P}$ と $\boldsymbol{E}$ の間は一般に

$$\boldsymbol{P}=\varepsilon_0\boldsymbol{\chi}^{(1)}\boldsymbol{E} \tag{1.108}$$

のような関係が使われるが，レーザなど大きな電界が印加された場合には，$\boldsymbol{P}$ と $\boldsymbol{E}$ の非線形な関係が無視できなくなり

$$\boldsymbol{P}=\varepsilon_0\boldsymbol{\chi}^{(1)}:\boldsymbol{E}+\varepsilon_0\boldsymbol{\chi}^{(2)}:\boldsymbol{EE}+\varepsilon_0\boldsymbol{\chi}^{(3)}:\boldsymbol{EEE}+\cdots \tag{1.109}$$

のようにべき乗に展開された形で表される[(3),(4),(10),(11)]。：はテンソルの掛け算を表す。$\boldsymbol{\chi}^{(1)}$ は線形感受率である。第 2 項目以降の感受率を n 次の**非線形感受率**（nonlinear susceptibility）と呼び，これにより生じる分極を n 次の**非線形分**

† 特別な場合として，位相差が $N\pi+\pi/2$ の場合は円偏光，$N\pi$ の場合には直線偏光となる（N は整数）。

極（nonlinear polarization）という。n 次の非線形感受率は $n+1$ 階のテンソルである。このような非線形分極により生じる光学効果を**非線形光学効果**（nonlinear optical effect）と呼ぶ。非線形光学効果は，基礎的な興味だけでなくレーザの波長変換や光演算，光制御などさまざまな光学素子に応用されている光学効果である。

表 1.1 と**表 1.2** に，それぞれ 2 次および 3 次の非線形光学効果をまとめたものである。**光高調波発生**（optical harmonic generation）は，入射光の 2 倍，3 倍の振動数の光が発生する現象で，レーザの波長変換などに用いられている。同様に，**和周波発生**（sum frequency generation）や**差周波発生**（difference frequency generation）は和や差に対応する振動数の光が発生する現象である。光整流は，光を照射した際に直流電界が印加された状態となる現象である。一方，1 次，2 次の電気光学効果はそれぞれ 2 次，3 次の非線形光学効果であり，印加された電界に対して，線形および 2 乗に比例した分極の変化が生じる現象である。電気光学効果は電界印加による屈折率の変化として現れ，光エレクトロニクス分野で共振器などと組み合わせて光スイッチや光変調器などに用いられている。**四光波混合**（four wave mixing）は，光の強度に

表 1.1　2 次の非線形光学効果

周波数	名　　称	応用分野
$\omega+\omega\to 2\omega$	光第 2 高調波発生（second-harmonic generation）	波長変換
$\omega_1+\omega_2\to\omega_3$	光和周波発生（sum-frequency generation）	波長変換
$\omega+0\to\omega$	1 次の電気光学効果（electrooptic effect） ポッケルス（Pockels）効果	光制御，光変調
$\omega-\omega\to 0$	光整流（optical rectification）	分光

表 1.2　3 次の非線形光学効果

周波数	名　　称	応用分野
$\omega+\omega+\omega\to 3\omega$	光第 3 高調波発生（third-harmonic generation）	波長変換
$\omega_1+\omega_2+\omega_3\to\omega_4$	光和周波発生（sum-frequency generation）	波長変換
$\omega+0+0\to\omega$	2 次の電気光学効果（electrooptic effect） カー（Kerr）効果	光制御，光変調
$\omega-\omega+\omega\to\omega$	4 光波混合，光双安定性	分光，光メモリ， 位相共役波

応じた屈折率変化が観測される現象である。光強度に応じて屈折率が高くなるため光が自然に収束していく光自己収束現象などで観測される他，分光や過渡現象への応用，光メモリや光演算素子としての研究も進められている。

2 次の非線形光学効果など偶数次の非線形光学効果の特徴として，反転対称性のある系では起こらないことが挙げられる。すなわち，等方性の物質や液体では起こらない。この理由はつぎのように説明することができる。

電界方向に生じる非線形分極を考える。簡単のため成分をスカラで表すとすると，2 次の非線形分極 P は下記のように表される。

$$P = \varepsilon_0 \chi^{(2)} EE \tag{1.110}$$

反転操作をすることにより P は $-P$ に，E は $-E$，$\chi^{(2)}$ は $-\chi^{(2)}$ になるので

$$(-P) = \varepsilon_0 (-\chi^{(2)})(-E)(-E) = -\varepsilon_0 \chi^{(2)} E^2 \tag{1.111}$$

である。物質に反転対称性がある場合には $\chi^{(2)}$ は $-\chi^{(2)}$ に置き換えられるから，つぎの関係も満たさなければならない。

$$P = \varepsilon_0 (-\chi^{(2)}) E^2 = -\varepsilon_0 \chi^{(2)} E^2 \tag{1.112}$$

式(1.110)と式(1.112)を比べると，$\chi^{(2)} = 0$ となり，2 次の非線形光学効果が起こらないことがわかる。以上の議論では系を電気双極子で考えている。しかし，金属などの場合には反転対称性があっても 2 次の非線形光学効果が観測される。これは，電気四重極子や磁気双極子などの高次の寄与によるものと考えられている。

8.3 節で述べるように 2 次の非線形光学結晶は，反転対称性を欠く必要があるため，強誘電体などの分極構造をもつものがほとんどである。KDP や $LiNbO_3$ をはじめとする無機結晶や尿素などの有機結晶，あるいは高分子マトリックス中に非線形光学色素をドープして分極処理を行った系が，研究され，実用化されている。一方，3 次の非線形光学効果はすべての媒質で起こるが一般にその感受率は小さい。現在研究が行われているのは，強相関系物質や π 共役系高分子，量子井戸などの材料である。**図 1.9** にこれらの材料とその性能指数をまとめたものを示す。性能指数とは，$|\boldsymbol{\chi}^{(3)}|$ を吸収係数 α および応答速度の逆数 τ で割ったものである。一般に吸収の大きな物質では共鳴効果によ

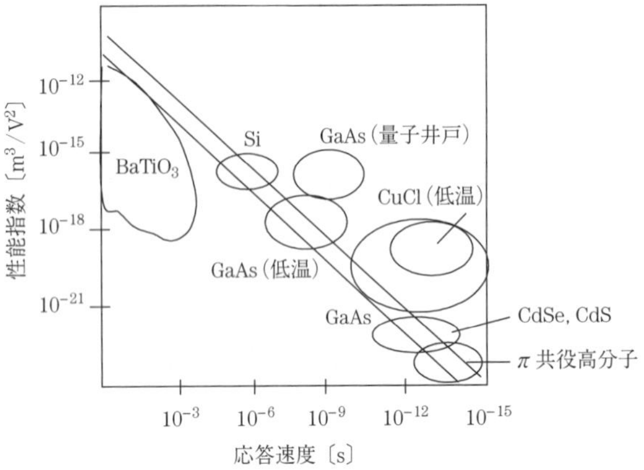

図 1.9　3 次の非線形光学材料における性能指数と応答速度の関係[12]

り非線形感受率が大きくなる。これは，吸収に近い周波数の場合には，1.2.8 項で述べたようなばねを使ったモデルで示した式(1.78)や，1.3.3 項で導出する式(1.131)の分母が大きくなることに対応するためである。しかしながら，図に示したように吸収に近い場合には，$|\boldsymbol{\chi}^{(3)}|$ が大きくても応答速度が低下する[12]。すなわち，$|\boldsymbol{\chi}^{(3)}|$ と応答速度はトレードオフの関係にある。

1.3.2　非線形媒質中の光の伝搬

非線形媒質中の光の伝搬について考えてみよう。最も基本的な例としてここでは光第 2 高調波発生を考える。媒質中のマクスウェル方程式は

$$\nabla\times\boldsymbol{H}=\varepsilon\frac{\partial\boldsymbol{E}}{\partial t}+\boldsymbol{P}^{NL} \tag{1.113}$$

と表される。ただし，$\boldsymbol{P}^{NL}$ は非線形分極である。これから求められる波動方程式は

$$\nabla^2\boldsymbol{E}=\varepsilon\mu_0\frac{\partial^2\boldsymbol{E}}{\partial t^2}+\frac{\partial^2\boldsymbol{P}^{NL}}{\partial t^2} \tag{1.114}$$

である。簡単のため，その非線形媒質に角周波数 ω の光電界 $\boldsymbol{E}_1$ が入射し，z 方向に伝搬しているとする。角周波数 ω の基本波光電界 $\boldsymbol{E}_1$ の振幅の最大値を

E_ω とすると

$$E_\omega(z,\ t)=E_\omega \exp(i(k_\omega z-\omega t)) \tag{1.115}$$

と記述することができる[(5),(13)]。k_ω は基本波の波数であり，$k_\omega=(\omega/c)n_\omega$ と表される。ここで，n_ω は角周波数 ω における非線形媒質の屈折率である。同様に第 2 高調波電界 $E_{2\omega}$ を下記のように記述する。

$$E_{2\omega}(z,\ t)=E_{2\omega} \exp(i(k_{2\omega} z-\omega t)) \tag{1.116}$$

2ω の角振動数をもつ非線形分極 $P_{2\omega}$ は，$\omega+\omega$ の過程で生じるから下記ようになる。

$$P_{2\omega}=\varepsilon_0\chi^{(2)}E_\omega(z,\ t)^2=\varepsilon_0\chi^{(2)}E_\omega^2 \exp(2i(k_1 z-\omega t)) \tag{1.117}$$

また，$2\omega-\omega$ で生じる ω 成分の角振動数をもつ非線形分極 P_ω も存在し，これは

$$P_\omega=\varepsilon_0\chi^{(2)}E_\omega(z,\ t)E_{2\omega}(z,\ t)=\varepsilon_0\chi^{(2)}E_\omega E_{2\omega} \exp(i\{(k_{2\omega}-k_\omega)z-\omega t\}) \tag{1.118}$$

のように表される。

これらを用いて式(1.114)の左辺は

$$\begin{aligned}\nabla^2 E_{2\omega}&=\frac{d^2}{dz^2}E_{2\omega}\\&=\exp(i(k_{2\omega}z-2\omega t))\left(\frac{d^2}{dz^2}E_{2\omega}+2ik_{2\omega}\frac{d}{dz}E_{2\omega}-k_{2\omega}^2E_{2\omega}\right)\end{aligned} \tag{1.119}$$

と記述される。ここで，$d^2E_{2\omega}/dz^2 \ll k_{2\omega}dE_{2\omega}/dz$ の近似を用いると式(1.114)は下記のような微分方程式となる。

$$\frac{d}{dz}E_{2\omega}=\frac{2i\omega^2}{ck_{2\omega}}\chi^{(2)}(E_\omega)^2\exp(i(2k_\omega z-k_{2\omega}z)) \tag{1.120}$$

これを解くと以下の関係が得られる。

$$I_{2\omega}=\frac{2\omega^2}{\varepsilon_0 c^3}\frac{L^2}{n_{2\omega}(n_\omega)^2}(\chi^{(2)})^2\frac{\sin^2\frac{\Delta kL}{2}}{\frac{\Delta kL}{2}}\left(\frac{I_\omega}{A}\right)^2 \tag{1.121}$$

ここで，I_ω は基本波の強度であり，その断面積を A とした。また，$I_{2\omega}$ は第 2 高調波の強度である。Δk は $\Delta k=2\omega(n_\omega-n_{2\omega})/c$ であり，基本波の位相速

度と高調波の位相速度の差に対応する量である。式(1.121)は，$\varDelta k \neq 0$ のとき，すなわち位相整合がとれていない状態では，媒質中の光路長 L を大きくしても発生した高調波が強くならず，光路長 L に対して振動することを示している。この様子を示したのが**図 1.10** の曲線(a)である。L を 0 から大きくしていくと $L=\pi/\varDelta k$ で最大になり，その後減少していく。L を大きくしても，媒質内の各場所で発生した高調波が干渉して弱め合うため，これを繰り返して振動するだけである。$L=\pi/\varDelta k$ となる厚さ L を**コヒーレンス長**（coherence length）l_c と呼ぶ。一方，$\varDelta k=0$ のときには，式(1.121)は

$$I_{2\omega}=\frac{2\omega^2}{\varepsilon_0 c^3}\frac{L^2}{n_{2\omega}(n_\omega)^2}(\chi^{(2)})^2\left(\frac{I_\omega}{A}\right)^2 \tag{1.122}$$

となり，高調波光強度 $I_{2\omega}$ は L に対して 2 乗で増加する（図の曲線(b)）。この状態を**位相整合**（phase matching）と呼ぶ。実際の位相整合の方法については，9.2 節で述べる。

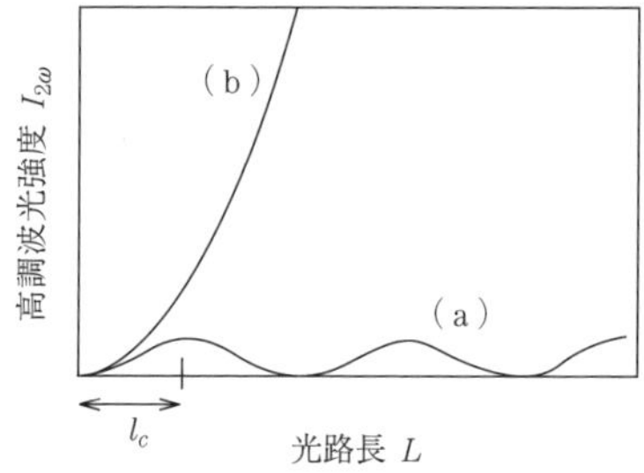

(a)は位相整合がとれない場合，(b)は位相整合がとれた場合

図 1.10　高調波強度の光路長 L 依存性

1.3.3　非線形光学効果のミクロな描像

ここでは，式(1.75)に非線形項 $m\xi r^2$ を加えて，光第 2 高調波が起こる過程を示してみる。この非線形項は，例えば重りを吊るしたときのばねの伸びが，重りが重くなるにつれてその重さに対して比例関係からのずれが生じるような挙動に対応する。これを表した非線形運動方程式は

$$m\frac{d^2 r}{dt^2}+m\Gamma\frac{dr}{dt}+Kr-\xi r^2=-eE \tag{1.123}$$

となる[(5),(13)]。この微分方程式に入射光電界として

$$E = E_1 \exp(-i\omega t) \tag{1.124}$$

を印加した場合，考えられる解として

$$r = \sum_{n=1}^{\infty} a_n \exp(-i(n\omega)t) \tag{1.125}$$

がある。これを式(1.123)に代入して整理する。この中で ω 成分は

$$-a_1\omega^2 - \Gamma\omega i a_1 + {\omega_0}^2 a_1 = -\frac{e}{m}E_1 \tag{1.126}$$

と整理される。一方，非線形成分による 2ω 成分は

$$-4a_2\omega^2 - 2ia_2\omega\Gamma + {\omega_0}^2 a_2 = -\frac{\xi}{m}{a_1}^2 \tag{1.127}$$

と書くことができる。これより r の各周波数成分を表す a_1, a_2 は

$$a_1 = \frac{1}{\omega^2 + \Gamma\omega i a_1 - \omega_0^2}\,\frac{e}{m}E_1 \tag{1.128}$$

$$a_2 = \frac{\xi e^2}{m^3}\,\frac{1}{(-4\omega^2 - 2i\Gamma\omega + \omega_0^2)(\omega^2 + \Gamma\omega i - \omega_0^2)^2}\,E_1^2 \tag{1.129}$$

となる。式(1.109)の 2 次の成分を書き出すと

$$P^{NL} = \varepsilon_0 \chi^{(2)} {E_1}^2 \tag{1.130}$$

となるから，これと式(1.129)を比べることにより

$$\chi^{(2)} = \frac{\xi e^2 N}{\varepsilon_0 m^3}\,\frac{1}{(-4\omega^2 - 2i\Gamma\omega + \omega_0^2)(\omega^2 + \Gamma\omega i - \omega_0^2)^2} \tag{1.131}$$

を得ることができる。実際の系を記述するには摂動を使った量子論的な取扱いが行われるが，このような古典的なモデルは見通しがよく，実際の実験結果を定性的に表している。

引用・参考文献

(1) M. Born and E. Wolf：Principles of Nonlinear Optics 6th Edition, Pergamon Press, Oxford (1980)

(2) 辻内順平：光学概論，朝倉書店 (1979)

(3) G.R. Fowles：Introduction to Modern Optics, Dover, New York (1968)

(4) 櫛田孝司：光物性物理学，朝倉書店（1991）
(5) 竹添秀男（雀部博之 編）：有機フォトニクス，1章，アグネ（1995）
(6) S. Kawata, M. Ohtsu and M. Irie Eds：Nano-Optics, Springer, Berlin (2002)
(7) C. Kittel（宇野良清・津屋　昇・森田　章・山下次郎 訳）：固体物理学入門 第5版., 13章, 丸善（1978）
(8) 小川智哉：結晶光学の基礎，裳華房（1998）
(9) 宮澤信太郎：光学結晶，培風館（1995）
(10) N. Bloembergen：Nonlinear Optics, Benjamin, London (1965)
(11) A. Yariv：Quantum Electronics 3rd Ed., John Wiley & Sons, New York (1989)
(12) 花村榮一：応用物理，**63,** 873（1994）
(13) F. Zernike and J. E. Midwinter：Applied Nonlinear Optics, John Wiley & Sons, New York (1973)

2 半導体のエネルギー構造

2.1 はじめに

半導体の物性を理解するためには，電子構造の理解が必須である。結晶中の電子は，周期的に配列した原子核のつくるポテンシャル中を運動する。電子-電子間，電子-原子核間，原子核-原子核間に相互作用が働くこと，しかも，1 cm^3 当りアボガドロ数のオーダーの原子が存在することを考慮すれば，固体中の電子構造を明らかにすることは困難な問題のように思える。しかし，一つの電子に注目するとき，他の電子との相互作用をすべての原子に対して共通な一つのポテンシャルで置き換える「1体近似」を適用して，さらに周期的ポテンシャル中の電子状態に関するブロッホの定理を考慮すると，問題は大幅に簡単化される。本章では，主に Si や GaAs などの半導体を念頭に置いて結晶中の電子状態について考察する。

2.2 自由電子と自由原子内の電子状態

ポテンシャルエネルギー $V(\boldsymbol{r},\ t)$ の中の電子の状態は，**シュレーディンガー方程式**（Schrödinger equation），

$$i\hbar\frac{\partial\psi}{\partial t}=H\psi,\quad H=\frac{\boldsymbol{p}^2}{2m}+V(\boldsymbol{r},\ t),\quad \boldsymbol{p}=\frac{\hbar}{i}\nabla \tag{2.1}$$

により記述される。H は**ハミルトニアン**（Hamiltonian）と呼ばれる。定常状態では，波動関数を時間項と空間項の積として $\phi(\boldsymbol{r}, t) = T(t)\phi(\boldsymbol{r})$ のように表すと，式(2.1)は変数分離される。このとき，時間部分 $T(t)$ に対する微分方程式は容易に解けて，一般解は $T(t) = e^{-i(\varepsilon/\hbar)t}$ となる。一方，空間部分 $\phi(\boldsymbol{r})$ に対しては，時間に依存しないシュレーディンガー方程式

$$H\phi(\boldsymbol{r}) = \varepsilon\phi(\boldsymbol{r}) \tag{2.2}$$

が導かれる。ここで，ε はエネルギー固有値である。ポテンシャルのない自由な空間，$V(\boldsymbol{r}) \equiv 0$ では，式(2.2)は容易に解けて，固有関数と対応するエネルギー固有値は

$$\phi_k(\boldsymbol{r}) = Ce^{i\boldsymbol{k}\cdot\boldsymbol{r}}, \quad \varepsilon(\boldsymbol{k}) = \frac{\hbar^2 k^2}{2m} \tag{2.3}$$

となる。すなわち，固有状態は，波数ベクトル $\boldsymbol{k}$ の平面波で表される。なお，C は波動関数の規格化により決まる定数である。

つぎに，孤立した水素原子中の電子状態を考える。水素原子では，単一の電子が，クーロンポテンシャル（Coulomb potential）

$$V(\boldsymbol{r}) = -\frac{e^2}{4\pi\varepsilon_0 r}$$

中を運動する。ここで，ε_0 は真空の誘電率，e は素電荷である。ポテンシャルが球対称なので，シュレーディンガー方程式を極座標(r, θ, φ)を用いて

$$-\frac{\hbar^2}{2m}\left\{\frac{1}{r^2}\frac{\partial}{\partial r}\left(r^2\frac{\partial}{\partial r}\right)+\frac{1}{r^2\sin\theta}\frac{\partial}{\partial\theta}\left(\sin\theta\frac{\partial}{\partial\theta}\right)+\frac{1}{r^2\sin^2\theta}\frac{\partial^2}{\partial\varphi^2}\right\}\phi+V(\boldsymbol{r})\phi$$
$$=E\phi$$

と表し，波動関数を $\phi(\boldsymbol{r}) = R(r)Y(\theta, \varphi)$ とおくと，変数分離ができて，$R(r)$ と $Y(\theta, \varphi)$ に対して，それぞれ

$$\begin{cases} \dfrac{1}{r^2}\dfrac{\partial}{\partial r}\left(r^2\dfrac{\partial R_{nl}(r)}{\partial r}\right)+\left\{\dfrac{2m}{\hbar^2}(\varepsilon - V(r)) - \dfrac{l(l+1)}{r^2}\right\}R_{nl}(r) = 0 \\ \dfrac{1}{\sin\theta}\dfrac{\partial}{\partial\theta}\left(\sin\theta\dfrac{\partial Y_l^m(\theta, \varphi)}{\partial\theta}\right)+\dfrac{1}{\sin^2\theta}\dfrac{\partial^2 Y_l^m(\theta, \varphi)}{\partial\varphi^2}+l(l+1)Y_l^m(\theta, \varphi) = 0 \end{cases} \tag{2.4}$$

なる方程式が導かれる。式(2.4)の方程式の形状から，動径部分 $R(r)$ に対す

る固有関数はラゲール多項式（Laguerre's polynomial）$R_{nl}(r)$，角度部分 $Y(\theta, \varphi)$ に対する固有関数は球面調和関数（spherical harmonics）$Y_l^m(\theta, \varphi)$ により表されることがわかる。固有状態 $\phi = R_{nl}(r)\, Y_l^m(\theta, \varphi)$ は，主量子数 n，方位量子数 l，磁気量子数 m の三つの量子数の組 (n, l, m) で表される。一方，水素原子中の電子のエネルギー固有値 ε_n は，量子数 n のみに依存して

$$\varepsilon_n = -\frac{\mu e^4}{32\pi^2 \varepsilon_0^2 \hbar^2}\left(\frac{1}{n^2}\right) \tag{2.5}$$

と表される。μ は，電子と原子核の換算質量であるが，大きな質量差があるので電子の静止質量 $\mu \approx m_0$ で近似できる。$l=0, 1, 2, 3$ の軌道は，それぞれ，s 軌道，p 軌道，d 軌道，f 軌道と呼ばれる。なお，クーロンポテンシャルにかぎらず，ポテンシャルが r のみの関数で表される場合，式(2.4)の第 2 式は不変なので，固有関数の角度部分 $Y(\theta, \varphi)$ は球面調和関数 $Y_l^m(\theta, \varphi)$ で表される。

一方，一般の原子では，原子核のもつ電荷が $e \to Ze$ となるだけでなく電子間のクーロン相互作用があるため，シュレーディンガー方程式の解を求めることは難しい問題となる。しかし，水素原子の固有状態は，一般の原子の場合でも，第 0 近似の固有関数として比較的よい描像を与える。このため，水素原子の軌道の性質を十分理解しておくことは重要である。以下に水素原子の $n=1, 2, 3$ に対する固有関数を示す。ここで，ボーア半径（Bohr radius）a_0 で規格化した動径座標 ρ

$$\rho = \frac{Z}{a_0} r, \quad a_0 = \frac{4\pi\varepsilon_0 \hbar^2}{me^2} (\approx 0.053\ \mathrm{nm}) \tag{2.6}$$

を導入すると，固有関数の動径部分であるラゲール多項式 $R_{nl}(r)$ は

$$R_{1,0} = 2\left(\frac{Z}{a_0}\right)^{3/2} e^{-\rho},$$

$$R_{2,0} = \frac{1}{2\sqrt{2}}\left(\frac{Z}{a_0}\right)^{3/2} (2-\rho)\, e^{-\rho/2}, \quad R_{2,1} = \frac{1}{2\sqrt{6}}\left(\frac{Z}{a_0}\right)^{3/2} \rho e^{-\rho/2},$$

$$R_{3,0} = \frac{2}{81\sqrt{3}}\left(\frac{Z}{a_0}\right)^{3/2} (27 - 18\rho + 2\rho^2)\, e^{-\rho/3},$$

$$R_{3,1}=\frac{4}{81\sqrt{6}}\left(\frac{Z}{a_0}\right)^{3/2}\rho(6-\rho)e^{-\rho/3},\quad R_{3,2}=\frac{4}{81\sqrt{30}}\left(\frac{Z}{a_0}\right)^{3/2}\rho^2e^{-\rho/3} \tag{2.7}$$

と表される。量子数(n, l)の場合，$R_{nl}(r)$は，rの$(n-1)$次関数と$\exp(-\rho/n)$の積となるため，$r\to\infty$のとき，指数関数的に減衰する。一方，球面調和関数$Y_l^m(\theta, \varphi)$は

$$Y_0^0=\sqrt{\frac{1}{4\pi}},$$

$$Y_1^0=\sqrt{\frac{3}{4\pi}}\cos\theta,\quad Y_1^{\pm1}=\mp\sqrt{\frac{3}{8\pi}}\sin\theta\, e^{\pm i\varphi},$$

$$Y_2^0=\sqrt{\frac{5}{16\pi}}(2\cos^2\theta-\sin^2\theta),\quad Y_2^{\pm1}=\mp\sqrt{\frac{15}{8\pi}}\cos\theta\sin\theta\, e^{\pm i\varphi},$$

$$Y_2^{\pm2}=\sqrt{\frac{15}{32\pi}}\sin^2\theta\, e^{\pm2i\varphi},\quad Y_3^0=\sqrt{\frac{7}{16\pi}}(2\cos^3\theta-3\cos\theta\sin^2\theta),$$

$$Y_3^{\pm1}=\mp\sqrt{\frac{21}{16\pi}}(4\cos^2\theta\sin\theta-\sin^3\theta)e^{\pm i\varphi},$$

$$Y_3^{\pm2}=\sqrt{\frac{105}{32\pi}}\cos\theta\sin^2\theta\, e^{\pm2i\varphi},\quad Y_3^{\pm3}=\mp\sqrt{\frac{35}{64\pi}}\sin^3\theta\, e^{\pm3i\varphi} \tag{2.8}$$

と表される。**図2.1**に$l=0, 1, 2$に対する球面調和関数の確率密度分布$|Y_l^m|^2$を示す。s軌道に相当するY_0^0は，球対称である。一方，p軌道の固有関数Y_1^0は，実の関数でz方向に伸びた形状をもち，p_z軌道と呼ばれる。一方，$Y_1^{\pm1}$は複素関数となり，確率密度分布はφに依存しないが，線形結合

$$\begin{cases} |p_x\rangle=-\dfrac{Y_1^1-Y_1^{-1}}{\sqrt{2}}=\sqrt{\dfrac{3}{4\pi}}\sin\theta\cos\varphi \\ |p_y\rangle=-\dfrac{Y_1^1+Y_1^{-1}}{\sqrt{2}\,i}=\sqrt{\dfrac{3}{4\pi}}\sin\theta\sin\varphi \end{cases} \tag{2.9}$$

をつくると実の関数となり，**図2.2**(a)，(b)に示すようにそれぞれx方向，y方向に伸びた方向性をもつ軌道となる。これらの軌道は，それぞれp_x, p_y軌道と呼ばれる。

また，d軌道に対応するY_2^0は，実の関数でz方向に伸びた軌道となり，$d_{3z^2-r^2}$軌道と呼ばれる。一方，$Y_2^{\pm1}$, $Y_2^{\pm2}$は，複素関数となるが，p軌道の場

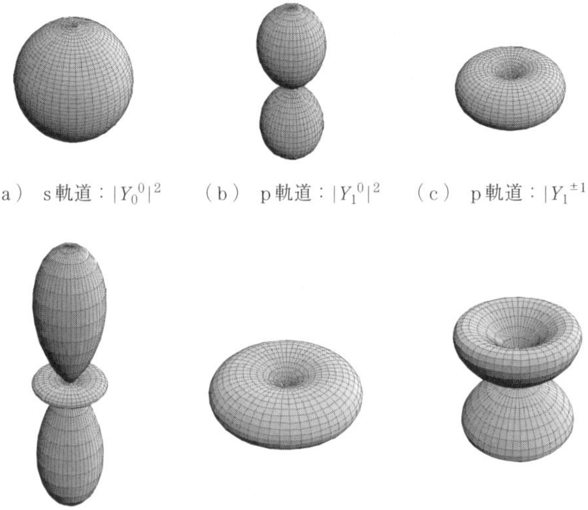

（a） s軌道：$|Y_0{}^0|^2$　（b） p軌道：$|Y_1{}^0|^2$　（c） p軌道：$|Y_1{}^{\pm 1}|^2$

（d） d軌道：$|Y_2{}^0|^2$　（e） d軌道：$|Y_2{}^{\pm 1}|^2$　（f） d軌道：$|Y_2{}^{\pm 2}|^2$

図 2.1　球面調和関数

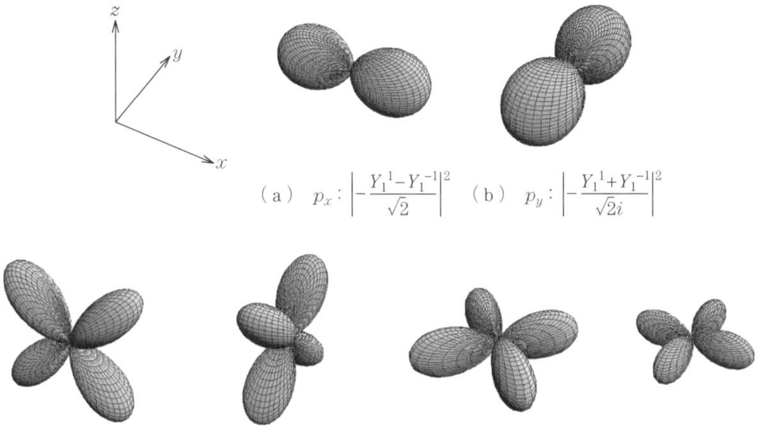

（a） $p_x : \left|-\dfrac{Y_1{}^1 - Y_1{}^{-1}}{\sqrt{2}}\right|^2$　（b） $p_y : \left|-\dfrac{Y_1{}^1 + Y_1{}^{-1}}{\sqrt{2}i}\right|^2$

（c） $d_{zx} : -\dfrac{Y_2{}^1 - Y_2{}^{-1}}{\sqrt{2}}$　（d） $d_{yz} : -\dfrac{Y_2{}^1 + Y_2{}^{-1}}{\sqrt{2}i}$　（e） $d_{xy} : -\dfrac{Y_2{}^2 - Y_2{}^{-2}}{\sqrt{2}}$　（f） $d_{x^2-y^2} : -\dfrac{Y_2{}^2 + Y_2{}^{-2}}{\sqrt{2}i}$

図 2.2　実の関数で表した p 軌道と d 軌道

合と同様に線形結合$-(Y_2^1 - Y_2^{-1})/\sqrt{2}$，$-(Y_2^1 + Y_2^{-1})/\sqrt{2}\,i$，$-(Y_2^2 - Y_2^{-2})/\sqrt{2}$，$-(Y_2^2 + Y_2^{-2})/\sqrt{2}\,i$をつくると，図(c)～(f)に示すように方向性をも

つ実の関数となる。それらは，それぞれ，d_{xz}, d_{yz}, d_{xy}, $d_{x^2-y^2}$ 軌道と呼ばれる。

2.3 ブロッホの定理

本節では，1体近似（平均場近似）を適用して結晶中の電子状態を考察する。つまり，電子間のクーロン相互作用は顕(あら)わには考えない。

まず，結晶中の電子状態が満たすべき条件について考える。原子が周期的に配列しているということは，ある点 $\boldsymbol{r}$ における周囲の原子配列が，そこから $\boldsymbol{r}+\boldsymbol{R}$ に移動しても周囲の原子配列が変化しないようなベクトル $\boldsymbol{R}$ が存在するということである。3次元の空間では，このようなベクトル $\boldsymbol{R}$ は，$\boldsymbol{a}_1$, $\boldsymbol{a}_2$, $\boldsymbol{a}_3$ を適当な三つのベクトルの組，n_1, n_2, n_3 を任意の整数の組として

$$\boldsymbol{R}=n_1\boldsymbol{a}_1+n_2\boldsymbol{a}_2+n_3\boldsymbol{a}_3 \tag{2.10}$$

と表される。$\boldsymbol{a}_1$, $\boldsymbol{a}_2$, $\boldsymbol{a}_3$ は，基本並進ベクトルと呼ばれる。なお，$\boldsymbol{a}_1$, $\boldsymbol{a}_2$, $\boldsymbol{a}_3$ の選び方には任意性がある。まず，1電子が感じるポテンシャルを $V(\boldsymbol{r})$ とするとき，$V(\boldsymbol{r})$ は，結晶と同じ周期性

$$V(\boldsymbol{r}+\boldsymbol{R})=V(\boldsymbol{r}) \tag{2.11}$$

をもつ。一方，$\boldsymbol{r}'=\boldsymbol{r}+\boldsymbol{R}$ なる座標変換をするとき，運動量演算子 $\boldsymbol{p}=(\hbar/i)\nabla$ は

$$\frac{\hbar}{i}\left(\boldsymbol{i}\frac{\partial}{\partial x'}+\boldsymbol{j}\frac{\partial}{\partial y'}+\boldsymbol{k}\frac{\partial}{\partial z'}\right)=\frac{\hbar}{i}\left(\boldsymbol{i}\frac{\partial x}{\partial x'}\frac{\partial}{\partial x}+\boldsymbol{j}\frac{\partial y}{\partial y'}\frac{\partial}{\partial y}+\boldsymbol{k}\frac{\partial z}{\partial z'}\frac{\partial}{\partial z}\right)$$

$$=\frac{\hbar}{i}\left(\boldsymbol{i}\frac{\partial}{\partial x}+\boldsymbol{j}\frac{\partial}{\partial y}+\boldsymbol{k}\frac{\partial}{\partial z}\right)$$

から，不変である。したがって，結晶中のハミルトニアン

$$H(\boldsymbol{r})=\frac{\boldsymbol{p}^2}{2m}+V(\boldsymbol{r}) \tag{2.12}$$

も，ポテンシャル $V(\boldsymbol{r})$ と同じ周期性

$$H(\boldsymbol{r}+\boldsymbol{R})=H(\boldsymbol{r}) \tag{2.13}$$

をもつ。$\phi(\boldsymbol{r})$ を $H(\boldsymbol{r})$ の固有関数，ε をそのエネルギー固有値

$$H(\boldsymbol{r})\phi(\boldsymbol{r})=\varepsilon\phi(\boldsymbol{r}) \tag{2.14}$$

とする。このとき，$\boldsymbol{r} \to \boldsymbol{r}+\boldsymbol{R}$ なる変換を行うと，明らかに

$$H(\boldsymbol{r}+\boldsymbol{R})\phi(\boldsymbol{r}+\boldsymbol{R})=\varepsilon\phi(\boldsymbol{r}+\boldsymbol{R}) \tag{2.15}$$

が成り立つ。一方，ハミルトニアンの周期性(2.13)から式(2.15)は

$$H(\boldsymbol{r}+\boldsymbol{R})\phi(\boldsymbol{r}+\boldsymbol{R})=H(\boldsymbol{r})\phi(\boldsymbol{r}+\boldsymbol{R}) \tag{2.16}$$

と書き直すことができる。したがって，式(2.15)と式(2.16)から

$$H(\boldsymbol{r})\phi(\boldsymbol{r}+\boldsymbol{R})=\varepsilon\phi(\boldsymbol{r}+\boldsymbol{R})$$

という関係が得られる。式(2.14)と式(2.16)から，$\phi(\boldsymbol{r})$と $\phi(\boldsymbol{r}+\boldsymbol{R})$は，同じエネルギー固有値 ε に属する固有関数であることがわかる。

ここで，固有値 ε に縮退がない場合を考えよう。縮退がなければ，$\phi(\boldsymbol{r})$と$\phi(\boldsymbol{r}+\boldsymbol{R})$は同一の固有関数でなければならない。したがって，$\phi(\boldsymbol{r})$と $\phi(\boldsymbol{r}+\boldsymbol{R})$が規格化されているとすれば，両者の違いは位相因子のみとなる。すなわち，$\boldsymbol{R}=\boldsymbol{a}_1$, $\boldsymbol{a}_2$, $\boldsymbol{a}_3$ とした場合，k_1, k_2, k_3 をある実数として

$$\begin{cases} \phi(\boldsymbol{r}+\boldsymbol{a}_1)=e^{2\pi ik_1}(\boldsymbol{r}) \\ \phi(\boldsymbol{r}+\boldsymbol{a}_2)=e^{2\pi ik_2}(\boldsymbol{r}) \\ \phi(\boldsymbol{r}+\boldsymbol{a}_3)=e^{2\pi ik_3}(\boldsymbol{r}) \end{cases} \tag{2.17}$$

と表される。任意の並進移動 $\boldsymbol{R}$ に対して，同じ操作を繰り返すことにより

$$\phi(\boldsymbol{r}+\boldsymbol{R})=e^{2\pi i(k_1n_1+k_2n_2+k_3n_3)}\phi(\boldsymbol{r}) \tag{2.18}$$

が成り立つことがわかる。ここで，逆格子ベクトルと呼ばれる三つのベクトル

$$\boldsymbol{b}_1=2\pi\frac{\boldsymbol{a}_2\times\boldsymbol{a}_3}{\boldsymbol{a}_1\cdot\boldsymbol{a}_2\times\boldsymbol{a}_3},\quad \boldsymbol{b}_2=2\pi\frac{\boldsymbol{a}_3\times\boldsymbol{a}_1}{\boldsymbol{a}_1\cdot\boldsymbol{a}_2\times\boldsymbol{a}_3},\quad \boldsymbol{b}_3=2\pi\frac{\boldsymbol{a}_1\times\boldsymbol{a}_2}{\boldsymbol{a}_1\cdot\boldsymbol{a}_2\times\boldsymbol{a}_3} \tag{2.19}$$

を導入する。この三つのベクトル$\{\boldsymbol{b}_1, \boldsymbol{b}_2, \boldsymbol{b}_3\}$は，長さの逆の次元をもつため，三つのベクトルが張る空間を逆格子空間，あるいは $\boldsymbol{k}$ 空間と呼ぶ。この基本ベクトルと式(2.17)の k_1, k_2, k_3 を用いて

$$\boldsymbol{k}\equiv k_1\boldsymbol{b}_1+k_2\boldsymbol{b}_2+k_3\boldsymbol{b}_3 \tag{2.20}$$

なるベクトルを定義すると，式(2.18)は，式(2.20)のベクトルを用いて

$$\phi(\boldsymbol{r}+\boldsymbol{R})=e^{i\boldsymbol{k}\cdot\boldsymbol{R}}\phi(\boldsymbol{r}) \tag{2.21}$$

と表される。この式は，周期ポテンシャル中の波動関数は，格子の周期に対応する $\boldsymbol{R}$ なる並進移動を行うと，もとの波動関数とは位相因子 $e^{i\boldsymbol{k}\cdot\boldsymbol{R}}$ のみの違い

が生じることを示している。これは，結晶中の電子状態がもつ重要な性質であり，この関係は，**ブロッホの定理**（Bloch's theorem）と呼ばれる。以上の議論では，エネルギー固有値 ε に縮退がない場合を考えたが，縮退がある場合も，同じ固有値に属する固有関数を適当な直交する基底関数の線形和で表すことにより，式(2.21)とまったく同じ関係が成り立つ。すなわち，ブロッホの定理(2.21)は，縮退のある場合を含め一般的に成り立つ。

つぎに，ブロッホの定理(2.21)を異なる形で表してみよう。波動関数 $\phi(\boldsymbol{r})$ は，一般性を失うことなく平面波 $e^{i\boldsymbol{k}\cdot\boldsymbol{r}}$ とある関数 $u(\boldsymbol{k},\ \boldsymbol{r})$ の積の形

$$\phi(\boldsymbol{r})=e^{i\boldsymbol{k}\cdot\boldsymbol{r}}u(\boldsymbol{k},\ \boldsymbol{r}) \tag{2.22}$$

と書くことが許される。このとき，$\boldsymbol{r}\to\boldsymbol{r}+\boldsymbol{R}$ なる変換を行うと

$$\phi(\boldsymbol{r}+\boldsymbol{R})=e^{i\boldsymbol{k}\cdot(\boldsymbol{r}+\boldsymbol{R})}u(\boldsymbol{k},\ \boldsymbol{r}+\boldsymbol{R}) \tag{2.23}$$

となるが，ブロッホの定理(2.21)から

$$\phi(\boldsymbol{r}+\boldsymbol{R})=e^{i\boldsymbol{k}\cdot\boldsymbol{R}}\phi(\boldsymbol{r})=e^{i\boldsymbol{k}\cdot\boldsymbol{R}}e^{i\boldsymbol{k}\cdot\boldsymbol{r}}u(\boldsymbol{k},\ \boldsymbol{r})=e^{i\boldsymbol{k}\cdot(\boldsymbol{r}+\boldsymbol{R})}u(\boldsymbol{k},\ \boldsymbol{r}) \tag{2.24}$$

なる関係が要請される。式(2.23)と式(2.24)を比較すると，$u(\boldsymbol{k},\ \boldsymbol{r})$ は

$$u(\boldsymbol{k},\ \boldsymbol{r}+\boldsymbol{R})=u(\boldsymbol{k},\ \boldsymbol{r}) \tag{2.25}$$

という関係を満たすことがわかる。すなわち，$u(\boldsymbol{k},\ \boldsymbol{r})$ は，結晶と同じ周期の周期関数である。したがって，周期ポテンシャル中の波動関数は，平面波 $e^{i\boldsymbol{k}\cdot\boldsymbol{r}}$ と周期関数 $u(\boldsymbol{k},\ \boldsymbol{r})$ の積で表せること，別ないい方をすれば，周期関数を平面波で変調した形に書けることを表している。式(2.22)の結晶中に広がった形状をもつ結晶中のハミルトニアンに対する固有関数をブロッホ関数（Bloch function）と呼ぶ。これに対して

$$\psi_n(\boldsymbol{k},\ \boldsymbol{r})=\frac{1}{\sqrt{N}}\sum_n\chi_m(\boldsymbol{R}_n,\ \boldsymbol{r})\,e^{i\boldsymbol{k}\cdot\boldsymbol{R}_n}$$

$$\chi_m(\boldsymbol{R}_n,\ \boldsymbol{r})=\frac{1}{\sqrt{N}}\sum e^{i\boldsymbol{k}\cdot(\boldsymbol{r}-\boldsymbol{R}_n)}u_m(\boldsymbol{k},\ \boldsymbol{r})=\frac{1}{\sqrt{N}}\sum e^{-i\boldsymbol{k}\cdot\boldsymbol{R}_n}\psi_m(\boldsymbol{k},\ \boldsymbol{r})$$

により定義される $\boldsymbol{R}_n$ の近傍に局在する関数 $\chi_m(\boldsymbol{R}_n,\ \boldsymbol{r})$ も結晶中のハミルトニアンに対する固有関数となっており，**ワニエ関数**（Wannier function）と呼ばれる。

2.4 Kronig-Penny モデル

まったく自由な空間の電子のエネルギー固有値は式(2.3)で表され，$E \geqq 0$ のすべてのエネルギーをもつ固有状態が存在する。一方，絶縁体の電子構造には，禁止帯と呼ばれるエネルギー固有値が存在しないエネルギー領域が存在し，その存在が物性に強くかかわっている。本節では，簡単な1次元ポテンシャル中の粒子のエネルギー固有値を求め，禁止帯の発生の様子を調べる。

結晶の周期を a とする1次元の周期ポテンシャル

$$V(x)=\begin{cases} 0 & (na < x \leqq (n+1)a-b) \\ V_0 & (na-b < x \leqq na) \end{cases} \tag{2.26}$$

を考える。ここで，n は任意の整数である。ブロッホの定理により，波動関数は，$u(k, x)$を周期 a の周期関数として

$$\phi(x)=e^{ikx}u(k, x) \tag{2.27}$$

と表せる。これをシュレーディンガー方程式に代入すると $u(k, x)$に対する方程式

$$\frac{d^2u}{dx^2}+2ik\frac{du}{dx}-\left\{k^2-\frac{2m}{\hbar^2}(\varepsilon-V(x))\right\}u=0 \tag{2.28}$$

を得る。したがって，式(2.26)の各領域の方程式は

$$\begin{cases} \dfrac{d^2u}{dx^2}+2ik\dfrac{du}{dx}-(k^2-\alpha^2)u=0 & (na < x \leqq (n+1)a-b) \\ \dfrac{d^2u}{dx^2}+2ik\dfrac{du}{dx}-(k^2-\beta^2)u=0 & (na-b < x \leqq na) \end{cases} \tag{2.29}$$

と表される。ここで，α, β は

$$\begin{cases} \alpha^2 \equiv \dfrac{2m\varepsilon}{\hbar^2} \\ \beta^2 \equiv \dfrac{2m(\varepsilon-V_0)}{\hbar^2} \end{cases} \tag{2.30}$$

と定義した。

式(2.29)の微分方程式は容易に解けて，$u(k, x)$は，各領域で

$$u(x)=\begin{cases} A_1e^{i(\alpha-k)x}+A_2e^{-i(\alpha+k)x} & (na<x\leqq(n+1)a-b) \\ B_1e^{i(\beta-k)x}+B_2e^{-i(\beta+k)x} & (na-b<x\leqq na) \end{cases} \tag{2.31}$$

なる一般解をもつ。四つの定数 A_1, A_2, B_1, B_2 は，$u(k, x)$，およびその1階の微係数が $x=na$ と $x=na-b$ において連続となる条件

$$\begin{cases} A_1+A_2=B_1+B_2 \\ (\alpha-k)A_1-(\alpha+k)A_2=(\beta-k)B_1-(\beta+k)B_2 \\ A_1e^{i(\alpha-k)(a-b)}+A_2e^{-i(\alpha+k)(a-b)}=B_1e^{-i(\beta-k)b}+B_2e^{i(\beta+k)b} \\ (\alpha-k)A_1e^{i(\alpha-k)(a-b)}-(\alpha+k)A_2e^{-i(\alpha+k)(a-b)} \\ \quad =(\beta-k)B_1e^{-i(\beta-k)b}-(\beta+k)B_2e^{i(\beta+k)b} \end{cases} \tag{2.32}$$

から決まる。式(2.32)の係数 A_1, A_2, B_1, B_2 がすべて0となる自明な解以外の解をもつためには，式(2.32)の A_1, A_2, B_1, B_2 に対する係数行列式が0となることが必要である。この条件は，整理すると

$$f(\varepsilon)=-\frac{\alpha^2+\beta^2}{2\alpha\beta}\sin\alpha(a-b)\sin\beta b+\cos\alpha(a-b)\cos\beta b=\cos ka \tag{2.33}$$

と表される。なお，この式は，$\varepsilon<V_0$ で β が純虚数となる場合も含めて用いることができる。式(2.33)のエネルギーの関数 $f(\varepsilon)$ は，ε が0から増大するとき，**図 2.3**(a)に示すように振動的に減衰する。式(2.33)は $f(\varepsilon)=\cos ka$ と表せるので，$|f(\varepsilon)|\leqq 1$ となるエネルギー ε に対しては，対応する実数 k が存在する。しかし，$|f(\varepsilon)|>1$ の場合，対応する実数 k は存在しない，すなわち，図(b)に示すようにエネルギー固有値が存在しない領域，禁止帯が生じることを示している。このように周期ポテンシャル中の電子状態には，エネルギー固有値が連続的に存在するエネルギーバンドと固有値の存在しない禁止帯が現れる。式(2.26)の周期ポテンシャルを，**Kronig-Penny モデル**と呼ぶ。

2種類の禁止帯幅の異なる半導体を周期的に積層した超格子構造中の電子構造は，次節で述べる有効質量方程式を適用すると，本節で述べたKronig-Penny モデルにより表すことができる。

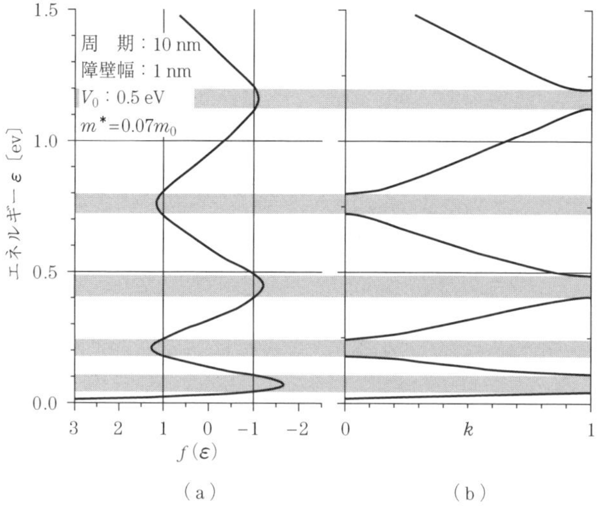

ここでは，ポテンシャルの周期 10 nm，障壁の厚さ 1 nm，障壁の高さ 0.5 eV とした。また，m^* は，2.5.3 項で述べる電子の有効質量で，シュレーディンガー方程式に現れる電子の質量として，自由空間での電子の質量を m_0 として 0.07 m_0 という値を用いた。この値は GaAs の伝導帯の電子の有効質量に相当する

図 2.3　Kronig-Penny モデルにおける $f(\varepsilon)$ (a) と還元ゾーン表示による分散関係 (b)

2.5　結晶中の電子状態

2.5.1　自由電子近似

本項では，自由電子に対するシュレーディンガー方程式の解を第 0 近似の波動関数として，弱い周期ポテンシャルが導入された場合の電子状態を摂動論を用いて考察する。このモデルは，価電子が結晶中を比較的自由に運動する典型金属の電子構造を比較的よく表している。

結晶中の 1 電子近似のシュレーディンガー方程式(2.30)の解は，ブロッホ型 $\phi(\boldsymbol{k}, \boldsymbol{r})=e^{i\boldsymbol{k}\cdot\boldsymbol{r}}u(\boldsymbol{k}, \boldsymbol{r})$ で記述できる。$u(\boldsymbol{k}, \boldsymbol{r})$ とポテンシャル $V(\boldsymbol{r})$ は，格子の周期関数なので，いずれもフーリエ展開（Fourier expansion）ができて

$$\begin{cases} \phi(\boldsymbol{k},\ \boldsymbol{r}) = e^{i\boldsymbol{k}\cdot\boldsymbol{r}} u(\boldsymbol{k},\ \boldsymbol{r}) = \dfrac{1}{\sqrt{\Omega}}\, e^{i\boldsymbol{k}\cdot\boldsymbol{r}} \sum_{g}^{\infty} A_g e^{i\boldsymbol{g}\cdot\boldsymbol{r}} \\ V(\boldsymbol{r}) = \dfrac{1}{\sqrt{\Omega}} \sum_{g}^{\infty} V_g e^{i\boldsymbol{g}\cdot\boldsymbol{r}} \end{cases} \tag{2.34}$$

と表すことができる。ここで $\boldsymbol{g}$ は，g_1, g_2, g_3 を任意の整数として，式(2.19)の逆格子ベクトル $\boldsymbol{g}_1$, $\boldsymbol{g}_2$, $\boldsymbol{g}_3$ を用いて

$$\boldsymbol{g} = g_1\boldsymbol{b}_1 + g_2\boldsymbol{b}_2 + g_3\boldsymbol{b}_3 \tag{2.35}$$

と定義される逆格子空間の格子点を表すベクトル，Ωは結晶の体積である。式(2.34)をシュレーディンガー方程式$\{(\boldsymbol{p}^2/2\,m) + V\}\phi = \varepsilon\phi$ に代入すると

$$\sum_{g} \varepsilon(\boldsymbol{k}+\boldsymbol{g}) \frac{1}{\sqrt{\Omega}} A_g e^{i(\boldsymbol{k}+\boldsymbol{g})\cdot\boldsymbol{r}} + \sum_{g,g'} V_{g'} \frac{1}{\sqrt{\Omega}} A_g e^{i(\boldsymbol{k}+\boldsymbol{g}+\boldsymbol{g}')\cdot\boldsymbol{r}} = \varepsilon \sum_{g} \frac{1}{\sqrt{\Omega}} A_g e^{i(\boldsymbol{k}+\boldsymbol{g})\cdot\boldsymbol{r}} \tag{2.36}$$

となる。ここで，$\varepsilon(\boldsymbol{k})$は，式(2.3)の自由電子のエネルギー $\varepsilon(\boldsymbol{k}) = \hbar^2 k^2/(2m)$であり，$\varepsilon(\boldsymbol{k}+\boldsymbol{g})$は $\varepsilon(\boldsymbol{k}+\boldsymbol{g}) = (\hbar^2/2m)(\boldsymbol{k}+\boldsymbol{g})^2$ を表す。両辺に$(1/\sqrt{\Omega})\, e^{-i(\boldsymbol{k}+\boldsymbol{g}'')\cdot\boldsymbol{r}}$ を掛けて，結晶内全体で積分を実行すると

$$\varepsilon(\boldsymbol{k}+\boldsymbol{g}'')\, u_{g''} \sum_{g} V_{g''-g} A_g = \varepsilon A_{g''} \tag{2.37}$$

を得る。ここでフーリエ級数の直交性

$$\begin{cases} \displaystyle\int e^{i(\boldsymbol{g}+\boldsymbol{g}'')\cdot\boldsymbol{r}} d\boldsymbol{r} = \Omega\delta_{g,g''} \\ \displaystyle\int e^{i(\boldsymbol{g}+\boldsymbol{g}'-\boldsymbol{g}'')\cdot\boldsymbol{r}}\, d\boldsymbol{r} = \Omega\delta_{g+g',g''} \end{cases} \tag{2.38}$$

を利用した。ここで，式を見やすくするために，$\boldsymbol{g}'' \to \boldsymbol{g}$，$\boldsymbol{g} \to \boldsymbol{g}'$ なる書換えを行うと

$$\{\varepsilon(\boldsymbol{k}+\boldsymbol{g}) - \varepsilon\} A_g + \sum_{g'} V_{g-g'}\, A_{g'} = 0 \tag{2.39}$$

を得る。この式は，A_g に関する無限次元の連立方程式である。

式(2.39)のポテンシャルの項が十分小さいとして，第0次近似の波動関数として，まず平面波の解 $\phi^{(0)}(\boldsymbol{k},\ \boldsymbol{r}) = (1/\sqrt{\Omega})\, e^{i\boldsymbol{k}\cdot\boldsymbol{r}}$ を仮定して，摂動論により1次近似の波動関数を求める。第0次近似の波動関数のフーリエ成分 $A_g^{(0)}$ は

$$A_0^{(0)} = 1, \quad A_{g\neq 0}^{(0)} = 0 \tag{2.40}$$

と表されるので，式(2.39)において，$\boldsymbol{g}=\boldsymbol{0}$ とおくことによって，1次摂動のエネルギー固有値として

$$\varepsilon_k^{(1)}=\varepsilon(\boldsymbol{k})+V_0 \tag{2.41}$$

を得る。一方，第1次近似の波動関数の展開係数 $A_g^{(1)}$ は，式(2.39)の第1項の A_g に $A_g^{(1)}$ を代入し，摂動を与える第2項の A_g に $A_g^{(0)}$，第1項の ε に $\varepsilon_k^{(0)}$ を代入することにより

$$A_g^{(1)}=\frac{-V_{-g}}{\varepsilon(\boldsymbol{k}+\boldsymbol{g})-\varepsilon(\boldsymbol{k})} \tag{2.42}$$

と求められる。したがって，1次の摂動まで考慮した波動関数は

$$\phi(\boldsymbol{k},\ \boldsymbol{r})=\frac{1}{\sqrt{\Omega}}\,e^{i\boldsymbol{k}\cdot\boldsymbol{r}}\left(1-\sum_g^{\infty}\frac{V_{-g}}{\varepsilon(\boldsymbol{k}+\boldsymbol{g})-\varepsilon(\boldsymbol{k})}\,e^{i\boldsymbol{g}\cdot\boldsymbol{r}}\right)$$

と表される。

しかし，式(2.42)から明らかなように，この近似は式(2.42)の分母が0となる $\varepsilon(\boldsymbol{k}+\boldsymbol{g})-\varepsilon(\boldsymbol{k})=0$ の近傍，したがって

$$\boldsymbol{g}\cdot\left(\boldsymbol{k}+\frac{\boldsymbol{g}}{2}\right)=0 \tag{2.43}$$

の近傍の $\boldsymbol{k}$ に対して破綻する。これは，**図2.4**からわかるように，$\boldsymbol{k}$ が逆格子ベクトル $-\boldsymbol{g}$ の垂直2等分面上に存在するときである。この条件は，X線回折における**ブラッグ条件**（Bragg condition）と同じである。

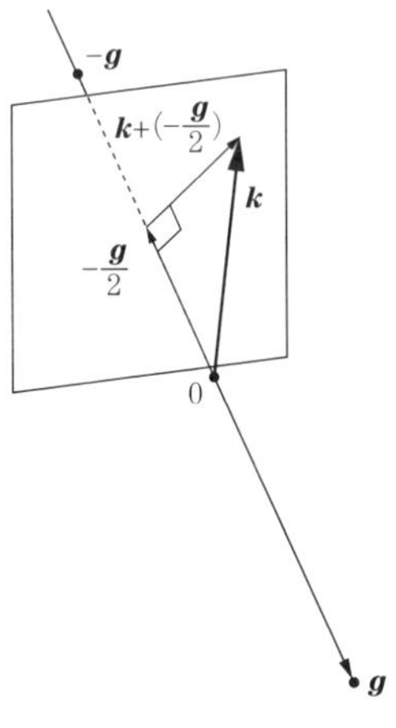

図2.4　$\boldsymbol{g}\cdot(\boldsymbol{k}+\boldsymbol{g}/2)=0$ を満たす波数ベクトル

つぎに波数 $\boldsymbol{k}$ が，式(2.43)の条件を満たす，あるいはその近傍の値をもつ場合の固有値と固有関数を考えよう。波数 $\boldsymbol{k}$ が，一つの逆格子ベクトル $-\boldsymbol{g}$ の垂直 2 等分面の近傍にあるとする。このような場合，A_g に関する連立方程式(2.39)において，0 次の波動関数を与える A_0 と 1 次の摂動項(2.42)が発散する A_g が，大きい値をもつと考えられる。そこで，式(2.39)において，この 2 項以外を無視した連立方程式

$$\begin{cases} \{\varepsilon(\boldsymbol{k})-\varepsilon\}A_0+V_0A_0+V_{-g}A_g=0 \\ \{\varepsilon(\boldsymbol{k}+\boldsymbol{g})-\varepsilon\}A_g+V_g A_0+V_0A_g=0 \end{cases} \tag{2.44}$$

を考える。$\boldsymbol{g}=0$ に対応する $V(\boldsymbol{r})$ のフーリエ係数 V_0 は，エネルギー原点のシフトを与えるにすぎないので，$V_0=0$ としても一般性は失わない。式(2.44)の方程式が，A_0 と A_g がともに 0 となる自明な解以外の解をもつためには，係数行列式が 0 であること

$$\begin{vmatrix} \varepsilon(\boldsymbol{k})-\varepsilon & V_{-g} \\ V_g & \varepsilon(\boldsymbol{k}+\boldsymbol{g})-\varepsilon \end{vmatrix}=0 \tag{2.45}$$

が必要である。これを解くことにより，固有値

$$\varepsilon=\frac{(\varepsilon(\boldsymbol{k})+\varepsilon(\boldsymbol{k}+\boldsymbol{g}))\pm\sqrt{(\varepsilon(\boldsymbol{k})-\varepsilon(\boldsymbol{k}+\boldsymbol{g}))^2+4|V_g|^2}}{2} \tag{2.46}$$

を得る。ここで，(2.34)から得られる関係 $V_{-g}=V_g{}^*$ を用いた。

特に $\boldsymbol{k}^2=(\boldsymbol{k}+\boldsymbol{g})^2$ の場合には，式(2.46)は

$$\varepsilon=\varepsilon(\boldsymbol{k})\pm|V_g| \tag{2.47}$$

となる。これは，自由電子の場合，波数 $\boldsymbol{k}$ と $-\boldsymbol{k}$ の状態はエネルギー的に縮退しているが，ポテンシャルのフーリエ成分 V_g が 0 でない場合，波数 $\boldsymbol{k}$ が逆格子ベクトル $-\boldsymbol{g}$ の垂直 2 等分面上にあると，波数 $\boldsymbol{k}$ と $-\boldsymbol{k}$ の状態のエネルギー縮退が解けて $\Delta\varepsilon=2|V_g|$ の禁止帯を生じることを表している。また，このとき，式(2.44)より

$$A_g=\pm\frac{V_g}{|V_g|}A_0=\pm e^{i\delta}A_0 \tag{2.48}$$

なる関係を得る。δ は，V_g の位相である。したがって，対応する波動関数は

$$\phi(\boldsymbol{k},\ \boldsymbol{r})=\frac{1}{\sqrt{\Omega}}\ e^{i\boldsymbol{k}\cdot\boldsymbol{r}}(1\pm e^{i\delta}e^{i\boldsymbol{g}\cdot\boldsymbol{r}}) \tag{2.49}$$

と表される。以上の結果の意味を考えるため，1次元系について考えよう。**図2.5**(a)に1次元の場合の式(2.46)の分散関係の概形を示す。1次元系では，式(2.43)の条件は $k=-g/2=n\pi/a$ と表される。図からわかるように，この近傍の $\boldsymbol{k}$ では，自由電子の場合の放物線的な分散が変化して，$2|V_g|$の禁止帯が形成されている。一方，このときの波動関数は，式(2.49)より

$$\psi_k(x)=\frac{1}{\sqrt{L}}\ e^{-igx/2}(1\pm e^{i\delta}e^{igx})=\pm\frac{1}{\sqrt{L}}\ e^{-i\delta/2}\left(e^{i(gx+\delta)/2}\pm e^{-i(gx+\delta)/2}\right)$$
$$=\begin{cases}\dfrac{2}{\sqrt{L}}\ e^{-i\delta/2}\cos\dfrac{gx+\delta}{2}\\[2ex] -\dfrac{2i}{\sqrt{L}}e^{-i\delta/2}\sin\dfrac{gx+\delta}{2}\end{cases} \tag{2.50}$$

と表される。この結果は，ポテンシャルのフーリエ成分 V_{-g} が0でない場合，$k=-g/2$ の波は完全に反射（ブラッグ反射）され，$k=-g/2$ の入射波と $k=g/2$ の反射波が干渉して形成される，位相が $\pi/2$ 異なる二つの定在波が固有状態となることを示している。

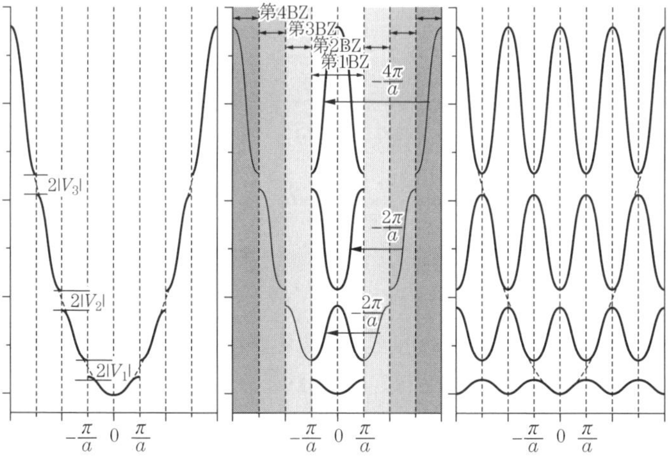

（a） 拡張ゾーン表示　（b） 還元ゾーン表示　（c） 周期的ゾーン表示

図2.5 バンド構造の異なる三つの表し方

結晶中の電子状態は，このように，ほぼ連続的にエネルギー固有値が存在する**エネルギーバンド**（バンド）と呼ばれる領域と，エネルギー固有値の存在しない禁止帯から構成されている。絶対零度では，結晶中の電子はバンドの低いエネルギーの準位から順に充てんされる。このとき，エネルギーが最大の電子準位がバンドの中ほどに存在するとき，その物質は金属となり，あるバンドが電子で完全に充てんされ，エネルギー最大の電子準位が禁止帯直下の準位となるとき，絶縁体となる。電子で完全に充てんされたバンドを**価電子帯**，電子の入っていない準位が存在するバンドを**伝導帯**と呼ぶ。なお，絶縁体の中で禁止帯幅が比較的小さく，室温近傍の温度でも価電子帯から伝導帯に電子が熱的に励起される物質を特に半導体と呼ぶ。

以上，波動関数を平面波で展開し，近似する**自由電子モデル**について述べたが，平面波展開は，理論的な取扱いのうえでも，バンドの数値計算上も，多くのメリットをもっている。しかし，実際に電子状態を数値計算で求める場合，クーロンポテンシャルを直接平面波で展開すると，収束が悪く，非常に多くの展開係数を必要とするため，実用的でない。2.6.1 項で述べる OPW 法，PK 法において平面波展開の特徴が生かされる。

2.5.2　$\boldsymbol{k}$ の任意性と第 1 ブリユアンゾーン

ブロッホの定理に現れる量子数 $\boldsymbol{k}$ は，一意に決まらず，任意性をもっている。いま，g_1, g_2, g_3 を任意の整数とする逆格子ベクトル（逆格子点）

$$\boldsymbol{g}=g_1\boldsymbol{b}_1+g_2\boldsymbol{b}_2+g_3\boldsymbol{b}_3 \tag{2.51}$$

を考える。ここで，式(2.22)の形のブロッホ関数を

$$\phi(\boldsymbol{k},\ \boldsymbol{r})=e^{i\boldsymbol{k}\cdot\boldsymbol{r}}u(\boldsymbol{k},\ \boldsymbol{r})=e^{i(\boldsymbol{k}+\boldsymbol{g})\cdot\boldsymbol{r}}(e^{-i\boldsymbol{g}\cdot\boldsymbol{r}}u(\boldsymbol{k},\ \boldsymbol{r})) \tag{2.52}$$

と変形してみよう。このとき，関数 $v(\boldsymbol{k}+\boldsymbol{g},\ \boldsymbol{r})\equiv e^{-i\boldsymbol{g}\cdot\boldsymbol{r}}u(\boldsymbol{k},\ \boldsymbol{r})$ は

$$v(\boldsymbol{k}+\boldsymbol{g},\ \boldsymbol{r}+\boldsymbol{R})=e^{-i\boldsymbol{g}\cdot(\boldsymbol{r}+\boldsymbol{R})}u(\boldsymbol{k},\ \boldsymbol{r}+\boldsymbol{R})=e^{-i\boldsymbol{g}\cdot\boldsymbol{r}}u(\boldsymbol{k},\ \boldsymbol{r})=v(\boldsymbol{k}+\boldsymbol{g},\ \boldsymbol{r}) \tag{2.53}$$

から明らかなように，結晶の周期をもつ周期関数である。すなわち，波数 $\boldsymbol{k}$ のブロッホ関数として $\phi(\boldsymbol{k},\ \boldsymbol{r})=e^{i\boldsymbol{k}\cdot\boldsymbol{r}}u(\boldsymbol{k},\ \boldsymbol{r})$ と表される波動関数は，同時

に，$\boldsymbol{g}$ を任意の逆格子ベクトルとして，波数 $\boldsymbol{k}+\boldsymbol{g}$ のブロッホ関数として $e^{i(\boldsymbol{k}+\boldsymbol{g})\cdot\boldsymbol{r}}v(\boldsymbol{k}+\boldsymbol{g},\ \boldsymbol{r})$ と表すことができることを示している。すなわち，波数 $\boldsymbol{k}$ は，任意の逆格子ベクトル $\boldsymbol{g}$ の任意性をもつことを表している。

この性質を1次元の自由電子近似の分散関係，図2.5(b)を用いて考えよう。1次元の逆格子ベクトルは，n を整数として $g_n=2n\pi/a$ と表される。したがって，図に示すように，例えば，$\pi/a\leqq k\leqq 2\pi/a$ の領域にある波数 k の状態は，$k+g_{-1}=k-2\pi/a$ の波数の状態として $-\pi/a\leqq k<\pi/a$ の領域の $\boldsymbol{k}$ を用いて表すことができる。同様にして，$-\pi/a\leqq k<\pi/a$ 以外の領域のすべての波数 k の電子状態は，適当な逆格子 $g_n=2n\pi/a$ の移動を行うことにより，網掛けをした $-\pi/a\leqq k<\pi/a$ の領域の波数 k のみを用いて表すことができる。また，逆に，図(b)の $-\pi/a\leqq k<\pi/a$ の領域の分散を図(c)のようにすべての領域に周期的に拡張することも可能である。図(a)，(b)，(c)に示す三つの分散関係の表し方は，それぞれ，拡張ゾーン形式，還元ゾーン形式，周期的ゾーン形式と呼ばれる。以上からわかるように $-\pi/a\leqq k<\pi/a$ の領域は，k 空間の単位格子となっており，この領域を第1ブリユアンゾーン，$-2\pi/a\leqq k<-\pi/a$ および $\pi/a\leqq k<2\pi/a$ の領域を第2ブリユアンゾーンなどと呼ぶ。

1次元のブリユアンゾーンの形状は簡単であるが，2次元以上の場合，ブリユアンゾーンの形状は複雑になる。まず，2次元の場合を考えよう。2次元系では，式(2.19)の逆格子ベクトルは

$$\begin{cases} \boldsymbol{b}_1\cdot\boldsymbol{a}_1=\boldsymbol{b}_2\cdot\boldsymbol{a}_2=1 \\ \boldsymbol{b}_1\cdot\boldsymbol{a}_2=\boldsymbol{b}_2\cdot\boldsymbol{a}_1=0 \end{cases} \tag{2.54}$$

を満たすベクトルと定義することができる。2次元の実空間の単位格子が，**図2.6**(a)に示すような矩(く)形で表されるとしよう。ゾーン境界は，原点と各逆格子点を結ぶ線分の垂直2等分線となる。逆格子および第1から第4までのブリユアンゾーンの形状を図(b)に示す。第1ブリユアンゾーンは，やはり長方形となる。1次元の場合と同様に，第1ブリユアンゾーンの外側の垂直2等分線で区切られた領域は，適当な逆格子ベクトルの移動を行うことにより，第1ブリユアンゾーン内に移動することができる。

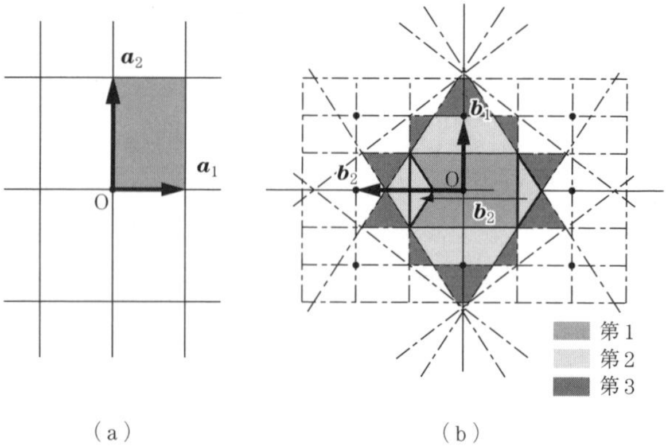

（a）は実空間の矩形格子の基本並進ベクトル $\boldsymbol{a}_1$，$\boldsymbol{a}_2$。（b）は対応する逆格子ベクトル $\boldsymbol{b}_1$，$\boldsymbol{b}_2$ と第1から第4までのブリユアンゾーン。第2以上のブリユアンゾーンは，逆格子ベクトル $\boldsymbol{b}=l\boldsymbol{b}_1+m\boldsymbol{b}_2$（$l$，$m$：整数）の移動により，それぞれ，ちょうど第1ブリユアンゾーンを覆う。一点鎖線は，逆格子点と原点の垂直二等分線

図 2.6　2 次元実空間，基本並進ベクトルと逆格子ベクトル，およびブリユアンゾーン

図 2.7 に 3 次元系の例として，単純立方格子と面心立方格子の場合の第1ブリユアンゾーンの形状を示す。単純立方格子では，逆格子も単純立方格子とな

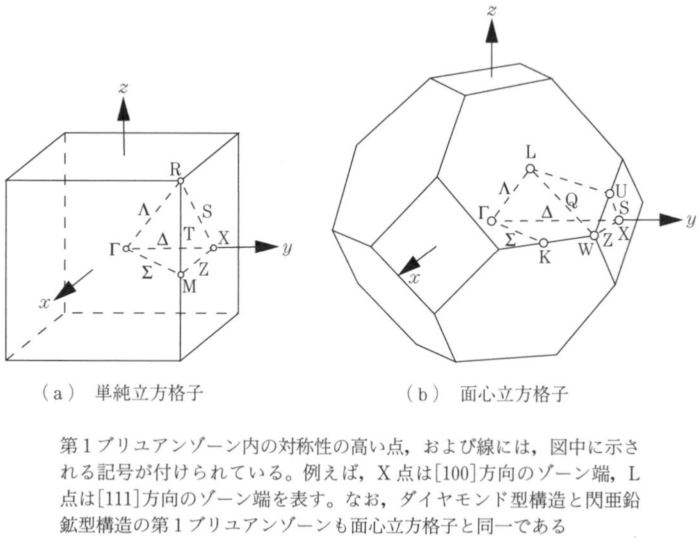

第1ブリユアンゾーン内の対称性の高い点，および線には，図中に示される記号が付けられている。例えば，X 点は[100]方向のゾーン端，L 点は[111]方向のゾーン端を表す。なお，ダイヤモンド型構造と閃亜鉛鉱型構造の第1ブリユアンゾーンも面心立方格子と同一である

図 2.7　単純立方格子（a）と面心立方格子（b）の第1ブリユアンゾーンの形状

り，第1ブリユアンゾーンもやはり，図(a)に示すように単純立方格子となる。一方，面心立方格子の逆格子は体心立方格子となり，第1ブリユアンゾーンは，図(b)のように正方形6面と正六角形8面に囲まれた形状をもつ。ダイヤモンド型構造と閃(せん)亜鉛鉱型構造は，面心立方格子の各格子点に[111]方向に$\sqrt{3}\,a/4$離れた2原子ペアを置いたものと考えられるので，第1ブリユアンゾーンの形状は，面心立方格子と同じである。第1ブリユアンゾーン内の対称性の高い点およびそれらを結んだ直線上には名前が付けられており，例えば，$\boldsymbol{k}=(0, 0, 0)$点は，Γ点，面心立方格子の[100]方向および[111]方向のゾーン端は，それぞれX点，L点と呼ばれる。

バンドの分散関係を表示するとき，還元ゾーン形式を用いれば，第1ブリユアンゾーン内のすべての波数$\boldsymbol{k}$に対するエネルギーの値を表示すればよいが，2次元以上の場合，2次元の紙面にすべての分散関係を記入することは困難である。このため，通常，波数$\boldsymbol{k}$を結晶の対称性の高い線に沿って変化させたときの分散関係が示されている。これは，半導体の光学的，電気的物性は，バンドの極大極小の近傍の分散関係に強く依存するが，バンドの極大極小は，通常，$\boldsymbol{k}$空間の対称性の高い点で起こるためである。閃亜鉛鉱型構造の半導体の分散は，通常，図2.7(b)の第1ブリユアンゾーン内のL：$2\pi/a(1/2, 1/2, 1/2)$ → Γ：$(0, 0, 0)$ → X：$2\pi/a(0, 0, 1)$ → U：$2\pi/a(-1/4, -1/4, 1)$ → K：$2\pi/a(3/4, 3/4, 0)$ → Γ：$(0, 0, 0)$を結ぶ線に沿って示されている場合が多い。

2.5.3 有効質量と有効質量方程式

禁止帯を挟んだ価電子帯の上端近傍と伝導帯の下端近傍の電子状態が，物質の光学的，電気的物性を支配するため，価電子帯の最大値と伝導帯の最小値近傍の電子状態を理解することが重要である。バンドのエネルギー分散を$\varepsilon(\boldsymbol{k})$と表すとき，価電子帯の最大値や伝導帯の最小値を与える波数$\boldsymbol{k}_0$近傍で$\varepsilon(\boldsymbol{k})$をテイラー展開すると

$$\varepsilon(\boldsymbol{k}_0+\varDelta\boldsymbol{k})=\varepsilon(\boldsymbol{k}_0)+\sum_i\left(\frac{\partial\varepsilon}{\partial k_i}\right)_{k=k_0}\varDelta k_i+\frac{1}{2}\sum_{i,j}\left(\frac{\partial^2 E}{\partial k_i\partial k_j}\right)_{k=k_0}\varDelta k_i\varDelta k_j+\cdots$$

と表せる。$\varepsilon(\boldsymbol{k})$は，$\boldsymbol{k}_0$ において極大値，または極小値をとるので，1次の展開項は表れない。$\varDelta\boldsymbol{k}$ の2次までで近似すると，極大値または極小値の近傍では

$$\varepsilon(\boldsymbol{k}_0+\varDelta\boldsymbol{k})\approx\varepsilon(\boldsymbol{k}_0)+\sum_{i,j}\frac{\hbar^2}{2m_{ij}^*}\varDelta k_i\varDelta k_j \tag{2.55}$$

$$\frac{1}{m_{ij}^*}\equiv\frac{1}{\hbar^2}\left(\frac{\partial^2\varepsilon}{\partial k_i\partial k_j}\right)_{\boldsymbol{k}=\boldsymbol{k}_0}$$

と近似される。展開の係数 m_{ij}^* は，一般的には結晶の方位 i, j に依存するが，対称性が高く，等方的な場合には方向に依存しないスカラ量となり，式(2.55)は

$$\varepsilon(\boldsymbol{k}_0+\varDelta\boldsymbol{k})\approx\varepsilon(\boldsymbol{k}_0)+\frac{\hbar^2}{2m^*}\varDelta\boldsymbol{k}^2 \tag{2.56}$$

と表される。式(2.55)の自由電子の分散と比較すると，m_{ij}^* は質量の次元をもつことがわかる。このため，m_{ij}^* は**有効質量テンソル**（effective mass tensor），m^* は**有効質量**（effective mass）と呼ばれる。m_{ij}^* には，周期ポテンシャルの効果が取り込まれるため，通常，m^* は自由電子の質量と異なる値をもつ。m_{ij}^* の具体的な表現は，例えば2.5.5項で述べる $\boldsymbol{k}\cdot\boldsymbol{p}$ 摂動を用いて与えられる。

上述のようにバンドの極値の近傍では，周期ポテンシャルの効果は，近似的に有効質量に繰り込むことができる。したがって，この結果を自然に拡張すれば，バンドの最大最小近傍の電子に外部からポテンシャル $U(\boldsymbol{r})$が加わったときの運動は，シュレーディンガー方程式

$$-\frac{\hbar}{i}\frac{\partial}{\partial t}\psi(\boldsymbol{r},\, t)=\left(-\frac{\hbar^2}{2m^*}\nabla^2+U\right)\psi(\boldsymbol{r},\, t)$$

により表せるように思える。以下に示すように，近似的にこの方程式が成り立つ。

周期的なポテンシャル $V(\boldsymbol{r})$中のハミルトニアンを H_0，そのブロッホ関数を $\phi_n(\boldsymbol{k},\, \boldsymbol{r})$，そのエネルギー固有値を $\varepsilon_n(\boldsymbol{k})$

$$H_0=\frac{\boldsymbol{p}^2}{2m}+V(\boldsymbol{r}), \quad H_0\phi_n(\boldsymbol{k},\ \boldsymbol{r})=\varepsilon_n(\boldsymbol{k})\phi_n(\boldsymbol{k},\ \boldsymbol{r})$$

とする。ここで，n はバンドを区別する量子数である。周期的ゾーン形式を用いると $\varepsilon_n(\boldsymbol{k})$は，$\boldsymbol{k}$ 空間で周期関数となるのでフーリエ展開可能であり

$$\varepsilon_n(\boldsymbol{k})=\sum_m \varepsilon_{nm}e^{i\boldsymbol{R}_m\cdot\boldsymbol{k}} \tag{2.57}$$

と表せる。ここで，$\boldsymbol{R}_m$ は実空間の格子点を表すベクトルである。ここで，$\varepsilon_n(\boldsymbol{k})$の引数である $\boldsymbol{k}$ を形式的に $-i\nabla$ で置き換えた演算子，$\varepsilon_n(-i\nabla)$を考える。$\phi_n(\boldsymbol{k},\ \boldsymbol{r})$に $\varepsilon_n(-i\nabla)$を作用させると，式(2.57)より

$$\begin{aligned}
\varepsilon_n(-i\nabla)\phi_n(\boldsymbol{k},\ \boldsymbol{r}) &= \left(\sum_m \varepsilon_{nm}e^{\boldsymbol{R}_m\cdot\nabla}\right)\phi_n(\boldsymbol{k},\ \boldsymbol{r}) \\
&= \sum_m \varepsilon_{nm}\left\{1+(\boldsymbol{R}_m\cdot\nabla)+\frac{1}{2!}(\boldsymbol{R}_m\cdot\nabla)^2+\cdots\right\}\phi_n(\boldsymbol{k},\ \boldsymbol{r}) \\
&= \sum_m \varepsilon_{nm}\phi_n(\boldsymbol{k},\ \boldsymbol{r}+\boldsymbol{R}_m) \\
&= \left(\sum_m \varepsilon_{nm}e^{i\boldsymbol{R}_m\cdot\boldsymbol{k}}\right)\phi_n(\boldsymbol{k},\ \boldsymbol{r})=\varepsilon_n(\boldsymbol{k})\phi_n(\boldsymbol{k},\ \boldsymbol{r})
\end{aligned} \tag{2.58}$$

なる関係を得る。この結果は，$\phi_n(\boldsymbol{k},\ \boldsymbol{r})$が $\varepsilon_n(-i\nabla)$の固有関数となっていることを示す。ここで，2 行目から 3 行目への変形では $\phi_n(\boldsymbol{k},\ \boldsymbol{r}+\boldsymbol{R}_m)$のテイラー展開

$$\phi_n(\boldsymbol{k},\ \boldsymbol{r}+\boldsymbol{R}_m)=\phi_n(\boldsymbol{k},\ \boldsymbol{r})+\boldsymbol{R}_m\cdot\nabla\phi_n(\boldsymbol{k},\ \boldsymbol{r})+\frac{1}{2}(\boldsymbol{R}_m\cdot\nabla)^2\phi_n(\boldsymbol{k},\ \boldsymbol{r})+\cdots$$

を，3 行目から 4 行目への変形ではブロッホの定理を利用した。

つぎに，結晶中の周期的ポテンシャル $V(\boldsymbol{r})$と比べ，緩やかに変化するポテンシャル $U(\boldsymbol{r})$が加わった場合の電子状態を考える。このときの時間発展は，時間に依存するシュレーディンガー方程式

$$i\hbar\frac{\partial}{\partial t}=H\psi, \quad H\equiv H_0+U \tag{2.59}$$

により表される。H に対する固有関数 ψ を，H_0 に対するバンド n の固有関数 $\phi_n(\boldsymbol{k},\ \boldsymbol{r})$を用いて

$$\psi=\sum_k A_n(\boldsymbol{k},\ t)\phi_n(\boldsymbol{k},\ \boldsymbol{r}) \tag{2.60}$$

と展開する。これを式(2.59)に代入して，式(2.58)の関係を用いると

$$i\hbar\frac{\partial}{\partial t}\psi=H\psi=(H_0+U)\sum_k A_n(\boldsymbol{k},\ t)\,\phi_n(\boldsymbol{k},\ \boldsymbol{r})$$
$$=\sum_{\boldsymbol{k}} A_n(\boldsymbol{k},\ t)\,(\varepsilon_n(\boldsymbol{k})+U)\,\phi_n(\boldsymbol{k},\ \boldsymbol{r})$$
$$=\sum_{\boldsymbol{k}} A_n(\boldsymbol{k},\ t)\{\varepsilon_n(-i\nabla)+U\}\phi_n(\boldsymbol{k},\ \boldsymbol{r})=\{\varepsilon_n(-i\nabla)+U\}\psi$$

なる関係が得られる。すなわち

$$i\hbar\frac{\partial}{\partial t}\psi=H\psi=\{\varepsilon_n(-i\nabla)+U\}\psi \tag{2.61}$$

が成り立つ。ここで，$\boldsymbol{k}=0$ の近傍の $\boldsymbol{k}$ を考えるものとして，$u_n(\boldsymbol{k},\ \boldsymbol{r})$ を $u_n(0,\ \boldsymbol{r})$ で近似し

$$\phi_n(\boldsymbol{k},\ \boldsymbol{r})=e^{i\boldsymbol{k}\cdot\boldsymbol{r}}u_n(\boldsymbol{k},\ \boldsymbol{r})\approx e^{i\boldsymbol{k}\cdot\boldsymbol{r}}u_n(0,\ \boldsymbol{r})=e^{i\boldsymbol{k}\cdot\boldsymbol{r}}\phi_n(0,\ \boldsymbol{r}) \tag{2.62}$$

と表すと，式(2.60)は

$$\psi=\sum_{\boldsymbol{k}} A_n(\boldsymbol{k},\ t)\,\phi_n(\boldsymbol{k},\ \boldsymbol{r})\approx F(\boldsymbol{r},\ t)\,\phi_n(0,\ \boldsymbol{r}) \tag{2.63}$$

と近似できる。ここで

$$F(\boldsymbol{r},\ t)\equiv\sum_{\boldsymbol{k}} A_n(\boldsymbol{k},\ t)\,e^{i\boldsymbol{k}\cdot\boldsymbol{r}} \tag{2.64}$$

を定義した。さらに，式(2.58)の同様な手続きを経て

$$\varepsilon_n(-i\nabla)\,\psi\approx\varepsilon_n(-i\nabla)\,F(\boldsymbol{r},\ t)\,\phi_n(0,\ \boldsymbol{r})=\left(\sum_m\varepsilon_{nm}e^{\boldsymbol{R}_m\cdot\nabla}\right)F(\boldsymbol{r},\ t)\,\phi_n(0,\ \boldsymbol{r})$$
$$=\sum_m\varepsilon_{nm}F(\boldsymbol{r}+\boldsymbol{R}_m,\ t)\,\phi_n(0,\ \boldsymbol{r}+\boldsymbol{R}_m)$$
$$=\phi_n(0,\ \boldsymbol{r})\left(\sum_m\varepsilon_{nm}e^{i\boldsymbol{R}_m\cdot\nabla}F(\boldsymbol{r},\ t)\right)$$
$$=\phi_n(0,\ \boldsymbol{r})\,\varepsilon_n(-i\nabla)\,F(\boldsymbol{r},\ t) \tag{2.65}$$

なる関係を得る。式(2.61)に式(2.63)を代入し，式(2.65)の関係を用いると，$F(\boldsymbol{r},\ t)$ に対する方程式

$$i\hbar\frac{\partial}{\partial t}F(\boldsymbol{r},\ t)=\{\varepsilon_n(-i\nabla)+U\}F(\boldsymbol{r},\ t) \tag{2.66}$$

が得られる。また，特に分散関係が式(2.56)のような形で表せるときは，初めに予測したとおり

$$i\hbar\frac{\partial}{\partial t}F(\boldsymbol{r},\ t)=\left(-\frac{\hbar^2}{2m^*}\nabla^2+U\right)F(\boldsymbol{r},\ t) \qquad (2.67)$$

なる方程式が導かれる。式(2.66)あるいは式(2.67)を**有効質量方程式**(effective mass equation)と呼ぶ。また，この近似を**有効質量近似**(effective mass approximation)と呼ぶ。ここで忘れてはならないことは，式(2.66)あるいは式(2.67)を解くことにより得られる関数 $F(\boldsymbol{r},\ t)$ は，波動関数そのものではなく $F(\boldsymbol{r},\ t)\,\phi_n(0,\ \boldsymbol{r})$ が真の波動関数であるということである。$F(\boldsymbol{r},\ t)$ は，周期関数 $\phi_n(0,\ \boldsymbol{r})$ を変調する包絡関数であるため，この近似は**包絡線近似**(envelope function approximation)とも呼ばれる。有効質量方程式は，比較的弱い外場中の電子状態を議論する場合きわめて有用であるが，適用限界については注意を要する。

この方程式の応用例として，ドナーやアクセプタ準位について述べる。半導体中の原子を荷電子数が1個多い不純物原子で置換したドナーの電子状態を考えよう。このとき，不純物原子は，周囲の原子との結合をつくり，価電子帯を電子で完全に充てんしても電子が1個余る。この余った電子は伝導帯に入る。一方，不純物原子の原子核の $+Ze$ の電荷は，内核電子により遮へいをされるため，誘電率を ε として

$$U(\boldsymbol{r})=-\frac{e^2}{4\pi\varepsilon r}$$

というポテンシャルとして作用する，このため，伝導帯に入った電子は，ポテンシャル $U(\boldsymbol{r})$ により束縛状態を形成する。等方的で伝導帯の電子の有効質量がスカラ量 m^* で表されると仮定すると，有効質量方程式(2.67)は，水素原子中の電子状態を与えるシュレーディンガー方程式において，質量と誘電率をそれぞれ $m\to m^*$，$\varepsilon_0\to\varepsilon$ と置き換えたものになる。したがって，式(2.5)と式(2.6)より，ドナーの束縛エネルギーとボーア半径は

$$\begin{cases} \varepsilon_n=-\dfrac{m^*e^4}{32\pi^2\varepsilon^2\hbar^2}\left(\dfrac{1}{n^2}\right) \qquad (n=1,\ 2,\ 3,\ \cdots) \\[2ex] a_0=\dfrac{4\pi\varepsilon\hbar^2}{m^*e^2} \end{cases}$$

と表される。例えばGaAsの伝導帯の有効質量 $m^*=0.067m_0$ と誘電率 $\varepsilon=12.8\varepsilon_0$ を代入すると，ドナーの基底状態のエネルギーとボーア半径は，それぞれ5.6 meV，10.1 nmとなり，実験的に得られる値とよい一致を示す。有効質量 m^* が大きくなるとボーア半径が小さくなり，不純物に束縛された電子状態がより狭い領域に局在するため，内核の電子状態の影響が大きくなり，上記のモデルとの誤差が大きくなる。

2.5.4 強束縛近似

絶縁体中では，金属の場合と異なり，電子は自由原子の場合と類似して，原子核の周辺に局在している。このため，各原子に局在した波動関数の線形結合が，結晶中の波動関数の比較的よい描像を与える。本項では，このような立場に基づき，結晶中の電子状態を考える。

各単位格子内に複数の原子が存在するものとして，原子を添字 m で区別し，各単位格子の基準点 $\boldsymbol{R}_l$ から測った原子 m の位置を $\boldsymbol{r}_m$ で表す。このとき，原子 m の座標は，$\boldsymbol{r}_{lm}=\boldsymbol{R}_l+\boldsymbol{r}_m$ と表される。

孤立した原子 m のポテンシャルを $v_m(\boldsymbol{r})$，ハミルトニアン $H_m(\boldsymbol{r})=p^2/2m+v_m(\boldsymbol{r})$ に対する固有関数を $\chi_{m\alpha}(\boldsymbol{r})$ とする。α は，電子の軌道を表す。つぎに，波動関数 $\chi_{m\alpha}(\boldsymbol{r})$ に対して直交性

$$\int\chi_{m\alpha}(\boldsymbol{r}-\boldsymbol{r}_{lm})^*\chi_{m'\alpha'}(\boldsymbol{r}-\boldsymbol{r}_{l'm'})\,d\boldsymbol{r}=\delta_{ll'}\delta_{mm'}\delta_{\alpha\alpha'} \tag{2.68}$$

を仮定する。

一方，結晶全体のハミルトニアンは，孤立原子のポテンシャル $v_m(\boldsymbol{r})$ を用いて

$$H=\frac{p^2}{2m}+\sum_{l,m}v_m(\boldsymbol{r}-\boldsymbol{r}_{lm}) \tag{2.69}$$

と表される。ここで，$H_m(\boldsymbol{r})$ に対する固有関数 $\chi_{m\alpha}(\boldsymbol{r})$ の線形結合

$$\phi_{m\alpha}(\boldsymbol{k})=\frac{1}{\sqrt{N}}\sum_{l}e^{i\boldsymbol{k}\cdot\boldsymbol{r}_{lm}}\chi_{m\alpha}(\boldsymbol{r}-\boldsymbol{r}_{lm}) \tag{2.70}$$

を考える。この関数は，ブロッホの定理を満たし，この形の線形結合を**ブロッ**

ホ和と呼ぶ。つぎに，結晶全体のハミルトニアン(2.69)に対する固有関数 $\Psi_k(\boldsymbol{r})$

$$H\Psi_k=\varepsilon(\boldsymbol{k})\Psi_k \tag{2.71}$$

を $\phi_{m\alpha}(\boldsymbol{k})$ の線形結合で展開して

$$\Psi_k=\sum_{m,\alpha}A_{m\alpha}\phi_{m\alpha}(\boldsymbol{k}) \tag{2.72}$$

と近似する。式(2.72)を式(2.71)に代入し，両辺に $\phi_{m\alpha}(\boldsymbol{k})^*$ を掛けて全空間で積分すると

$$\sum_{m'\alpha'}A_{m'\alpha'}(H_{m\alpha;m'\alpha'}-\varepsilon(\boldsymbol{k})\delta_{mm'}\delta_{\alpha\alpha'})=0 \tag{2.73}$$

$$\begin{aligned}H_{m\alpha;m'\alpha'}&\equiv\int\phi_{m\alpha}(\boldsymbol{k})^*H\phi_{m'\alpha'}(\boldsymbol{k})\,d\boldsymbol{r}\\&=\frac{1}{N}\sum_{l,l'}e^{i\boldsymbol{k}\cdot(\boldsymbol{r}_{l'm'}-\boldsymbol{r}_{lm})}\int\chi_{m\alpha}{}^*(\boldsymbol{r}-\boldsymbol{r}_{lm})H\ \chi_{m'\alpha'}(\boldsymbol{r}-\boldsymbol{r}_{l'm'})\,d\boldsymbol{r}\\&=\frac{1}{N}\sum_{l,l'}e^{i\boldsymbol{k}\cdot\{(\boldsymbol{R}_{l'}-\boldsymbol{R}_l)+(\boldsymbol{r}_{m'}-\boldsymbol{r}_m)\}}\int\chi_{m\alpha}{}^*(\boldsymbol{r}-\boldsymbol{R}_l-\boldsymbol{r}_m)H\ \chi_{m'\alpha'}(\boldsymbol{r}-\boldsymbol{R}_{l'}-\boldsymbol{r}_{m'})\,d\boldsymbol{r}\\&=\sum_{l'}e^{i\boldsymbol{k}\cdot\{\boldsymbol{R}_{l'}+\boldsymbol{r}_{m'}-\boldsymbol{r}_m\}}\int\chi_{m\alpha}{}^*(\boldsymbol{r}-\boldsymbol{r}_m)H\ \chi_{m'\alpha'}(\boldsymbol{r}-\boldsymbol{R}_{l'}-\boldsymbol{r}_{m'})\,d\boldsymbol{r}\end{aligned} \tag{2.74}$$

という無限次元の連立方程式が得られる。なお，この導出過程で l と l' に関する2重の和が現れるが，格子の周期性のため，各 l' に関する和はすべて等しいことを利用して，$\sum_{l,l'}\to N\sum_{l'}$ と変形をした後，$\boldsymbol{R}_l$ を原点にとった。式(2.73)の方程式が，すべての係数が0となる自明な解以外の解をもつためには，係数行列式(2.73)が0となる必要がある。すなわち

$$|H_{m\alpha;m'\alpha'}-\varepsilon(\boldsymbol{k})\delta_{mm'}\delta_{\alpha\alpha'}|=0 \tag{2.75}$$

が要請される。単位格子内の原子の数を M，それぞれの原子の軌道の数を A とすると，この方程式は，$\varepsilon(\boldsymbol{k})$ に関する $M\times A$ 次の方程式である。$\boldsymbol{k}$ を決めると式(2.74)の行列が決まるので，式(2.75)を解くと，$\varepsilon(\boldsymbol{k})$ として重根を含めて $M\times A$ 個の固有値が得られる。$\boldsymbol{k}$ を変化させて行列式(2.75)の解を求める操作を繰り返すことにより，$M\times A$ 個のバンドが得られる。また，求めた $\varepsilon(\boldsymbol{k})$ を式(2.73)に代入すれば，固有ベクトル $A_{m\alpha}$ が求まる。このような近似により電子状態を求める手法を**強束縛近似**（tight binding approximation）と

呼ぶ。なお，ここでは，各原子の固有関数 $\chi_{m\alpha}(\boldsymbol{r})$ に対して直交性(2.68)を仮定したが，厳密には2.3節の最後で述べたワニエ関数が，この条件を満たしている。

経験的強束縛近似では，適当な基底関数を選び，ブロッホ和間の式(2.74)の行列要素の値を経験的に与えてバンドの分散 $\varepsilon(\boldsymbol{k})$ を求める。それでは，実際に，経験的強束縛近似に基づいてバンドの分散を求めてみよう。

まず，最も簡単な例として，単位格子が単純立方格子で，その中に原子が1個存在する場合を考える。軌道 α としては，一つのs軌道のみ考える。この場合，式(2.75)は1×1の行列式となり，エネルギー固有値は，ただちに

$$\varepsilon(\boldsymbol{k}) = H_{ss} \tag{2.76}$$

と求められる。一方，式(2.74)の行列要素 H_{ss} は

$$\begin{aligned} H_{ss} &= \sum_{l'} e^{i\boldsymbol{k}\cdot\{\boldsymbol{R}_{l'}+(\boldsymbol{r}_{m'}-\boldsymbol{r}_m)\}} \int \chi_{m\alpha}{}^*(\boldsymbol{r}-\boldsymbol{r}_m)\, H\ \chi_{m'\alpha'}(\boldsymbol{r}-\boldsymbol{R}_{l'}-\boldsymbol{r}_{m'})\, d\boldsymbol{r} \\ &= \sum_{l'} e^{i\boldsymbol{k}\cdot\boldsymbol{R}_{l'}} \int \chi_s{}^*(\boldsymbol{r})\, H\ \chi_s(\boldsymbol{r}-\boldsymbol{R}_{l'})\, d\boldsymbol{r} \end{aligned}$$

と表される。ここに現れる行列要素 $\int \chi_s{}^*(\boldsymbol{r}) H \chi_s(\boldsymbol{r}-\boldsymbol{R}_{l'})\, d\boldsymbol{r}$ は，$\chi_{m\alpha}(\boldsymbol{r}-\boldsymbol{R}_{l'})$ が点 $\boldsymbol{R}_{l'}$ に局在する関数であるので，$\boldsymbol{R}_l{}'$ が増大すると $\chi_s(\boldsymbol{r})$ と $\chi_s(\boldsymbol{r}-\boldsymbol{R}_{l'})$ の重なりが急速に小さくなるので，その行列要素も急速に小さくなると考えられる。そこで，l' に関する和としては，それ自身($\boldsymbol{R}_l{}'=0$)と最近接原子間までで打ち切ることにする。いま，一つの原子に注目して，そこから最近接原子の位置を表す相対ベクトルを $\boldsymbol{d}_l$ とすると，$\boldsymbol{d}_1=(a, 0, 0)$, $\boldsymbol{d}_2=(-a, 0, 0)$, $\boldsymbol{d}_3=(0, a, 0)$, $\boldsymbol{d}_4=(0, -a, 0)$, $\boldsymbol{d}_5=(0, 0, a)$, $\boldsymbol{d}_6=(0, 0, -a)$ と表せるので，波数 $\boldsymbol{k}$ の状態のエネルギーは

$$\begin{aligned} \varepsilon(\boldsymbol{k}) = H_{ss} &= \int \phi_s{}^*(\boldsymbol{r})\, H\ \phi_s(\boldsymbol{r})\, d\boldsymbol{r} + \sum_{l=1}^{6} e^{i\boldsymbol{k}\cdot\boldsymbol{d}_l} \int \chi_s{}^*(\boldsymbol{r})\, H\ \chi_s(\boldsymbol{r}-\boldsymbol{d}_l)\, d\boldsymbol{r} \\ &= \varepsilon_s - 2V_{ss}(\cos k_x a + \cos k_y a + \cos k_z a) \end{aligned} \tag{2.77}$$

と表せる。ここで，ε_s と V_{ss} は，それぞれs軌道のエネルギーと再近接原子との重なり積分

$$\begin{cases} \varepsilon_s \equiv \int \chi_s^*(\boldsymbol{r}) H\ \chi_s(\boldsymbol{r})\, d\boldsymbol{r} \\ V_{ss} \equiv -\int \chi_s^*(\boldsymbol{r}) H\ \chi_s(\boldsymbol{r}-\boldsymbol{d}_1)\, d\boldsymbol{r} \end{cases}$$

である。この近似のもとでは，式(2.77)からわかるように，バンド幅は12$|V_{ss}|$となる。図2.7(a)に示された単純立方格子の第1ブリユアンゾーン内の逆格子空間の点，R → Γ → X → M → Γ に沿っての $\boldsymbol{k}$ に対するバンドの分散(2.77)を自由電子の分散とともに**図2.8**に示す。ここでは，自由電子バンドと強束縛近似のバンドのバンド幅が一致するように $|V_{ss}|$ の値を決めた。両者のバンドの分散は，比較的よく一致しているように見える。いま，ε_a をある決まったエネルギーとするとき，$\varepsilon(\boldsymbol{k})=\varepsilon_a$ を満たす曲面を**等エネルギー面**と呼ぶ。ε_a が，フェルミエネルギーである場合には，特にこの曲面をフェルミ面（Fermi surface）と呼ぶ。**図2.9**に自由電子モデルのバンドと強束縛近似のバンドの等エネルギー面（フェルミ面）形状を示す。ε_a が小さい間は，強束縛近似のバンドの等エネルギー面も有効質量が等方的であるため球形に近いが，ε_a が[100]方向のゾーン端のエネルギー（$\varepsilon(\boldsymbol{k})=\varepsilon(0)+4|V_{ss}|$）に近づくと，両者の相違が顕著に現れる。

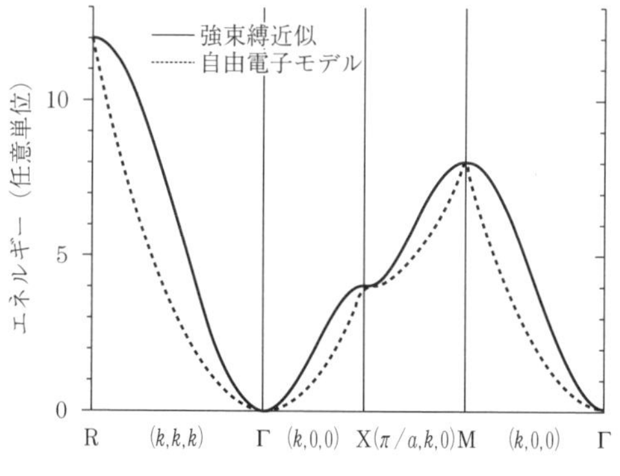

図2.8　自由電子モデルのバンドと強束縛近似によるバンド

つぎに，さらに現実的な例として閃亜鉛鉱型構造をもつ半導体の分散を考える。ここでは，以下の2点を仮定する。

(1)　単位胞に存在する2個の原子の各4軌道$\{1s,\ 1p_x,\ 1p_y,\ 1p_z\}$，$\{2s,$

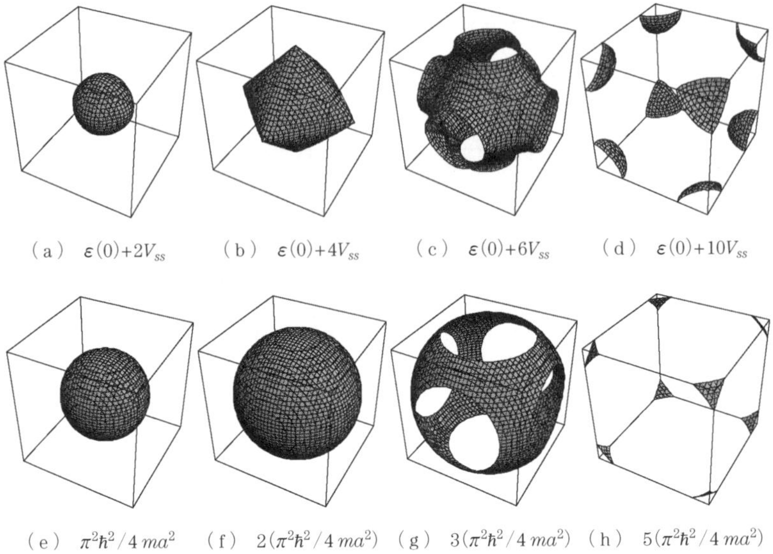

図 2.9　自由電子モデル(a)～(d)と強束縛近似(e)～(h)によるバンドのフェルミ面の形状の相違

$2p_x, 2p_y, 2p_z\}$，合計 8 軌道を基底関数とする（添字の 1，2 は原子の区別を表すことに注意）。

(2)　行列要素 $H_{m\alpha;m'\alpha'}$ を求める際，現れる重なり積分としては，それ自身と 4 個の最近接原子間のもののみを考慮する。

まず，行列要素 $H_{m\alpha;m'\alpha'}$ について検討する。原子軌道 $\chi_{m\alpha}(\boldsymbol{r})$ が，動径座標を含む関数 $R_{nl}(\boldsymbol{r})$ と，式(2.8)と式(2.9)で表される角度部分の関数の積で表されるので，対称性を考慮すると，$H_{m\alpha;m'\alpha'}$ の対角要素としては，$H_{1s,1s}=\varepsilon_{1s}$，$H_{2s,2s}=\varepsilon_{2s}$，$H_{1p,1p}=\varepsilon_{1p}$，$H_{2p,2p}=\varepsilon_{2p}$ の 4 種類，非対角要素としては，$H_{1s,2s}$，$H_{1s,2p}$，$H_{2s,1p}$，H_{p_x,p_x}，H_{p_x,p_y} の 5 種類の要素を考慮する必要がある。2 種類の原子のうちの一方から他方の四つの最近接原子に向けた相対位置を表すベクトルを $\boldsymbol{d}_l$ とすると，$\boldsymbol{d}_l$ は

$$\boldsymbol{d}_1=\frac{a}{4}(1,\ 1,\ 1),\quad \boldsymbol{d}_2=\frac{a}{4}(1,\ -1,\ -1),$$

$$\boldsymbol{d}_3 = \frac{a}{4}(-1,\ 1,\ -1), \quad \boldsymbol{d}_4 = \frac{a}{4}(-1,\ -1,\ 1)$$

と表される。この $\boldsymbol{d}_l$ を用いると，例えば $H_{1s,2s}$ は

$$H_{1s,2s} = \sum_{l=1}^{4} e^{i\boldsymbol{k}\cdot\boldsymbol{d}_l} \int \chi_{1s}{}^*(\boldsymbol{r})\, H\ \chi_{2s}(\boldsymbol{r}-\boldsymbol{d}_l)\, d\boldsymbol{r} = \frac{V_{ss}}{4}(e^{i\boldsymbol{k}\cdot\boldsymbol{d}_1} + e^{i\boldsymbol{k}\cdot\boldsymbol{d}_2} + e^{i\boldsymbol{k}\cdot\boldsymbol{d}_3} + e^{i\boldsymbol{k}\cdot\boldsymbol{d}_4})$$

と表せる。ここで重なり積分 V_{ss}

$$V_{ss} \equiv 4\int \chi_{1s}{}^*(\boldsymbol{r})\, H\ \chi_{2s}(\boldsymbol{r}-\boldsymbol{d}_l)\, d\boldsymbol{r}$$

を定義した。他の重なり積分の値も同様に

$$V_{1s2p} \equiv 4\int \chi_{1s}{}^*(\boldsymbol{r})\, H\ \chi_{2p}(\boldsymbol{r}-\boldsymbol{d}_l)\, d\boldsymbol{r}$$

$$V_{2s1p} \equiv 4\int \chi_{2s}{}^*(\boldsymbol{r})\, H\ \chi_{1p}(\boldsymbol{r}-\boldsymbol{d}_l)\, d\boldsymbol{r}$$

$$V_{xx} \equiv 4\int \chi_{1px}{}^*(\boldsymbol{r})\, H\ \chi_{2px}(\boldsymbol{r}-\boldsymbol{d}_l)\, d\boldsymbol{r}$$

$$V_{xy} \equiv 4\int \chi_{1p_x}{}^*(\boldsymbol{r})\, H\ \chi_{2p_y}(\boldsymbol{r}-\boldsymbol{d}_l)\, d\boldsymbol{r}$$

と定義すると，式(2.74)のハミルトニアンの行列要素は

$$\begin{array}{c} \\ 1s \\ 2s \\ 1p_x \\ 1p_y \\ 1p_z \\ 2p_x \\ 2p_y \\ 2p_z \end{array}
\begin{array}{c}
\begin{array}{cccccccc} 1s & 2s & 1p_x & 1p_y & 1p_z & 2p_x & 2p_y & 2p_z \end{array} \\
\left[\begin{array}{cccccccc}
\varepsilon_{1s} & V_{ss}g_0 & 0 & 0 & 0 & V_{1s2p}g_1 & V_{1s2p}g_2 & V_{1s2p}g_3 \\
V_{ss}g_0{}^* & \varepsilon_{2s} & V_{2s1p}g_1{}^* & V_{2s1p}g_2{}^* & V_{2s1p}g_3{}^* & 0 & 0 & 0 \\
0 & -V_{2s1p}g_1 & \varepsilon_{1p} & 0 & 0 & V_{xx}g_0 & V_{xy}g_3 & V_{xy}g_2 \\
0 & -V_{2s1p}g_2 & 0 & \varepsilon_{1p} & 0 & V_{xy}g_3 & V_{xx}g_0 & V_{xy}g_1 \\
0 & -V_{2s1p}g_3 & 0 & 0 & \varepsilon_{1p} & V_{xy}g_2 & V_{xy}g_1 & V_{xx}g_0 \\
-V_{1s2p}g_1{}^* & 0 & V_{xx}g_0{}^* & V_{xy}g_3{}^* & V_{xy}g_2{}^* & \varepsilon_{2p} & 0 & 0 \\
-V_{1s2p}g_2{}^* & 0 & V_{xy}g_3{}^* & V_{xx}g_0{}^* & V_{xy}g_1{}^* & 0 & \varepsilon_{2p} & 0 \\
-V_{1s2p}g_3{}^* & 0 & V_{xy}g_2{}^* & V_{xy}g_1{}^* & V_{xx}g_0{}^* & 0 & 0 & \varepsilon_{2p}
\end{array}\right]
\end{array} \tag{2.78}$$

のように表される。ここで，$g_i(\boldsymbol{k})$ は

$$\begin{cases} g_0(\boldsymbol{k})=\dfrac{1}{4}\{e^{i\boldsymbol{d}_1\cdot\boldsymbol{k}}+e^{i\boldsymbol{d}_2\cdot\boldsymbol{k}}+e^{i\boldsymbol{d}_3\cdot\boldsymbol{k}}+e^{i\boldsymbol{d}_4\cdot\boldsymbol{k}}\} \\ g_1(\boldsymbol{k})=\dfrac{1}{4}\{e^{i\boldsymbol{d}_1\cdot\boldsymbol{k}}+e^{i\boldsymbol{d}_2\cdot\boldsymbol{k}}-e^{i\boldsymbol{d}_3\cdot\boldsymbol{k}}-e^{i\boldsymbol{d}_4\cdot\boldsymbol{k}}\} \\ g_2(\boldsymbol{k})=\dfrac{1}{4}\{e^{i\boldsymbol{d}_1\cdot\boldsymbol{k}}-e^{i\boldsymbol{d}_2\cdot\boldsymbol{k}}+e^{i\boldsymbol{d}_3\cdot\boldsymbol{k}}-e^{i\boldsymbol{d}_4\cdot\boldsymbol{k}}\} \\ g_3(\boldsymbol{k})=\dfrac{1}{4}\{e^{i\boldsymbol{d}_1\cdot\boldsymbol{k}}-e^{i\boldsymbol{d}_2\cdot\boldsymbol{k}}-e^{i\boldsymbol{d}_3\cdot\boldsymbol{k}}+e^{i\boldsymbol{d}_4\cdot\boldsymbol{k}}\} \end{cases} \tag{2.79}$$

と定義した。波数 $\boldsymbol{k}$ を決めると式(2.78)の固有方程式が決まり，行列を対角化することにより，重根を含めて，8 個の固有値が求まる。$\boldsymbol{k}$ を変えつつ固有値を求める操作を繰り返すと，バンドの分散が得られる。

ここで再び，行列要素 V_{ss}，V_{1s2p}，V_{2s1p}，V_{xx}，V_{xy} について考える。すでに述べたように，$\chi_{m\alpha}(\boldsymbol{r})$ は動径関数 $R_{nl}(\boldsymbol{r})$ と，式(2.8)と式(2.9)で表される球面調和関数 $Y_l^m(\theta, \varphi)$ との積で表せることを利用すると，五つの行列要素 V_{ss}，V_{1s2p}，V_{2s1p}，V_{xx}，V_{xy} は，**図 2.10** に示す $V_{ss\sigma}$，$V_{1s2p\sigma}$，$V_{2p1p\sigma}$，$V_{pp\sigma}$，$V_{pp\pi}$ の行列要素の値を用いて表すことができる。ある原子から方向余弦 (l, m, n) で表される方位に最近接原子が存在する場合，**図 2.11** に示すように，行列要素

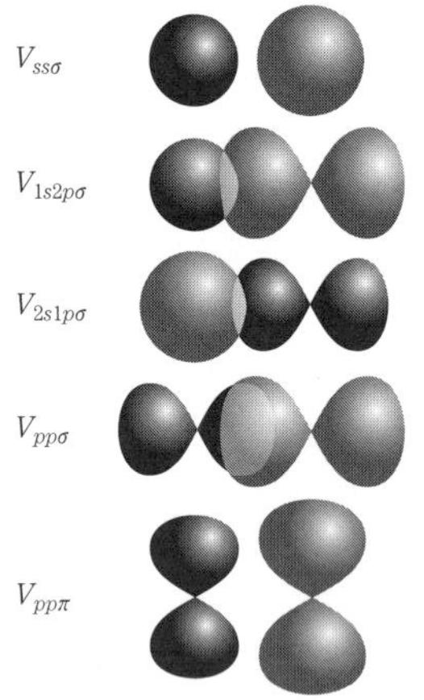

図 2.10　基本となる五つの重なり積分

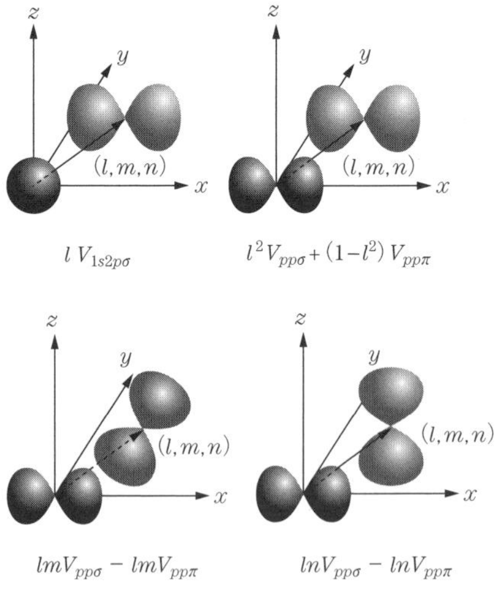

図 2.11　重なり積分の分解

は五つの行列要素 $V_{ss\sigma}$，$V_{1s2p\sigma}$，$V_{2s1p\sigma}$，$V_{pp\sigma}$，$V_{pp\pi}$ の値を用いて

$$\begin{cases} V_{ss}=4V_{ss\sigma} \\ V_{1s2p_x}=4lV_{1s2p\sigma} \\ V_{2s1p_x}=4lV_{2s1p\sigma} \\ V_{xx}=4\{l^2V_{pp\sigma}+(1-l^2)V_{pp\pi}\} \\ V_{xy}=4lm(V_{pp\sigma}-V_{pp\pi}) \\ V_{xz}=4ln(V_{pp\sigma}-V_{pp\pi}) \end{cases} \tag{2.80}$$

と表される。特に閃亜鉛鉱型構造の場合

$$\begin{cases} V_{ss}=4V_{ss\sigma} \\ V_{1s2p}=-\dfrac{4V_{1s2p\sigma}}{\sqrt{3}} \\ V_{2s1p}=-\dfrac{4V_{2s1p\sigma}}{\sqrt{3}} \\ V_{xx}=4\left(\dfrac{V_{pp\sigma}}{3}+\dfrac{2V_{pp\pi}}{3}\right) \\ V_{xy}=V_{xz}=4\left(\dfrac{V_{pp\sigma}}{3}-\dfrac{V_{pp\pi}}{3}\right) \end{cases}$$

となる。結晶にひずみが入って，結晶が立方対称性からずれる場合は，式(2.80)に戻って考える必要がある。

さて，五つの重なり積分 $V_{ss\sigma}$，$V_{1s2p\sigma}$，$V_{2s1p\sigma}$，$V_{pp\sigma}$，$V_{pp\pi}$ の値は，通常，実験的にわかっている逆格子の特徴的な $\boldsymbol{k}$ 点におけるバンドのエネルギー間隔が，強束縛近似の計算から求められるエネルギーバンドと一致するように経験的に決められる。一方，Harrison は，自由電子のバンドと強束縛近似のバンド幅を比較することにより，原子間距離を d とするとき，非対角行列要素が d^{-2} スケーリング則

$$V_{ll'm}=\eta_{ll'm}\frac{\hbar^2}{md^2} \tag{2.81}$$

を満たすことを示した(1)。ここで，$\eta_{ll'm}$ は結晶構造に依存するパラメータで，Harrison は，Si や Ge などの実際の半導体で求めたバンド分散が，より正し

いバンド構造を再現するように補正を加えて，$\eta_{ss\sigma}=-1.40$，$\eta_{sp\sigma}=1.84$，$\eta_{pp\sigma}=3.24$，$\eta_{pp\pi}=-0.81$という値を提案している。Harrisonのこのモデルに従うと，式(2.81)は原子間距離のみに依存するので，$V_{1s2p\sigma}=V_{2s1p\sigma}$となる。また，Harrisonは，対角要素である$\varepsilon_{1s}$，$\varepsilon_{2s}$，$\varepsilon_{1p}$，$\varepsilon_{2p}$の値に対して適当な補正を加えた値を提案している。その値の一部を**表2.1**に示す。

表2.1　軌道エネルギー（上段：E_s，下段：E_p）[(1)]

（単位は〔ev〕）

d〔Å〕	2/12		13		14		15		16	
1.54	Be	−4.14 −8.17	B	−6.64 −12.54	C	−8.97 −17.52	N	−11.47 −23.04	O	−14.13 −29.14
2.35	Mg	−2.99 −6.86	Al	−4.86 −10.11	Si	−6.52 −13.55	P	−8.33 −17.10	S	−10.27 −20.80
2.44	Zn	−3.38 −8.40	Ga	−4.90 −11.37	Ge	−6.36 −14.38	As	−7.91 −17.33	Se	−9.53 −20.32
2.80	Cd	−3.38 −7.70	In	−4.69 −10.12	Sn	−5.94 −12.50	Sb	−7.24 −14.80	Te	−8.59 −17.11

Harrisonのパラメータを用いて求めたバンドの分散を**図2.12**(a)に示す。8種の基底関数を考慮しているので，縮退を含めて8本のバンドが求まり，下から4番目と5番目のバンドの間に禁止帯が形成されている。一つのバンドには，スピンの自由度を考慮すると，単位胞当り2個の原子を充てんできる。したがって，ダイヤモンド型および閃亜鉛鉱型構造では単位格子内の2個の原子が有する合計8個の価電子は，下から禁止帯の下側の4番目のバンドまでに完全に充満される。禁止帯の下側のバンドを価電子帯，上側のバンドを伝導帯と呼ぶ。

また，図2.12には，自由な電子のバンド分散と後述する経験的擬ポテンシャル法により求めたバンド分散も示す。価電子帯に関するかぎり，強束縛近似と経験的擬ポテンシャル法によるバンド分散は，よく一致している。一方，伝導帯のバンドには大きな相違が見られるが，これは，ここでは基底関数としてs, p軌道のみを考慮し，高エネルギー領域に存在する原子軌道を考慮していないためである。高エネルギー側の基底関数を増やすことにより，より正確

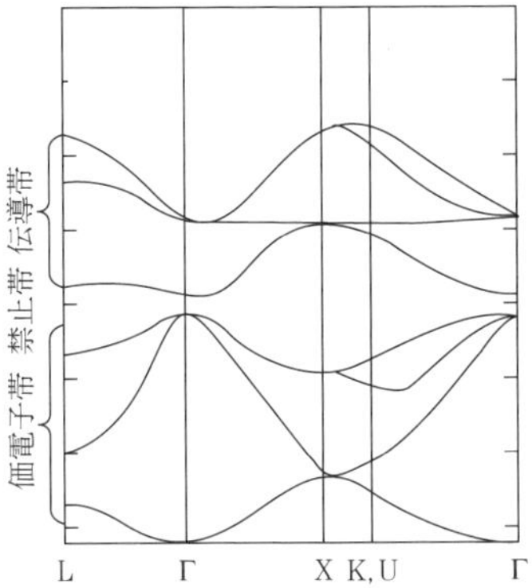

（a） 最近接原子間の相互作用を考慮した強束縛近似によるバンド

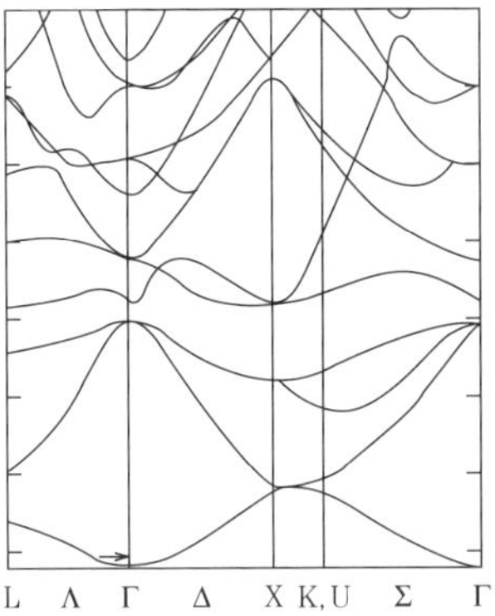

（b） 経験的擬ポテンシャル法に基づくバンド

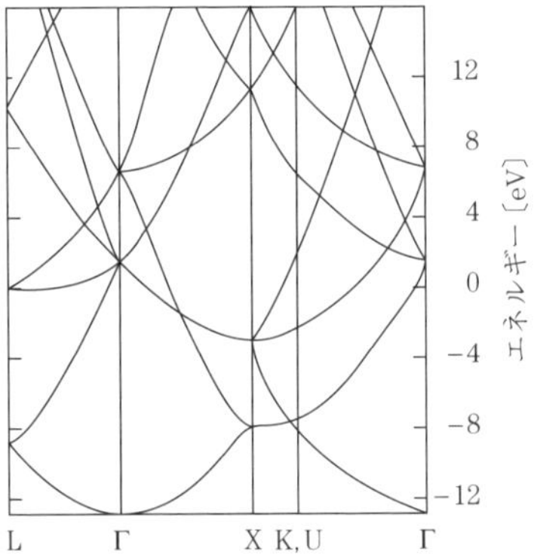

（c） 自由電子バンド

波数ベクトルを表す横軸に示されているL, Γ, Xなどの記号は，第1ブリユアンゾーン内の対称性の高い点を表す（図2.7および本文参照のこと）

図2.12 Ge（ダイヤモンド型構造）のバンド構造（波数 $\boldsymbol{k}$ とエネルギーの関係）

なバンドの分散を再現することが可能である。

ところで，図2.12からわかるように上述の強束縛近似により求めた価電子帯のバンドの上端では，3枚のバンドが縮退しているが，伝導帯の下端には縮退がない。この起源を明らかにするために，$\boldsymbol{k}=0$（Γ点）における式(2.78)のハミルトニアンを考える。$\boldsymbol{k}=0$ のとき，式(2.79)より $g_0=1$, $g_1=g_2=g_3=0$ となるので，式(2.78)のハミルトニアンの行列要素は

$$
\begin{array}{c|cccccccc|}
 & 1s & 2s & 1p_x & 1p_y & 1p_z & 2p_x & 2p_y & 2p_z \\
1s & \varepsilon_{1s} & V_{ss} & 0 & 0 & 0 & 0 & 0 & 0 \\
2s & V_{ss} & \varepsilon_{2s} & 0 & 0 & 0 & 0 & 0 & 0 \\
1p_x & 0 & 0 & \varepsilon_{1p} & 0 & 0 & V_{xx} & 0 & 0 \\
1p_y & 0 & 0 & 0 & \varepsilon_{1p} & 0 & 0 & V_{xx} & 0 \\
1p_z & 0 & 0 & 0 & 0 & \varepsilon_{1p} & 0 & 0 & V_{xx} \\
2p_x & 0 & 0 & V_{xx} & 0 & 0 & \varepsilon_{2p} & 0 & 0 \\
2p_y & 0 & 0 & 0 & V_{xx} & 0 & 0 & \varepsilon_{2p} & 0 \\
2p_z & 0 & 0 & 0 & 0 & V_{xx} & 0 & 0 & \varepsilon_{2p}
\end{array}
\tag{2.82}
$$

となる。すなわち，Γ点では，それぞれ陽イオンと陰イオンの s, p_x, p_y, p_z 軌道同士の混成だけが存在することがわかる。したがって，式(2.82)の行列はブロック対角化できるため，式(2.75)の固有値方程式は，s 軌道に関する 2 次方程式と p 軌道に関する三つのまったく同一の 2 次方程式となる。したがって，エネルギー固有値は容易に求まり

$$
\begin{cases}
\varepsilon = \dfrac{\varepsilon_{1s} + \varepsilon_{2s}}{2} \pm \sqrt{\left(\dfrac{\varepsilon_{1s} - \varepsilon_{2s}}{2}\right)^2 + {V_{ss}}^2} \\[2ex]
\varepsilon = \dfrac{\varepsilon_{1p} + \varepsilon_{2p}}{2} \pm \sqrt{\left(\dfrac{\varepsilon_{1p} - \varepsilon_{2p}}{2}\right)^2 + {V_{xx}}^2}
\end{cases}
\tag{2.83}
$$

となる。すなわち，Γ点では，陽イオンと陰イオンの s, p_x, p_y, p_z 軌道同士の混成が起こり，それぞれが結合軌道と反結合軌道を形成している。したがって，価電子帯上端は p 軌道の結合軌道で，3 重縮退は p_x, p_y, p_z 軌道の 3 重縮退に起因することが理解できる。一方，伝導帯下端は，s 軌道の反結合軌道に相当しており，縮退はない。

つぎに各固有値に対する固有ベクトルを考える。例えば，s 状態に対する式(2.70)の方程式は

$$
\begin{bmatrix} \varepsilon_{1s} - \varepsilon & V_{ss} \\ V_{ss} & \varepsilon_{2s} - \varepsilon \end{bmatrix}
\begin{bmatrix} \alpha \\ \beta \end{bmatrix}
=
\begin{bmatrix} 0 \\ 0 \end{bmatrix}
$$

となるので

$$\frac{\beta}{\alpha}=\frac{\varepsilon-\varepsilon_{1s}}{V_{ss}}=-\frac{\varepsilon_{1s}-\varepsilon_{2s}}{2V_{ss}}\pm\sqrt{1+\left(\frac{\varepsilon_{1s}-\varepsilon_{2s}}{2V_{ss}}\right)^2}$$

を得る。復号の＋が反結合軌道，－が結合軌道に相当するので，$\varepsilon_{1s}>\varepsilon_{2s}$ と仮定すれば，$|\beta/\alpha|_{結合軌道}>|\beta/\alpha|_{反結合軌道}$，すなわち容易に類推できるように，反結合軌道の波動関数ではエネルギーが高いｓ軌道の成分が支配的となる。通常，陽イオンのｓ軌道のエネルギーは，陰イオンのｓ軌道のエネルギーよりも高いので，伝導帯下端の波動関数には陽イオンのｓ軌道の性質が強く反映される。同様の議論から，価電子帯上端の波動関数には，陰イオンのｐ軌道の性質が強く反映される。例えば，禁止帯幅の異なる２種類の半導体の接合（ヘテロ接合）を形成すると，一般に両者の価電子帯上端と伝導帯下端のエネルギーは異なるため，界面でバンドに不連続が生じる。陰イオンが共通となっている物質の組合せの場合，上述の理由から通常，価電子帯のバンドの不連続量は伝導帯のバンド不連続量よりも小さい。この性質は，**コモンアニオンルール**と呼ばれている。

2.5.5 k・p 摂 動 法

$\boldsymbol{k}\cdot\boldsymbol{p}$ 摂動法（$k\cdot p$ perterbation）[(2)] は，波数 $\boldsymbol{k}_0$ の波動関数を用いて，その近傍のバンド分散を表す方法で，例えば，価電子帯の最大値近傍の複雑なバンド分散を理解する場合などに有用である。

結晶中の**ハミルトニアン** $H_0\equiv\boldsymbol{p}^2/2m+V(\boldsymbol{r})$ に対する固有関数を $\phi_n(\boldsymbol{k},\boldsymbol{r})=e^{i\boldsymbol{k}\cdot\boldsymbol{r}}u_n(\boldsymbol{k},\boldsymbol{r})$，エネルギー固有値を $\varepsilon(\boldsymbol{k})$ とする。このとき，$\phi_n(\boldsymbol{k},\boldsymbol{r})$ をシュレーディンガー方程式に代入すると，周期関数 $u_n(\boldsymbol{k},\boldsymbol{r})$ に対する方程式として

$$\left(H_0+\frac{\hbar}{m}\boldsymbol{k}\cdot\boldsymbol{p}+\frac{\hbar^2k^2}{2m}\right)u_n(\boldsymbol{k},\boldsymbol{r})=\varepsilon(\boldsymbol{k})u_n(\boldsymbol{k},\boldsymbol{r}) \tag{2.84}$$

を得る。いま，簡単のため，$\boldsymbol{k}=0$ をバンドの極大点，または極小点とする。また，式(2.84)から明らかなように，$\boldsymbol{k}=0$ の場合の関数 $u_n(0,\boldsymbol{r})=\phi_n(0,\boldsymbol{r})$ は，H_0 に対する固有関数で

$$H_0 u_n(0,\ \boldsymbol{r}) = \varepsilon(0)\, u_n(0,\ \boldsymbol{r}) \tag{2.85}$$

を満たす。そこで，$u_n(0,\ \boldsymbol{r})$を無摂動の波動関数として，$\boldsymbol{k}$に依存する項

$$H'(\boldsymbol{k}) \equiv \frac{\hbar}{m}\boldsymbol{k}\cdot\boldsymbol{p} + \frac{\hbar^2 k^2}{2m} \tag{2.86}$$

をH_0に対する摂動として，$\boldsymbol{k}=0$の近傍のエネルギー分散と波動関数を考える。まず，固有値εが縮退していない場合を考える。H'を摂動と考えると，1次摂動まで考慮した波動関数は

$$u_n(\boldsymbol{k},\ \boldsymbol{r}) = u_n(0,\ \boldsymbol{r}) + \sum_{j\neq n} \frac{\langle j,\ 0|H'(\boldsymbol{k})|n,\ 0\rangle}{\varepsilon_n(0)-\varepsilon_j(0)}\, u_j(0,\ \boldsymbol{r}) \tag{2.87}$$

と表せる。ここで，簡単のため

$$\langle j,\ \boldsymbol{k}|H'|n,\ \boldsymbol{k}\rangle \equiv \int u_j(\boldsymbol{k},\ \boldsymbol{r})^* H'(\boldsymbol{k})\, u_n(\boldsymbol{k},\ \boldsymbol{r})\, dr \tag{2.88}$$

という表し方を用いた。一方，2次摂動まで考慮したエネルギー固有値は

$$\begin{aligned}\varepsilon_n(\boldsymbol{k}) &= \varepsilon_n(0) + \langle n,\ 0|H'(\boldsymbol{k})|n,\ 0\rangle \\ &\quad + \sum_{j\neq n} \frac{\langle n,\ 0|H'(\boldsymbol{k})|j,\ 0\rangle\langle j,\ 0|H'(\boldsymbol{k})|n,\ 0\rangle}{\varepsilon_n(0)-\varepsilon_j(0)} \\ &= \varepsilon_n(0) + \frac{\hbar^2 k^2}{2m} + \frac{\hbar}{m}\langle n,\ 0|\boldsymbol{k}\cdot\boldsymbol{p}|n,\ 0\rangle \\ &\quad + \frac{\hbar^2}{m^2}\sum_{j\neq n} \frac{\langle n,\ 0|\boldsymbol{k}\cdot\boldsymbol{p}|j,\ 0\rangle\langle j,\ 0|\boldsymbol{k}\cdot\boldsymbol{p}|n,\ 0\rangle}{\varepsilon_n(0)-\varepsilon_j(0)}\end{aligned} \tag{2.89}$$

と表される。ここで，エネルギー固有値に関しては2次摂動まで考慮したのは，$\varepsilon(\boldsymbol{k})$が極値をとる点で，$\boldsymbol{k}\cdot\boldsymbol{p}$の1次摂動の項 $\langle n|\boldsymbol{k}\cdot\boldsymbol{p}|n\rangle$ が0となるためである。これは，つぎのように確かめられる。

シュレーディンガー方程式

$$H(\boldsymbol{k})\,\phi_n(\boldsymbol{k},\ \boldsymbol{r}) = (H_0 + H'(\boldsymbol{k}))\,\phi_n(\boldsymbol{k},\ \boldsymbol{r}) = \varepsilon_n(\boldsymbol{k})\,\phi_n(\boldsymbol{k},\ \boldsymbol{r})$$

の両辺の$\boldsymbol{k}$に関する勾配（gradient）をとると

$$\begin{aligned}&(\nabla_k H'(\boldsymbol{k}))\,\phi_n(\boldsymbol{k},\ \boldsymbol{r}) + H(\boldsymbol{k})\nabla_k\phi_n(\boldsymbol{k},\ \boldsymbol{r}) \\ &= (\nabla_k\varepsilon_n(\boldsymbol{k}))\,\phi_n(\boldsymbol{k},\ \boldsymbol{r}) + \varepsilon_n(\boldsymbol{k})\{\nabla_k\phi_n(\boldsymbol{k},\ \boldsymbol{r})\}\end{aligned}$$

となる。ここで，$\phi_n(\boldsymbol{k},\ \boldsymbol{r})^*$との積をとり，全空間で積分すると

$$\langle n,\ \boldsymbol{k}|\nabla_k H(\boldsymbol{k})|n,\ \boldsymbol{k}\rangle + \langle n,\ \boldsymbol{k}|H(\boldsymbol{k})\nabla_k|n,\ \boldsymbol{k}\rangle$$

$$=\nabla_k\varepsilon_n(\boldsymbol{k})+\varepsilon_n(\boldsymbol{k})\langle n,\ \boldsymbol{k}|\nabla_k|n,\ \boldsymbol{k}\rangle \tag{2.90}$$

となる。左辺の第2項 $\langle n,\ \boldsymbol{k}|\,H(\boldsymbol{k})\nabla_k|\,n,\ \boldsymbol{k}\rangle$ において，左側の $\langle n,\ \boldsymbol{k}|$ $H(\boldsymbol{k})$ の演算を先に実行すると $\langle n,\ \boldsymbol{k}|H(\boldsymbol{k})=\varepsilon_n(\boldsymbol{k})\langle n,\ \boldsymbol{k}|$ となるので，式(2.90)は

$$\langle n,\ \boldsymbol{k}|\nabla_k H(\boldsymbol{k})|n,\ \boldsymbol{k}\rangle=\nabla_k\varepsilon_n(\boldsymbol{k})$$

と変形できる。ここで，$H'(\boldsymbol{k})$ として，式(2.86)を代入すると

$$\left\langle n,\ \boldsymbol{k}\left|\left\{\frac{\hbar}{m}(\hbar\boldsymbol{k}+\boldsymbol{p})\right\}\right|n,\ \boldsymbol{k}\right\rangle=\nabla_k\varepsilon_n(\boldsymbol{k})$$

という関係が得られる。ここで $\boldsymbol{k}=\boldsymbol{0}$ とすると

$$\frac{\hbar}{m}\langle n,\ 0|\,\boldsymbol{p}\,|n,\ 0\rangle=\nabla_k\varepsilon_n(\boldsymbol{k})|_{\boldsymbol{k}=0}$$

となる。すなわち，$\boldsymbol{k}=0$ においてエネルギー分散 $\varepsilon_n(\boldsymbol{k})$ が極値をとるとすれば，$\nabla_k\varepsilon_n(\boldsymbol{k})|_{k=0}=0$ なので，$\boldsymbol{k}=0$ では運動量演算子 $\boldsymbol{p}$ の期待値は 0 となる。したがって，式(2.90)の左辺第2項は 0 となる。したがって，式(2.89)より，$\varepsilon_n(\boldsymbol{k})$ は

$$\varepsilon_n(\boldsymbol{k})=\varepsilon_n(0)+\frac{\hbar^2k^2}{2m}+\frac{\hbar^2}{m^2}\sum_{j\neq n}\frac{\langle n,\ 0|\boldsymbol{k}\cdot\boldsymbol{p}|j,\ 0\rangle\langle j,\ 0|\boldsymbol{k}\cdot\boldsymbol{p}|n,\ 0\rangle}{\varepsilon_n(0)-\varepsilon_j(0)} \tag{2.91}$$

と表される。このような近似方法を $\boldsymbol{k}\cdot\boldsymbol{p}$ 摂動法と呼ぶ。式(2.91)の結果を用いると式(2.55)で定義した有効質量テンソル $m_{\alpha\beta}$ は

$$\frac{1}{m_{\alpha\beta}}\equiv\frac{1}{\hbar^2}\frac{\partial^2\varepsilon}{\partial k_\alpha\partial k_\beta}=\frac{1}{m}\delta_{\alpha\beta}+\frac{2}{m^2}\sum_{j\neq n}\frac{\langle n,\ 0|\,p_\alpha\,|j,\ 0\rangle\langle j,\ 0|\,p_\beta\,|n,\ 0\rangle}{\varepsilon_n(0)-\varepsilon_j(0)}$$

と表せる。

つぎに，固有値 $\varepsilon_n(\boldsymbol{k})$ に縮退がある場合の取扱い方について，具体的な例に基づいて考察する。2.5.4 項で，強束縛近似に基づいて求めた Si や GaAs などの半導体の価電子帯上端のバンドは，p 軌道から構成されており，3 重に縮退していることを見てきた。しかし，p 軌道の場合，以下で述べるようにスピン軌道相互作用が存在するため，価電子帯上端近傍のエネルギー分散 $\varepsilon_n(\boldsymbol{k})$ は，非常に複雑なものとなる。ここでは，$\boldsymbol{k}\cdot\boldsymbol{p}$ 摂動法を用いて価電子帯上端近傍の電子状態を考える。

電子スピンとスピン軌道相互作用

これまで顕わに述べて来なかったが，電子は固有のスピン角運動量$\hbar\boldsymbol{s}$を有する。角運動量の大きさは1/2で，$\boldsymbol{s}^2\equiv\boldsymbol{s}\cdot\boldsymbol{s}$に対する固有値は$s(s+1)=(1/2)(1/2+1)$である。スピン角運動量演算子$\boldsymbol{s}$に対して，軌道角運動量と同じ交換関係

$$[s_x,\ s_y]=is_z,\quad [s_y,\ s_z]=is_x,\quad [s_z,\ s_x]=is_y \tag{2.92}$$

が成り立つ。また，s_x, s_y, s_zに対する二つの固有値は$\pm 1/2$である。$\boldsymbol{s}$の行列表現として，$\boldsymbol{s}^2$とs_zを対角型にする

$$s_x=\frac{1}{2}\sigma_x,\quad s_y=\frac{1}{2}\sigma_y,\quad s_z=\frac{1}{2}\sigma_z \tag{2.93}$$

という表現が用いられる。ここで，$\sigma_x, \sigma_y, \sigma_z$は，パウリ（Pauli）のスピン行列

$$\sigma_x=\begin{bmatrix}0 & 1\\ 1 & 0\end{bmatrix},\quad \sigma_y=\begin{bmatrix}0 & -i\\ i & 0\end{bmatrix},\quad \sigma_z=\begin{bmatrix}1 & 0\\ 0 & -1\end{bmatrix}$$

である。二つのスピン状態α, β

$$\alpha=\begin{bmatrix}1\\ 0\end{bmatrix},\quad \beta=\begin{bmatrix}0\\ 1\end{bmatrix} \tag{2.94}$$

が，確かに$\boldsymbol{s}^2$とs_zの固有ベクトルであり，$\boldsymbol{s}^2$に対する固有値が$s(s+1)=(1/2)(1/2+1)=3/4$，s_zに対する固有値が，$+1/2$と$-1/2$となることは，つぎのように容易に確認できる。

$$\boldsymbol{s}^2\alpha=\frac{1}{4}\begin{bmatrix}3 & 0\\ 0 & 3\end{bmatrix}\begin{bmatrix}1\\ 0\end{bmatrix}=\frac{1}{2}\left[\frac{1}{2}+1\right]\alpha,\quad s_z\alpha=\frac{1}{2}\begin{bmatrix}1 & 0\\ 0 & -1\end{bmatrix}\begin{bmatrix}1\\ 0\end{bmatrix}=\frac{1}{2}\begin{bmatrix}1\\ 0\end{bmatrix}=\frac{1}{2}\alpha,$$

$$\boldsymbol{s}^2\beta=\frac{1}{4}\begin{bmatrix}3 & 0\\ 0 & 3\end{bmatrix}\begin{bmatrix}0\\ 1\end{bmatrix}=\frac{1}{2}\left[\frac{1}{2}+1\right]\beta,\quad s_z\beta=\frac{1}{2}\begin{bmatrix}1 & 0\\ 0 & -1\end{bmatrix}\begin{bmatrix}0\\ 1\end{bmatrix}=\frac{1}{2}\begin{bmatrix}0\\ -1\end{bmatrix}=-\frac{1}{2}\beta$$

また

$$s_\pm\equiv s_x\pm is_y \tag{2.95}$$

と定義される$s_\pm$は

$$s_\pm \equiv (s_x \pm i s_y) = \frac{1}{2}\begin{bmatrix} 0 & 1 \\ 1 & 0 \end{bmatrix} \pm \frac{1}{2} i \begin{bmatrix} 0 & -i \\ i & 0 \end{bmatrix}$$

$$= \frac{1}{2}\begin{bmatrix} 0 & 1 \\ 1 & 0 \end{bmatrix} \pm \frac{1}{2}\begin{bmatrix} 0 & 1 \\ -1 & 0 \end{bmatrix} = \begin{cases} \begin{bmatrix} 0 & 1 \\ 0 & 0 \end{bmatrix} \\ \begin{bmatrix} 0 & 0 \\ 1 & 0 \end{bmatrix} \end{cases} \tag{2.96}$$

と行列表示できる。これより

$$\begin{cases} s_+\alpha = \begin{bmatrix} 0 & 1 \\ 0 & 0 \end{bmatrix}\begin{bmatrix} 1 \\ 0 \end{bmatrix} = \begin{bmatrix} 0 \\ 0 \end{bmatrix}, \quad s_+\beta = \begin{bmatrix} 0 & 1 \\ 0 & 0 \end{bmatrix}\begin{bmatrix} 0 \\ 1 \end{bmatrix} = \begin{bmatrix} 1 \\ 0 \end{bmatrix} = \alpha \\ s_-\alpha = \begin{bmatrix} 0 & 0 \\ 1 & 0 \end{bmatrix}\begin{bmatrix} 1 \\ 0 \end{bmatrix} = \begin{bmatrix} 0 \\ 1 \end{bmatrix} = \beta, \quad s_-\beta = \begin{bmatrix} 0 & 0 \\ 1 & 0 \end{bmatrix}\begin{bmatrix} 0 \\ 1 \end{bmatrix} = \begin{bmatrix} 0 \\ 0 \end{bmatrix} \end{cases} \tag{2.97}$$

などの関係を確認できる。

また，電子スピンは，磁気モーメント

$$\mu = g\mu_B \hbar \boldsymbol{s} \tag{2.98}$$

を伴う。ここで，μ_B は**ボーア磁子** (Bohr magneton) $\mu_B = e\hbar/2m = 9.27 \times 10^{-24}\,\mathrm{A\cdot m^2}$，$g$ は，軌道角運動量とスピン角運動量の磁気モーメントの大きさの比を表すもので g 値と呼び，ほぼ2である。

さて，電子が電荷 Ze を有する原子核のまわりを運動しているとき，電子に乗った座標系から見ると，相対的に Ze の電荷をもった原子核が電子のまわりを運動することになる。このとき，原子核の速度を $\boldsymbol{v}$ とすると，ビオ・サバールの法則により，電子の場所に $\boldsymbol{B} = (\boldsymbol{E} \times \boldsymbol{v})/c^2$ なる磁界が誘起される。原子核のつくるクーロンポテンシャルを $V(r)$ とすると，誘起される磁束密度 $\boldsymbol{B}$ は

$$\begin{aligned} \boldsymbol{B} &= \frac{1}{c^2}\boldsymbol{E} \times \boldsymbol{v} = \frac{1}{c^2}(-\nabla V) \times \boldsymbol{v} = \frac{1}{mc^2 r}\, r(-\nabla V) \times (m\boldsymbol{v}) \\ &= -\frac{\hbar}{mc^2}\left(\frac{1}{r}\frac{dV}{dr}\right)\boldsymbol{l} \end{aligned} \tag{2.99}$$

と表される。ここで，$\hbar \boldsymbol{l} = \boldsymbol{r} \times \boldsymbol{p}$ の関係を用いた。電子スピンは式(2.98)の磁

気モーメントをもつので，式(2.99)の磁界の中で，ポテンシャルエネルギーU

$$U=-\boldsymbol{\mu}_s\cdot\boldsymbol{H}=\lambda\boldsymbol{s}\cdot\boldsymbol{l}\qquad\left(\lambda\equiv\frac{g_s e}{2}\left(\frac{\hbar}{mc}\right)^2\left(\frac{1}{r}\,\frac{dV}{dr}\right)\right)\tag{2.100}$$

をもつ。この相互作用を**スピン軌道相互作用**（spin-orbit interaction）と呼ぶ。

GaAsなどの閃亜鉛鉱型の半導体の価電子帯上端の波動関数は，3.4.4項で述べたように$\boldsymbol{l}\neq\boldsymbol{0}$のp軌道により構成されるので，スピン軌道相互作用が働く。このため，強束縛近似の結果では，スピンの自由度を含めて6重に縮退していた価電子帯上端の電子状態の縮退が解ける。以下では，スピン軌道相互作用を考慮した場合の価電子帯上端近傍のバンド分散を$\boldsymbol{k}\cdot\boldsymbol{p}$摂動法に基づき検討する。

ハミルトニアンにスピン軌道相互作用$U=\lambda\boldsymbol{s}\cdot\boldsymbol{l}$が付け加わると，固有関数$|n,\ l,\ m\rangle$はもはやよい固有状態でなくなる。一方，$\boldsymbol{j}=\boldsymbol{l}+\boldsymbol{s}$と定義される全角運動量$\boldsymbol{j}$と$\boldsymbol{s}\cdot\boldsymbol{l}$は

$$\boldsymbol{l}\cdot\boldsymbol{s}=\frac{\boldsymbol{j}^2-\boldsymbol{l}^2-\boldsymbol{s}^2}{2}$$

なる関係から解るように同時固有状態をとる。したがって，無摂動の波動関数の基底として全角運動量$\boldsymbol{j}$に対する固有関数$|j,\ j_z\rangle$

$$\begin{cases}\left|\dfrac{3}{2},\ \dfrac{3}{2}\right\rangle=\dfrac{1}{\sqrt{2}}(|X\rangle+i|Y\rangle)\,\alpha\\[2ex]\left|\dfrac{3}{2},\ \dfrac{1}{2}\right\rangle=-\sqrt{\dfrac{2}{3}}|Z\rangle\alpha+\dfrac{1}{\sqrt{6}}(|X\rangle+i|Y\rangle)\,\beta\\[2ex]\left|\dfrac{3}{2},\ -\dfrac{1}{2}\right\rangle=-\dfrac{1}{\sqrt{6}}(|X\rangle-i|Y\rangle)\,\alpha-\sqrt{\dfrac{2}{3}}|Z\rangle\beta\\[2ex]\left|\dfrac{3}{2},\ -\dfrac{3}{2}\right\rangle=\dfrac{1}{\sqrt{2}}(|X\rangle-i|Y\rangle)\,\beta\end{cases}\tag{2.101}$$

$$\begin{cases}\left|\dfrac{1}{2},\ \dfrac{1}{2}\right\rangle=\dfrac{1}{\sqrt{3}}(|X\rangle+i|Y\rangle)\,\beta+\dfrac{1}{\sqrt{3}}|Z\rangle\alpha\\[2ex]\left|\dfrac{1}{2},\ -\dfrac{1}{2}\right\rangle=\dfrac{1}{\sqrt{3}}|Z\rangle\beta-\dfrac{1}{\sqrt{3}}(|X\rangle-i|Y\rangle)\,\alpha\end{cases}$$

を用いるほうが便利である。ここで，$|X\rangle, |Y\rangle, |Z\rangle$ は，それぞれ，p_x, p_y, p_z 軌道からつくられるブロッホ関数である。なお，スピン軌道相互作用が

$$\lambda \boldsymbol{s}\cdot\boldsymbol{l} = \lambda\frac{(\boldsymbol{s}+\boldsymbol{l})^2-\boldsymbol{s}^2-\boldsymbol{l}^2}{2} = \lambda\frac{\boldsymbol{j}^2-\boldsymbol{s}^2-\boldsymbol{l}^2}{2}$$

と表されることを用いると，式(2.101)で定義される無摂動の $j=3/2$ の状態 $|3/2, j_z\rangle$ と $j=1/2$ の状態 $|1/2, j_z\rangle$ の間には

$$\Delta \equiv \left\langle \frac{3}{2}, j_z \middle| U \middle| \frac{3}{2}, j_z \right\rangle - \left\langle \frac{1}{2}, j_z \middle| U \middle| \frac{1}{2}, j_z \right\rangle = \frac{3}{2}\lambda \tag{2.102}$$

のスピン軌道分裂を生じることがわかる。

さて，ハミルトニアンにスピン軌道相互作用 $U=\lambda\boldsymbol{s}\cdot\boldsymbol{l}$ を加えると，式(2.84)の左辺には

$$\begin{aligned} U\phi_n(\boldsymbol{k}, \boldsymbol{r}) &= \lambda\boldsymbol{s}\cdot\boldsymbol{l}e^{i\boldsymbol{k}\cdot\boldsymbol{r}}u_n(\boldsymbol{k}, \boldsymbol{r}) = \lambda\boldsymbol{s}\cdot(\boldsymbol{r}\times\boldsymbol{p})e^{i\boldsymbol{k}\cdot\boldsymbol{r}}u_n(\boldsymbol{k}, \boldsymbol{r}) \\ &= \lambda e^{i\boldsymbol{k}\cdot\boldsymbol{r}}\boldsymbol{s}\cdot(\boldsymbol{r}\times\boldsymbol{k})u_n(\boldsymbol{k}, \boldsymbol{r}) + \lambda e^{i\boldsymbol{k}\cdot\boldsymbol{r}}\boldsymbol{s}\cdot(\boldsymbol{r}\times\boldsymbol{p})u_n(\boldsymbol{k}, \boldsymbol{r}) \end{aligned} \tag{2.103}$$

の二つの項が表れる。しかし，結晶の周期をもった $u_n(\boldsymbol{k}, \boldsymbol{r})$ と比較して $e^{i\boldsymbol{k}\cdot\boldsymbol{r}}$ の項は緩やかに変化するので，その微分から生じる式(2.103)の第1項は，第2項と比較して十分小さいと考えられる。そこで，以下ではこの第1項を無視する。

さて，縮退がある場合の摂動論により2次摂動まで考慮するためには，縮退している無摂動の基底関数に対する行列要素

$$H_{rs} \equiv \langle r|H'|s\rangle + \sum_i \frac{\langle r|H'|i\rangle\langle i|H'|s\rangle}{E_r - E_i} \tag{2.104}$$

を有効ハミルトニアンとして，固有値方程式 $|H_{rs}-\varepsilon\delta_{rs}|=0$ を解けばよい。なお，式(2.104)の i に関する和は，0次近似で縮退している価電子帯の6状態以外のすべての状態についての和をとる必要があるが，ここでは寄与が大きいと考えられる，エネルギー的に接近している伝導帯下端の二つの軌道であるs軌道の反結合軌道 $|S'\rangle$ と，三つのp軌道の反結合軌道 $|X'\rangle, |Y'\rangle, |Z'\rangle$ についてのみ考慮する。偶奇性を考慮すると，式(2.104)に表れる行列要素 $\langle r|H'|i\rangle$ の中で0とならないものは

$$
\begin{aligned}
iP &\equiv \langle X|p_x|S'\rangle = \langle Y|p_y|S'\rangle = \langle Z|p_z|S'\rangle \\
iQ &\equiv \langle X|p_y|Z'\rangle = \langle Y|p_z|X'\rangle = \langle Z|p_x|Y'\rangle \\
&= \langle X|p_z|Y'\rangle = \langle Y|p_x|Z'\rangle = \langle Z|p_y|X'\rangle
\end{aligned}
$$

の2種類に限られる。

有効ハミルトニアン H_{rs} を

$$
H_{rs} = \begin{bmatrix} H_{3/2,3/2} & H_{3/2,1/2} \\ H_{1/2,3/2} & H_{1/2,1/2} \end{bmatrix} \tag{2.105}
$$

のように小行列に分けて表すと，それぞれの小行列は

$$
H_{3/2,3/2} = \begin{bmatrix}
\dfrac{\hbar^2 k^2}{2m} + \dfrac{1}{2} N (k_x{}^2 + k_y{}^2) + M k_z{}^2 & -\dfrac{N}{\sqrt{3}}(k_x k_z - i k_y k_z) & -\dfrac{1}{2\sqrt{3}}\{(L-M)(k_x{}^2 - k_y{}^2) + 2\, iN k_x k_y\} & 0 \\
-\dfrac{N}{\sqrt{3}}(k_x k_z + i k_y k_z) & \dfrac{\hbar^2 k^2}{2m} + \dfrac{1}{3}(M+2L) k^2 - \dfrac{1}{2}(L-M)(k_x{}^2 + k_y{}^2) & 0 & -\dfrac{1}{2\sqrt{3}}\{(L-M)(k_x{}^2 - k_y{}^2) - 2iN k_x k_y\} \\
-\dfrac{1}{2\sqrt{3}}\{(L-M)(k_x{}^2 - k_y{}^2) + 2iN k_x k_y\} & 0 & \dfrac{\hbar^2 k^2}{2m} + \dfrac{1}{3}(M+2L) k^2 - \dfrac{1}{2}(L-M)(k_x{}^2 + k_y{}^2) & \dfrac{N}{\sqrt{3}}(k_x k_z - i k_y k_z) \\
0 & -\dfrac{1}{2\sqrt{3}}\{(L-M)(k_x{}^2 - k_y{}^2) + 2iN k_x k_y\} & \dfrac{N}{\sqrt{3}}(k_x k_z + i k_y k_z) & \dfrac{\hbar^2 k^2}{2m} + \dfrac{1}{2} N (k_x{}^2 + k_y{}^2) + M k_z{}^2
\end{bmatrix} \tag{2.106}
$$

$$
H_{1/2,1/2} = \begin{bmatrix}
\dfrac{\hbar^2 k^2}{2m} + \dfrac{1}{3}(2M' + L') k^2 - \varDelta & 0 \\
0 & \dfrac{\hbar^2 k^2}{2m} + \dfrac{1}{3}(2M' + L') k^2 - \varDelta
\end{bmatrix} \tag{2.107}
$$

$$H_{3/2,1/2}=\begin{bmatrix} -\frac{N}{\sqrt{6}}(k_xk_z-ik_yk_z) & -\frac{1}{\sqrt{6}}\left\{(L-M)(k_x^2-k_y^2)-2iNk_xk_y\right\} \\ \frac{1}{\sqrt{2}}\left\{\frac{1}{3}(M+2L)k^2-L(k_x^2+k_y^2)-Mk_z^2\right\} & -\frac{N}{\sqrt{2}}(k_xk_z-ik_yk_z) \\ -\frac{N}{\sqrt{2}}(k_xk_z+ik_yk_z) & \frac{1}{\sqrt{2}}\left\{\frac{1}{3}(M+2L)k^2-L(k_x^2+k_y^2)-Mk_z^2\right\} \\ \frac{1}{\sqrt{6}}\left\{(L-M)(k_x^2-k_y^2)+2iNk_xk_y\right\} & \frac{N}{\sqrt{6}}(k_xk_z+ik_yk_z) \end{bmatrix} \tag{2.108}$$

と表される。ただし，ここで，L, M, L', M'

$$L\equiv-\frac{\hbar^2P^2}{m^2E_0},\quad M\equiv-\frac{\hbar^2Q^2}{m^2\varepsilon_0'},\quad N\equiv L+M,$$

$$L'\equiv-\frac{\hbar^2P^2}{m^2(E_0+\varDelta)},\quad M'\equiv-\frac{\hbar^2Q^2}{m^2(E_0'+\varDelta)} \tag{2.109}$$

を定義した。なお，E_0 と E_0' は，それぞれ $J=3/2$ の状態と s の反結合軌道 $|S'\rangle$ 間のエネルギー$J=3/2$ の状態と，p の反結合軌道$|X'\rangle$，$|Y'\rangle$，$|Z'\rangle$ 間のエネルギー差である。また，H_{rs} はエルミート共役なので，$H_{1/2,3/2}=H_{3/2,1/2}^*$ である。

$\varDelta$ が十分大きい場合には，$J=3/2$ と $J=1/2$ の状態間の相互作用を表す式(2.105)の小行列 $H_{3/2,1/2}$ と $H_{1/2,3/2}$ の要素は小さくなるので，これらを無視すると，$J=3/2$ の状態間の行列要素 $H_{3/2,3/2}$ に対する固有方程式を解くことにより，二つの分散関係

$$\varepsilon_\pm(\boldsymbol{k})=Ak^2\pm\{B^2k^4+C^2(k_x^2k_y^2+k_y^2k_z^2+k_z^2k_x^2)\}^{1/2} \tag{2.110}$$

を得る。ここで，A, B

$$A \equiv \frac{\hbar^2}{2m}\left\{1-\frac{2}{3}\left(\frac{P^2}{mE_0}+\frac{2Q^2}{mE_0'}\right)\right\}, \quad B \equiv \frac{\hbar^2}{2m}\frac{2}{3}\left(-\frac{P^2}{mE_0}+\frac{2Q^2}{mE_0'}\right),$$

$$C \equiv \frac{\hbar^2}{2m}\sqrt{\frac{16P^2Q^2}{3m^2E_0E_0'}}$$

を定義した。A, B では，P を含む項が支配的で1よりも大きいため，ともに負となる。このため，ε_+ バンドの曲率は ε_- バンドの曲率よりも大きくなるので，前者は軽い正孔バンド，後者は重い正孔バンドと呼ばれる。$\boldsymbol{k}\cdot\boldsymbol{p}$ 摂動の結果から得られるバンドの分散の概形，および等エネルギー面（フェルミ面）の形状を**図 2.13** に示す。図よりわかるように，価電子帯のフェルミ面の形状は強い異方性をもつことがわかる。

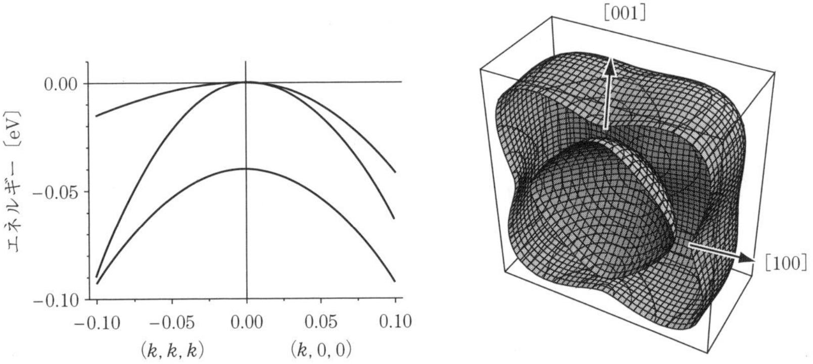

（a） [111]方向と[001]方向の $\boldsymbol{k}$ ベクトルをもつ電子のエネルギー分散

（b） 重い正孔バンドと軽い正孔バンドのフェルミ面の形状（$\varepsilon_F=\varepsilon_V-10$ meV）

図 2.13　$\boldsymbol{k}\cdot\boldsymbol{p}$ 摂動によるバンド構造

2.6　バンド計算法[3]

2.6.1　直交平面波法（OPW 法）と擬ポテンシャル法

電子状態のうち物性に大きな寄与を与えるフェルミ準位近傍のバンドの分散 $\varepsilon(\boldsymbol{k})$ を知ることが重要である。2.5.1 項では，ブロッホ関数の周期関数部分を平面波で展開してバンド分散を考えたが，フェルミ準位近傍の波動関数は，原子核の近傍で内核の電子の波動関数との直交性を保つため激しく振動するので，高次の平面波まで取り入れる必要があることを述べた。**直交平面波法** (orthogonalized plane wave method, **OPW**)[(4)]では，基底関数として内核の波動関数に直交する波動関数を用いることにより，平面波展開の場合と比較して，少ない数の基底関数でよりよい記述を実現する。

いま，内核軌道の波動関数がわかっているとして，その波動関数とエネルギー固有値をそれぞれ $\varphi_\alpha(\boldsymbol{r})$，$\varepsilon_\alpha$ とする。$\varphi_\alpha(\boldsymbol{r})$ のブロッホ和

$$\chi_\alpha(\boldsymbol{k},\ \boldsymbol{r})=\frac{1}{\sqrt{N}}\sum_i e^{i\boldsymbol{k}\cdot\boldsymbol{R}_i}\varphi_\alpha(\boldsymbol{r}-\boldsymbol{R}_i) \tag{2.111}$$

をつくる。N は，結晶内の単位格子の数である。また，$\chi_\alpha(\boldsymbol{k},\ \boldsymbol{r})$ は，結晶のハミルトニアン $H=\boldsymbol{p}^2/2m+V(\boldsymbol{r})$ の固有関数

$$H\chi_\alpha(\boldsymbol{k},\ \boldsymbol{r})=\varepsilon_\alpha\chi_\alpha(\boldsymbol{k},\ \boldsymbol{r})$$

であること，および異なる内核軌道からつくられたブロッホ和は直交する

$$\int\chi_\alpha{}^*(\boldsymbol{k},\ \boldsymbol{r})\chi_{\alpha'}(\boldsymbol{k},\ \boldsymbol{r})\,d\boldsymbol{r}=\delta_{\alpha\alpha'}$$

ことを仮定する。ここで，直交化された平面波（OPW）

$$\phi_{\boldsymbol{k}}{}^{OPW}(\boldsymbol{r})\equiv\frac{1}{\sqrt{\Omega}}\,e^{i\boldsymbol{k}\cdot\boldsymbol{r}}-\sum_\alpha C_{\alpha\boldsymbol{k}}\chi_\alpha(\boldsymbol{k},\ \boldsymbol{r}) \tag{2.112}$$

$$C_{\alpha\boldsymbol{k}}\equiv\frac{1}{\sqrt{\Omega}}\int\chi_\alpha{}^*(\boldsymbol{k},\ \boldsymbol{r})\,e^{i\boldsymbol{k}\cdot\boldsymbol{r}}d\boldsymbol{r}$$

を定義する。この波動関数 $\phi_{\boldsymbol{k}}{}^{OPW}$ は，その名前のとおり，内核軌道の波動関数 $\chi_{\alpha\boldsymbol{k}}(\boldsymbol{r})$ と直交する。これは，つぎのように示すことができる。

$$\begin{aligned}\int\chi_\alpha(\boldsymbol{k},\ \boldsymbol{r})^*\phi_{\boldsymbol{k}}^{OPW}(\boldsymbol{r})\,d\boldsymbol{r}&=\int\chi_\alpha(\boldsymbol{k},\ \boldsymbol{r})^*\left(\frac{1}{\sqrt{\Omega}}\,e^{i\boldsymbol{k}\cdot\boldsymbol{r}}-\sum_{\alpha'}C_{\alpha'\boldsymbol{k}}\chi_{\alpha'}(\boldsymbol{k},\ \boldsymbol{r})\right)d\boldsymbol{r}\\&=\frac{1}{\sqrt{\Omega}}\int\chi_\alpha(\boldsymbol{k},\ \boldsymbol{r})^*e^{i\boldsymbol{k}\cdot\boldsymbol{r}}d\boldsymbol{r}\\&\quad-\sum_{\alpha'}C_{\alpha'\boldsymbol{k}}\int\chi_\alpha(\boldsymbol{k},\ \boldsymbol{r})^*\chi_{\alpha'}(\boldsymbol{k},\ \boldsymbol{r})\Big)d\boldsymbol{r}\end{aligned}$$

$$=\frac{1}{\sqrt{\Omega}}\int\chi_\alpha(\boldsymbol{k},\ \boldsymbol{r})^* e^{i\boldsymbol{k}\cdot\boldsymbol{r}}d\boldsymbol{r}-\sum_{\alpha'}C_{\alpha\boldsymbol{k}}\delta_{\alpha\alpha'}=0$$

なお，$\chi_\alpha(\boldsymbol{k},\ \boldsymbol{r})$は，その定義から

$$\chi_\alpha(\boldsymbol{k}+\boldsymbol{g},\ \boldsymbol{r})=\frac{1}{\sqrt{N}}\sum_l e^{i(\boldsymbol{k}+\boldsymbol{g})\cdot\boldsymbol{R}_l}\varphi_\alpha(\boldsymbol{r}-\boldsymbol{R}_l)=\frac{1}{\sqrt{N}}\sum_l e^{i\boldsymbol{k}\cdot\boldsymbol{R}_l}\varphi_\alpha(\boldsymbol{r}-\boldsymbol{R}_l)=\chi_\alpha(\boldsymbol{k},\ \boldsymbol{r}) \tag{2.113}$$

なので

$$\phi^{OPW}_{\boldsymbol{k}+\boldsymbol{g}}(\boldsymbol{r})\equiv\frac{1}{\sqrt{\Omega}}\ e^{i(\boldsymbol{k}+\boldsymbol{g})\cdot\boldsymbol{r}}-\sum_\alpha C_{\alpha\boldsymbol{k}+\boldsymbol{g}}\chi_\alpha(\boldsymbol{k}+\boldsymbol{g},\ \boldsymbol{r})$$

$$=\frac{1}{\sqrt{\Omega}}\ e^{i(\boldsymbol{k}+\boldsymbol{g})\cdot\boldsymbol{r}}-\sum_\alpha C_{\alpha\boldsymbol{k}+\boldsymbol{g}}\chi_\alpha(\boldsymbol{k},\ \boldsymbol{r})$$

$$C_{\alpha\boldsymbol{k}+\boldsymbol{g}}\equiv\frac{1}{\sqrt{\Omega}}\int\chi_\alpha{}^*(\boldsymbol{k}+\boldsymbol{g},\ \boldsymbol{r})\,e^{i(\boldsymbol{k}+\boldsymbol{g})\cdot\boldsymbol{r}}d\boldsymbol{r}=\frac{1}{\sqrt{\Omega}}\int\chi_\alpha{}^*(\boldsymbol{k},\ \boldsymbol{r})\,e^{i(\boldsymbol{k}+\boldsymbol{g})\cdot\boldsymbol{r}}\ d\boldsymbol{r}$$

という関係をもつ。

つぎに，シュレーディンガー方程式 $H\Psi_k=\varepsilon_k\Psi_k$ の解 Ψ_k を，平面波の代わりに $\phi^{OPW}_{\boldsymbol{k}}$ で

$$\Psi_{\boldsymbol{k}}=\sum_g A_{\boldsymbol{k}+\boldsymbol{g}}\phi^{OPW}_{\boldsymbol{k}+\boldsymbol{g}} \tag{2.114}$$

と展開する。シュレーディンガー方程式 $H\Psi_{\boldsymbol{k}}=\varepsilon_{\boldsymbol{k}}\Psi_{\boldsymbol{k}}$ に代入すると，左辺は

$$H\Psi_{\boldsymbol{k}}=H\sum_{\boldsymbol{g}}A_{\boldsymbol{k}+\boldsymbol{g}}\phi^{OPW}_{\boldsymbol{k}+\boldsymbol{g}}$$

$$=H\sum_{\boldsymbol{g}}A_{\boldsymbol{k}+\boldsymbol{g}}\left(\frac{1}{\sqrt{\Omega}}\ e^{i(\boldsymbol{k}+\boldsymbol{g})\cdot\boldsymbol{r}}-\sum_\alpha C_{\alpha\boldsymbol{k}+\boldsymbol{g}}\chi_\alpha(\boldsymbol{k},\ \boldsymbol{r})\right)$$

$$=H\sum_{\boldsymbol{g}}A_{\boldsymbol{k}+\boldsymbol{g}}\frac{1}{\sqrt{\Omega}}\ e^{i(\boldsymbol{k}+\boldsymbol{g})\cdot\boldsymbol{r}}-\sum_g\sum_\alpha A_{\boldsymbol{k}+\boldsymbol{g}}\varepsilon_\alpha C_{\alpha\boldsymbol{k}+\boldsymbol{g}}\chi_\alpha(\boldsymbol{k},\ \boldsymbol{r})$$

$$=H\sum_{\boldsymbol{g}}A_{\boldsymbol{k}+\boldsymbol{g}}\frac{1}{\sqrt{\Omega}}\ e^{i(\boldsymbol{k}+\boldsymbol{g})\cdot\boldsymbol{r}}$$

$$-\sum_\alpha\varepsilon_\alpha\chi_\alpha(\boldsymbol{k},\ \boldsymbol{r})\left\{\int\chi_\alpha{}^*(\boldsymbol{k},\ \boldsymbol{r}')\left(\sum_{\boldsymbol{g}}A_{\boldsymbol{k}+\boldsymbol{g}}\frac{1}{\sqrt{\Omega}}\ e^{i(\boldsymbol{k}+\boldsymbol{g})\cdot\boldsymbol{r}'}\right)d\boldsymbol{r}'\right\} \tag{2.115}$$

と変形できる。ここで

$$\Phi_{\boldsymbol{k}}(\boldsymbol{r})\equiv\frac{1}{\sqrt{\Omega}}\sum_{\boldsymbol{g}}A_{\boldsymbol{k}+\boldsymbol{g}}\ e^{i(\boldsymbol{k}+\boldsymbol{g})\cdot\boldsymbol{r}} \tag{2.116}$$

を定義すると，式(2.115)は

$$H\Psi_k(\boldsymbol{r})=H\Phi_k(\boldsymbol{r})-\sum_{\alpha}\varepsilon_\alpha\chi_\alpha(\boldsymbol{k},\ \boldsymbol{r})\int\chi_\alpha{}^*(\boldsymbol{k},\ \boldsymbol{r}')\,\Phi_k(\boldsymbol{r}')\,d\boldsymbol{r}' \tag{2.117}$$

と書き直せる。一方，シュレーディンガー方程式 $H\Psi_k=\varepsilon_k\Psi_k$ の右辺は

$$\varepsilon_k\Psi_k(\boldsymbol{r})=\varepsilon_k\Phi_k(\boldsymbol{r})-\varepsilon_k\sum_{\alpha}\chi_\alpha(\boldsymbol{k},\ \boldsymbol{r})\int\chi_\alpha{}^*(\boldsymbol{k},\ \boldsymbol{r}')\,\Phi_k(\boldsymbol{r}')\,d\boldsymbol{r}' \tag{2.118}$$

と変形できるので，シュレーディンガー方程式は

$$\frac{p^2}{2m}\Phi_k(\boldsymbol{r})+V_p\Phi_k(\boldsymbol{r})=\varepsilon_k\Phi_k(\boldsymbol{r}) \tag{2.119}$$

と書き直すことができる。ここで，V_p は

$$V_p\Phi_k(\boldsymbol{r})\equiv V(\boldsymbol{r})\,\Phi_k(\boldsymbol{r})+\sum_{\alpha}(\varepsilon_k-\varepsilon_\alpha)\,\chi_\alpha(\boldsymbol{k},\ \boldsymbol{r})\int\chi_\alpha{}^*(\boldsymbol{k},\ \boldsymbol{r}')\,\Phi_k(\boldsymbol{r}')\,d\boldsymbol{r}' \tag{2.120}$$

で定義される積分演算子である。この演算子は，点 $\boldsymbol{r}$ の演算結果が，他の点 $\boldsymbol{r}'$ に依存する演算子であり，このような演算子は，非局所的な演算子と呼ばれる。2.5.1項で述べた平面波で展開したシュレーディンガー方程式と式(2.119)を比較すると，ポテンシャル $V(\boldsymbol{r})$ を式(2.120)で与えられるポテンシャル V_p で置き換えただけの形をしている。式(2.120)の第2項は，内核軌道のエネルギー ε_α より高いエネルギーをもつ固有状態 ε_k に対しては正となるので，斥力ポテンシャルを与える。このため，ポテンシャル V_p は，第1項の引力ポテンシャル V が，内核の領域で第2項により相殺され，弱められた形をもっている。その結果，式(2.119)の解 $\Phi_k(\boldsymbol{r})$ は，原子核の近傍では緩やかに変化する関数となり，正しい波動関数とはならないが，原子核から離れた原子と原子の中間領域では正しい波動関数となっている。また，式(2.119)から得られるエネルギー分散 $\varepsilon(\boldsymbol{k})$ は，フェルミエネルギー近傍のよい近似を与える。さらに，V_p が，原子核近傍で弱められたことによって，$V(\boldsymbol{r})$ を平面波で展開した場合と比べ，はるかに少ない基底関数を用いて精度の高い固有値を求めることができる。$\Phi_k(\boldsymbol{r})$ を**擬波動関数**（pseudo-wave function），V_p を**擬ポテンシャル**（pseudopotential）と呼ぶ。

一方，擬ポテンシャルは一意に決まらず，任意性をもつ。ここでは証明しないが，$f_\alpha(\boldsymbol{r})$を任意の関数として

$$\sum_\alpha(\varepsilon_{\boldsymbol{k}}-\varepsilon_\alpha)\chi_\alpha(\boldsymbol{k},\ \boldsymbol{r})\int\chi_\alpha{}^*(\boldsymbol{k},\ \boldsymbol{r}')\Phi_{\boldsymbol{k}}(\boldsymbol{r}')d\boldsymbol{r}'\rightarrow\sum_\alpha\chi_\alpha(\boldsymbol{k},\ \boldsymbol{r})\int f_\alpha(\boldsymbol{r}')\Phi_{\boldsymbol{k}}(\boldsymbol{r}')d\boldsymbol{r}'$$

を擬ポテンシャルとして用いることが可能である[5]。これは，$V(\boldsymbol{r})$から内核軌道$\chi_\alpha(\boldsymbol{k},\ \boldsymbol{r})$の線形結合で表される任意の関数を差し引いたものを，擬ポテンシャルとして用いることができることを意味している。擬ポテンシャルのメリットが，ポテンシャルからその一部を差し引くことにより実効的なポテンシャルを弱めることにあるので，$\chi_\alpha(\boldsymbol{k},\ \boldsymbol{r})\int\chi_\alpha{}^*(\boldsymbol{k},\ \boldsymbol{r}')\Phi_{\boldsymbol{k}}(\boldsymbol{r}')d\boldsymbol{r}'$という非局所の演算子が，$\Phi_{\boldsymbol{k}}(\boldsymbol{r})$から$\chi_\alpha(\boldsymbol{k},\ \boldsymbol{r})$の成分を取り出す演算子（射影演算子）であることを思い出せば，$f_\alpha(\boldsymbol{r})=-V(\boldsymbol{r})\chi_\alpha(\boldsymbol{k},\ \boldsymbol{r})$が最も有効な擬ポテンシャルと考えられる。

OPW法では，実際のポテンシャル$V(\boldsymbol{r})$の一部を打ち消した擬ポテンシャルを用いることにより，少ない数の平面波基底を用いて精度の高い固有値を求めることを可能としている。しかし，式(2.120)の擬ポテンシャルV_pがエネルギーに依存すること，しかも非局所的であることから，実際の計算は複雑になる。そこで，$V(\boldsymbol{r})$の一部を打ち消すことにより，少ない数の平面波により展開が可能になるというOPW法の特徴を生かすバンド計算の方法として，**擬ポテンシャル法**（pseudopotential method，Philips-Kleinman法，PK法）[6]が，提案されている。経験的擬ポテンシャル法では，パラメータを含む適当な擬ポテンシャルを用いてバンドを求め，実験的に得られる光学定数のスペクトルを最もよく再現するようにポテンシャルのパラメータを決定する方法が用いられる。代表的な経験的擬ポテンシャルとしてempty coreモデル（Ashcroftの擬ポテンシャル）[7]

$$V_p(r)=\begin{cases}0 & (r<r_0)\\ \dfrac{Ze^2}{4\pi r} & (r_0\leqq r)\end{cases}\tag{2.121}$$

がある。

擬ポテンシャル法は，上記の経験的な方法から，原子に対するシュレーディンガー方程式を第1原理的に解くことにより求めた内核軌道の波動関数から擬ポテンシャルを導出する第一原理的な方法へと，さらに求めた擬波動関数と真の波動関数が，内核の外側の領域で一致するように擬ポテンシャルを決めるノルム保存擬ポテンシャル[8]へと進化している。内核の電子を含めた全電子を計算に含める全電子的な計算手法がより厳密な結果を与えると考えられるが，擬ポテンシャル法では，内核電子をポテンシャルに繰り込むため，より短時間でバンド構造求めることができるため，特に単位胞が大きい系などにおいて現在でも有力なバンド計算手法の一つとなっている。

2.6.2 補強された平面波法（APW 法）

結晶中のポテンシャルは，周辺の複数の原子のポテンシャルが作用するため球対称ではない。しかし，原子核の近傍では，球対称に近い形をもっている。一方，原子と原子の中間の領域のポテンシャルは，変化が小さく，ほぼ一定になっている。そこで，各原子の中心から半径 $r \leqq r_c$ の球内（マフィンティン球内）では，球対称ポテンシャルを，球の外側 $r > r_c$ では，一様なポテンシャル $V(\boldsymbol{r})=0$ を仮定する。2次元の場合，このポテンシャルはマフィンを焼く鉄板の形に似た形状をもつため，**マフィンティンポテンシャル**（muffin-tin potential）と呼ばれる。

$r > r_c$ の領域では，ポテンシャルを $V(\boldsymbol{r})=0$ としているので，解は，平面波 $(1/\sqrt{\Omega})\,e^{i\boldsymbol{k}\cdot\boldsymbol{r}}$ で表される。一方，$r \leqq r_c$ におけるポテンシャルは球対称なので，シュレーディンガー方程式の解は，水素原子の解と同様に $R_l(r)\,Y_l^m(\theta,\varphi)$ の形で表される。なお，$R_l(r)$ は

$$\frac{1}{r^2}\frac{\partial}{\partial r}\left(r^2\frac{\partial R_l(r)}{\partial r}\right)+\left\{\frac{2m}{\hbar^2}(E-V(r))-\frac{l(l+1)}{r^2}\right\}R_l(r)=0 \qquad (2.122)$$

を満たす動径波動関数である。

$r > r_c$ の波動関数を平面波 $(1/\sqrt{\Omega})\,e^{i\boldsymbol{k}\cdot\boldsymbol{r}}$ として，$r \leqq r_c$ の領域の波動関数を

$R_l(r)Y_l^m(\theta,\varphi)$の線形結合，$\phi_k{}^{APW}=\sum_{lm}C_{lm}R_{nl}(r)Y_l^m(\theta,\varphi)$により表す。係数$C_{lm}$は，二つの波動関数が，$r=r_c$の球面上で連続に接続する条件から決定される。平面波$(1/\sqrt{\Omega})e^{i\boldsymbol{k}\cdot\boldsymbol{r}}$が，球面調和関数を用いて

$$\frac{1}{\sqrt{\Omega}}e^{i\boldsymbol{k}\cdot\boldsymbol{r}}=\frac{4\pi}{\sqrt{\Omega}}\sum_{lm}i^l j_l(kr_c)Y_l^m(\theta',\varphi')^*R_{nl}(r)Y_l^m(\theta,\varphi)$$

と展開できることを利用すると，係数が求まり，二つの領域の波動関数は

$$\phi_{\boldsymbol{k}}^{APW}(\boldsymbol{r})=\begin{cases}\dfrac{4\pi}{\sqrt{\Omega}}\sum_{lm}i^l\dfrac{j_l(kr_c)}{R_l(r_c)}Y_l^m(\theta_k,\varphi_k)^*R_n(r)Y_l^m(\theta,\varphi) & (r\leqq r_c)\\[2ex] \dfrac{1}{\sqrt{\Omega}}e^{i\boldsymbol{k}\cdot\boldsymbol{r}}=\dfrac{4\pi}{\sqrt{\Omega}}\sum_{lm}i^l j_l(kr_c)Y_l^m(\theta_k,\varphi_k)^*R_n(r)Y_l^m(\theta,\varphi) & (r_c<r)\end{cases}\tag{2.123}$$

と表される。ここで，$j_l(x)$は球面ベッセル関数，$(\theta_{\boldsymbol{k}},\varphi_{\boldsymbol{k}})$は波数ベクトル$\boldsymbol{k}$の方向を表す。式(2.123)を**補強された平面波**（augmented plane wave, **APW**）と呼ぶ。なお，この方法の場合，$r=r_c$で波動関数は連続であるが，微係数は連続となっていない。

平面波の代わりに式(2.123)のAPWを用いて，波動関数を

$$\Psi_{\boldsymbol{k}}=\sum_{g}A_{\boldsymbol{k}+\boldsymbol{g}}\phi_{\boldsymbol{k}+\boldsymbol{g}}^{APW}$$

のように展開する。これをシュレーディンガー方程式に代入し，$A_{\boldsymbol{k}+\boldsymbol{g}}$に対する永年方程式から変分法を用いて電子状態を求める手法をAPW法[9]と呼ぶ。しかし，この場合，永年方程式の係数は，陰にエネルギーを含んでいるため非線形の方程式となり，解くことが困難となる。方程式を線形化してAPW法の欠点を取り除いたLAPW法[10]が開発されたためAPW法がそのままバンド計算法として用いられることはないが，LAPW法は，現在最も精度の高いバンド計算法の一つとなっている。

引用・参考文献

(1) W. A. Harrison：Electronic structure and the properties of solids, W. H. Freeman and company (1980)

(2) E. O. Kane：Phys. Chem. Solids, **1**, 82 (1955)；G. Dresselhaus, A. F. Kip and C. Kittel, Phys. Rev. **98**, 368 (1955)

(3) 和光信也：コンピュータでみる固体の中の電子─バンド計算の基礎と応用，講談社 (1992)；小口多美夫：バンド理論─物質科学の基礎として，内田老鶴圃 (1999)；小林一昭：http://www.nims.go.jp/cmsc/fps 2/index.html

(4) C. Herring：Phys. Rev., **57**, 1169 (1940)

(5) B. J. Austin, V. Heine and L. J. Sham：Phys. Rev., **127**, 276 (1962)

(6) J. C. Philips and L. Klienman：Phys. Rev., **116**, 287 (1959)

(7) N. W. Ashcroft：Phys. Lett., **23**, 48 (1966)

(8) D. R. Hamann, M. Schlüter and C. Chiang：Phys. Rev. Lett., **43**, 1494 (1979)

(9) J. C. Slater：Phys. Rev., **51**, 846 (1937)；J. C. Slater, Phys. Rev., **92**, 603 (1953)

(10) O. K. Andersen：Phys. Rev., **B12**, 3060 (1975)

3 半導体における光の吸収

3.1 はじめに

半導体は，低温で（$T \sim 0$）で，価電子帯が満たされ，伝導帯が空である電子状態をもつ物質群である。半導体中の電子は，フォトンの吸収，または熱励起や衝撃などの方法によって価電子帯から伝導帯に移る。光学吸収が起こるためには，フォトンのエネルギーが半導体のバンドギャップエネルギーよりも大きいことが必要である。電子が伝導帯に励起されたとき，価電子帯には正孔ができる。伝導帯の負の電荷をもつ電子と，価電子帯の正の電荷をもつ正孔は，たがいに逆の電荷をもつためクーロン相互作用により引き合う。このクーロン効果は，バンド端吸収に励起子効果と呼ばれる大きな変化をもたらす。この章ではまず光吸収の量子論を述べ，遷移確率に関する黄金律を求める。そして，遷移確率と吸収係数との関係を示す。つぎに，半導体中のバンド間直接光学遷移と間接光学遷移について述べ，電子帯構造における特異点と誘電率について説明する。励起子吸収に関しても述べる。

3.2 光吸収の量子論

光吸収過程を取り扱うためには量子論的に考察することが必要である。ここでは輻射場（ふくしゃ）と物質の相互作用を摂動と見なして，時間に依存する摂動論を用いて光吸収の強さを求める。摂動がない場合の系のハミルトニアンを H_0 とし，その固有関数を $\phi_n(r)$，固有値を E_n とすると，シュレーディンガー方程式は

$$H_0\phi_n(\boldsymbol{r}) = E_n\phi_n(\boldsymbol{r}) \tag{3.1}$$

で表される。ここで H_0 は時間に依存しないとする。この系に外部から輻射場による摂動 H' が加わると，シュレーディンガー方程式は

$$i\hbar\frac{\partial}{\partial t}\Phi(\boldsymbol{r},\ t) = (H_0 + H'(t))\,\Phi(\boldsymbol{r},\ t) \tag{3.2}$$

となる。この系の固有関数は $\phi_n(r)\,e^{-iE_nt/\hbar}$ で展開して

$$\Phi(\boldsymbol{r},\ t) = \sum_n a_n(t)\,\phi_n(\boldsymbol{r})\,e^{-iE_nt/\hbar} \tag{3.3}$$

と書ける。式(3.3)をシュレーディンガー方程式(3.2)に代入すると

$$i\hbar\sum_n \frac{da_n(t)}{dt}\phi_n(\boldsymbol{r})\,e^{-iE_nt/\hbar} = \sum_n a_n(t)\,H'\phi_n(\boldsymbol{r})\,e^{-iE_nt/\hbar} \tag{3.4}$$

となる。この式の左側から $\phi_m(\boldsymbol{r})^*e^{iE_mt/\hbar}$ を掛けて空間について積分し，ϕ の規格化と直交性を利用すると，次式が得られる。

$$i\hbar\frac{da_m(t)}{dt} = \sum_n a_n(t)\,H'_{mn}e^{i(E_m-E_n)t/\hbar} \tag{3.5}$$

ここで，マトリックス要素 H_{mn}' は

$$H'_{mn} = \int \phi_m{}^* H'\phi_n d\boldsymbol{r} \tag{3.6}$$

である。$t<0$ では系はエネルギー E_n をもつ状態にあり，$t=0$ から輻射場による摂動が加わるとする。$t=0$ では $a_m = \delta_{m,n}$ とおくことができ，1次の摂動論の近似では

$$i\hbar\frac{da_m(t)}{dt} = H'_{mn}e^{i(E_m-E_n)t/\hbar} = H'_{mn}e^{i\omega_{mn}t} \tag{3.7}$$

と書ける。ここで，$\omega_{mn} = (E_m - E_n)/\hbar$ である。上の式を積分すると

$$i\hbar a_m(t) = \int_0^t H'_{mn}e^{i\omega_{mn}t}dt \tag{3.8}$$

が得られる。摂動 H' が周期的であり，

$$H'(\boldsymbol{r},\ t) = U(\boldsymbol{r})\,e^{i\omega t} + U(\boldsymbol{r})^+e^{-i\omega t} \tag{3.9}$$

で表されるとする。$U(\boldsymbol{r})$は時間に依存しない演算子であり，$U(\boldsymbol{r})^+$はそのエルミート共役演算子である（エルミート共役演算子の定義は，任意の状態の組に対する$\int (U\phi)^* \psi d\boldsymbol{r} = \int \phi^* U^+ \psi d\boldsymbol{r}$で表される）。摂動のマトリックス要素$H'_{mn}$は

$$H'_{mn} = e^{i\omega t}\int \phi_m^* U \phi_n d\boldsymbol{r} + e^{-i\omega t}\int \phi_m^* U^+ \phi_n d\boldsymbol{r} = U_{mn}e^{i\omega t} + U_{nm}^* e^{-i\omega t} \tag{3.10}$$

と計算される。これを用いると

$$a_m(t) = \frac{U_{mn}}{\hbar}\frac{1-e^{i(\omega_{mn}+\omega)t}}{\omega_{mn}+\omega} + \frac{U_{nm}^*}{\hbar}\frac{1-e^{i(\omega_{mn}-\omega)t}}{\omega_{mn}-\omega} \tag{3.11}$$

となる。

状態nから状態mへ光を吸収して遷移する場合をここでは考えるとすると，$\omega_{mn} \approx \omega$である。したがって，$\omega_{mn}+\omega$を分母にもつ項は$\omega_{\mathrm{mn}}-\omega$を分母にもつ項に比べて十分小さいと見なせ，状態$m$の存在確率は

$$|a_m(t)|^2 = \frac{4|U_{mn}|^2 \sin^2 \dfrac{(\omega_{mn}-\omega)t}{2}}{\hbar^2(\omega_{mn}-\omega)^2} \tag{3.12}$$

と書くことができる。右辺の関数$\sin^2\{(\omega_{mn}-\omega)t/2\}/(\omega_{mn}-\omega)^2$は$\omega$の関数として見たときに，$t$が大きい場合には$\omega_{mn}$付近のみに値をもつ関数であり，$t \to \infty$の極限で

$$\frac{\sin^2 \dfrac{(\omega_{mn}-\omega)t}{2}}{\hbar^2(\omega_{mn}-\omega)^2} \to \frac{\pi t}{2}\delta(\omega_{mn}-\omega) \tag{3.13}$$

とδ関数を用いて表されることが知られている。したがって，状態mにある確率$|a_m|^2$は

$$|a_m|^2 \approx \frac{2\pi t}{\hbar^2}|U_{mn}|^2\delta(\omega_{mn}-\omega) = \frac{2\pi t}{\hbar}|U_{mn}|^2\delta(E_m-E_n-\hbar\omega) \tag{3.14}$$

で与えられる。単位時間当りの励起状態に遷移する確率W_{mn}は$|a_m|^2/t$で与えられ

$$W_{mn} = \frac{2\pi}{\hbar}|U_{mn}|^2\delta(E_m-E_n-\hbar\omega) \tag{3.15}$$

となる。この式は**フェルミの黄金律**（Fermi's golden rule）と呼ばれている。

実際の系では，遷移の終状態である状態 m が連続的に分布する場合が多い。その場合には，状態密度 $\rho(E_m)$ を導入し，エネルギーが E_m と E_m+dE_m の間にある状態数が $\rho(E_m)\,dE_m$ であることを考慮して，これらの状態の一つに遷移する確率を計算すると

$$W_{mn}=\frac{2\pi}{\hbar}\int|U_{mn}|^2\delta(E_m-E_n-\hbar\omega)\,\rho(E_m)\,dE_m=\frac{2\pi}{\hbar}|U_{mn}|^2\rho(E_n+\hbar\omega) \quad (3.16)$$

となる。この式をフェルミの黄金律と呼ぶ場合もある。

確率 W_{mn} と吸収係数 α などの光学定数との関係は，つぎのように考えると簡単に導くことができる。媒質中の光が，吸収によって単位時間に失われる単位体積当りのエネルギーは $W_{mn}\hbar\omega$ であり，一方，伝導度 σ を用いると $\sigma E^2/2$ とも表せる。したがって

$$\sigma=\frac{2W_{mn}\hbar\omega}{E^2} \quad (3.17)$$

である。伝導度 σ と誘電率の虚部 ε_2，吸収係数 α とはつぎの関係式で結ばれている[(1)]。

$$\varepsilon_2=\frac{\sigma}{\omega\varepsilon_0}=\frac{nc}{\omega}\alpha \quad (3.18)$$

ただし，ε_0 は真空中の誘電率，n は屈折率，c は真空中の光速である。

3.3 半導体中のバンド間遷移

代表的な半導体である GaAs，GaP のエネルギー帯は，それぞれ**図 3.1**，**図 3.2** に示されているような構造をもっている。GaAs では，$k=0$ の Γ 点でエネルギーギャップが最小であり，吸収端の遷移は Γ 点で起こる。すなわち，Γ 点の価電子帯の頂点付近から Γ 点の伝導帯の底付近への遷移が起こり，**直接遷移**（direct transition）と呼ばれる。

GaP では，伝導帯の底は X 点の近くにあり，フォノンを吸収または放出することにより，価電子帯の Γ 点から伝導帯の X 点に**間接遷移**（indirect tran-

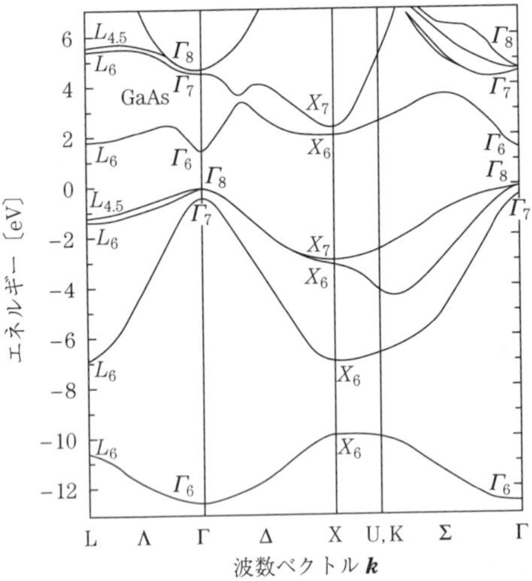

Γ_7 などの記号はブロッホ関数の対称性を示す記号である

図 3.1　GaAs のバンド構造[12]

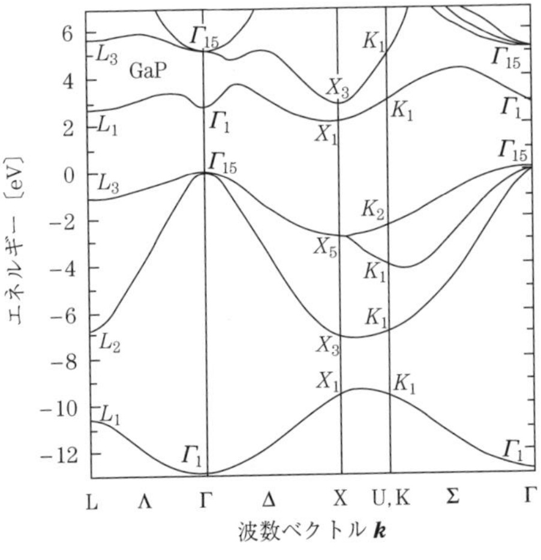

図 3.2　GaP のバンド構造[12]

sition）をする。

ここでは，半導体中のバンド構造と光吸収がどのような関係にあるのかを述べる。

3.3.1　第 1 種（直接許容）バンド間遷移

価電子帯から伝導帯への光を吸収して遷移する確率は，摂動がない場合の固有関数として平面波と結晶格子と同じ周期をもつ関数の積であるブロッホ波動関数を用いて，フェルミの黄金律により計算する。摂動ハミルトニアンは電磁界中の電子に対するハミルトニアンの運動エネルギーの項から

$$H'=\frac{1}{2m}(\boldsymbol{p}+e\boldsymbol{A})^2-\frac{\boldsymbol{p}^2}{2m}=\frac{e}{m}\boldsymbol{A}\cdot\boldsymbol{p}+\frac{e^2}{2m}\boldsymbol{p}^2\approx\frac{e}{m}\boldsymbol{A}\cdot\boldsymbol{p} \tag{3.19}$$

であることがわかる。光の偏光ベクトル，波数ベクトルを $\boldsymbol{e}$, $\boldsymbol{q}$ と書くと，ベクトルポテンシャルは $\boldsymbol{A}=A\boldsymbol{e}\cos(\boldsymbol{q}\cdot\boldsymbol{r}-\omega t)$ となり，式(3.19)の摂動ハミルトニアンは

$$H'=\frac{e}{m}\boldsymbol{A}\cdot\boldsymbol{p}=-\left(\frac{ie\hbar}{m}\right)\boldsymbol{A}\cdot\nabla=-\frac{ie\hbar A}{2m}(e^{i(\boldsymbol{q}\cdot\boldsymbol{r}-\omega t)}+e^{-i(\boldsymbol{q}\cdot\boldsymbol{r}-\omega t)})(\boldsymbol{e}\cdot\nabla) \tag{3.20}$$

と表される。したがって，フェルミの黄金律(3.15)の時間に依存しない演算子 U に相当する演算子は

$$U=-\frac{ie\hbar A}{2m}e^{i\boldsymbol{q}\cdot\boldsymbol{r}}(\boldsymbol{e}\cdot\nabla) \tag{3.21}$$

となる。

結晶の体積を V とすると，価電子帯の波数ベクトル $\boldsymbol{k}$，エネルギー $E_v(\boldsymbol{k})$ の状態のブロッホ波動関数は

$$\phi_{v\boldsymbol{k}}(\boldsymbol{r})=\frac{e^{i\boldsymbol{k}\cdot\boldsymbol{r}}}{\sqrt{V}}u_{v\boldsymbol{k}}(\boldsymbol{r}) \tag{3.22}$$

伝導帯の波数ベクトル $\boldsymbol{k}'$，エネルギー $E_c(\boldsymbol{k}')$ のブロッホ波動関数は

$$\phi_{c\boldsymbol{k}'}(\boldsymbol{r})=\frac{e^{i\boldsymbol{k}'\cdot\boldsymbol{r}}}{\sqrt{V}}u_{c\boldsymbol{k}'}(\boldsymbol{r}) \tag{3.23}$$

と書けるので，価電子帯から伝導帯への遷移確率は

$$W_{cv}=\frac{2\pi}{\hbar}\left|\int\phi_{c\boldsymbol{k}'}(\boldsymbol{r})^*U\phi_{v\boldsymbol{k}}(\boldsymbol{r})\,d\boldsymbol{r}\right|^2\delta(E_c(\boldsymbol{k}')-E_v(\boldsymbol{k})-\hbar\omega) \tag{3.24}$$

となる。式(3.20)より，式(3.24)中の行列要素はつぎのように書ける。

$$\begin{aligned}M_{cv}&=\int\phi_{c\boldsymbol{k}'}(\boldsymbol{r})^*U\phi_{v\boldsymbol{k}}(\boldsymbol{r})\,d\boldsymbol{r}=-\frac{ie\hbar A}{2mV}\int u^*_{c\boldsymbol{k}'}(\boldsymbol{r})\,e^{-i\boldsymbol{k}'\cdot\boldsymbol{r}}\,\boldsymbol{e}\cdot\nabla(u_{v\boldsymbol{k}}(\boldsymbol{r})\,e^{i\boldsymbol{k}\cdot\boldsymbol{r}})\,d\boldsymbol{r}\\&=\frac{ie\hbar A}{2mV}\int u^*_{c\boldsymbol{k}'}(\boldsymbol{r})(\boldsymbol{e}\cdot\nabla u_{v\boldsymbol{k}}(\boldsymbol{r})+iu_{v\boldsymbol{k}'}(\boldsymbol{r})\,\boldsymbol{e}\cdot\boldsymbol{k})\,e^{i(\boldsymbol{k}+\boldsymbol{q}-\boldsymbol{k}')\cdot\boldsymbol{r}}d\boldsymbol{r}\end{aligned} \tag{3.25}$$

$u_{v\boldsymbol{k}}$, $u_{c\boldsymbol{k}'}$ の周期性により，式(3.25)の積分は単位胞内の積分の和として表せ

る。すなわち，**図 3.3** のように座標をとり直すと $e^{i(\boldsymbol{k}+\boldsymbol{q}-\boldsymbol{k}')\cdot\boldsymbol{r}}=e^{i(\boldsymbol{k}+\boldsymbol{q}-\boldsymbol{k}')\cdot(\boldsymbol{R}_n+\boldsymbol{r}')}$ であるから

$$M_{cv}=-\frac{ie\hbar A}{2mV}\sum_n e^{i(\boldsymbol{k}+\boldsymbol{q}-\boldsymbol{k}')\cdot\boldsymbol{R}_n}\int_{cell} u^*_{c\boldsymbol{k}'}(\boldsymbol{r}')\,(\boldsymbol{e}\cdot\nabla u_{v\boldsymbol{k}}(\boldsymbol{r}')$$
$$+iu_{v\boldsymbol{k}}(\boldsymbol{r}')\,\boldsymbol{e}\cdot\boldsymbol{k})\,e^{i(\boldsymbol{k}+\boldsymbol{q}-\boldsymbol{k}')\cdot\boldsymbol{r}'}d\boldsymbol{r}' \tag{3.26}$$

と書ける。和 $\sum_n \exp(i(\boldsymbol{k}+\boldsymbol{q}-\boldsymbol{k}')\cdot\boldsymbol{R}_n)$ は，$\boldsymbol{k}+\boldsymbol{q}-\boldsymbol{k}'$ が結晶の逆格子ベクトル $\boldsymbol{K}$ に等しくない場合は 0 である。ここでは，ブリユアンゾーンを還元ゾーン形式で考えることにして $\boldsymbol{K}=\boldsymbol{0}$ とおくと，行列要素 M_{cv} が 0 でないのは

$$\boldsymbol{k}'=\boldsymbol{k}+\boldsymbol{q} \tag{3.27}$$

の場合だけである。この式は波数ベクトル（運動量）の保存則を示している。

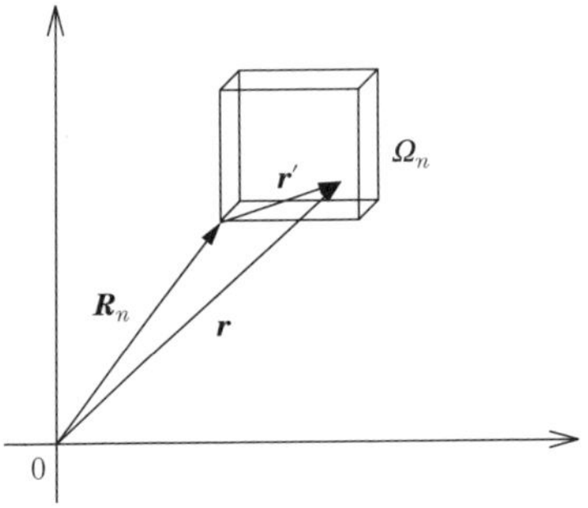

図 3.3　単位胞内の座標への変換

光の波数ベクトル $\boldsymbol{q}$ の大きさは電子の波数ベクトル $\boldsymbol{k}$, $\boldsymbol{k}'$ の大きさに比べて十分小さいので，式(3.25)は

$$\boldsymbol{k}'=\boldsymbol{k},\quad \boldsymbol{q}=\boldsymbol{0} \tag{3.28}$$

と見なすことができる。この結果は，価電子帯から伝導帯への遷移に際して電子の波数ベクトルは変化しない，あるいはブリユアンゾーン中で垂直に遷移することを示している。式(3.28)が満たされている場合は

$$\sum_n \exp(i(\boldsymbol{k}+\boldsymbol{q}-\boldsymbol{k}')\cdot\boldsymbol{R}_n)=N_c \tag{3.29}$$

となる。ただし，N_c は結晶中の単位胞の数である。したがって，単位胞の体積 Ω を用いて行列要素 M_{cv} は

$$M_{cv}=-\frac{ie\hbar A}{2m\Omega}\int_{cell}u_{ck}^{*}(\boldsymbol{r}')\,(\boldsymbol{e}\cdot\nabla u_{vk}(\boldsymbol{r}')+iu_{vk}(\boldsymbol{r}')\,\boldsymbol{e}\cdot\boldsymbol{k})\,d\boldsymbol{r}' \tag{3.30}$$

と書ける。この式中の積分の第2項は u_{ck}, u_{vk} の直交性より0となり，結局

$$\begin{aligned}M_{cv}&=-\frac{ie\hbar A}{2m\Omega}\int_{cell}u_{c\boldsymbol{k}}^{*}(\boldsymbol{r}')\,(\boldsymbol{e}\cdot\nabla)\,u_{v\boldsymbol{k}}(\boldsymbol{r}')\,d\boldsymbol{r}'\\&=\frac{eA}{2m\Omega}\int_{cell}u_{c\boldsymbol{k}}^{*}(\boldsymbol{r}')\,(\boldsymbol{e}\cdot\boldsymbol{p})\,u_{v\boldsymbol{k}}(\boldsymbol{r}')\,d\boldsymbol{r}'=\frac{eA}{2m}\boldsymbol{e}\cdot\boldsymbol{p}_{cv}(\boldsymbol{k})\end{aligned} \tag{3.31}$$

となる。ただし

$$\boldsymbol{p}_{cv}(\boldsymbol{k})=\frac{1}{\Omega}\int_{cell}u_{c\boldsymbol{k}}^{*}(\boldsymbol{r}')\,\boldsymbol{p}u_{v\boldsymbol{k}}(\boldsymbol{r}')\,d\boldsymbol{r}' \tag{3.32}$$

である。式(3.30)を式(3.24)に代入して，遷移確率は

$$\begin{aligned}W_{cv}&=\frac{\pi e^2A^2}{2m^2\hbar}|\boldsymbol{e}\cdot\boldsymbol{p}_{cv}(\boldsymbol{k})|^2\delta(E_c(\boldsymbol{k})-E_v(\boldsymbol{k})-\hbar\omega)\\&=\frac{\pi e^2A^2}{2m^2\hbar}|\boldsymbol{e}\cdot\boldsymbol{p}_{cv}(\boldsymbol{k})|^2\delta(E_{cv}(\boldsymbol{k})-\hbar\omega)\end{aligned} \tag{3.33}$$

となる。ただし，$E_{cv}(\boldsymbol{k})=E_c(\boldsymbol{k})-E_v(\boldsymbol{k})$ である。

実際の結晶では，式(3.33)のエネルギー保存則を満たすすべての状態間の遷移が寄与するので，許容される $\boldsymbol{k}$ の寄与をすべて考慮して，最終的に価電子帯から伝導帯への遷移確率は

$$W_{cv}=\frac{\pi e^2A^2}{2m^2\hbar}\int\frac{d\boldsymbol{k}}{4\pi^3}|\boldsymbol{e}\cdot\boldsymbol{p}_{cv}(\boldsymbol{k})|^2\delta(E_{cv}(\boldsymbol{k})-\hbar\omega) \tag{3.34}$$

と求められる。あるいは，$\boldsymbol{E}=-\partial\boldsymbol{A}/\partial t$ の関係を用いて，ベクトルポテンシャルを電界に置き換えると

$$W_{cv}=\frac{\pi e^2E^2}{2m^2\omega^2\hbar}\int\frac{d\boldsymbol{k}}{4\pi^3}|\boldsymbol{e}\cdot\boldsymbol{p}_{cv}(\boldsymbol{k})|^2\delta(E_{cv}(\boldsymbol{k})-\hbar\omega) \tag{3.35}$$

となる。したがって，吸収係数 $\alpha(\omega)$ は式(3.17)，(3.18)より

$$\alpha(\omega)=\frac{\pi e^2}{m^2nc\omega\varepsilon_0}\int\frac{d\boldsymbol{k}}{4\pi^3}|\boldsymbol{e}\cdot\boldsymbol{p}_{cv}(\boldsymbol{k})|^2\delta(E_{cv}(\boldsymbol{k})-\hbar\omega) \tag{3.36}$$

と表せる。

式(3.36)中の $|\boldsymbol{e}\cdot\boldsymbol{p}_{cv}(\boldsymbol{k})|^2$ は $\boldsymbol{k}$ の関数であるが，一般に $\boldsymbol{k}$ の変化に対して強い依存性を示さないので，一定（$\boldsymbol{k}=0$ の値）として積分の外に出すことが

できる。したがって，式(3.36)は

$$\alpha(\omega)=\frac{\pi e^2}{m^2nc\omega\varepsilon_0}|\boldsymbol{e}\cdot\boldsymbol{p}_{cv}|^2\int\frac{d\boldsymbol{k}}{4\pi^3}\delta(E_{cv}(\boldsymbol{k})-\hbar\omega) \tag{3.37}$$

と変形できる。積分の部分を

$$\rho_{cv}(\omega)=2J_{cv}(\omega)=\int\frac{d\boldsymbol{k}}{4\pi^3}\delta(E_{cv}(\boldsymbol{k})-\hbar\omega) \tag{3.38}$$

と表すことにする。ここで定義した $J_{cv}(\omega)$ は**結合状態密度**（joint density of states）と呼ばれている関数であり，波数ベクトル $\boldsymbol{k}$ が同じで，エネルギー差が $\hbar\omega$ の価電子帯と伝導帯の状態のペアがブリユアンゾーン内にいくつあるのかを示す関数になっている。

簡単のため，伝導帯の底および価電子帯の頂点がともに Γ 点にあり，Γ 点付近における伝導帯のエネルギーが $E_c=\hbar^2\boldsymbol{k}^2/2m_e+E_g$，価電子帯のエネルギーが $E_v=-\hbar^2\boldsymbol{k}^2/2m_h$ で与えられる場合を考えてみる。ここで E_g はバンドギャップ，m_e, m_h はそれぞれ電子および正孔の有効質量，k は波数ベクトルである。式(3.38)の $E_{cv}(\boldsymbol{k})$ は $E_{cv}(\boldsymbol{k})=E_c(\boldsymbol{k})-E_v(\boldsymbol{k})=\hbar^2\boldsymbol{k}^2/2\mu+E_g$，$\mu^{-1}=m_e{}^{-1}+m_h{}^{-1}$ で与えられるので，$\rho_{cv}(\omega)$ は

$$\rho_{cv}(\omega)=\frac{(4\pi k^2)}{4\pi^3}\,\frac{dk}{dE_{cv}}=\frac{(2\mu)^{3/2}}{2\pi^2\hbar^3}(\hbar\omega-E_g)^{1/2}\qquad(\hbar\omega>E_g) \tag{3.39}$$

となる。この場合，状態密度は平方根則に従う。これから吸収係数 $\alpha(\omega)$ は

$$\alpha(\omega)=\frac{e^2(2\mu)^{3/2}}{2\pi m^2nc\varepsilon_0\hbar^3\omega}|\boldsymbol{e}\cdot\boldsymbol{p}_{cv}|^2(\hbar\omega-E_g)^{1/2}\qquad(\hbar\omega>E_g) \tag{3.40}$$

となる。

3.3.2　バンド構造における特異点と結合状態密度

半導体の電子帯 $E_v(\boldsymbol{k})$ から伝導帯 $E_c(\boldsymbol{k})$ への帯間遷移の場合の結合状態密度 $J_{cv}(\omega)$ は式(3.38)で与えられるが，積分を $E_c(\boldsymbol{k})-E_v(\boldsymbol{k})=E_{cv}(\boldsymbol{k})$ の値が一定になる面（等エネルギー面）についての積分とこの面に垂直な方向の積分に分けて

$$J_{cv}(\omega)=\int\frac{d\boldsymbol{k}}{8\pi^3}\delta(E_{cv}(\boldsymbol{k})-\hbar\omega)=\int\frac{d\boldsymbol{k}_E dS_E}{8\pi^3}\delta(E_{cv}(\boldsymbol{k})-\hbar\omega) \tag{3.41}$$

と書く。つぎに，$dE_{cv}(\boldsymbol{k})=|\nabla E_{cv}(\boldsymbol{k})|dk_E$ であることに注意して積分変数 k_E を $E_{cv}(\boldsymbol{k})$ に変換すると

$$J_{cv}(\omega)=\frac{1}{8\pi^3}\int\frac{dS_E dE_{cv}(\boldsymbol{k})}{|\nabla_k E_{cv}(\boldsymbol{k})|}\delta(E_{cv}(\boldsymbol{k})-\hbar\omega)=\frac{1}{8\pi^3}\int\frac{dS_E}{|\nabla_k E_{cv}(\boldsymbol{k})|_{E_{cv}(k)=\hbar\omega}} \tag{3.42}$$

と書き換えることができる。ただし，dS_E は $E_{cv}(\boldsymbol{k})=\hbar\omega$ の等エネルギー面上を積分する。この式より，$J_{cv}(\omega)$ は $\nabla_k E_{cv}(\boldsymbol{k})$ が 0 になる点で大きな変化を示すことがわかる。$\nabla_k E_{cv}(\boldsymbol{k})$ が 0 になる点，すなわち，遷移に関与する帯間のエネルギー差が波数ベクトル $\boldsymbol{k}$ の変化に対して停留値をとる点を **von Hove 特異点**と呼んでいる。光の吸収係数 α は

$$\alpha=\frac{2\pi e^2}{cnm^2\hbar\varepsilon_0\omega}J_{cv}(\omega)|\boldsymbol{e}\cdot\boldsymbol{p}_{cv}|^2 \tag{3.43}$$

で表されるので，$J_{cv}(\omega)$ が急激な変化をするところで，α も大きな変化を示す。

特異点でのエネルギーギャップの大きさを E_g とし，特異点から測った波数ベクトルを $\boldsymbol{k}(k_x, k_y, k_z)$ とすれば，遷移する二つの電子帯のエネルギー差 $E(\boldsymbol{k})$ は $\boldsymbol{k}$ の 2 次までの近似で

$$E(\boldsymbol{k})=E_g+\frac{\hbar^2}{2m_x}k_x{}^2+\frac{\hbar^2}{2m_y}k_y{}^2+\frac{\hbar^2}{2m_z}k_z{}^2 \tag{3.44}$$

と表される。実際に，この $E(\boldsymbol{k})$ を式(3.42)に代入して計算すると，m_x, m_y, m_z の符号により，以下に示す M_0 から M_3 までの四つの特異点に分類できることがわかっている[(1)]。

m_x, m_y, m_z すべてが正である M_0 特異点は最小点に，すべてが負である M_3 特異点は最大点に，また m_x, m_y, m_z のうち負になる数が 1, 2 個である M_1, M_2 特異点は鞍点に対応する。結合状態密度 $J_{cv}(\omega)$ は，C_i, C_i' を定数，$\omega_g=E_g/\hbar$ として

M_0 特異点（m_x, m_y, m_z のすべてが負）では

$$\begin{cases} J_{cv}(\omega)=0 & (\omega<\omega_g) \\ J_{cv}(\omega)=C_0(\omega-\omega_g)^{1/2} & (\omega>\omega_g) \end{cases} \tag{3.45}$$

M_1 特異点（m_x, m_y, m_z のうち一つが負）では

$$\begin{cases} J_{cv}(\omega)=C_1-C_1'(\omega_g-\omega)^{1/2} & (\omega<\omega_g) \\ J_{cv}(\omega)=C_1 & (\omega>\omega_g) \end{cases} \tag{3.46}$$

M_2 特異点（m_x, m_y, m_z のうち二つが負）では

$$\begin{cases} J_{cv}(\omega)=C_2 & (\omega<\omega_g) \\ J_{cv}(\omega)=C_2-C_2'(\omega-\omega_g)^{1/2} & (\omega>\omega_g) \end{cases} \tag{3.47}$$

M_3 特異点（m_x, m_y, m_z のすべてが正）では

$$\begin{cases} J_{cv}(\omega)=C_3(\omega_g-\omega)^{1/2} & (\omega<\omega_g) \\ J_{cv}(\omega)=0 & (\omega>\omega_g) \end{cases} \tag{3.48}$$

となる。**図 3.4** に結合状態密度の特異点の近くでの変化を示す。

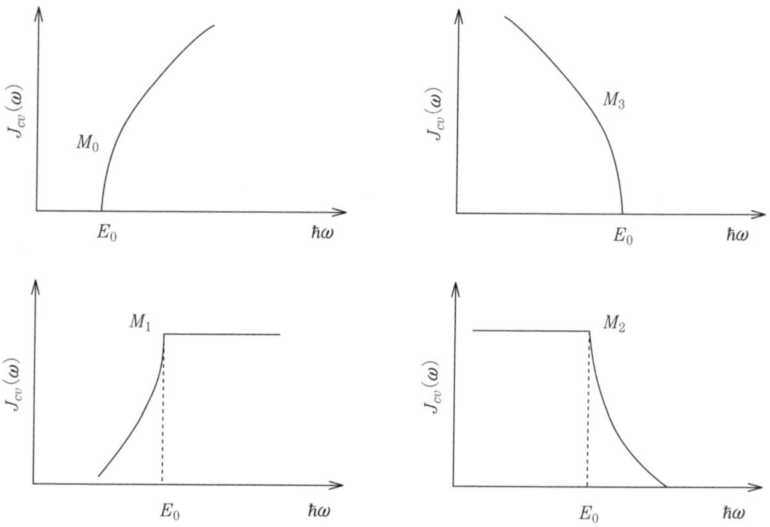

図 3.4　結合状態密度のエネルギー依存性

3.3.3　第 2 種（直接禁制）バンド間遷移

物質によっては，$\boldsymbol{k}=\boldsymbol{0}$ でバンド間双極子遷移が禁制，つまり

$$\boldsymbol{p}_{cv}(0)=\frac{1}{\Omega}\int_{cell} u_{c0}^*(\boldsymbol{r}')\,\boldsymbol{p}u_{v0}(\boldsymbol{r}')\,d\boldsymbol{r}'=0 \tag{3.49}$$

の場合も起こり得る。これは，価電子帯がs軌道もしくはd軌道によってできており，価電子帯がs軌道からできている場合などに起こる。この場合，式(3.31)の行列要素をkに関して展開した式

$$\boldsymbol{p}_{cv}(\boldsymbol{k}) \approx \boldsymbol{p}_{cv}(0) + \boldsymbol{k}\cdot\left(\frac{\partial}{\partial \boldsymbol{k}}\boldsymbol{p}_{cv}(\boldsymbol{k})\right)_{k=0} \tag{3.50}$$

の右辺第2項と式(3.35)を使って，吸収係数$\alpha(\omega)$を求める。$\boldsymbol{p}_{cv}(\boldsymbol{k})$の展開の第1項が使える場合を第1種（直接許容）遷移，第2項を使用しなければならない場合を第2種（直接禁制）遷移という。式(3.40)に対応する第2種の遷移の吸収係数$\alpha(\omega)$は

$$\alpha(\omega) = \frac{e^2(2\mu)^{3/2}}{2\pi m^2 nc\varepsilon_0\hbar^3\omega}\left|\boldsymbol{e}\cdot\frac{\partial \boldsymbol{p}_{cv}}{\partial \boldsymbol{k}}\right|^2(\hbar\omega - E_g)^{3/2} \tag{3.51}$$

となる。

3.3.4 間接バンド間遷移

ブリユアンゾーン中で伝導帯の底と，価電子帯の頂上の位置が異なる半導体中の遷移においては，始状態と終状態の波数ベクトルの差は大き過ぎて，フォトンのみが関与する光学吸収過程のみでは運動量の保存則を満たすことはできない。バンド間遷移が起こるには，フォノンの付加的な吸収，放出が必要である（**図3.5**）。このような間接遷移ではフォトンとフォノンという二つの量子が関与するため，遷移は明らかに2次のもので，少なくとも2次の摂動論を還

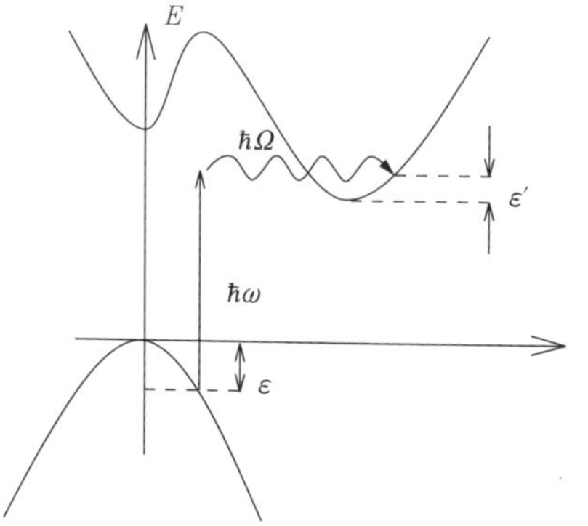

図3.5 間接バンド間遷移の概略図

移確率の計算に用いなければならない。それゆえ，対応する遷移の確率は許容された直接遷移の場合よりも一般に数けた低くなる。

以下に間接遷移に対する吸収係数を導出する。輻射場による摂動だけではなく，さらにフォノン場による摂動が加わっている場合を考える。式(3.20)の輻射場による摂動 H' に続いてフォノン場の摂動 H''

$$H''(\boldsymbol{r},\ t)=V(\boldsymbol{r})e^{i\Omega t}+V(\boldsymbol{r})^{+}e^{-i\Omega t} \tag{3.52}$$

により，価電子帯の頂点付近から伝導帯の底の付近に遷移するとして，2次の摂動論を使うと遷移確率（拡張されたフェルミの黄金律）は

$$W_{cv}=\frac{2\pi}{\hbar}\sum_{k,k'}\left|\sum_{i}\frac{V_{ci}U_{iv}}{E_i-E_v-\hbar\omega}\right|^2\delta(E_c(\boldsymbol{k})-E_v(\boldsymbol{k}')-\hbar\omega\pm\hbar\Omega) \tag{3.53}$$

となる。ここで $\hbar\Omega$ は遷移に関係するフォノンのエネルギーであり

$$U_{iv}=\int\phi_i^*(\boldsymbol{r}')\,U\phi_{vk'}(\boldsymbol{r}')\,d\boldsymbol{r}',\quad V_{ci}=\int\phi_{ck}^*(\boldsymbol{r}')\,V\phi_i(\boldsymbol{r}')\,d\boldsymbol{r}' \tag{3.54}$$

ϕ_i, E_i は中間状態の波動関数とエネルギーである。＋の符号はフォノンの吸収に対するもので，－の符号はフォノンの放出に対するものである。一般に，式中の行列要素は間接ギャップの付近では強い $\boldsymbol{k}$ 依存性を示さないので一定と見なし，絶対値の2乗の部分は和の外に出すことにする。したがって，遷移確率のエネルギー依存性はエネルギー保存則を表す δ 関数により与えられる。$\boldsymbol{k}$, $\boldsymbol{k}'$ に対する和を積分に変え，さらに積分変数を価電子帯と伝導帯のエネルギー E_c, E_v に変換すると

$$W_{cv}\propto\iint\rho_c(E_v)\,\rho_v(E_c)\,\delta(E_c-E_v-\hbar\omega\pm\hbar\Omega)\,dE_c dE_v \tag{3.55}$$

となる。ただし，$\rho_v(E)$, $\rho_c(E')$ は価電子帯および伝導帯の状態密度である。

始状態と終状態におけるエネルギーを図3.5で示したようにとると

$$E_c=E_g^i+\varepsilon',\quad E_v=-\varepsilon \tag{3.56}$$

となる。ここで，$E_g{}^i$ は間接バンドギャップであり，ε と ε' は正であるとする。エネルギー保存により次式が要求される。

$$E_v+\hbar\omega\pm\hbar\Omega=E_c \tag{3.57}$$

式(3.56)の E_c と E_v を代入すると次式を得る。

$$\varepsilon = \hbar\omega - E_g^i - \varepsilon' \pm \hbar\Omega \tag{3.58}$$

価電子帯，伝導帯の状態密度は平方根則に従うとすると

$$\rho_v(E) \propto \sqrt{\varepsilon}, \quad \rho_c(E') \propto \sqrt{\varepsilon'} = \sqrt{\hbar\omega - E_g^i - \varepsilon \pm \hbar\Omega} \tag{3.59}$$

と求められる。この式を式(3.55)に代入して，0から，式(3.58)で $\varepsilon'=0$ とおくことによって決定される ε の最大値 $\varepsilon_m = \hbar\omega - E_g^i \pm \hbar\Omega$ まで積分すると

$$W_{cv}(\hbar\omega) = A\int_0^{\varepsilon_m} d\varepsilon \sqrt{\hbar\omega - E_g^i - \varepsilon \pm \hbar\Omega}\sqrt{\varepsilon} \tag{3.60}$$

が得られる（A は定数である）。与えられた $\hbar\omega \pm \hbar\Omega$ に対して，エネルギー保存則が満たされているすべての状態間の遷移，つまりエネルギー差が $\hbar\omega \pm \hbar\Omega$ に等しいすべての価電子帯の状態から伝導帯の状態への遷移が起こり得る。$\varepsilon_m = \hbar\omega - E_g{}^i \pm \hbar\Omega$ を式(3.58)に代入すると

$$W_{cv}(\hbar\omega) = A\int_0^{\varepsilon_m} d\varepsilon \sqrt{\varepsilon_m - \varepsilon}\sqrt{\varepsilon} = \frac{A\pi}{8}\varepsilon_m{}^2 \qquad (\varepsilon_m > 0) \tag{3.61}$$

となる。ε_m を $\hbar\omega$ で表すと

$$W_{cv}(\hbar\omega) = \frac{A\pi}{8}(\hbar\omega - E_g^i \pm \hbar\Omega)^2 \qquad (\hbar\omega > E_g^i \mp \hbar\Omega) \tag{3.62}$$

であるので，バンドギャップ付近での，状態密度による吸収係数の ω 依存性は

$$\alpha(\hbar\omega) = A'(\hbar\omega - E_g^i \pm \hbar\Omega)^2 \qquad (\hbar\omega > E_g^i \pm \hbar\Omega) \tag{3.63}$$

となる。ここで，＋の符号はフォノンの吸収，－の符号はフォノンの放出を表す。定数 A' は式(3.55)の行列要素の絶対値の2乗に比例し，フォノン数因子が含まれているので，吸収の温度依存性を考慮する際に重要な定数である。間接遷移の吸収におけるこの ω に関する2乗則は，例えばGeにおいて，実際に実験的に観測されている。

吸収係数の温度依存性は式(3.63)の定数 A' を量子力学的に考察することにより求めることができる。フォノンに関する部分のみを考え，波数ベクトル $\boldsymbol{k}$，エネルギー $\hbar\Omega$ のフォノンが遷移に関与するとする。フォノンの吸収の場合，系から一つのフォノンを消滅させる確率を考える。初め，状態は n_k 個のフォノンを含んでいるとすると，遷移の強度のフォノンに関する部分はフォノ

ンの占有数 n_k に比例する。したがって式(3.63)の定数 A' はフォノンの占有数 n_k に比例することがわかる。フォノンの占有数 n_k はボーズ・アインシュタイン統計 $n_k=1/(e^{\hbar\Omega/k_BT}-1)$ に従うので，結局，吸収係数はつぎのように書くことができる。

$$\alpha_a(\hbar\omega)=A''\frac{(\hbar\omega-E_g^i+\hbar\Omega)^2}{e^{\hbar\Omega/k_BT}-1}\qquad(\hbar\omega>E_g{}^i-\hbar\Omega)\tag{3.64}$$

ここで，A'' は定数である。

フォノンの放出の場合，遷移のフォノンが関与する部分を量子力学的に考察すると，遷移の強度のフォノンに関する部分はフォノンの占有数 n_k+1 に比例することがわかっている（フォノンの吸収，放出を伴う遷移確率の計算の詳細は参考文献(2)を参照せよ）。したがって，フォノンの放出過程に対しては，式(3.63)の定数 A' はフォノンの占有数 n_k+1 に比例することがわかる。

$$A'\propto n_k+1=\frac{1}{e^{\hbar\Omega/k_BT}-1}+1=\frac{1}{1-e^{-\hbar\Omega/k_BT}}\tag{3.65}$$

結局，フォノンを放出する場合の吸収係数は

$$\alpha_e(\hbar\omega)=A''\frac{(\hbar\omega-E_g^i-\hbar\Omega)^2}{1-e^{-\hbar\Omega/k_BT}}\qquad(\hbar\omega>E_g{}^i+\hbar\Omega)\tag{3.66}$$

となる。

式(3.64)，(3.66)から，間接過程に関する吸収係数がフォトンエネルギー $\hbar\omega$ に対して2次関数的に変わることがわかる。よって，$\sqrt{\alpha}$ のプロットは**図3.6**に示されているように，$\hbar\omega$ に対して線形になる。間接バンドギャップの値 $E_g{}^i$ とフォノンエネルギーの値 $\hbar\Omega$ は図に示してあるように図形から求められる。

図中の直線の傾きはフォノンの吸収と放出の過程における式(3.64)，(3.66)の温度依存を示す。与えられた温度において，傾きはフォノンが発生する場合よりもフォノンが吸収される場合のほうが小さくなる。フォノンの吸収と放出の両方が存在する場合，間接遷移の吸収係数 α は

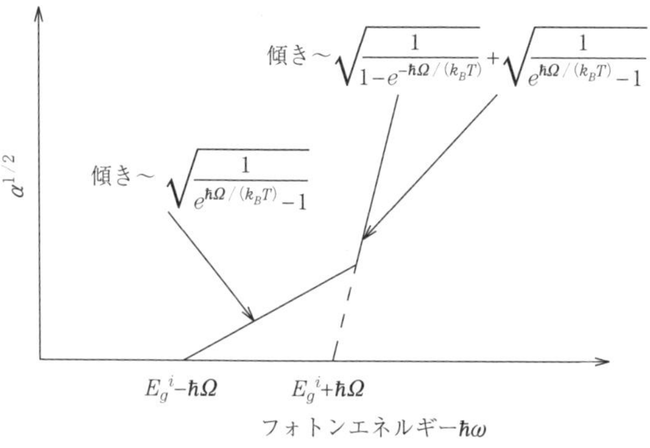

図 3.6　間接バンド間遷移における $\alpha^{1/2}$ のエネルギー依存性

$$\alpha(\hbar\omega)=A''(\hbar\omega-E_g{}^i+\hbar\Omega)^2\left(\exp\left(\frac{\hbar\Omega}{k_BT}\right)-1\right)^{-1}$$
$$+A''(\hbar\omega-E_g{}^i-\hbar\Omega)^2\left(1-\exp\left(-\frac{\hbar\Omega}{k_BT}\right)\right)^{-1} \tag{3.67}$$

と表される。

3.4 励　　起　　子

いままでは，電子と正孔の相互作用を考えずに，半導体中の光吸収について議論した。この相互作用がある場合には，特に吸収端付近での物質の光学的性質に大きな変化が現れる。この節では，励起子（エキシトン）と呼ばれるクーロン相互作用を含んだ，電子-正孔対を考えてみる。励起子は電子が陽電子のクーロン相互作用によって束縛されてできるポジトロニウム原子に似ている。励起子では電子は正孔に結び付けられており，この準粒子は電気的に中性である。励起子は，自由空間中の実在の原子のように，結晶中を自由に動ける。終状態の電子-正孔対の結合により，励起子遷移に必要なフォトンのエネルギーは，バンドギャップ遷移に必要なエネルギーと比べて小さくなり，励起子はバンドギャップよりも低いエネルギーにおける強い吸収の原因となる。

ここではワニエ励起子と呼ばれるものを考える。**ワニエ励起子**（Wannier

exciton）では，ボーア半径（電子と正孔の間の距離）は単位格子の長さと比べて大きい。この状況はほとんどのII-VI，III-V，IV族の半導体で成り立っている。他方，フレンケル励起子と呼ばれる励起子の場合は，励起子のボーア半径は原子の単位格子と同じか，小さい。**フレンケル励起子**（Frenkel exciton）はワイドギャップ半導体や，絶縁体，いくつかの有機物質で存在する。

3.4.1　直接励起子遷移

直接遷移型の物質の場合，励起子の波動関数 Ψ を電子と正孔のブロッホ関数の線形結合で表す。

$$\begin{aligned}\Psi(\boldsymbol{r}_e,\ \boldsymbol{r}_h) &= \sum_{\boldsymbol{k}_e,\boldsymbol{k}_h} \Phi(\boldsymbol{k}_e,\ \boldsymbol{k}_h)\,\phi_{c\boldsymbol{k}_e}(\boldsymbol{r}_e)\,\bar{\phi}_{v\boldsymbol{k}_h}(\boldsymbol{r}_h) \\ &= \sum_{\boldsymbol{k}_e,\boldsymbol{k}_h} \Phi(\boldsymbol{k}_e,\ \boldsymbol{k}_h)\,u_{c\boldsymbol{k}_e}(\boldsymbol{r}_e)\,e^{i\boldsymbol{k}_e\cdot\boldsymbol{r}_e}\,\bar{u}_{v\boldsymbol{k}_h}(\boldsymbol{r}_h)\,e^{i\boldsymbol{k}_h\cdot\boldsymbol{r}_h}\end{aligned} \tag{3.68}$$

ここで $\Phi(\boldsymbol{k}_e,\ \boldsymbol{k}_h)$ は電子と正孔の波数ベクトル $\boldsymbol{k}_e$, $\boldsymbol{k}_h$ に依存する展開係数である。$\phi_{c\boldsymbol{k}_e}(\boldsymbol{r}_e)$ は波数ベクトル $\boldsymbol{k}_e$，位置 $\boldsymbol{r}_e$ における伝導帯の電子のブロッホ関数を表現している。同様に $\bar{\phi}_{v\boldsymbol{k}_h}(\boldsymbol{r}_h)$ は波数ベクトル $\boldsymbol{k}_h$，位置 $\boldsymbol{r}_h$ における価電子帯の正孔のブロッホ関数を表している。一般にブロッホ関数の原子の部分 $u_{c\boldsymbol{k}_e}(\boldsymbol{r}_e)$，$\bar{u}_{v\boldsymbol{k}_h}(\boldsymbol{r}_h)$ は，$\boldsymbol{k}_e$, $\boldsymbol{k}_h$ を変えても少ししか変化しない。ここではバンド端がブリュアンゾーンの中央（Γ 点）にある直接ギャップ物質を扱うので，ブロッホ関数の原子の部分の波数ベクトルは $\boldsymbol{k}_e=\boldsymbol{k}_h=\boldsymbol{0}$ ととる。

$$\begin{aligned}\Psi(\boldsymbol{r}_e,\ \boldsymbol{r}_h) &\approx u_{c0}(\boldsymbol{r}_e)\,\bar{u}_{v0}(\boldsymbol{r}_h)\sum_{\boldsymbol{k}_e,\boldsymbol{k}_h} \Phi(\boldsymbol{k}_e,\ \boldsymbol{k}_h)\,e^{i\boldsymbol{k}_e\cdot\boldsymbol{r}_e}e^{i\boldsymbol{k}_h\cdot\boldsymbol{r}_h} \\ &= u_{c0}(\boldsymbol{r}_e)\,\bar{u}_{v0}(\boldsymbol{r}_h)\,\Phi(\boldsymbol{r}_e,\ \boldsymbol{r}_h)\end{aligned} \tag{3.69}$$

ここで

$$\Phi(\boldsymbol{r}_e,\ \boldsymbol{r}_h) = \sum_{\boldsymbol{k}_e,\boldsymbol{k}_h} \Phi(\boldsymbol{k}_e,\ \boldsymbol{k}_h)\,e^{i\boldsymbol{k}_e\cdot\boldsymbol{r}_e}e^{i\boldsymbol{k}_h\cdot\boldsymbol{r}_h} \tag{3.70}$$

は，励起子の**包絡関数**（envelope function）と呼ばれる。つまり励起子の波動関数は，電子と正孔のブロッホ関数の原子の部分，$u_{c0}(\boldsymbol{r}_e)$ および $\bar{u}_{v0}(\boldsymbol{r}_h)$ と包絡関数 $\Phi(\boldsymbol{r}_e,\ \boldsymbol{r}_h)$ からできている。包絡関数は包絡関数の原子間距離に比べて大きな電子-正孔の相対運動を表している。

包絡関数の運動を決める方程式を求めてみよう。結晶中の電子系のハミルト

ニアン H を $H=H_1+H_2$ と2章でバンド構造を求めた際に使った1体のハミルトニアン H_1 と2体のハミルトニアン H_2 との和で表して，シュレーディンガー方程式

$$H\Psi(\boldsymbol{r}_e,\ \boldsymbol{r}_h)=(H_1+H_2)\Psi(\boldsymbol{r}_e,\ \boldsymbol{r}_h)=E\Psi(\boldsymbol{r}_e,\ \boldsymbol{r}_h) \tag{3.71}$$

を満たすように波動関数(3.62)の $\Phi(\boldsymbol{k}_e,\ \boldsymbol{k}_h)$ あるいは包絡関数 $\Phi(\boldsymbol{r}_e,\ \boldsymbol{r}_h)$ を決める。伝導帯の電子のブロッホ関数 $\phi_{c\boldsymbol{k}e}(\boldsymbol{r}_e)$ は1体ハミルトニアン H_1 の固有解であり

$$H_1\phi_{c\boldsymbol{k}_e}(\boldsymbol{r}_e)=E_{c\boldsymbol{k}_e}\phi_{c\boldsymbol{k}_e}(\boldsymbol{r}_e) \tag{3.72}$$

を満たす。伝導帯の電子のエネルギーが有効質量 m_e を用いて

$$E_{c\boldsymbol{k}_e}=\frac{\hbar^2\boldsymbol{k}_e{}^2}{2m_e}+E_g \tag{3.73}$$

と表されるとすると（有効質量近似），式(3.71)中の1体ハミルトニアン H_1 が $\phi_{c\boldsymbol{k}_e}(\boldsymbol{r}_e)$ に作用する部分からは

$$\begin{aligned}
&\sum_{\boldsymbol{k}_e,\boldsymbol{k}_h}\Phi(\boldsymbol{k}_e,\ \boldsymbol{k}_h)\bar{\phi}_{v\boldsymbol{k}_h}(\boldsymbol{r}_h)H_1\phi_{c\boldsymbol{k}_e}(\boldsymbol{r}_e)\\
&=\sum_{\boldsymbol{k}_e,\boldsymbol{k}_h}\Phi(\boldsymbol{k}_e,\ \boldsymbol{k}_h)\bar{\phi}_{v\boldsymbol{k}_h}(\boldsymbol{r}_h)\left(\frac{\hbar^2\boldsymbol{k}_e{}^2}{2m_e}+E_g\right)\phi_{c\boldsymbol{k}_e}(\boldsymbol{r}_e)\\
&=\sum_{\boldsymbol{k}_e,\boldsymbol{k}_h}\Phi(\boldsymbol{k}_e,\ \boldsymbol{k}_h)\left(\frac{\hbar^2\boldsymbol{k}_e{}^2}{2m_e}+E_g\right)u_{c\boldsymbol{k}_e}(\boldsymbol{r}_e)e^{i\boldsymbol{k}_e\cdot\boldsymbol{r}_e}\bar{u}_{v\boldsymbol{k}_h}(\boldsymbol{r}_h)e^{i\boldsymbol{k}_h\cdot\boldsymbol{r}_h}
\end{aligned} \tag{3.74}$$

という項が導ける。ここで，$u_{c\boldsymbol{k}_e}(\boldsymbol{r}_e)$，$\bar{u}_{v\boldsymbol{k}_h}(\boldsymbol{r}_h)$ は，$\boldsymbol{k}_e$, $\boldsymbol{k}_h$ に対して緩い変化しかしないので $\boldsymbol{k}_e=\boldsymbol{k}_h=0$ の値と同じとして

$$\begin{aligned}
&\sum_{\boldsymbol{k}_e,\boldsymbol{k}_h}\Phi(\boldsymbol{k}_e,\ \boldsymbol{k}_h)\bar{\phi}_{v\boldsymbol{k}_h}(\boldsymbol{r}_h)H_1\phi_{c\boldsymbol{k}_e}(\boldsymbol{r}_e)\\
&=u_{c0}(\boldsymbol{r}_e)\bar{u}_{v0}(\boldsymbol{r}_h)\sum_{\boldsymbol{k}_e,\boldsymbol{k}_h}\Phi(\boldsymbol{k}_e,\ \boldsymbol{k}_h)\left(\frac{\hbar^2\boldsymbol{k}_e{}^2}{2m_e}+E_g\right)e^{i\boldsymbol{k}_e\cdot\boldsymbol{r}_e}e^{i\boldsymbol{k}_h\cdot\boldsymbol{r}_h}\\
&=u_{c0}(\boldsymbol{r}_e)\bar{u}_{v0}(\boldsymbol{r}_h)\left(-\frac{\hbar^2\nabla_e{}^2}{2m_e}+E_g\right)\sum_{\boldsymbol{k}_e,\boldsymbol{k}_h}\Phi(\boldsymbol{k}_e,\ \boldsymbol{k}_h)e^{i\boldsymbol{k}_e\cdot\boldsymbol{r}_e}e^{i\boldsymbol{k}_h\cdot\boldsymbol{r}_h}\\
&=u_{c0}(\boldsymbol{r}_e)\overline{u}_{v0}(\boldsymbol{r}_h)\left(-\frac{\hbar^2\nabla_e{}^2}{2m_e}+E_g\right)\Phi(\boldsymbol{r}_e,\ \boldsymbol{r}_h)
\end{aligned} \tag{3.75}$$

となる。同様に，価電子帯の正孔も有効質量 m_h を用いて

$$E_{v\boldsymbol{k}_h}=\frac{\hbar^2\boldsymbol{k}_h{}^2}{2m_h} \tag{3.76}$$

と表されるとすると（符合が3.3.1項と異なっているのは正孔と考えているからである），H_1 が $\bar{\phi}_{v\boldsymbol{k}_h}(\boldsymbol{r}_h)$に作用する部分からは

$$\begin{aligned}
&\sum_{\boldsymbol{k}_e,\boldsymbol{k}_h} \Phi(\boldsymbol{k}_e, \boldsymbol{k}_h)\,\phi_{c\boldsymbol{k}_e}(\boldsymbol{r}_e)\,H_1\bar{\phi}_{v\boldsymbol{k}_h}(\boldsymbol{r}_h)\\
&=\sum_{\boldsymbol{k}_e,\boldsymbol{k}_h} \Phi(\boldsymbol{k}_e, \boldsymbol{k}_h)\,\phi_{c\boldsymbol{k}_e}(\boldsymbol{r}_e)\left(\frac{\hbar^2\boldsymbol{k}_h{}^2}{2m_h}\right)\bar{\phi}_{v\boldsymbol{k}_h}(\boldsymbol{r}_h)\\
&=u_{c0}(\boldsymbol{r}_e)\,\bar{u}_{v0}(\boldsymbol{r}_h)\left(-\frac{\hbar^2\nabla^2}{2m_h}\right)\sum_{\boldsymbol{k}_e,\boldsymbol{k}_h} \Phi(\boldsymbol{k}_e, \boldsymbol{k}_h)\,e^{i\boldsymbol{k}_e\cdot\boldsymbol{r}_e}(\boldsymbol{r}_h)\,e^{i\boldsymbol{k}_h\cdot\boldsymbol{r}_h}\\
&=u_{c0}(\boldsymbol{r}_e)\,\bar{u}_{v0}(\boldsymbol{r}_h)\left(-\frac{\hbar^2\nabla^2}{2m_h}\right)\Phi(\boldsymbol{r}_e, \boldsymbol{r}_h) \qquad (3.77)
\end{aligned}$$

が得られる。したがって

$$H_1\Psi(\boldsymbol{r}_e, \boldsymbol{r}_h)=u_{c0}(\boldsymbol{r}_e)\,\bar{u}_{v0}(\boldsymbol{r}_h)\left(-\frac{\hbar^2\nabla_e{}^2}{2m_e}-\frac{\hbar^2\nabla_h{}^2}{2m_h}+E_g\right)\Phi(\boldsymbol{r}_e, \boldsymbol{r}_h) \qquad (3.78)$$

となる。つぎに，2体のハミルトニアン H_2 が作用する部分で最も重要な項は電子と正孔がクーロン相互作用する項であり，物質の誘電率 ε を考慮して

$$\begin{aligned}
H_2\Psi(\boldsymbol{r}_e, \boldsymbol{r}_h)&=\frac{-e^2}{4\pi\varepsilon|\boldsymbol{r}_e-\boldsymbol{r}_h|}\,u_{c0}(\boldsymbol{r}_e)\,\bar{u}_{v0}(\boldsymbol{r}_h)\sum_{\boldsymbol{k}_e,\boldsymbol{k}_h} \Phi(\boldsymbol{k}_e, \boldsymbol{k}_h)\,e^{i\boldsymbol{k}_e\cdot\boldsymbol{r}_e}e^{i\boldsymbol{k}_h\cdot\boldsymbol{r}_h}\\
&=u_{c0}(\boldsymbol{r}_e)\,\bar{u}_{v0}(\boldsymbol{r}_h)\left(\frac{-e^2}{4\pi\varepsilon|\boldsymbol{r}_e-\boldsymbol{r}_h|}\right)\Phi(\boldsymbol{r}_e, \boldsymbol{r}_h) \qquad (3.79)
\end{aligned}$$

と書くことができる[9]。式(3.75)，(3.77)，(3.79)より，包絡関数 $\Phi(\boldsymbol{r}_e, \boldsymbol{r}_h)$は つぎの2体のシュレーディンガー方程式に従うことがわかる。

$$\left(-\frac{\hbar^2}{2m_e}\nabla_e{}^2-\frac{\hbar^2}{2m_h}\nabla_h{}^2-\frac{e^2}{4\pi\varepsilon|\boldsymbol{r}_e-\boldsymbol{r}_h|}\right)\Phi(\boldsymbol{r}_e, \boldsymbol{r}_h)=(E-E_g)\,\Phi(\boldsymbol{r}_e, \boldsymbol{r}_h) \quad (3.80)$$

このシュレーディンガー方程式は数学的に水素原子のシュレーディンガー方程式と同一であり，この問題のエネルギー固有値を求めるのに，水素原子で使われた方法をここでも使うことができる。

ワニエ励起子の包絡関数は，水素原子の場合の類推から

$$\Phi_{n,l,m}(\boldsymbol{R}, \boldsymbol{r})=e^{i\boldsymbol{K}\cdot\boldsymbol{R}}\phi_{n,l,m}(\boldsymbol{r}) \qquad (3.81)$$

と書ける。ここで，相対座標 $\boldsymbol{r}$ および重心座標 $\boldsymbol{R}$ は

$$\boldsymbol{r}=\boldsymbol{r}_e-\boldsymbol{r}_h \qquad (3.82)$$

$$\boldsymbol{R}=\frac{m_e\boldsymbol{r}_e+m_h\boldsymbol{r}_h}{m_e+m_h} \qquad (3.83)$$

であり，$\boldsymbol{K}(=\boldsymbol{k}_e+\boldsymbol{k}_h)$は重心の並進運動の波数ベクトルである。電子と正孔ペアの相対運動を記述する波動関数 $\phi_{n,l,m}(\boldsymbol{r})$は

$$\left(-\frac{\hbar^2}{2\mu}\nabla_r{}^2-\frac{e^2}{4\pi\varepsilon r}\right)\phi_{n,l,m}(\boldsymbol{r})=E_r\phi(\boldsymbol{r}) \tag{3.84}$$

を満たす関数であり，エネルギー準位は

$$E_r=E_{n,l,m}=-\frac{\mu e^4}{2\hbar^2\varepsilon^2}\frac{1}{n^2}=-\frac{R}{n^2} \tag{3.85}$$

であることがわかっている。ここで，μは有効質量m_eの電子と有効質量m_hの正孔の換算質量，εは結晶の誘電率である。Rは

$$R=\frac{\mu e^4}{2\hbar^2\varepsilon^2} \tag{3.86}$$

であり，励起子リュードベリエネルギーと呼ばれ，$n=1$の励起子の束縛エネルギーを表している。整数$n=1, 2, \cdots$，$l=0, 1, \cdots, n-1$，$m=-l, \cdots, l$は，それぞれ主，軌道，磁気量子数である。原子分光との類似から，$l=0$に対するものをs励起子，$l=1$に対するものをp励起子などと呼ぶ。したがって，ワニエ励起子の全体のエネルギーは

$$E_{nk}=E_g+\frac{\hbar^2K^2}{2(m_e+m_h)}-\frac{R}{n^2} \tag{3.87}$$

と書くことができる。最も低いエネルギーの励起子準位は

$$E_{1S}=E_g-R \tag{3.88}$$

で表され，その包絡関数は

$$\Phi_{1S}(r)=\frac{1}{\sqrt{\pi a_B{}^3}}\exp\left(-\frac{r}{a_B}\right) \tag{3.89}$$

となる。ここに

$$a_B=\frac{\hbar^2\varepsilon}{\mu e^2} \tag{3.90}$$

は電子・正孔対の平均距離を表し，励起子ボーア半径と呼ばれる。励起子ボーア半径を用いると，励起子の束縛エネルギー（リュードベリエネルギー）は

$$E_x=R=\frac{\hbar^2}{2\mu a_B{}^2} \tag{3.91}$$

と表せる。

実際の測定では，水素原子的な準位の $n=2$ 以上の項はめったに観測されないので，励起子の束縛エネルギーを実験的に求めることは難しい。注目すべき例外は Cu_2O であり，**図 3.7** に示されているようにいくつかの励起子遷移が観測される。式(3.91)は励起子の束縛エネルギーが励起子ボーア半径の 2 乗に反比例することを示している。束縛エネルギーが大きくなれば，ボーア半径は小さくなる。例えば，CdS では $E_x=27$ meV，$a_B=2.8$ nm であるのに対し，GaAs では $E_x=4.2$ meV，$a_B=14$ nm である。また，式(3.90)，(3.91)より，励起子の束縛エネルギーは誘電率の 2 乗に反比例することもわかる。一般に，エネルギーギャップの大きな半導体では誘電率は小さいため，束縛エネルギーは大きくなる。例えば，ZnSe では $\varepsilon_0=8.3$，$E_x=18$ meV だが，GaAs では $\varepsilon_0=12$，$E_x=4.2$ meV である。

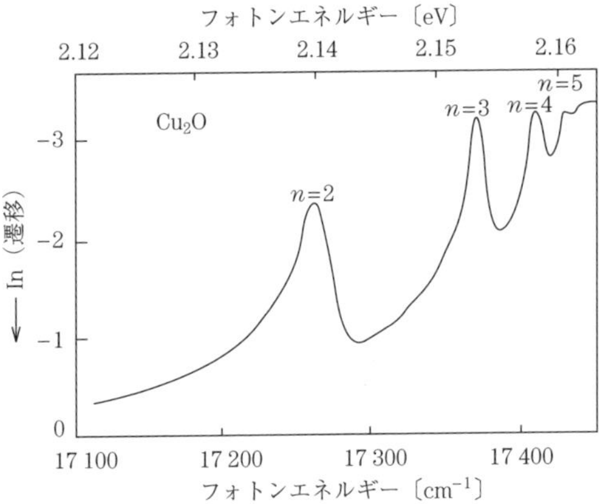

図 3.7　Cu_2O の黄色シリーズの励起子吸収スペクトル(13)

3.4.2　励 起 子 吸 収

〔1〕 **直接ギャップ半導体における励起子吸収**　　ここでは，ブリユアンゾーンの中心 $\boldsymbol{k}=\boldsymbol{0}$ で起こる双極子許容な，第 1 種遷移に対する励起子吸収の数学的形式を扱う。遷移確率を計算するためには，摂動として式(3.21)をとり，初期状態として励起子が存在せず，すべての電子が価電子帯にいる状態

Ψ_0，終状態は式(3.68)で示される励起子状態 $\Psi(\boldsymbol{r}_e, \boldsymbol{r}_h)$として，フェルミの黄金律を用いて計算する。励起子が存在しない状態 Ψ_0 から並進ベクトルが $\boldsymbol{K}$ で相対運動の量子数が n, l, m の励起子状態 Ψ への遷移の行列要素 M_{cv} は

$$M_{cv}=\frac{-eA}{2m}\langle\Psi|\boldsymbol{e}\cdot\boldsymbol{p}|\Psi_0\rangle=\frac{-eA}{2m}\sum_{k_e,k_h}\Phi(\boldsymbol{k}_e, \boldsymbol{k}_h)\int d\boldsymbol{r}u^*_{ck_e}(\boldsymbol{r})(\boldsymbol{e}\cdot\boldsymbol{p})u_{v-\boldsymbol{k}_h}(\boldsymbol{r}) \tag{3.92}$$

となる。積分の部分は3.3節ですでに計算しており，$\boldsymbol{k}_e+\boldsymbol{k}_h=\boldsymbol{K}=\boldsymbol{q}\approx 0$（$\boldsymbol{q}$ は光の波数ベクトル）以外はゼロである。したがって，光で励起できる励起子は波数ベクトル（運動量）保存則 $\boldsymbol{K}=\boldsymbol{q}$ を満たす励起子のみである。この保存則により，行列要素 M_{cv} は

$$M_{cv}=\frac{-eA}{2m}\delta_{\boldsymbol{K},0}\sum_{k}\phi_{nlm}(\boldsymbol{k})(\boldsymbol{e}\cdot\boldsymbol{p}_{cv}(\boldsymbol{k})) \tag{3.93}$$

と簡単になる。ただし，$\boldsymbol{p}_{cv}(\boldsymbol{k})$は式(3.32)に示した自由電子のバンド間遷移に対する運動量行列要素であり，$\phi_{nlm}(\boldsymbol{k})$は

$$\phi_{nlm}(\boldsymbol{r})=\sum_{\boldsymbol{k}}\phi_{nlm}(\boldsymbol{k})e^{i\boldsymbol{k}\cdot\boldsymbol{r}} \tag{3.94}$$

である。$\boldsymbol{p}_{cv}(0)\neq 0$（第1種遷移）の場合は，式(3.93)は

$$M_{cv}\approx\frac{-eA}{2m}\delta_{\boldsymbol{K},0}(\boldsymbol{e}\cdot\boldsymbol{p}_{cv}(0))\sum_{k}\phi_{nlm}(\boldsymbol{k})=\frac{-eA}{2m}\delta_{\boldsymbol{K},0}(\boldsymbol{e}\cdot\boldsymbol{p}_{cv}(0))\phi_{nlm}(\boldsymbol{r}=0) \tag{3.95}$$

となる。したがって，式(3.31)，(3.62)，(3.63)を用いて，励起子吸収に対する吸収係数 $\alpha(\omega)$はつぎのように求められる。

$$\alpha(\omega)=\frac{\pi e^2|\boldsymbol{e}\cdot\boldsymbol{p}_{cv}|^2}{m^2nc\omega\varepsilon_0}\sum_{n}|\phi_{nlm}(\boldsymbol{r}=0)|^2\delta\left(E_g-\frac{R}{n^2}-\hbar\omega\right) \tag{3.96}$$

$|\phi_{nlm}(\boldsymbol{r}=0)|^2$ は**ゾンマーフェルト因子**（Sommerfeld factor）と呼ばれ，電子と正孔が同じ単位格子にいる確率を表す因子である。s 波動関数のときのみ，$\phi_{n00}(\boldsymbol{r}=0)\neq 0$ なので，式(3.96)より s 状態のみが光学吸収に関与することがわかる。s 状態の波動関数 $\phi_{n00}(\boldsymbol{r}=0)$の値を代入すると，式(3.96)は

$$\alpha(\omega)=\frac{\pi e^2|\boldsymbol{e}\cdot\boldsymbol{p}_{cv}|^2}{m^2nc\omega\varepsilon_0}\left(\frac{2\mu}{\hbar^2}\right)E_B\sum_{n}\frac{4\pi}{n^3}\delta\left(\hbar\omega-E_g+\frac{R}{n^2}\right) \tag{3.97}$$

となる。束縛状態だけではなく，励起子の連続状態への遷移も考慮すると(3)，波数 k をもつ連続状態の励起子包絡関数は

$$|\phi_k(\boldsymbol{r}=0)|^2=\frac{\pi\beta e^{\pi\beta}}{\sinh \pi\beta} \qquad \left(\beta\equiv\frac{1}{a_B k}\right) \tag{3.98}$$

であるので，吸収係数 $\alpha(\omega)$ は

$$\alpha(\omega)=\frac{\pi e^2|\boldsymbol{e}\cdot\boldsymbol{p}_{cv}|^2}{m^2 nc\omega\varepsilon_0}\left(\frac{2\mu}{\hbar^2}\right)\sum_n\frac{\pi e^Z}{\sinh Z} \qquad (\hbar\omega>E_g) \tag{3.99}$$

となる。

ここで，変数 Z はつぎのように定義される。

$$Z=\pi\sqrt{\frac{E_B}{\hbar\omega-E_g}} \tag{3.100}$$

式(3.97)を，クーロン相互作用を無視している，自由電子に対する吸収の式(3.37)と比べると，大きな違いがあることがわかる。

(1)　バンド端附近での吸収が $\hbar\omega\to E_g$ としたときに，自由電子理論では $\alpha\to 0$ となるのに対し，励起子吸収では $\hbar\omega\to E_g$ のときに 0 でない値に近づく。連続吸収はバンド端で定数になっており，自由キャリヤ吸収の平方根則とは異なる。

(2)　バンドギャップよりも小さいフォトンエネルギーに対し，自由電子吸収は 0 であるが，励起子吸収を考慮すると，バンドギャップの下にも離散的な吸収の線が存在する。式(3.97)により，δ 関数の中の異なる n の値に対して，$\hbar\omega=E_g-E_x$, $\hbar\omega=E_g-E_x/4$, $\hbar\omega=E_g-E_x/9$ などの離散的な吸収が現れることがわかる。**図 3.8** に示してあるように，この値はそれぞれ，励起子の基底状態 1s，励起状態 2s, …, に対応している。励起子吸収の強度は，n が大きくなると式(3.97)に従って $1/n^3$ で減少する。よって，$n=2$ の 2s 励起子の吸収ピークは 1s 励起子の 8 分の 1 である。経験的にはフォノンによる電子・正孔対の散乱などの準位の広がりにより，ほんのいくつかの励起子状態しか観測できない。

図 3.9 は低温（21 K）で測られた GaAs の励起子吸収スペクトルである。1s 励起子とバンド端吸収がはっきりと観測されている。

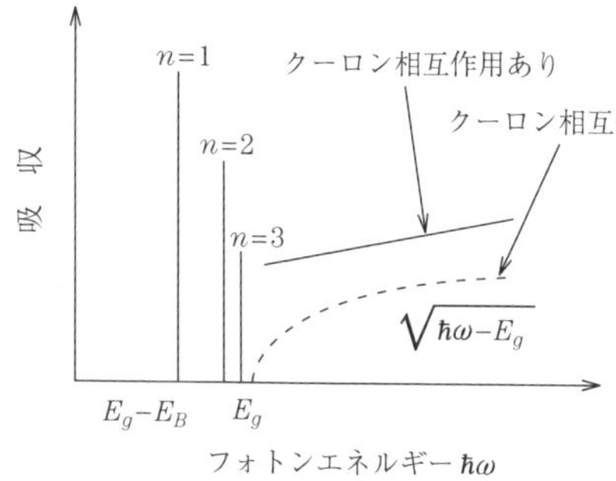

図 3.8　励起子吸収スペクトルの概略図（点線は励起子を考えない場合）

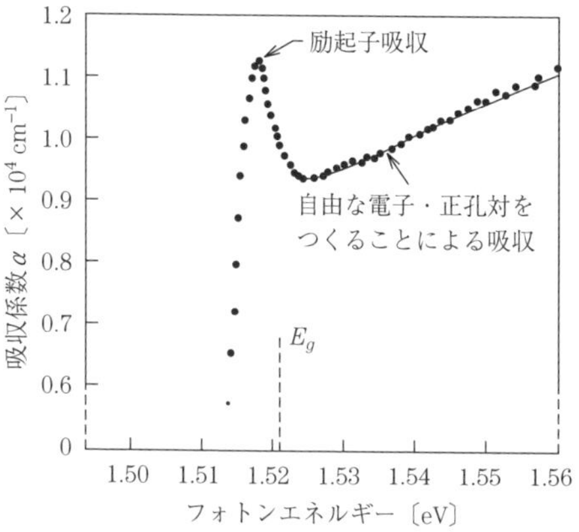

図 3.9　GaAs の励起子吸収スペクトル[12]

$\boldsymbol{k}=\mathbf{0}$ で，バンド間双極子遷移が禁制の場合は式(3.35)の行列要素を $\boldsymbol{k}$ に関して展開した式(3.50)の右辺第 2 項が使われ，結果として第 2 種の遷移となる。遷移確率の行列要素 M_{cv}

$$
\begin{aligned}
M_{cv} &= \frac{-eA}{2m}\delta_{K,0}\sum_{k}\phi_{nlm}(\boldsymbol{k})\,\boldsymbol{k}\cdot\left(\frac{\partial}{\partial\boldsymbol{k}}\boldsymbol{p}_{cv}(\boldsymbol{k})\right)_{k=0} \\
&= \frac{-eA}{2m}\delta_{K,0}\left(\frac{\partial}{\partial\boldsymbol{k}}\boldsymbol{p}_{cv}(\boldsymbol{k})\right)_{\boldsymbol{k}=0}\cdot\left(\frac{\partial}{\partial\boldsymbol{r}}\sum_{\boldsymbol{k}}\phi_{nlm}(\boldsymbol{k})\,e^{i\boldsymbol{k}\cdot\boldsymbol{r}}\right)_{r=0} \\
&= \frac{-eA}{2m}\delta_{K,0}\left(\frac{\partial}{\partial\boldsymbol{k}}\boldsymbol{p}_{cv}(\boldsymbol{k})\right)_{\boldsymbol{k}=0}\cdot\left(\frac{\partial}{\partial\boldsymbol{r}}\phi_{nlm}(\boldsymbol{r})\right)_{r=0} \qquad (3.101)
\end{aligned}
$$

となり，$\boldsymbol{k}$ の 1 次の項から包絡関数の $\boldsymbol{r}=0$ における微分係数が導かれる。束縛状態 n の吸収係数 α_n はつぎのようになる。

$$\alpha_n=\frac{\pi e^2}{m^2 nc\omega\varepsilon_0}\left|\frac{\partial p_{cv}}{\partial k}\right|^2\left|\frac{\partial\phi_n}{\partial r}\right|^2_{r=0}\delta\left(E_g-\frac{R}{n^2}-\hbar\omega\right) \tag{3.102}$$

水素型関数では，p 軌道のみがこのタイプの遷移に関係する。p 状態の波動関数を代入することにより

$$\left|\frac{\partial\phi_n}{\partial r}\right|^2_{r=0}=\frac{n^2-1}{\pi a_B{}^5 n^5}\qquad (n=2,\ 3,\ \cdots) \tag{3.103}$$

となる。

第 2 種の遷移は通常，バンド端付近での第 1 種の遷移に比べて 2～3 けたほど小さい。第 2 種の遷移の典型的例は Cu_2O の黄色シリーズの第 2 種励起子遷移であり，図 3.7 に実験結果を示してある。

〔2〕 **間接ギャップ半導体における励起子吸収**　　間接ギャップ半導体中では，価電子帯の底と伝導帯の頂点間の運動量差をもつフォノンの関与によって励起子への遷移は起こる。フォノンの吸収と放出は n_k と n_k+1 に比例する。ここで，$n_k=1/(e^{\hbar\Omega/k_BT}-1)$ はエネルギー $\hbar\Omega$ のフォノンの占有数である。フォノンの吸収と放出の割合は

$$\frac{n_k+1}{n_k}=e^{\hbar\Omega/k_BT} \tag{3.104}$$

であるので，放出過程は低温で優勢になる。フォノンが関与した励起子吸収は，鋭い線ではなく，各励起子線が幅広い段になったような構造をしている。このことはフォノンのエネルギーと運動量も考慮したエネルギーと運動量の保存則を考えることによって理解できる。

$$\hbar\omega\pm\hbar\Omega=E_n \tag{3.105}$$

および

$$\hbar\boldsymbol{q}\pm\hbar\boldsymbol{k}=\hbar\boldsymbol{K} \tag{3.106}$$

ここで，+(−) の記号はエネルギー $\hbar\Omega$，運動量 $\hbar\boldsymbol{k}$ のフォノンが吸収（放出）される遷移を表している。フォノンの波数ベクトルは第 1 ブリユアンゾーンに広がっているので，フォノンは幅広いスペクトルをもつ。よって，任意の波数ベクトル $\boldsymbol{K}$ をもつ励起子準位への遷移は，適当な波数ベクトル $\boldsymbol{k}\sim\boldsymbol{K}$ をもつフォノンによっていつも起こる。例えば，光学フォノンを放出する間接励起

子吸収過程は

$$\hbar\omega = E_g - E_x + \hbar\Omega \tag{3.107}$$

より大きいフォトンのエネルギーでしか起こらない。フォトンエネルギーが増えると励起子の状態密度の増加を反映して，吸収係数も増大する。$n=2$ の励起子状態に達するエネルギー

$$\hbar\omega = E_g - \frac{E_x}{4} + \hbar\Omega \tag{3.108}$$

で，新しい吸収ステップが観測される。**図 3.10**（c）にフォノンが関与した励起子遷移（遷移の吸収スペクトル）を図式的に示してある。また比較のために第 1 種と第 2 種の励起子遷移（遷移の吸収スペクトル）をそれぞれ図（a），（b）に示してある。

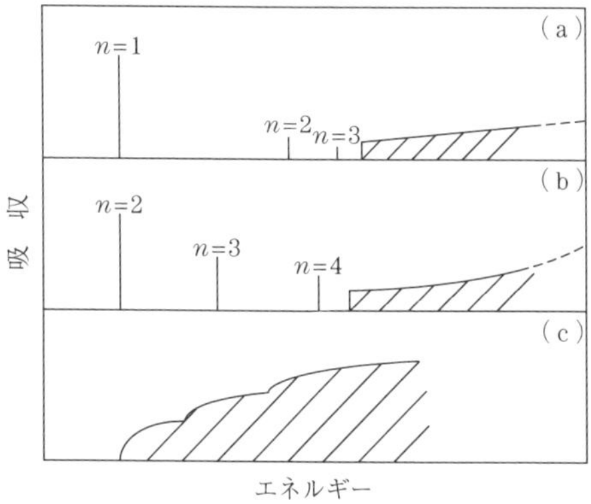

図 3.10　第 1 種励起子遷移（a），第 2 種励起子遷移（b），間接励起子遷移（c）の概略図

引用・参考文献

(1)　F. Wooten：Optical Properties of Solids, Academic Press, New York (1972)

(2)　P. Y. Yu and M. Cardona：Fundamentals of Semiconductors, Springer, Berlin (2003)

(3)　R. S. Knox：Theory of Excitons, Solid State Physics, Suppl. 5, Academic Press, New York (1963)

(4) 塩谷繁雄 他編：光物性ハンドブック，朝倉書店（1991）
(5) N. Peyghambarian, S. W. Koch and A. Mysyrowicz：Introduction to Semiconductor optics, Prentice-Hall, New Jersey（1993）
(6) 工藤恵栄：光物性基礎，オーム社（1996）
(7) T. S. Moss, G. J. Burrell and B. Ellis：Semiconductor Opto-Electronics, Butterworths, London（1973）
(8) 櫛田孝司：光物性物理学，朝倉書店（1991）
(9) Y. Toyozawa：Optical Processes in Solids, Cambridge University Press（2003）
(10) M. Cardona：Semiconductors and semimetals, **3**, 125, Academic Press, New York（1967）
(11) J. R. Chelikowsky and M. L. Cohen：Phys. Rev., B 14556（1976）
(12) M. D. Sturge：Phys. Rev., **127**, 2488（1962）
(13) P. W. Baumeister：Phys. Rev., **121**, 359（1961）

4 半導体からの発光

4.1 はじめに

光物性の中で応用上最も重要なのは発光である。発光ダイオードや半導体レーザなどは，照明や光通信，その他さまざまなところに利用されており，これからもさらに発展していくものと考えられている。特に波長領域は，いままでの可視領域や光通信のための波長領域にかぎらず，最近は殺菌や医療を応用に見据えた深紫外波長領域，あるいはマイクロ波と光の境界領域であるが計測や種々の応用が考えられているテラヘルツ領域の発光素子の開発が盛んである。また材料も，従来の半導体材料にかぎらず有機材料まで幅広く使われるようになり，材料の形態も単結晶のヘテロ構造にかぎらず，多結晶であったり，アモルファス材料であったり，またその中に新たな発光体を埋め込む構造など多種に及んでいる。詳細をすべて述べるのは紙面的にも不可能であるので，ここでは最も典型的な発光の原理的なところを中心に言及しよう。

4.2 半導体の種々の発光過程

図 4.1 に示すように，半導体の場合種々の発光過程が存在する。(a)は帯端発光，(b)は伝導帯-アクセプタ(A)レベル発光，ドナーレベル(D)-価電子帯

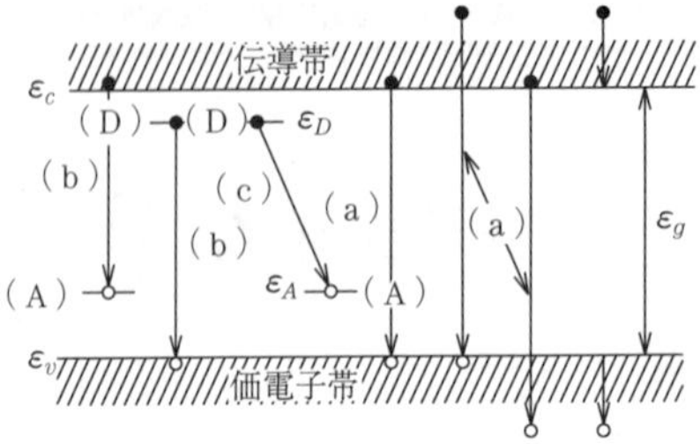

図 4.1　種々の発光過程

発光，(c)はD-Aペア発光といわれるものである。またこれ以外に励起子発光があり，上記(b)の発光過程から区別される。半導体での発光は電子と正孔の再結合によって起こるが，この電子と正孔の再結合は直接，発光に寄与するものと寄与しないものがある。前者を**輻射再結合**，後者を**非輻射再結合**と呼んでおり，効率よい発光にはこの非輻射再結合をいかに少なくするかが鍵となる。励起されたキャリヤの輻射再結合の寿命を τ_R，非輻射再結合寿命を τ_N とすると，発光効率 η は

$$\eta=\frac{\left(\dfrac{1}{\tau_R}\right)}{\dfrac{1}{\tau_R}+\dfrac{1}{\tau_N}}=\frac{1}{1+\left(\dfrac{\tau_R}{\tau_N}\right)} \tag{4.1}$$

で与えられる。

上記輻射再結合寿命は定常状態では一定であるが，通常励起によって生成されるキャリヤは非定常状態にある。すなわち，一般に単位時間に励起される電子の数を S とすると，伝導帯の電子の数 n は

$$\frac{dn}{dt}=S-\frac{n}{\tau_{NR}}-\gamma np \tag{4.2}$$

で与えられる。ここで p は正孔の数，τS は単位時間の光によるキャリヤの生成能，τ_{NR} は非発光遷移寿命，γ は電子・正孔再結合確率である。いま n 型半導体（電子のキャリヤ数 n_0，正孔のキャリヤ数 p_0）に光励起で Δn，Δp の電子および正孔が形成されたとすると，上式は

$$\frac{d(n_0+\Delta n)}{dt}=S(t)-\frac{n_0+\Delta n}{\tau}-\gamma(n_0+\Delta n)(p_0+\Delta p) \tag{4.3}$$

と書き換えられる。

ここでn型半導体では通常 $n_0 \gg \Delta n$，$p_0 \ll \Delta p$ であるから上式は

$$\frac{d\Delta n}{dt}=S(t)-\frac{\Delta n}{\tau_{NR}}-\gamma n_0 \Delta p \tag{4.4}$$

と書き直される。$\gamma n_0 = 1/\tau_R$ と書き直すと，τ_R は電子と正孔の再結合寿命を与える。$\Delta n = \Delta p$ であるから，上式は

$$\frac{d\Delta n}{dt}=S(t)-\frac{\Delta n}{\tau} \tag{4.5}$$

となる。ここで

$$\frac{1}{\tau}=\frac{1}{\tau_R}+\frac{1}{\tau_{NR}} \tag{4.6}$$

である。

したがって定常状態 $S(t)=S_0$ では発光強度は

$$P_0=\gamma n_0 \Delta p=\frac{\tau}{\tau_R}S_0 \tag{4.7}$$

となる。また $t \geqq 0$ で励起が止まるとすると，その後の発光強度の時間変化は

$$P(t)=\frac{\tau}{\tau_R}S_0 \exp\left(-\frac{t}{\tau}\right) \tag{4.8}$$

となる。

通常

$$\eta_{int}=\frac{\tau}{\tau_R}=\frac{\dfrac{1}{\tau_R}}{\dfrac{1}{\tau_R}+\dfrac{1}{\tau_{NR}}} \tag{4.9}$$

を**内部量子効率**と呼んでいる。

4.3　直接遷移発光（帯間発光）

直接遷移半導体での吸収スペクトルは3章ですでに述べられており，通常吸収係数 α は

$$\alpha=B(h\nu-E_g)^{1/2} \tag{4.10}$$

で与えられるので，発光はその逆過程と考えられる。ここで B は式(3.40)で与えられるように

$$B=\frac{e^2(2\mu)^{3/2}}{2\pi m^2 nc\varepsilon_0\hbar^3\omega},\quad \frac{1}{\mu}=\frac{1}{m_e}+\frac{1}{m_h} \tag{4.11}$$

である。

発光は，光励起あるいは電流注入で伝導帯のあるエネルギー準位まで電子が詰まった場合，そこからの発光は，光の運動量は電子のそれと比べてはるかに小さいので同じ運動量をもった電子と正孔が再結合して光を出す。電流注入が大きければ大きいほど，あるいは光励起強度が大きければ大きいほど，また温度が高ければ高いほど，バンドの高いエネルギーまで電子が存在でき高エネルギーからの発光が観測されるようになる。したがって，バンド発光の特徴は，高エネルギー側は温度に依存してテールを引くようになるが，低エネルギー側は $h\nu=E_g$ で鋭いカットオフが観測される。**図 4.2** にその様子が示されている。

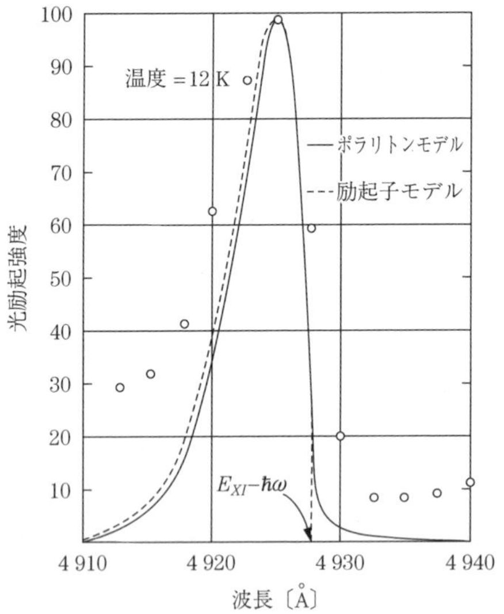

図 4.2　直接遷移発光のスペクトルの例

また発光スペクトルはドーピング依存性をもっており，高濃度ドーピングではフェルミレベルは伝導体の中に入るので，禁制帯の中にテールステートが出

現することにより低エネルギー側でも発光に尾を引くようになる。また，上式より直接遷移の確率は$(\mu)^{3/2}$に比例するので，通常軽い正孔への遷移は重い正孔への遷移より小さい。

4.4 間接遷移発光

間接型半導体の発光はたいへん弱いが，直接型半導体と異なった性質を示す。4章に述べられているように，間接型半導体の吸収係数は，式(3.63)に示されるように

$$\alpha = A'(h\nu - E_g \pm E_p)^2 \tag{4.12}$$

で与えられる。ここでE_pは遷移に関係するフォノンのエネルギーである。発光はこの逆過程であるが，直接遷移との大きな違いは，運動量保存のためにフォノンを介した中間状態を通して遷移することである。フォノンを放出する過程は容易であるが，フォノンを吸収する過程を通しての遷移は特に低温になると起こりにくくなる。しかし，フォノンを吸収して放出できる光は，$h\nu = E_g + E_p$となり，フォノンを放出して遷移する場合$h\nu = E_g - E_p$と明確に区別できるが，この光は半導体に容易に再吸収される。

図4.3にその様子が示してある。

図4.4に示すように，吸収係数で比べると間接遷移の場合その吸収強度は光のエネルギーの2乗に比例してたいへん強くなるが，もともとその吸収係数，すなわち発光強度は弱い。

しかし，GaPにおいて窒素（N）の不純物原子を多く入れると，NはPと同じV属なのでPの位置に入ることができるが，Pと同じ属であるのでドナーにもアクセプタにもならない。しかしNは電気陰性度が高いので，電子をとらえやすく電子捕獲準位を形成する。浅い不純物の波動関数は50Å程度広がっているが，Nの電子トラップは局在性が強く，たかだか2Å程度と考えられており，この電子の波動関数の運動量は**図4.5**に示すように大きく広がっている。

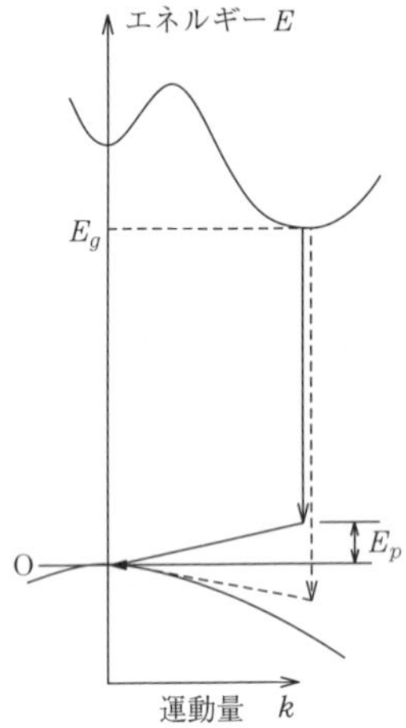

図 4.3　間接遷移発光の過程

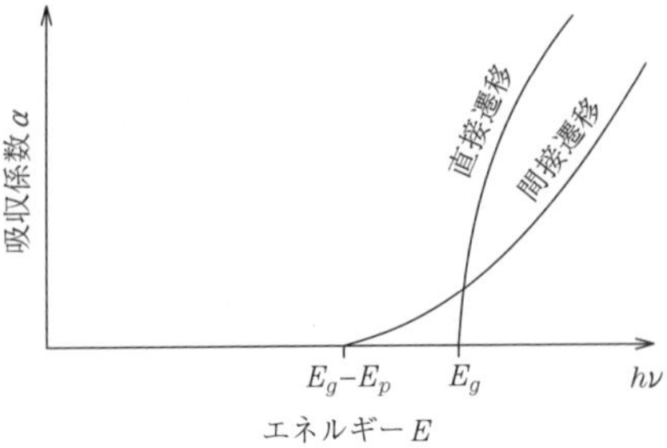

図 4.4　直接遷移と間接遷移の吸収強度の波長依存性の比較

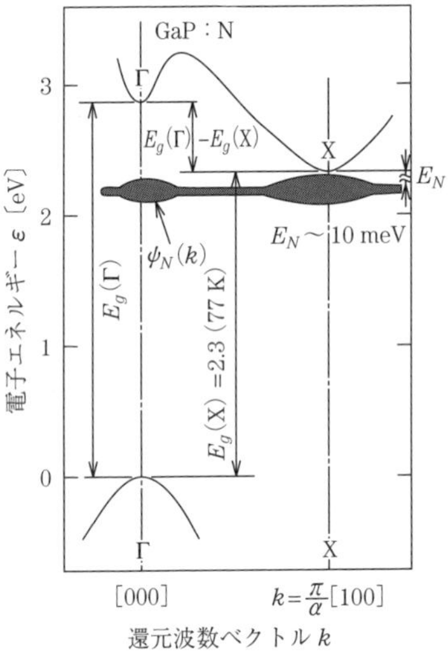

図 4.5　GaP : N 半導体のバンド構造と不純物準位の広がりの模式図

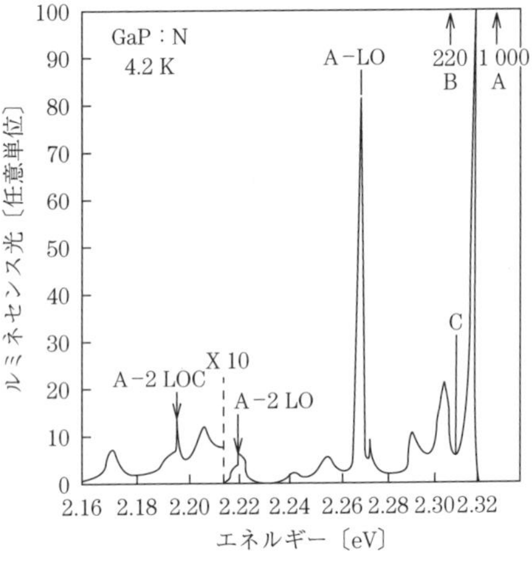

N の不純物バンドによる発光 A がたいへん強いことがわかる

図 4.6　GaP : N 間接型半導体の発光スペクトル

GaP は間接型半導体であるが電子のトラップ準位は波数空間では大きく広がっているので，Γ 点の荷電子帯の正孔とトラップ準位の電子は容易に再結合できる。トラップ準位の電子は伝導体の X 点から容易に供給されるので，

GaP：N 間接型半導体はたいへん強い発光を示し，緑色の可視発光ダイオードとして利用されている。**図 4.6** はその発光スペクトルを示す。図に示すように N の不純物レベルからの発光が極端に強く観測されているのがわかる。

4.5 励起子発光

自由電子・正孔対への分離や，電子と価電子帯の正孔との輻射再結合により，励起子は有限の寿命で消滅する。輻射再結合過程は，フォトンの放出を伴うので励起子発光過程と呼ばれる。

発光は，励起子効果やバンド構造などの結晶の物性を評価する方法になるだけではなく，結晶の品質を評価する有力な手段にもなる。結晶の構成原子の置換原子である不純物の存在は，たとえ少量であっても，発光現象に大きな影響を与え，その発光線を調べることにより，不純物原子の同定や濃度に関する詳細な情報が得られる。結晶の純度を制御することは，レーザ動作や，光増幅，能動光素子などの多くの光応用で重要である。この節では，最初に不純物を無視した，純粋な結晶の「本来の」発光を考察する。これは，減衰する励起子が，結晶中を自由に動く粒子であることを強調するために，自由励起子発光，または再結合とも呼ばれる。また，励起子が相互作用のない独立な粒子と見なせる，低濃度の励起子を考える。励起子の濃度が中程度，もしくは高い場合は励起子-励起子間の相互作用が重要となり，励起子分子などの新しい粒子群が出現する。

励起子発光は吸収の逆過程であるため（励起子の生成でなく消滅），同様のエネルギー保存則，運動量保存則が適用される。すなわち

$$\hbar\omega = E_{n\boldsymbol{K}} \tag{4.13}$$

および

$$\hbar\boldsymbol{q} = \hbar\boldsymbol{K} \tag{4.14}$$

ここで，$\hbar\omega$ と $\hbar\boldsymbol{q}$ は，それぞれ放射されたフォトンのエネルギーと運動量である。$\boldsymbol{K}$ は消滅した励起子の波数ベクトルである。

放出されたフォトンが可視光の場合 $\hbar\boldsymbol{q}\sim 0$ である。ゆえに，直接放射過程は，全体のうちの $\hbar\boldsymbol{K}=\hbar\boldsymbol{q}\sim 0$ の励起子のみが許される。さらに，放射されたフォトンのエネルギーは $n=1$ の励起子吸収の場合と同じである。放射されたフォトンは，結晶中の励起子の再結合から生じるので，再び結晶に吸収され，再び放出され，さらに吸収される，などの過程が起こり得る。これらのすべての過程を正しく理解するためには，励起子ポラリトンを考える必要がある。これは励起子・ポラリトン混合モードであり，表面に達したときのみ外部フォトンに変われる。つぎの節では，励起子が高い確率で不純物につかまる場合を考える。再吸収や，発光再結合できる励起子数が少ないため，結果として直接自由励起子の消滅による発光の強度は弱くなる。自由励起子発光は，光学フォノンが関与した間接過程でも起こる。この場合エネルギーおよび運動量保存則はつぎのようになる。

$$\hbar\omega=E_{nK}\pm\hbar\Omega \tag{4.15}$$

および

$$\hbar\boldsymbol{q}=\hbar\boldsymbol{K}\pm\hbar\boldsymbol{k} \tag{4.16}$$

ここで，$\hbar\Omega$ と $\hbar\boldsymbol{k}$ は光学フォノンのエネルギーと運動量であり，+は光学フォノンの吸収を，−は放出を表している。低温では（$k_BT<\hbar\Omega$）光学フォノンの数は無視できるほど小さいので，フォノンを放出する励起子発光のみを考慮すればよい。

光学フォノンはほとんど分散をもたないので，任意のエネルギーの励起子全体に対して，式(4.15)，(4.16)のエネルギー保存則，運動量保存則を同時に満たす光学フォノンはつねに存在する。ゆえに，一般にフォノンの関与した励起子発光は，たとえ高次の遷移確率の低い過程であっても，式(4.13)，(4.14)の厳しい条件が課せられた直接遷移型の励起子発光よりも強い場合も多々ある。

バンド-バンド間の光励起や，その他の方法でつくられた，全エネルギー $E=E_g+\varDelta E$ の結合していない電子・正孔対の余分なエネルギーは，電子や正孔と格子の相互作用により，光学フォノンの放出で急速に緩和する。余分なエネルギー $\varDelta E$ が光学フォノンのエネルギーと比べて大きいかぎり，このエネルギーの緩和は励起子の寿命と比べて非常に速い（一般にピコ秒以下）。したがって，電子・正孔対はすぐに励起子となり，$n=1$ の運動エネルギーバンドにたまっていく。

$n=1$ の運動エネルギーバンド中の励起子のさらに余分なエネルギーの緩和は，低いエネルギーの音響フォノンの放出の形で起こる。それぞれの散乱で失われるエネルギーが小さいため，この過程は遅い。一般に，結晶との熱平衡に達するまでに 10^{-9} 秒のオーダーの時間を必要とする。ゆえに，励起子の寿命が 10^{-9} 秒よりも長いとすると，励起子系のエネルギー分布はつぎの形になっていると期待される。

$$n(E)=f(E)\rho(E) \tag{4.17}$$

ここで，状態密度 $\rho(E)$，および統計分配関数 $f(E)$ である。$\rho(E)$ の関数形は

$$\rho(E)=\frac{1}{2\pi^2}\left(\frac{2M}{\hbar^2}\right)\sqrt{E} \tag{4.18}$$

であり，分配関数 $f(E)$ は粒子の密度が低い場合，古典気体の速度分布を表す**マクスウェル・ボルツマン分布**（Maxwell-Boltzman distribution）

$$f(E)=4n\left(\frac{\hbar^2\pi}{2Mk_BT}\right)^{3/2}e^{-E/k_BT} \tag{4.19}$$

で近似できる。式(4.18)と式(4.19)を式(4.20)に代入すると，つぎの式が得られる。

$$n(E)=4n\left(\frac{\hbar^2\pi}{2Mk_BT}\right)^{3/2}e^{-E/k_BT}\rho(E) \tag{4.20}$$

フォノンが発光過程に関与していていても，発光の遷移確率がフォノンの波数ベクトル $\boldsymbol{k}$ によらないとすると，発光スペクトルの形は直接 $n(E)$ に比例すると期待できる。フォノンが関与する励起子発光の例として，Cu_2O の場合が，**図 4.7** に示してある。異なる運動エネルギーをもつ励起子が発光過程に関与するため，励起子発光線のピークの幅は広い。マクスウェル・ボルツマン分布を反映していることより，発光線の幅は温度の上昇とともに広くなる。図の上の丸は式(4.20)で発光をフィットしたものである。実験とのよい一致は，消滅する励起子の運動エネルギーが実際にマクスウェル・ボルツマン分布に従っ

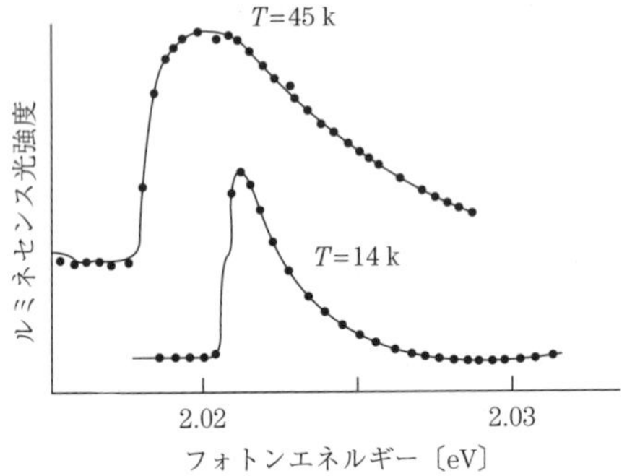

図 4.7　Cu_2O のフォノンが関与する励起子発光（点はマクスウェル・ボルツマン分布を仮定した曲線を表す）[(7)]

ていることを示している。

4.6　束縛励起子

現実の結晶は完全ではない。結晶にはイオン欠陥，および格子間原子や置換異種原子（自然や人工的に導入されたもの）がさまざまな濃度で存在する。このような欠陥は励起子を引き付け，励起子は欠陥に局在し束縛励起子になる。欠陥への励起子の束縛エネルギーは，通常は非常に小さく，一般に数 meV である。ゆえに束縛励起子は低温でのみ観測される。

励起子は，ホスト原子と比べて価電子の数が多い置換原子であるドナーや，価電子の数が少ないアクセプタに束縛される。ドナーは過多の電子を結晶に与えるのに対し，アクセプタは電子を捕まえる，もしくは正孔を与える。ドナーもしくはアクセプタは電気的に帯電しているか中性である。ドナー原子が余分な電子を放出すると，ドナーは正に帯電して**イオン化ドナー**（ionized donor）と呼ばれる。同様にアクセプタ原子が電子を捕まえたら（または正孔を放したら），アクセプタは負に帯電して**イオン化アクセプタ**（ionized acceptor）と呼ばれる。対照的に中性ドナーや中性アクセプタは，本来の数の価電子をもっているので，全体で電荷をもっていない。励起子は**図 4.8** に図式的に示したようにイオン化ドナー，イオン化アクセプタ，中性ドナー，中性アクセプタのいずれにも束縛される。多くの結晶では，中性ドナーまたは中性アクセ

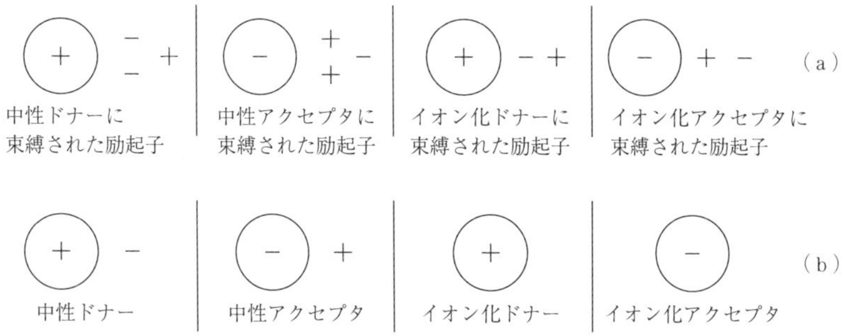

＋(－)は電子(正孔)を表し，⊕(⊖)はドナー(アクセプタ)原子を表している。(a)は束縛励起子，(b)は励起子を束縛していない状態を表している

図 4.8　束縛励起子状態の概略図

プタに対する励起子の束縛エネルギーは，中性ドナーの最外殻の価電子を自由電子にするために必要なエネルギー，または中性アクセプタから(電子を受け入れて)自由な正孔をつくるのに必要なエネルギーであるイオン化エネルギーの 1/10 に近い。

もう一つの重要な欠陥は，**等電子中心** (isoelectronic traps) である。これは，価電子の数が等しい置換異種原子である。励起子は，GaP 中のリン P と置き代わった窒素 N や，ZnTe 中のテレル Te の代わりに入った酸素 O に束縛される。これに関しては，すでに 4.3 節で述べた。

束縛励起子のエネルギーは，不純物に対する束縛エネルギーの分だけ，$n=1$ の自由励起子のエネルギーよりも小さくなる。よって，束縛励起子のエネルギーはつぎのようになる。

$$E_{bx}=E_g-E_B-E_D \qquad (4.21)$$

ここで E_B 励起子のリュードベリエネルギー，E_D は不純物に対する励起子の束縛エネルギーである。自由励起子エネルギーの式(3.87)と比べると，束縛励起子エネルギーの式(4.21)には，質量中心の運動エネルギーの項がない。

束縛励起子は，特に発光において，その濃度は低いにもかかわらず，重要な役割を果たす。このことを理解するために，発光できる励起子は運動量保存則より $\hbar\boldsymbol{q}=\hbar\boldsymbol{K}$ をもつ励起子のみであり，大多数の自由励起子は運動量保存則のため，(フォノンの関与なしに) 直接過程では発光できないことを思い出そう。このために，励起子は発光消滅する前に結晶中を動き回って，欠陥に捕まる可能性が高くなる。自由励起子が捕まるのに必要な時間は，つぎのようにして見積もることができる。逆捕獲時間（捕獲率）は，欠陥の密度 N_i，励起子半径の2乗のオーダーである捕獲断面積 σ，そして励起子の平均速度 $\bar{v}$ に比例する。

$$\frac{1}{\tau}=N_i\sigma\bar{v} \tag{4.22}$$

式(4.22)によると，$N_i \sim 10^{15}\,\mathrm{cm}^{-3}$ の非常に純度の高い結晶でも，ボーア半径 $a_B \geqq 50$ A の励起子の場合，$T=2$ K での捕獲時間は 10^{-9} 秒よりも短い。この捕獲寿命は，間接ギャップ半導体中の一般的な励起子寿命 10^{-6} 秒よりもはるかに小さい。ゆえに，不純物は非常に効果的な捕獲中心として働く。一度欠陥に局在化すると，束縛励起子は直接放出過程で発光的に再結合することができる。電子・正孔対の実空間での局在により，運動量 $\boldsymbol{k}$ 空間では広がるため，もはや運動量保存則による制限はなくなる。したがって，フォノンの助けを借りない束縛励起子による直接発光が，シリコンのような間接ギャップ物質でも観測される。

束縛励起子は不純物のまわりに局在しているので，自由励起子のようにエネルギー分布を反映したスペクトル線の熱広がりはない。したがって，束縛励起子発光線は，自由励起子線の下に位置する細い線として観測される。不純物への励起子の束縛エネルギーが励起子結合エネルギーよりも小さいかぎり，温度が上がると束縛励起子線は自由励起子線よりも先に消滅する。なぜなら，熱エネルギーにより束縛励起子が先に解離するからである。不純物中心の性質（中性かイオン性か，ドナーかアクセプタか）は，磁界による各励起子中心に対するゼーマン分裂で決定できる。束縛励起子線は吸収でも観測されるが，吸収係数は自由励起子の吸収係数よりもかなり小さい。これは束縛励起子の吸収係数は結晶中の欠陥の密度に比例するが，欠陥は結晶原子の中で小さな割合しかないためである。**図 4.9** に GaAs における中性ドナーに束縛された励起子からの発光線(D^0, X)の例が示してある。

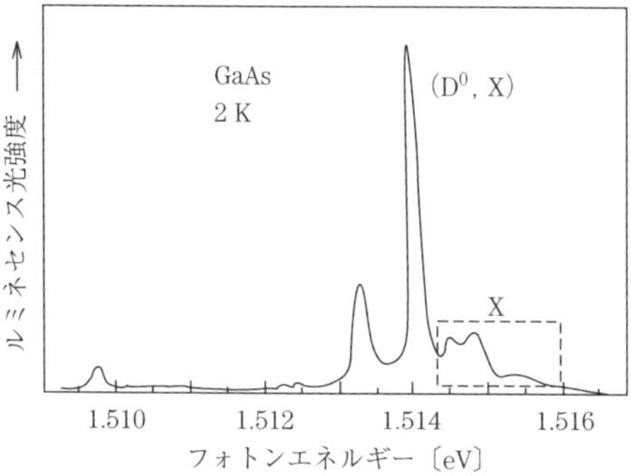

図 4.9 GaAs の束縛励起子(D^0, X)と自由励起子(X)の発光線[8]

4.7 励起子ポラリトン

光学活性な励起子を正しく記述するためには，ポラリトンの概念を導入しなければならない。励起子とフォトンの分散が交差するような周波数領域では，励起子とフォトンの混合状態である励起子ポラリトンが系の適切な状態である。$k<10^5\,\mathrm{cm}^{-1}$ のような非常に小さい k の値に対して，ポラリトンの分散曲線は光の分散曲線を反映して直線である。$k\sim10^5\sim10^6\,\mathrm{cm}^{-1}$ の交差する領域では，励起子とフォトンは強く混じり合い，励起子ポラリトンになる。この場合，相互作用の過程で，励起子場はフォトンの電磁界と結び付く古典的な場の役割を果たす。励起子-フォトン系の固有状態は励起子とフォトンの混合状態であり，結晶中の伝達モードはポラリトンである。伝達の速さはポラリトンの分散曲線が決める群速度である。有効質量近似による励起子-ポラリトンの分散を表す式は，つぎの式で与えられる[4]。

$$\frac{c^2K^2}{\omega^2}=\varepsilon(\omega,\,\boldsymbol{K})=\varepsilon'+\frac{\chi(\boldsymbol{K})\,\omega_X(\boldsymbol{K})^2}{\omega_X(\boldsymbol{K})^2-\omega^2} \tag{4.23}$$

ここで

$$\hbar\omega_X(\boldsymbol{K})=E_g-E_X+\frac{\hbar^2K^2}{2(m_e+m_h)} \tag{4.24}$$

であり，m_e, m_h は電子，正孔の有効質量，$\chi(\boldsymbol{K})$ は電気感受率，ε' は励起子

以外の寄与による誘電率である。式(4.24)を式(4.23)に代入して，解いて得られた励起子ポラリトンの分散曲線を**図 4.10** に示した。

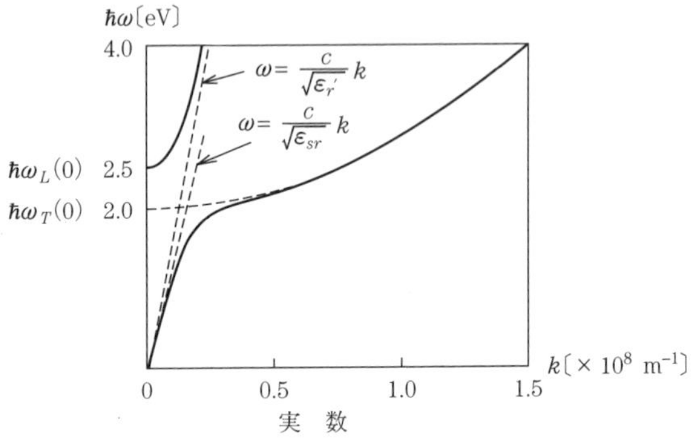

図 4.10　励起子ポラリトン分散曲線

フォトン・励起子結合の場合，波数ベクトルに垂直な双極子モーメントをもつ横励起子のみがフォトンと相互作用する。励起子ポラリトン効果が重要となる領域で，波数は $k \sim 10^5 \sim 10^6\,\mathrm{cm}^{-1}$ と逆格子ベクトル（$10^8\,\mathrm{cm}^{-1}$ 程度）よりもはるかに小さいので，励起子の分散はほとんど無視してもよい。上と下の分枝につくられたポラリトンはそれぞれの群速度で結晶内を伝播し，結晶表面に達すると有限の確率でフォトンに変換されて外部に出て行く。結晶内を伝播中にポラリトンはその励起子成分を通してフォノン系と相互作用をして各分枝内および分子間で散乱され，下分枝の変曲点近傍（ボトルネックと呼ばれる）にたまる。これは，フォトン的な領域ではフォノンとの相互作用が弱いが，励起子的領域ではフォノンとの相互作用が強く，速く緩和が起こるためである。このため，励起子の発光線 X は図 4.9 に示すように励起子エネルギー近傍にピークと肩をもった構造を示す。励起子ポラリトン分散は，共鳴 2 フォトンラマン散乱などによって直接観測することができる。

4.8　励 起 子 分 子

半導体を強く励起して励起子の密度を高くすると，2 個の励起子が結合し，水素分子のように励起子分子がつくられる（**図 4.11**(a)）。励起子分子は，有

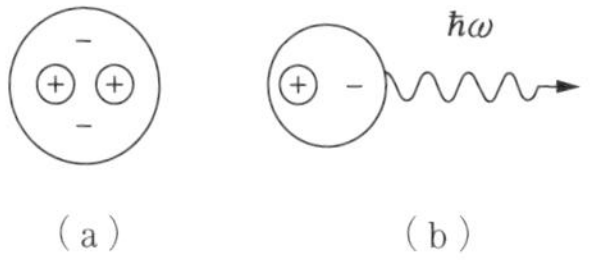

図 4.11 励起子分子とその発光過程の概略図

効質量が m_e, m_h の二つの伝導帯電子と二つの価電子帯正孔がクーロンポテンシャルを介して結び付いた複合粒子であり，水素分子の場合と同様に，異なったスピンをもった二つの電子とやはり異なったスピンの二つの正孔が励起子分子の最低エネルギー状態を構成している。質量比 m_e/m_h がいかなる値でも励起子分子が安定であること，すなわち分子の結合エネルギー E_{BXX} が正であることがわかっている。並進ベクトル $\boldsymbol{K}$ をもつ励起子分子のエネルギーは

$$E_{XX}(K)=2(E_g-R)-E_{BXX}+\frac{\hbar^2K^2}{4(m_e+m_h)} \tag{4.25}$$

で与えられる。

励起子分子はフォトンを放出して励起子に転換する（図(b)）。放出されるフォトンのエネルギーは

$$\hbar\omega=E_{XX}(K)-E_X(K)=(E_g-R)-E_{BXX}-\frac{\hbar^2K^2}{4(m_e+m_h)} \tag{4.26}$$

で与えられる[4]。励起子分子の運動エネルギー $\hbar^2K^2/4(m_e+m_h)$ がマクスウェル・ボルツマン分布に従って分布しているとすると，放出光のスペクトルは

$$I(\omega)\,\alpha\sqrt{E}\,e^{-E/k_BT},\quad E=E_g-R-E_{BXX}-\hbar\omega \tag{4.27}$$

となり[6]，低エネルギー側に裾（すそ）を引いた形である逆マクスウェル・ボルツマン分布の形状をもつ（**図 4.12**）。

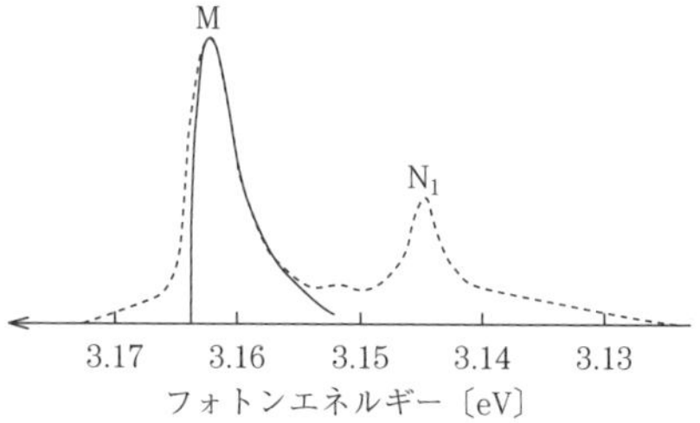

図 4.12 CuCl 中の励起子分子からの発光（M 発光）（実線は理論曲線）[9]

4.9　D-A ペア発光

中性ドナーに捕獲されている電子と中性アクセプタに捕獲されている正孔の間の再結合に起因する発光を**D-A ペア発光**と呼ぶ。発光のエネルギーには，再結合後に残されるイオン化ドナーとイオン化アクセプタ間のクーロンエネルギーに依存するため

$$\hbar\omega = E_g - E_A - E_D + \frac{e^2}{4\pi\varepsilon R} \tag{4.28}$$

と表される。E_A（E_D）は正孔(電子)に対するアクセプタ(ドナー)の束縛エネルギー，R はドナー-アクセプタ間の距離で以下に示すように離散的になる。

閃亜鉛鉱（ZnS）型構造を有する化合物半導体（格子定数 a_0）では，ドナーとアクセプタが同一のサブ格子上に（例えば，両方が Zn サイトに）存在する場合（タイプ I）と異なるサブ格子に（例えば，一方が Zn サイト，他方が S サイトに）存在する場合（タイプ II）がある。

一つの格子サイトを原点とするとき，閃亜鉛鉱構造の各格子点 $\boldsymbol{R}_n$ は，n_1, n_2, n_3 を自然数として

$$\boldsymbol{R}_n = \frac{a_0}{2}(n_1,\ n_2,\ n_3) \quad \text{あるいは} \quad \frac{a_0}{2}\left(n_1 - \frac{1}{2},\ n_2 - \frac{1}{2},\ n_3 - \frac{1}{2}\right)$$
$$(n_1 + n_2 + n_3 = \text{偶数}) \tag{4.29}$$

の条件で表すことができる。この式を用いて，ドナーとアクセプタの距離 R を計算すると，R は $2m = n_1^2 + n_2^2 + n_3^2$ で定義されるシェル数 m を用いて

$$R = \begin{cases} \sqrt{\dfrac{m}{2}}\,a_0 & \text{(typeI)} \\[2ex] \sqrt{\dfrac{m}{2} - \dfrac{5}{16}}\,a_0 & \text{(typeII)} \end{cases} \tag{4.30}$$

と表される[(3)]。このため，D-A ペア発光スペクトルは**図 4.13** に示すように，離散的となる。各ピーク上の数字は式(4.30)より R を計算する際に用いた整数 m の値であり，タイプ I, II の構造それぞれに対して期待されるエネルギー位置にピークが現れていることがわかる。

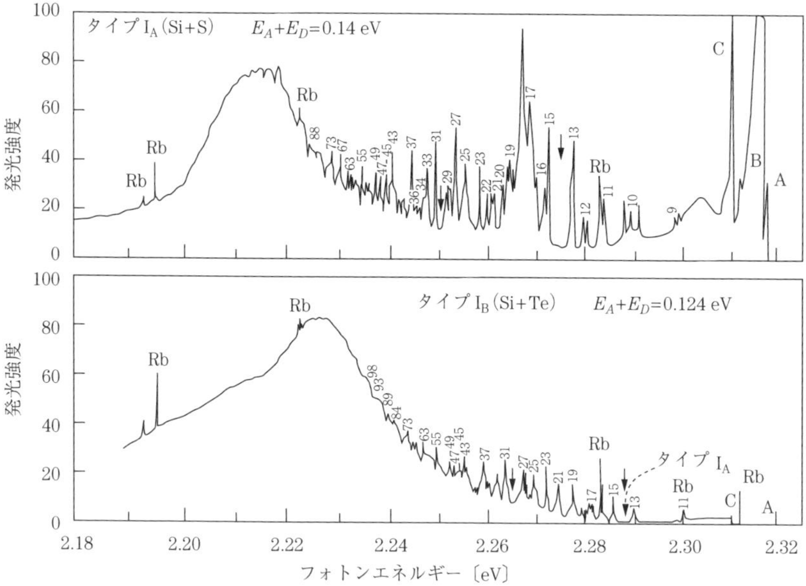

図中の数字は式(4.30)中の整数 m の値。Rb は波長校正に用いたルビジウムランプの発光線を表す

図 4.13 1.6 K における GaP の D-A ペア発光(10)

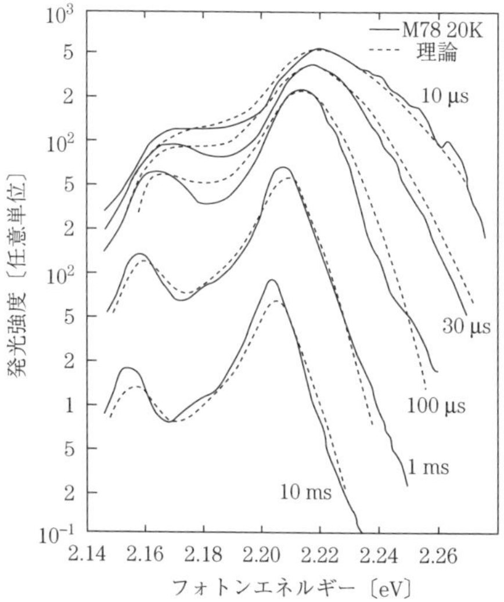

図 4.14 GaP の D-A ペア発光の時間分解スペクトル(11)

また，距離 R 離れたドナー-アクセプタ間の再結合の確率 P は，両者の波動関数の重なりに指数関数的に依存すると考えられるので

$$P \propto \exp\left(-\frac{2R}{a_B}\right) \tag{4.31}$$

である。すなわち，近いペアほど再結合が早く起こる。ここで，a_B は，ドナーとアクセプタのボーア半径のうち大きいほうである。したがって，時間が経つにつれ R の大きいペアの発光が観測されるので，式(4.28)より発光のエネルギーは**図 4.14** のように時間とともに低エネルギー側にシフトする。

引用・参考文献

(1) P. Y. Yu and M. Cardona：Fundamentals of Semiconductors, Springer, Berlin (2003)

(2) R. S. Knox：Theory of Excitons, Solid State Physics, Suppl.5, Academic Press, New York (1963)

(3) 塩谷繁雄 他編：光物性ハンドブック，朝倉書店 (1991)

(4) N. Peyghambarian, S. W. Koch and A. Mysyrowicz：Introduction to Semiconductor optics, Prentice-Hall, New Jersey (1993)

(5) T. S. Moss, G. J. Burrell and B. Ellis：Semiconductor Opto-Electronics, Butterworths, London (1973)

(6) Y. Toyozawa：Optical Processes in Solids, Cambridge University Press (2003)

(7) A. Mysyrowicz, J. B. Grun, A. Bias, R. Levy and S. Nikitine：Phys. Lett., **A25**, 286 (1967)

(8) D. D. Sell, S. E. Stokowski, R. Dingle and J. V. Dilorenzo：Phys. Rev., **140**, A202 (1965)

(9) H. Souma, T. Goto, T. Ohta and M. Ueta：J. Phys. Soc. Japan, **29**, 697 (1970)

(10) D. G. Thomas, Mgershenzon, F. A. Trumbore：Phys. Rev., **133**, A269 (1964)

(11) D. G. Thomas, J. J. Hopfield and W. N. Augustyniak：Phys. Rev., **140**, A202 (1965)

5 ヘテロ構造

5.1 バンド構造：帯状のエネルギーが許容される領域

半導体のように，非常に多くの原子（例えば，ケイ素Si）から構成される固体では，もともとはSi原子内の電子軌道であったs軌道電子とp軌道電子の波動関数が混ざること（**軌道混成**，orbital hybridization）によって，それらの軌道が多く集まり帯状の許されるエネルギー状態（**エネルギーバンド**，energy band）をつくっている。半導体では，原子の一番外側に位置する最外殻の軌道の混成により，よりエネルギーの低い安定なエネルギー領域ができ，一方，その反作用として，エネルギーの高い領域もできる。半導体が安定な固体を形づくっているのは，そのような低いエネルギー領域に電子をすべて収容し，全体の電子エネルギーが安定な状態でいることができるためである。このように電子が収容されて，ちょうど一杯に充満したエネルギー領域を**価電子帯**（valence band），空のエネルギー領域を**伝導帯**（conduction band）と呼び，電子の存在が禁止されたエネルギー領域を**禁制帯**（forbidden band）または**バンドギャップ**（band gap）と呼んでいる（**図5.1**）。

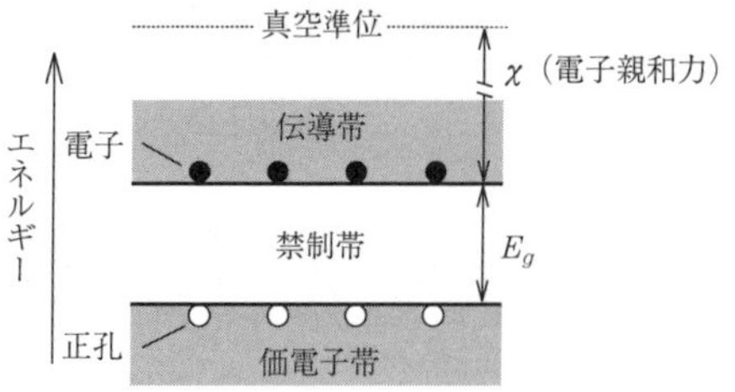

図 5.1　半導体のバンド構造

5.2　ヘテロ構造のバンド図(1)

バンドギャップ E_g の値が異なった半導体材料を2種類（A と B）準備して，A を B で両側から挟んだ構造をつくったと考えてみよう（**図 5.2**）。バンドギャップの値が異なる半導体を積層した構造は**ヘテロ接合**（hetero junction）と呼ばれ，伝導帯や価電子帯にエネルギー段差が生じる。この構造は半導体レーザをはじめとした多くのデバイスに用いられている。例えば，GaAs（A として）と AlAs（B として）の組合せで，ヘテロ接合をつくることができる。

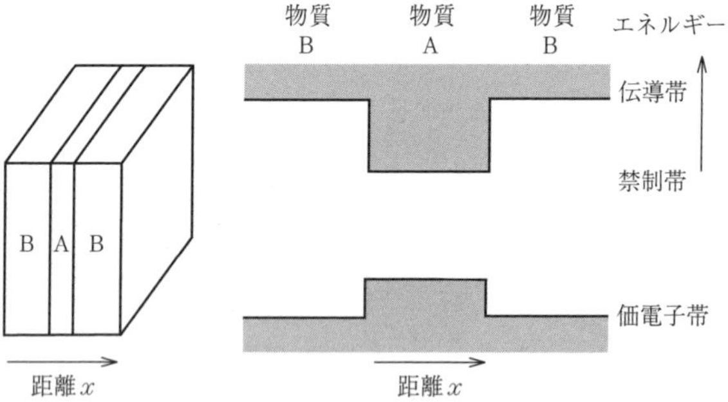

図 5.2　ヘテロ接合構造とバンド構造

超格子の概念が江崎先生らによって提案され，それに基づいて種々のデバイスが現在つくられている。この超格子の概念を理解するために，まず半導体のヘテロ接合をよく理解する必要がある。ではヘテロ構造の接合面でどんなことが起こっているのであろうか。**図 5.3** は n 型半導体と p 型半導体を接合した場合を，Si を例にとって示してある。これを比較してヘテロ構造を理解していこう。

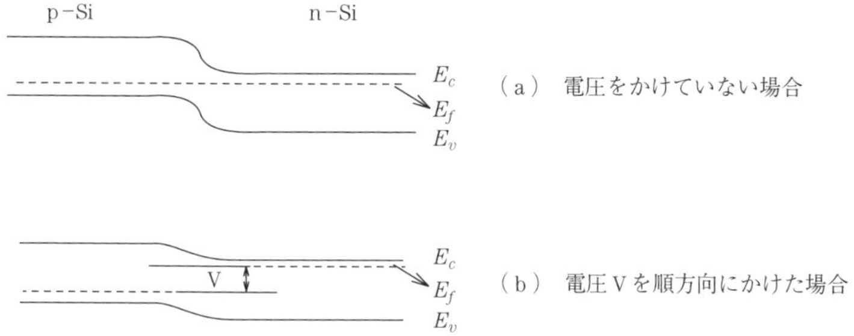

図 5.3 Si p-n 接合のポテンシャル図

この場合よく知られているように接合部にはエネルギー段差ができ，いわゆる p-n 接合が形成され電気的には整流特性をもつ。では，異なったバンド構造をもつ半導体を接合させた場合はどうなるであろうか。ここでは p-GaAs，n-Ge の接合を例にとって説明しよう。

p-GaAs，n-Ge それぞれがヘテロ接合を形成するための物性値は**表 5.1** のようであり，このとき p-GaAs および n-Ge が接触していない場合のバンド図は**図 5.4** のようになる。

表 5.1 p-GaAs，n-Ge ヘテロ接合を形成するための基礎定数表

	p-GaAs	n-Ge
禁制帯 E_g	1.45 eV	0.7 eV
電子親和力 χ	4.07 eV	4.13 eV
正味のドナー濃度 N_d		$1\times16\ \mathrm{cm}^3$
正味のアクセプタ濃度 N_a	$3\times16\ \mathrm{cm}^3$	
$E_f-E_v=\delta_{\mathrm{GaAs}}$	0.2 eV	
$E_c-E_f=\delta_{\mathrm{Ge}}$		0.1 eV
比誘電率 ε	11.5	16

ここで E_s は真空準位である。p-GaAs および n-Ge それぞれのフェルミ準位は E_{fp}, E_{fn}，荷電子帯は E_{vp}, E_{vn}，伝導帯は E_{cp}, E_{cn} で表してある。

この二つの半導体をを接合させるとフェルミエネルギーが一致しなければな

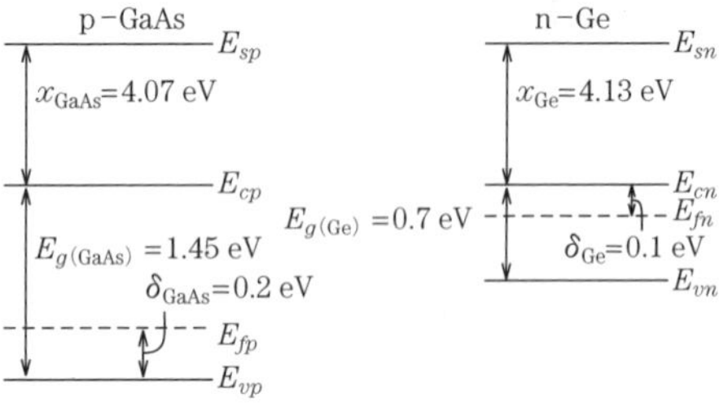

図 5.4　接触前のヘテロ材料 p-GaAs および n-Ge のバンド構造

らないので，バンドの曲がりが生じ，**図 5.5** に示すようなノッチやトビなどが現れる。それではそれらの値を計算してみよう。接触させないときのそれぞれの真空準位からのエネルギーの大きさは

$$E_{fp}=(\chi_{GaAs}+E_{g(GaAs)}-\delta_{GaAs})=5.72 \quad \text{〔eV〕} \tag{5.1}$$

$$E_{fn}=(\chi_{Ge}+\delta_{Ge})=4.23 \quad \text{〔eV〕} \tag{5.2}$$

である。

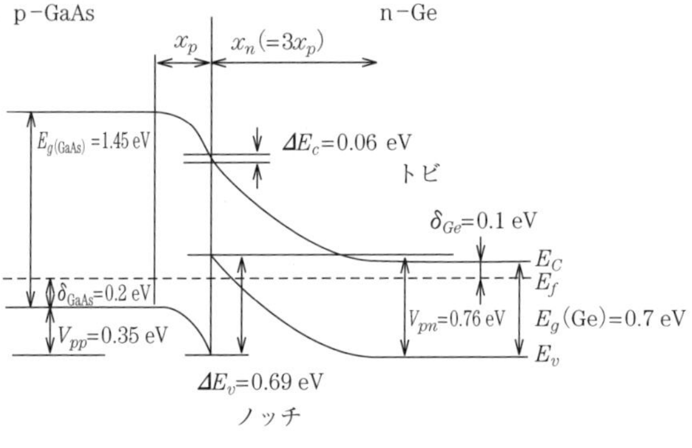

図 5.5　p-GaAs/n-Ge ヘテロ接合のバンド図

接合させると先ほど述べたように両者のフェルミレベルは一致するので，そのとき両者の間に電圧が発生して形成される真空準位にその分の曲がりが生じ，その大きさをそれぞれ V_{Dn}, V_{Dp} とするとフェルミ準位の差は $V_{Dn}+V_{Dp}$ となる。すなわち

$$\begin{aligned} E_{fp}-E_{fn} &= (\chi_{Ge}+E_{g(Ge)}-\delta_{Ge})-(\chi_{GaAs}+\delta_{GaAs}) \\ &= V_{Dn}+V_{Dp}=1.45 \quad \text{〔eV〕} \end{aligned} \tag{5.3}$$

簡単なモデルより，x_n, x_p の領域の電荷のみが接合面を通してやり取りされ

ると仮定すると，電荷保存則より

$$\frac{x_n}{x_p}=\frac{N_A}{N_D}=3 \tag{5.4}$$

ポアソン方程式より

$$\frac{d^2V}{dx^2}=-\frac{\rho}{\varepsilon} \tag{5.5}$$

したがって

$$V_{Dn}=\frac{N_D x_n^2}{2\varepsilon_{\mathrm{Ge}}} \tag{5.6}$$

$$V_{Dp}=\frac{N_A x_p^2}{2\varepsilon_{\mathrm{GaAs}}} \tag{5.7}$$

$$\frac{V_{Dn}}{V_{Dp}}=\frac{N_{\mathrm{GaAs}}}{N_{\mathrm{Ge}}}\frac{\varepsilon_{\mathrm{GaAs}}}{\varepsilon_{\mathrm{Ge}}}=2.16 \tag{5.8}$$

したがって

$$V_{Dn}=2.16\ V_{Dp} \tag{5.9}$$

またこの場合後に示す図5.5から明らかなように，いわゆる $\mathit{\Delta}E_v$ に対応するエネルギーのスパイク，すなわちキンクあるいはノッチ，および $\mathit{\Delta}E_v$ に対応するトビといわれるバンドの不連続が現れる。

エネルギーのトビ $\mathit{\Delta}E_c$ は

$$\mathit{\Delta}E_c=\chi_{\mathrm{GaAs}}-\chi_{\mathrm{Ge}}=-0.06\ \ \text{〔eV〕} \tag{5.10}$$

したがってノッチ $\mathit{\Delta}E_v$ は

$$\mathit{\Delta}E_v=(E_{g(\mathrm{Ge})}-E_{g(\mathrm{GaAs})})-(\chi_{\mathrm{GaAs}}-\chi_{\mathrm{Ge}})=-0.69\ \ \text{〔eV〕} \tag{5.11}$$

また

$$\mathit{\Delta}E_c+\mathit{\Delta}E_v=E_{g(\mathrm{Ge})}-E_{g(\mathrm{GaAs})} \tag{5.12}$$

となる。

以上の結果に基づいてヘテロ構造のバンド図を描くと図5.5のようになる。

5.3 半導体量子井戸における電子状態

それでは，矩形のポテンシャル井戸内の電子は，実際どのようなエネルギーをとり得るだろうか。

5.3.1 無限大深さ量子井戸中のエネルギー固有値の計算

ここでは，半導体ヘテロ接合構造に見られるような矩形の井戸型ポテンシャル問題を取り上げる。まず取り扱いが簡単な無限大深さの井戸について，エネルギー固有値を求めてみよう。

1次元（x 方向について）の井戸の厚みを L として，井戸の中心に原点をとると，伝導帯のポテンシャル構造は**図5.6**のように与えられる。井戸の幅 L が電子のド・ブローイ波長に比べて短い場合には，量子力学的効果が強く現れる。このため井戸は特に“**量子井戸**（quantum well）”と呼ばれる。ここでは，井戸の中心を座標原点とし，井戸底のポテンシャルエネルギー値をゼロとした。このとき，井戸内部のシュレーディンガー方程式は

$$-\frac{\hbar^2}{2m}\frac{d^2\psi(x)}{dx^2}=E\psi(x) \qquad \left(|x|<\frac{L}{2}\right) \tag{5.13}$$

となる。

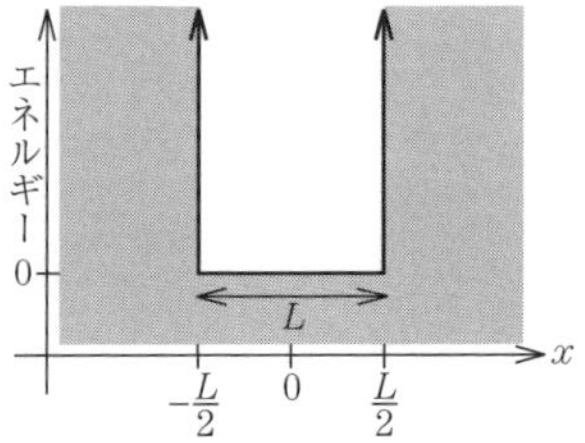

図5.6　深さ無限大の障壁をもつ量子井戸のポテンシャル構造

井戸の外側では電子は存在できないので，境界条件として

$$\psi(x)=0 \qquad \left(|x|\geqq\frac{L}{2}\right) \tag{5.14}$$

が用いられる。この井戸の外側は電子の存在にとって障壁となっているので，特に**障壁（バリヤ）層**と呼ばれている。

式(5.13)の微分方程式は

$$k=\sqrt{\frac{2mE}{\hbar^2}} \tag{5.15}$$

とおくと，つぎのように表すことができる。

$$\frac{d^2\psi(x)}{dx^2}=-k^2\psi(x) \tag{5.16}$$

このように，シュレーディンガー方程式は簡単な2階微分方程式の形をしていることがわかる。その解は $\cos kx$ と $\sin kx$ で与えられる。

$$\psi(x)=C\cos kx \tag{5.17}$$

$$\psi(x)=C\sin kx \tag{5.18}$$

ただし，C は積分定数である。

式(5.17)の $\cos kx$ 解に対して境界条件式(5.14)を満たすためには，$\cos kL/2=0$ でなければならないので，q を正の整数として

$$k\frac{L}{2}=\frac{\pi}{2}(2q-1) \qquad (q=1,\ 2,\ 3,\ \cdots) \tag{5.19}$$

が満たされなければならない。また，式(5.18)の $\sin \alpha x$ 解にたいしても，同様に $\sin \alpha L/2=0$ となるように

$$k\frac{L}{2}=\frac{\pi}{2}2q \qquad (q=1,\ 2,\ 3,\ \cdots) \tag{5.20}$$

が満たされなければならない。

式(5.19)と式(5.20)をまとめると，n を正の整数として

$$k=\frac{\pi}{L}n \qquad (n=1,\ 2,\ 3,\ \cdots) \tag{5.21}$$

となる。式(5.21)と式(5.15)より，エネルギー固有値 E は以下のように求まる。

$$E=\frac{\hbar^2}{2m}\left(\frac{\pi}{L}\right)^2 n^2 \tag{5.22}$$

波動関数 $\psi(x)$ は，以下のように n が奇数（1, 3, …）のときは，式(5.17)の $\cos \alpha x$ で示されるように左右対称な解を，n が偶数（2, 4, …）のときは，式(5.18)の $\sin \alpha x$ で示されるように左右非対称な解をとる。

$$\begin{cases} \psi(x)=\sqrt{\dfrac{2}{L}}\cos\dfrac{n\pi}{L}x & (n=\text{奇数}) \quad (5.23) \\ \psi(x)=\sqrt{\dfrac{2}{L}}\sin\dfrac{n\pi}{L}x & (n=\text{偶数}) \quad (5.24) \end{cases}$$

$\sqrt{2/L}$ の因子は，式(5.17)，(5.18)の積分定数 C が波動関数の2乗を全空間で積分した値が1となるように（全空間で固有状態を見出す確率は必ず1でなければならないので）規格化するための定数である。

5.3.2　有限深さ量子井戸中のエネルギー固有値

つぎに，矩形の井戸型ポテンシャルの深さが有限の値 V をもつ場合の問題を取り上げてみよう。**図5.7**に示したように，井戸の厚みを L として前出の問題と同様に井戸の中心に原点をとる。ポテンシャル深さは有限の値 V であるとして，$E<V$ を満たす（束縛状態の）エネルギーE は以下のように計算できる。いまバリヤ層および井戸層の電子の有効質量をそれぞれ m_B, m_W とする。井戸層の内部（$|x|<L/2$）では，ポテンシャルエネルギーがゼロであるから，シュレーディンガー方程式は式(5.16)と同じ形式で，その解も同様のものとなる。

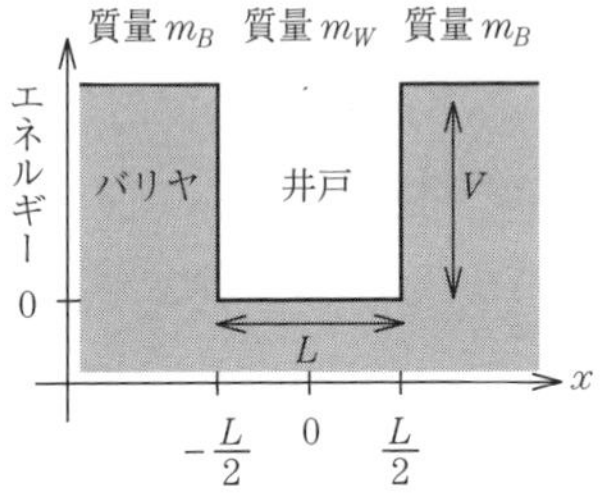

図5.7　有限障壁をもつ量子井戸のポテンシャル構造

シュレーディンガー方程式

$$-\frac{\hbar^2}{2m_W}\frac{d^2\psi(x)}{dx^2}=E\psi(x) \qquad \left(|x|<\frac{L}{2}\right) \tag{5.25}$$

解は

$$\psi(x)=C_1\cos k_0 x \tag{5.26}$$

$$\psi(x) = C_1 \sin k_0 x \tag{5.27}$$

ここで

$$k_0 = \sqrt{\frac{2m_W E}{\hbar^2}} \tag{5.28}$$

であり，C_1 は積分定数である。解の形から，やはり有限深さ量子井戸中の波動関数も，無限大深さ量子井戸の場合と同様，量子数 n が奇数のときは左右対称な式(5.26)で表されるものとなり，偶数のときは左右非対称な式(5.27)で表されるものとなる。

一方，井戸の外側（$|x| \geqq L/2$）でのシュレーディンガー方程式は

$$-\frac{\hbar^2}{2m_B}\frac{d^2\psi(x)}{dx^2} + V\psi(x) = E\psi(x) \tag{5.29}$$

となる。$E < V$ の条件を考慮して

$$k = \sqrt{\frac{2m_B(V-E)}{\hbar^2}} \tag{5.30}$$

とおくと，微分方程式は

$$\frac{d^2\psi(x)}{dx^2} = k^2\psi(x) \tag{5.31}$$

となる。

この微分方程式の解は，$\exp(\beta x)$ または $\exp(-\beta x)$ で与えられる。ここで，物理的意味より波動関数 $\psi(x)$ は $x \to \pm\infty$ の極限でゼロとならなければならないので，無限大で発散する解を除外して

$$\psi(x) = C_2 \exp(-kx) \qquad \left(x \geqq \frac{L}{2}\right) \tag{5.32}$$

$$\psi(x) = C_3 \exp(kx) \qquad \left(x \leqq -\frac{L}{2}\right) \tag{5.33}$$

が得られる。ここで，C_2, C_3 は積分定数であり，左右対称な解の場合は $C_3 = C_2$，左右非対称な解の場合は $C_3 = -C_2$ をとる。

電子の存在確率および確率密度流の連続条件から，波動関数 $\psi(x)$，波動関数の導関数を質量で割った $(1/m)(d\psi/dx)$ は至るところで連続でなければならない。すなわち，量子井戸での境界条件は井戸層およびバリヤ層での電子の

波動関数をそれぞれ ψ_w, ψ_B とすると

$$\frac{1}{m_W}\frac{d\psi_w}{d_x}\left(-\frac{L}{2}\right)=\frac{1}{m_B}\frac{d\psi_B}{d_x}\left(-\frac{L}{2}\right) \tag{5.34}$$

$$\frac{1}{m_W}\frac{d\psi_w}{d_x}\left(\frac{L}{2}\right)=\frac{1}{m_B}\frac{d\psi_B}{d_x}\left(\frac{L}{2}\right) \tag{5.35}$$

で与えられる。井戸内で左右対称な波動関数となる式(5.26)に $x=L/2$ の接続条件を適用すると（$x=-L/2$ も同じ）

$$C_1\cos\frac{k_0L}{2}=C_2\exp\left(-\frac{k_0L}{2}\right) \tag{5.36}$$

$$-C_1\frac{k_0}{m_W}\sin\frac{k_0L}{2}=-C_2\frac{k_0}{m_B}\exp\left(-\frac{k_0L}{2}\right) \tag{5.37}$$

が得られる。式(5.36)を式(5.37)で割れば C_1, C_2 が消去でき，エネルギー固有値を求める式

$$\frac{k_0}{m_W}\tan\frac{k_0L}{2}=\frac{k}{m_B} \tag{5.38}$$

が得られる。

k や β はエネルギーE の関数であるので，固有値方程式は

$$\tan\frac{k_0L}{2}=\frac{k}{k_0}\frac{m_W}{m_B} \tag{5.39}$$

を満たす E の値を数値的に計算することによって求めることができる。同様に，井戸内で左右非対称な波動関数となる式(1.22)に $x=L/2$ の接続条件を適用して

$$\cot\frac{k_0L}{2}=-\frac{k}{k_0}\frac{m_W}{m_B} \tag{5.40}$$

が得られる。つまり，有限深さの量子井戸の固有エネルギーを求めるには，量子数 n が奇数のものに対しては固有方程式(5.39)を，偶数のものに対しては(5.40)を解けばよいことになる。

〔1〕 **固有値の図的解法**　　式(5.39)は

$$y=k_0\tan\frac{k_0L}{2} \tag{5.41}$$

$$y = k\frac{m_W}{m_B} \tag{5.42}$$

と書き直すことにより二つの曲線の交点として解を求めることができる。ただし $\mu=\sqrt{(2m_B/\hbar^2)V}$ である。すなわち，これは $y=(m_W/m_B)(\mu^2-k_0{}^2)^{1/2}$ と $y=k_0\tan(k_0L/2)$ との交点を求めることになる。また，式(5.40)に対しても同様の手法を用いて，両辺の交点からその解を**図 5.8** のようにを用いて求めることができる。

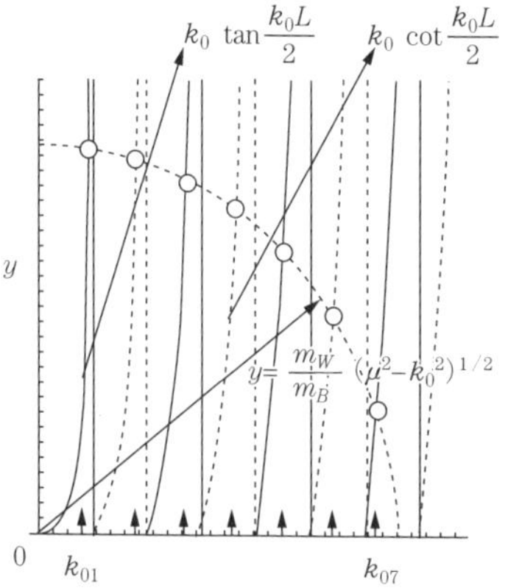

図 5.8 有限量子井戸のエネルギー固有値の図的解法

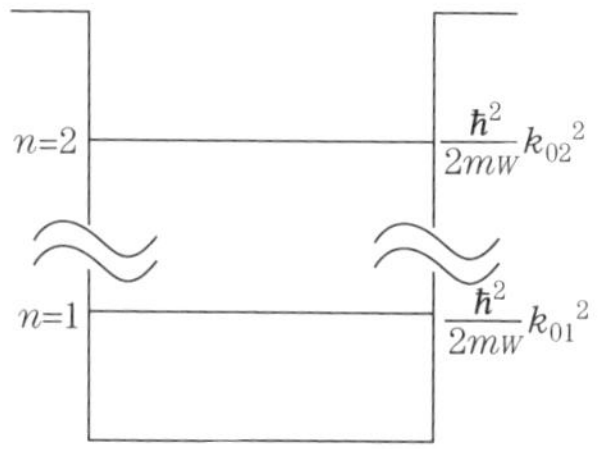

図 5.9 有限ポテンシャルの場合のエネルギー固有値

楕円と $k_0\tan(k_0L/2)$，$k_0\cot(k_0L/2)$ の曲線の交点が求める固有値 E を与える k_0 の値である。上図でこの場合，実線が tan の場合，点線が cot の場合に相当している。ここで注意すべきは，上図点線で示されているのは楕円で $y=(m_W/m_B)(\mu^2-k_0{}^2)^{1/2}$ を表しており，y 軸との交点は μ ではなく $(m_W/m_B)\mu$，x 軸との交点は μ であって，真空中での量子井戸の場合の円と異なっていることである。それぞれの交点から上式を満足する k_{0n} の値が得られ，したがってこの場合，楕円と $k_0\tan(k_0L/2)$，$k_0\cot(k_0L/2)$ の曲線の交点が求める固有値 E_{0n} を与える k_{0n} の値である。したがって

$$E_{0n}=\frac{\hbar^2}{2m_W}k_{0n}{}^2 \qquad (n=1, 2, \cdots, n) \tag{5.43}$$

となる。

無限ポテンシャルの場合 μ は ∞ なので，交点は $k_0\tan(k_0L/2)$，$k_0\cot(k_0L/2)$ の曲線の漸近線となり，その値は

$$k_{0n}=\frac{n\pi}{L} \tag{5.44}$$

したがって無限ポテンシャルでの量子エネルギーは

$$E_{0n}=\frac{\hbar^2}{2m_W}\left(n\frac{\pi}{L}\right)^2 \qquad (n=1,\ 2,\ \cdots,\ n) \tag{5.45}$$

となり，最初に計算した無限ポテンシャルの計算結果と一致する。

有限ポテンシャルの場合のエネルギー固有値を図示すると，**図 5.9** のようになる。

この場合それぞれの各 n 次の固有値に対する波動関数 ψ_n は波動関数の規格化条件

$$\int_{-\infty}^{\infty}\psi_n^*\psi_n dx=\int_{-\infty}^{-L/2}\psi_{-,n}^*\psi_{-,n}dx+\int_{-L/2}^{L/2}\psi_{0,n}^*\psi_{0,n}dx+\int_{L/2}^{\infty}\psi_{+,n}^*\psi_{+,n}dx=1 \tag{5.46}$$

を用いて

$$\begin{cases}\psi_{0,n}(x)=2A_{0,n}\cos k_{0,n}x & \left(-\dfrac{L}{2}\leqq x\leqq\dfrac{L}{2}\right)\\[2mm] \psi_{+,n}(x)=2A_{0,n}\cos\dfrac{k_{0,n}L}{2}\,e^{-k_nx} & \left(x\geqq\dfrac{L}{2}\right)\\[2mm] \psi_{-,n}(x)=2A_{0,n}\cos\dfrac{k_{0,n}L}{2}\,e^{k_nx} & \left(x\leqq-\dfrac{L}{2}\right)\end{cases}$$

と表せる（n が奇数のとき）。ただし

$$2A_{0,n}=\left(\frac{e^{-k_nL/2}}{k_n}\cos^2\frac{k_{0,n}L}{2}+\frac{1}{2k_{0,n}}\sin\frac{2k_{0,n}L}{2}+\frac{L}{2}\right)^{-1/2} \qquad (n=1,\ 3,\ 5,\ \cdots) \tag{5.47}$$

ここで $\psi_{-,n}$，$\psi_{+,n}$ はそれぞれ量子井戸の負および正方向の n 次の固有波動関数を表す。n が偶数のときは各自検証されたい。

V_0 が無限ポテンシャルのときは

$$2A_{0,n}=\sqrt{\frac{2}{L}} \tag{5.48}$$

$\psi_{+,n}=\psi_{-,n}=0$ でかつ壁のところで $\psi_{0,n}=0$ となる。また，

$$\psi_{0,n}=\sqrt{\frac{2}{L}}\cos\left(\frac{n\pi}{L}x\right)_{n=1,3,5,\cdots}=i\sqrt{\frac{2}{L}}\sin\left(\frac{n\pi}{L}x\right)_{n=2,4,6} \tag{5.49}$$

となり無限ポテンシャルで解いた解と一致する。

電子のエネルギーがポテンシャルエネルギーより高いとき $m_w=m_B=m$ と仮定すると（**図 5.10**），$\psi(x)$ が x の偶関数のときは

$$\begin{cases} \psi_0(x)=A_0(e^{ik_0x}+e^{-ik_0x}) & (-a<x<a) \\ \psi_+(x)=A_+e^{-ikx}+B_+e^{ikx} & (x>a) \\ \psi_-(x)=\psi_+(-x) & (x<-a) \end{cases} \tag{5.50}$$

ただし

$$k_0^2=\frac{2m}{\hbar^2}E, \quad k^2=\frac{2m}{\hbar^2}(E-V_0)$$

で与えられるから，上式を連立して解くと

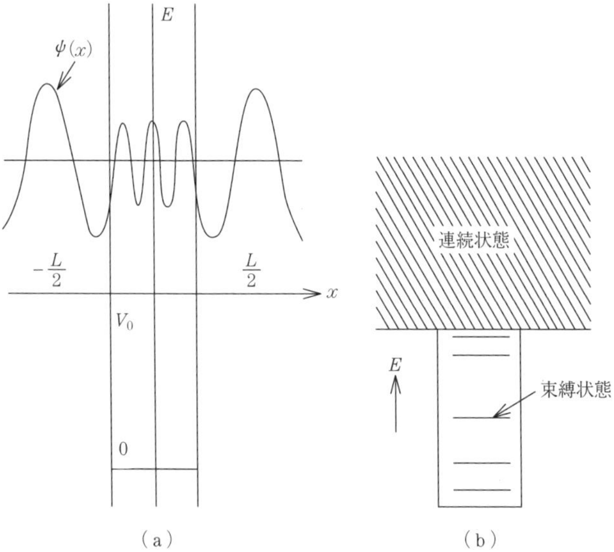

図 5.10　電子のエネルギーがポテンシャルエネルギーより高い場合の波動関数の模式図（偶関数の場合）[2]

$$\begin{cases} \dfrac{A_+}{A_0}=\cos k_0 a \cos ka+\dfrac{k_0}{k}\sin k_0 a \sin ka \\ \dfrac{B_+}{A_0}=\cos k_0 a \sin ka-\dfrac{k_0}{k}\sin k_0 a \cos ka \end{cases} \tag{5.51}$$

で与えられる。したがって，このときの波動関数の一例として ψ_+ を示すと

$$\psi_+(x)=2A_0\left\{\cos k_0 a \cos k(x-a)-\frac{k_0}{k}\sin k_0 a \sin k(x-a)\right\} \tag{5.52}$$

となる。奇関数の場合は各自求められたい。図 5.10 に示されるように，電子のエネルギーがポテンシャルエネルギーよりも高い場合でも，ポテンシャル井戸のエネルギー変化を感じて波動関数が振動するのは興味深い。

有限のポテンシャルの場合には正確に固有エネルギー値を求めるためには厳密な計算機解析の手法を用いなければならない。その例を示しておこう。

〔2〕 **計算による解法と考え方**　無限大深さ井戸の場合で井戸幅が L であるときの基底状態（$n=1$）のエネルギー固有値を E_1 とする（この値はすでに 5.3.1 項で求めてある)。以後，有限深さ井戸のエネルギー固有値 E はこの E_1 を単位として表すこととする。つまり

$$E=E_1\times a^2=\frac{\hbar^2}{2m_W}\left(\frac{\pi}{L}\right)^2\times a^2 \tag{5.53}$$

ここで E_1 の表式は式(5.22)に $n=1$ を代入したものである。こうすることによりエネルギー固有値問題を解くことは，a の値を解くことと同じになる。無限大深さ井戸の場合には a は整数値（1, 2, 3, 4, …）をとるのだが，有限深さ量子井戸の場合は整数値をとならないことを以下で見ていこう。ところで，a とはどういう数値であろうか。その物理的意味はなんであろうか。式(5.28)から $k_0=\sqrt{2m_W E/\hbar^2}$ である。式(5.53)を用いると k は

$$k=\frac{\pi}{L}a \tag{5.54}$$

と書ける。

井戸中の波動関数(5.26)は

$$\psi(x)\propto\cos\frac{\pi}{L}kx \tag{5.55}$$

となる。この式で $a=1$ なら無限大深さ量子井戸の $n=1$ の波動関数となるのだが，有限深さ量子井戸の場合は $0<a<1$ となるのである。その理由は波動関数の形を考えるとよい。

図 5.11 のように，無限大深さ量子井戸の場合は $x=\pm L/2$ で $\psi(x)=0$ とならねばならず，そのため $a=1$ が要請されていた。しかし，有限深さ量子井戸の場合は波動関数が広がってバリヤ中にしみ出すことができる。そのしみ出し部分が式(5.32)や式(5.33)のような e^{-k_0x}, e^{k_0x} で表されるものとなるのである。境界でそれら指数関数項と井戸内部の cos で表される関数成分が接続するためには，cos 項が空間的に広がっていなければならない。そのため $0<a<1$ が要請される。その結果，固有値方程式(5.39)を a で書き直し，$0<a<1$ の条件で a を求めることが有限深さの量子井戸の最低エネルギー固有値を求めることとなる。この場合の量子数はやはり $n=1$ である（無限大深さ量子井戸の場合は $n=a$）。

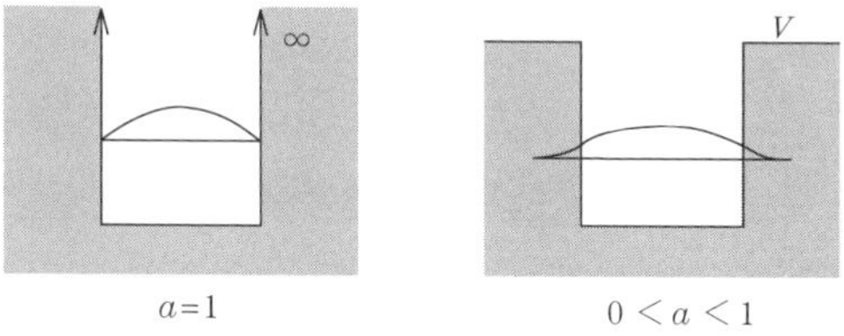

（a）無限ポテンシャルの場合　（b）有限ポテンシャルの場合

図 5.11　a の物理的意味を示す図

式(5.39)は

$$\tan\frac{k_0L}{2}=\frac{k}{k_0}\frac{m_W}{m_B}=\sqrt{\frac{V-E}{E}}\sqrt{\frac{m_W}{m_B}} \tag{5.56}$$

であり，V も E_1 を単位として

$$V=E_1\times V' \tag{5.57}$$

と表せば，固有値方程式は a の方程式となる

$$\tan\frac{\pi}{2}a=\sqrt{\frac{V'-a^2}{a^2}}\sqrt{\frac{m_W}{m_B}} \tag{5.58}$$

つまり

$$\tan\frac{\pi}{2}a-\sqrt{\frac{V'-a^2}{a^2}}\sqrt{\frac{m_W}{m_B}}=0 \tag{5.59}$$

この方程式の解を，コンピュータを使って $0<a<1$ の条件で探せばよい。実際のエネルギー固有値は，そうやって求めた a から式(5.53) $E=E_1\times a^2$ によって求めればよい。方程式(5.58)は $n=1$ の場合だけでなく，n が奇数の場合にも適用できる。具体的には $n=3$ の場合には，解を $2<a<3$ の条件で探せばよい。

n が偶数の場合は，固有方程式が式(5.40)になることに注意して

$$\cot\frac{\pi}{2}a=-\sqrt{\frac{V'-a^2}{a^2}}\sqrt{\frac{m_W}{m_B}} \tag{5.60}$$

つまり

$$\cot\frac{\pi}{2}a+\sqrt{\frac{V'-a^2}{a^2}}\sqrt{\frac{m_W}{m_B}}=0 \tag{5.61}$$

を解く。$n=2$ の場合は $1<a<2$，$n=4$ の場合は $3<a<4$ の条件を使う。

プログラムリスト例

●固有値 n が奇数の場合

```
100  PAI = 3.14159265359
110  M0 = 9.110
120  MW = 0.0665 * M0
130  MB = 0.15 * M0
140  V = (3.018-1.424) * 0.64
150  INPUT "input E1 (eV)"; E1
160  VDASH = V / E1
170  PRINT ""
180  INPUT "input a "; A
190  F = TAN(PAI/2 * A) - SQR(VDASH-A^2)/A * SQR(MW/MB)
200  PRINT "F = "; F
210  GOTO 170
220  END
```

100〜140 で定数定義，150 で無限大深さ量子井戸の最低エネルギー固有値 E_1 を読み込む。エネルギー固有値は〔eV〕の単位で入力すること。160

でバリヤ高さ E_1 を単位とした V' に換算。180 で $E=a^2E_1$ である a を読み込み，190 で固有値方程式の値 F を計算している。200 で出力された F の値をゼロ（実際は F の絶対値が 10^{-3} 程度より小さくなればよしとする）とする a が固有方程式の解である。

●固有値 n が偶数の場合

190 を以下のように変えて，同じ作業を行う。

```
190 F = 1/TAN(PAI/2*A) + SQR(VDASH-A^2)/A * SQR(MW/MB)
```

以上の結果から明らかなことであるが，左右対称な量子井戸はポテンシャル V_0 のいかんにかかわらず**図 5.12** で示すように一つ以上の固有エネルギーを必ずもつ。この図では量子井戸とバリヤとの有効質量は同じであると仮定している。また量子準位エネルギー E_n および井戸ポテンシャル V_0 は $\{\hbar^2/(2m^*)\}(\pi^2/L^2)$ を単位として規格化して表してある。また整数は量子化準位を示している。V_0 の小さなところを拡大すると井戸の高さによらず量子化準位が少なくとも一つ，井戸の頂上より下に存在することがわかる。

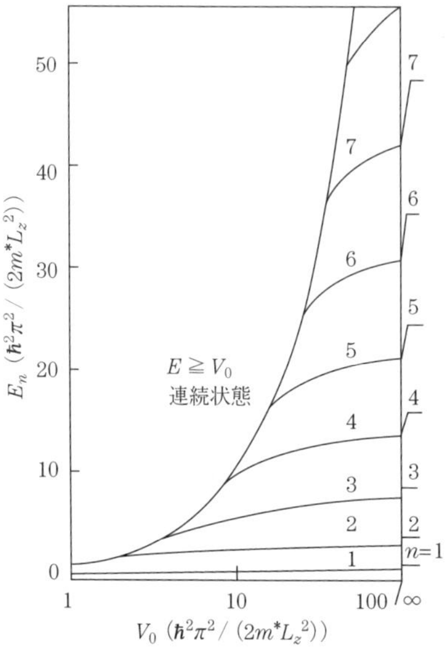

図 5.12　量子井戸高さと量子準位エネルギー[(3)]

5.4 状態密度

状態密度は，電子のあるエネルギーEの値に対し，Eと$E+dE$のエネルギーdEの中に占めることができる電子の数である。**図5.13**に示す3次元材料から0次元材料にわたって，その状態密度がどうなるか，簡単な例として自由電子の場合を計算してみよう。

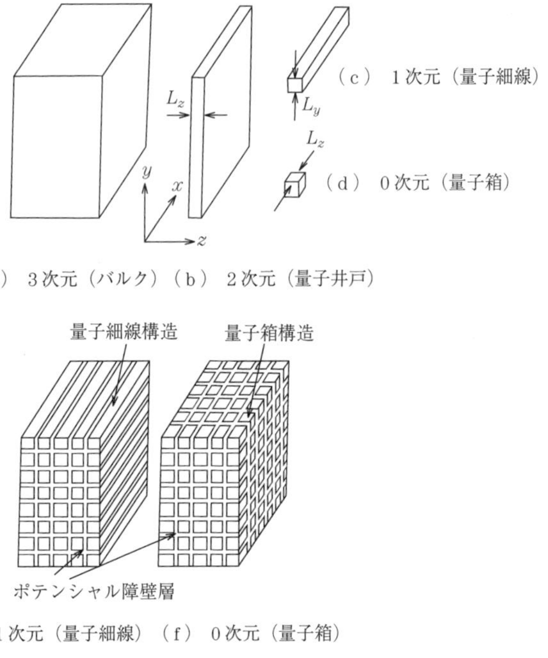

図5.13　種々の量子構造[4]

5.4.1　3次元（バルク）の場合

3次元での自由電子のもつエネルギーは

$$E=\frac{\hbar^2}{2m^*}(k_x{}^2+k_y{}^2+k_z{}^2) \tag{5.62}$$

で与えられる。有限な大きさ L で占める空間での電子の運動量の最小単位は1次元に対し $2\pi/L$ であるから，3次元の k 空間で，一つの運動量が占める実効的な体積は

$$\left(\frac{2\pi}{L}\right)^3$$

で与えられる。ここで L は考えている結晶の大きさの1辺である。スピンも入れるとこの大きさに二つの電子が入ることとなる。k 空間での微小体積素片 dV_k は $dk_x dk_y dk_z$ で与えられるが，**図5.14** に示す極座標表示をとると，その微小体積素片 dV_k の大きさは，z 軸からの角度を θ，k ベクトルの x-y 平面への投影線と x 軸との角度を ϕ，k ベクトルの大きさを k とすると

$$dV_k = k^2 \sin\theta \, d\theta d\phi dk \tag{5.63}$$

である。

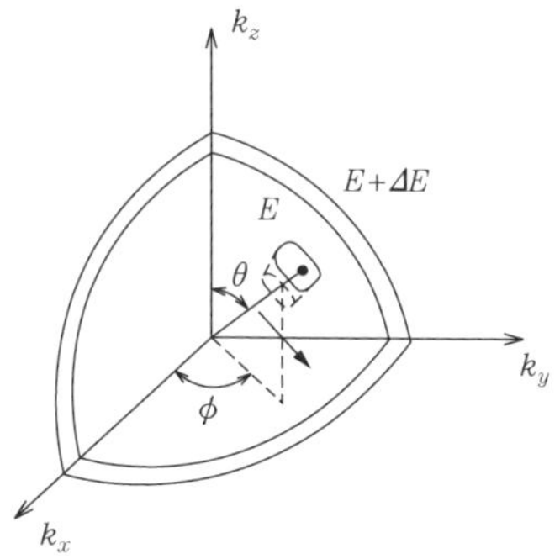

図5.14　k 空間での基本要素の極座標表示

スピンも考慮し，これを θ と ϕ で積分して一つの電子が k 空間で占める体積で割ると，状態密度と dE の積 $\rho(E)\,dE$ が求まる。すなわち

$$\begin{aligned}\rho(E)\,dE &= \left(\frac{2\pi}{L}\right)^{-3}\int 2dV_k dE = \left(\frac{2\pi}{L}\right)^{-3}\int 2k^2 \sin\theta \, d\theta d\phi dk dE \\ &= \left(\frac{2\pi}{L}\right)^{-3}\int 2\,\frac{k^2 \sin\theta \, d\theta d\phi}{dE/dk}\,dE \end{aligned}\tag{5.64}$$

ここで $k^2 \sin\theta \, d\theta d\phi$ は，（ここでは詳細はふれないが）一般的にはブリユアンゾーン内のエネルギー一定面上の面積素辺となる。また上式は，エネルギー局面が自由電子の双曲面の場合ばかりでなく一般に複雑なエネルギー曲面の場

合も成り立つものであり，それは分母の dE/dk を計算することによって反映される。ちなみにエネルギー曲面が楕円の場合は

$$\frac{dE}{dk}=\left\{\left(\frac{\partial E}{\partial k_x}\right)^2+\left(\frac{\partial E}{\partial k_y}\right)^2+\left(\frac{\partial E}{\partial k_z}\right)^2\right\}^{1/2} \tag{5.65}$$

で与えられる。

一番単純な場合が放物面のエネルギー曲面をもつ自由電子の場合で，ここではその場合を扱う。また，求め方も一般的ではないが自由電子の場合の簡便な方法を使ってみよう。この場合，0 から k までの運動量をもつ電子の量子状態の総量は，スピンまで考慮に入れると

$$\frac{2}{\left(\frac{2\pi}{L}\right)^3}\int_0^k 4\pi k^2 dk=\frac{V}{3\pi^2}\left(\frac{2m^*E}{\hbar^2}\right)^{3/2} \tag{5.66}$$

で与えられる。$V=L^3$ を単位体積にとると，dE に占める状態密度は上式を微分すれば求まるので

$$\rho(E)\,dE=\frac{1}{3\pi^3}\left(\frac{2m^*}{\hbar^2}\right)^{3/2}\times\frac{3}{2}\times\sqrt{E}\,dE=\frac{1}{2\pi^2}\left(\frac{2m^*}{\hbar^2}\right)^{3/2}\sqrt{E}\,dE \tag{5.67}$$

となる。これを図で書けば**図 5.15**(a)となる。これは半導体の伝導帯での電子の数を求めるときに用いる状態密度と一致していることを思い出してほし

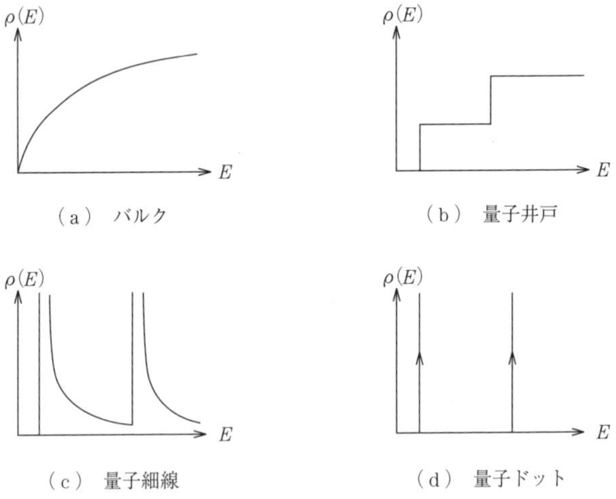

図 5.15　種々の量子構造における状態密度[4]

い。

5.4.2　2次元（量子井戸）の場合

2次元の場合，電子のもつエネルギーは

$$E_n = \frac{\hbar^2}{2m^*}(k_x{}^2 + k_y{}^2) + E_{n_z} \tag{5.68}$$

で与えられる。ここで

$$E_{n_z} = \frac{\hbar^2}{2m^*}\left(\frac{\pi n_z}{L_z}\right)^2 \tag{5.69}$$

であるから，2次元の場合の状態の総量は

$$\frac{2}{\left(\dfrac{2\pi}{L}\right)^2}\int_0^k 2\pi k dk = \frac{L^2}{2\pi}k^2 = \frac{L}{2\pi}(E_n - E_{n_z})\frac{2m^*}{\hbar^2} \tag{5.70}$$

で与えられ，次式が得られる。

$$\rho(E - E_n)\,dE = \frac{Lm^*}{\pi\hbar^2}\,dE \tag{5.71}$$

すべての E_n を考えに入れると

$$\rho(E)\,dE = \sum_{n_z}\rho(E - E_{n_z})\,dE \tag{5.72}$$

したがって

$$\rho(E) = \sum_{n_z}\frac{m^* L}{\pi\hbar^2}\Theta(E - E_{n_z}) \tag{5.73}$$

となる。これを図で描けば図5.15(b)となる。ここで Θ はステップ関数である。

5.4.3　1次元（量子細線）の場合

1次元での電子のエネルギーは

$$E = \frac{\hbar^2}{2m^*}k_x{}^2 + E_{n_y} + E_{n_z} \tag{5.74}$$

で与えられる。ただし

$$E_{n_y} = \frac{\hbar^2}{2m^*}\left(\frac{\pi n_y}{L_y}\right)^2 \tag{5.75}$$

$$E_{n_z}=\frac{\hbar^2}{2m^*}\left(\frac{\pi n_z}{L_z}\right)^2 \tag{5.76}$$

この場合の E_{n_y}, E_{n_z} の状態の総量は

$$\frac{2}{\frac{2\pi}{L}}\int_{-k}^{k}dk=\frac{2L}{\pi}k=\frac{2L}{\pi}\left(\frac{2m^*}{\hbar^2}\right)^{1/2}\sqrt{E-E_{n_y}-E_{n_z}} \tag{5.77}$$

であるから，状態密度は

$$\rho(E)=\left(\frac{2m^*}{\hbar^2}\right)^{1/2}\frac{2L}{\pi}\,\frac{1}{2}\,\frac{1}{\sqrt{E-E_{n_y}-E_{n_z}}}=\frac{\sqrt{2m^*}\,L}{\pi\hbar}\,\frac{1}{\sqrt{E-E_{n_y}-E_{n_z}}} \tag{5.78}$$

となる。したがって全準位を考慮に入れると，1 次元の場合の状態密度は

$$\rho(E)\,dE=\sum\rho(E-E_{n_y}-E_{n_z})\,dE \tag{5.79}$$

すなわち

$$\rho(E)=\frac{\sqrt{2m^*}\,L}{\pi\hbar}\sum_{n_y,n_z}\frac{1}{\sqrt{E-E_{n_y}-E_{n_z}}} \tag{5.80}$$

となる。図で描くと図 5.15(c)のようになる。

5.4.4 0 次 元 の 場 合

0 次元の場合の電子のエネルギーは

$$E=E_{n_x}+E_{n_y}+E_{n_z} \tag{5.81}$$

で与えられる。またこの場合の状態密度は

$$\rho(E)=2\sum_{n_x,n_y,n_z}\delta(E-E_{n_x}-E_{n_y}-E_{n_z}) \tag{5.82}$$

となる。これを図に描くと図 5.15(d)のようになる。

5.5 有限量子井戸での量子準位と光学的遷移

5.5.1 半導体量子構造での発光特性

量子井戸の固有値は，伝導帯および荷電子帯の量子化固有状態をそれぞれ n_e, n_h とすると

$$\begin{cases} E_e = \dfrac{\hbar^2}{2m_e^*}(k_x^2 + k_y^2) + E_e(n_e) + E_g \\ E_h = \dfrac{\hbar^2}{2m_h^*}(k_x^2 + k_y^2) + E_h(n_h) \end{cases} \tag{5.83}$$

で与えられる。ブロッホ関数を u とすると，上記の固有値を与える電子，正孔それぞれの波動関数は

$$\begin{cases} \phi_{ne}(r) = \psi_{ne}(z)\, e^{i(k_x x + k_y y)} u_c \\ \phi_{nh}(r) = \psi_{nh}(z)\, e^{i(k_x x + k_y y)} u_v \end{cases} \tag{5.84}$$

で与えられる。電気双極子に対する遷移行列要素は

$$\langle \phi_{ne} | p | \phi_{nh} \rangle = \langle \psi_{ne}(z) | \psi_{nh}(z) \rangle \langle u_c | p | u_v \rangle \tag{5.85}$$

荷電子帯の頂上から伝導帯のそこへの遷移は許容であるので $(u_c|p|u_v)$ はゼロでない。したがって，上式がゼロでないためには上式の第1項は0でない。したがって

$$\langle \psi_{ne} | \psi_{nh} \rangle \neq 0 \tag{5.86}$$

となる。したがって，選択則は波動関数の対称性を保つことができる状態の固有状態 n に対して

$$n_e = n_h (= n) \quad \text{または} \quad \Delta n = n_e - n_h = 0 \tag{5.87}$$

で与えられる。以上から，遷移エネルギーは

$$\Delta E(n, k_x, k_y) = E_g + E_e(n) + E_h(n) + \frac{\hbar^2}{2}\left(\frac{1}{m_e^*} + \frac{1}{m_h^*}\right)(k_x^2 + k_y^2) \tag{5.88}$$

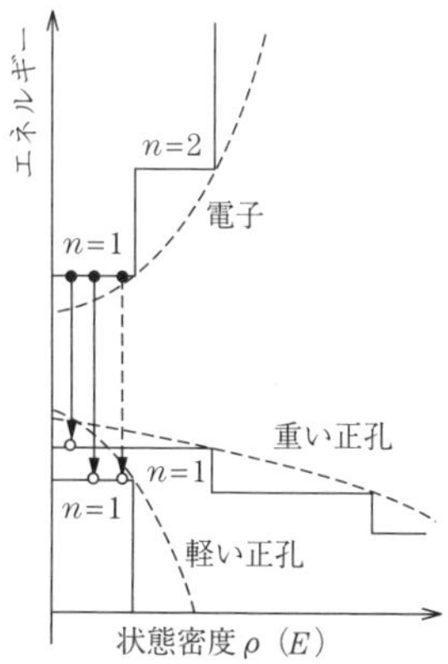

図 5.16　量子井戸でのバンド間遷移の模式図

となる。**図 5.16** に示すように，吸収スペクトルで構造が現れるところは

$$\varDelta E(n)=E_g+E_e(n)+E_h(n) \tag{5.89}$$

である。

図では典型的な量子井戸のバンド間遷移の模式図，また実際に観測されたスペクトルとその遷移が**図 5.17** に示されている。価電子帯は p 軌道から成り立っているため通常 3 重に縮退しているが，電子軌道相互作用，およびスピンとの相互作用により，三つのバンドに分離する（ここではスピン軌道相互作用

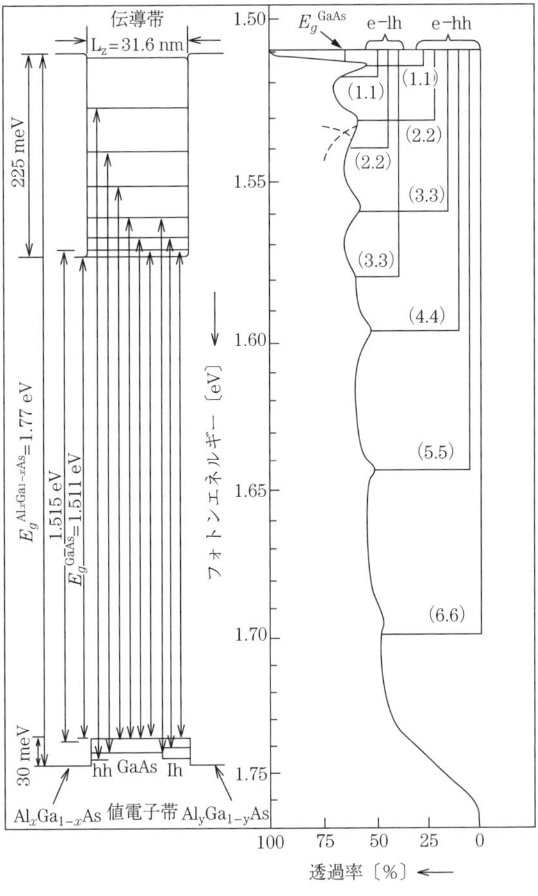

図 5.17　量子準位の遷移過程とそれに伴う吸収過程(6)

によって分離した荷電子帯は省略されている)。そのうち，軽い正孔準位 (*lh*) と重い正孔準位 (*hh*) からの電子準位への遷移が各 n の値に対して観測される。

図 5.18 は，発光波長の量子井戸幅依存性の実験結果と理論曲線との比較である。きわめてよい一致を示していることがわかる。また発光スペクトルの線幅はバルクの場合に比べて狭くなる。それは以前述べた状態密度のためであって，以前に述べたようにバルクの 3 次元結晶での電子の状態密度はエネルギーの平方根に比例するが量子井戸での状態密度は階段状となるため，それに対する電子のボルツマン分布を考えると，バルクの場合を 1 として量子井戸の発光スペクトルの半値幅は 0.7 となる[(8)]。

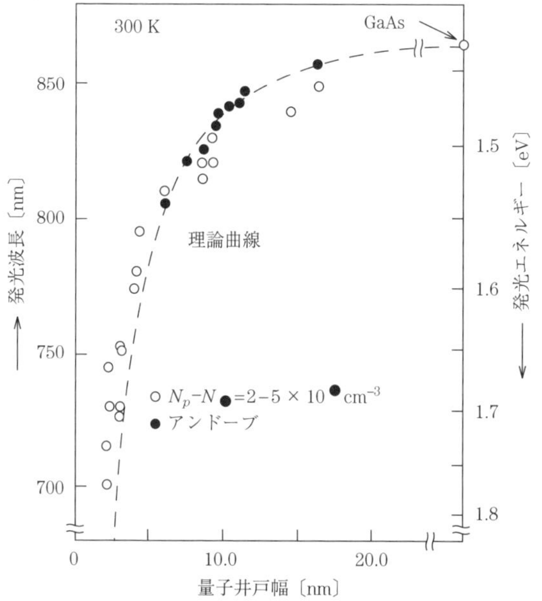

図 5.18　発光波長の量子井戸幅依存性の実験結果と理論曲線との比較[(7)]

5.5.2　半導体量子井戸でのエキシトン効果

前章で述べられているように，バルクの場合半導体では電子と正孔が結合し

エキシトンを形成する。そのときの結合エネルギーは3.4節で述べてあるように

$$E_n = \frac{R_y^*}{n^2} \qquad (n=1, 2, 3, \cdots) \tag{5.90}$$

で与えられる。ここで R_y^* は**励起子リュードベリエネルギー**と呼ばれるもので

$$R = \frac{\mu e^4}{2\hbar^2 \varepsilon^2} \tag{5.91}$$

で与えられる。ここで ε は結晶の誘電率，μ は電子の有効質量 m_e と正孔の有効質量 m_h の換算質量で

$$\mu^{-1} = m_e{}^{-1} + m_h{}^{-1} \tag{5.92}$$

で与えられる。

$n=1$ のとき $E_n = R^*$ で，この値がエキシトンの束縛エネルギーである。では量子井戸ではエキシトンの束縛エネルギーはどうなるであろうか[(5)]。完全2次元内励起子の波動関数は，式(5.93)の第2項で示される電子と正孔のクーロン相互作用を考慮すると

$$-\frac{\hbar^2}{2\mu_\perp}\left(\frac{\partial^2}{\partial x^2} + \frac{\partial^2}{\partial y^2}\right)\Phi - \frac{e^2}{\varepsilon\sqrt{(x^2+y^2)}}\Phi = e\Phi \tag{5.93}$$

で与えられる。極座標表示をすると

$$\Phi(x, y) = \frac{1}{\sqrt{2\pi}} R(r) e^{im\phi} \tag{5.94}$$

$$\left[-\frac{\hbar^2}{2\mu}\left\{\frac{1}{r}\frac{d}{dr}\left(r\frac{d}{dr}\right) - \frac{m^2}{r^2}\right\} - \frac{e^2}{\varepsilon r}\right]R(r) = ER(r) \tag{5.95}$$

ここで m は整数（$m=1, 2, 3, \cdots$）。

$$\begin{cases} R = e^{-\rho/2}F & \left(\rho = \dfrac{r}{a_B \lambda}\right) \\ \lambda^{-2} = -4w & \left(w = \dfrac{E}{R_y}\right) \end{cases} \tag{5.96}$$

の変数変換をすると

$$\rho\frac{d^2F}{d\rho^2} + (1-\rho)\frac{dF}{d\rho} + \left(2\lambda - \frac{1}{2} - \frac{m^2}{2}\right)F = 0 \tag{5.97}$$

となる。ただし，ここで a_B は有効ボーア半径

$$a_B=\frac{\varepsilon\hbar^2}{\mu e^2} \tag{5.98}$$

また R_y は有効リュードベリ定数で，式(5.91)で与えられる。また

$$F=\rho^{|m|}\times L \tag{5.99}$$

とおくと，上式は下記のラゲールの微分方程式に帰着される。

$$\rho\frac{d^2L}{d\rho^2}+(2|m|+1-\rho)\frac{dL}{d\rho}+\left(2\lambda-\frac{1}{2}-|m|\right)L=0 \tag{5.100}$$

これをラゲールの微分方程式

$$\rho\frac{d^2L_q{}^p}{d\rho^2}+(p+1-\rho)\frac{dL_q{}^p}{d\rho}+(q-p)L_q{}^p=0 \tag{5.101}$$

と比較すると，解は下記のラゲールの多項式で与えられることがわかる。

$$L(\rho)=L_{n+|m|}^{2|m|}(\rho) \qquad (|m|\leqq n) \tag{5.102}$$

ここで

$$n=2\lambda-\frac{1}{2} \tag{5.103}$$

したがって固有エネルギーは式(5.96)を用いて

$$E_n=\frac{R_y}{\left(n+\dfrac{1}{2}\right)} \qquad (n=0,\ 1,\ 2,\ 3,\ \cdots) \tag{5.104}$$

で与えられる。またこの場合の波動関数は

$$\phi_{nm}(r)=\left[\frac{(n-|m|)\,!}{\pi a^2\left(n+\dfrac{1}{2}\right)^3\{(n+|m|)\,!\}^3}\right]\times e^{-\rho/2}\rho^{|m|}L_{n+|m|}^{2|m|}(\rho)\,e^{im\varphi} \tag{5.105}$$

で与えられる。

$n=0$ の場合，束縛エネルギー E_0 はバルクの場合の 4 倍の大きさになることがわかる。したがって，量子井戸ではエキシトン効果が見えやすい。上記の計算は極限の 2 次元構造の場合を計算した結果であるが，有限の厚さの 2 次元構造の場合[(6)]，**図 5.19** に示すように厚くなればなるほどその束縛エネルギーはバルクの値に近づいていくことがわかる。

図 5.20 にバルクの場合と量子井戸の場合のエキシトン効果を示してある。

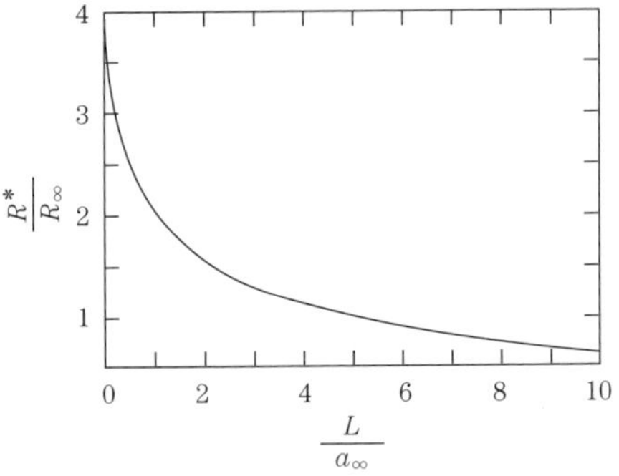

図 5.19　量子井戸におけるエキシトン規格化束縛エネルギーの規格化量子井戸幅依存性(6)

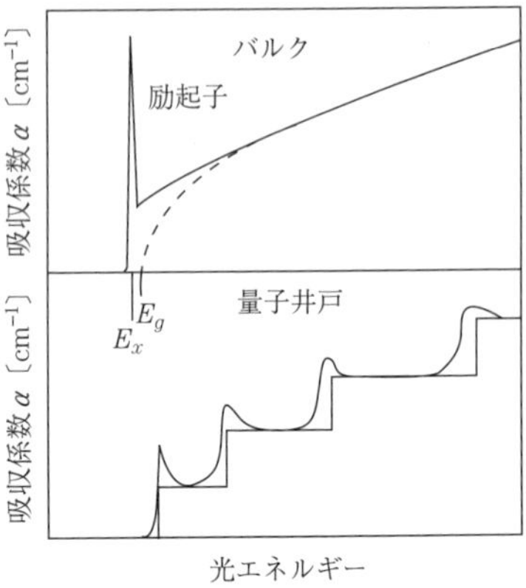

図 5.20　バルクの場合と量子井戸の場合の状態密度とエキシトンの吸収スペクトル模式図の比較(8)

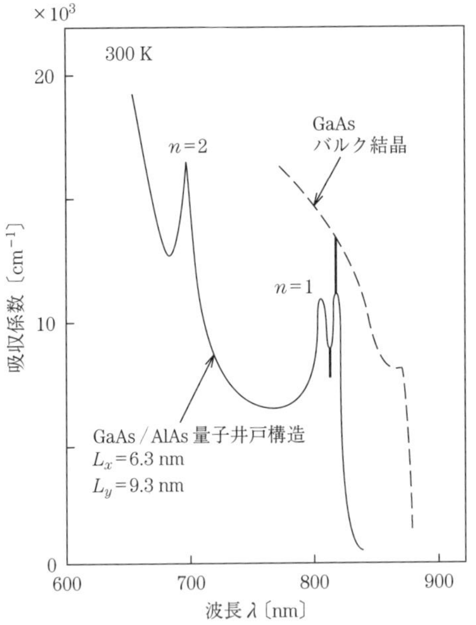

バルクスペクトルも同時に示してある。n=1 では軽いエキシトンと重いエキシトンからの吸収の分離が観測されている(12)

図 5.21　GaAs/AlAs 量子井戸の光吸収スペクトルの観測結果

量子井戸の場合，重い正孔と軽い正孔の縮退が解けるために実際には二つのピークとして現れるが(9)~(11)，ここでは簡単のために一つのピークとして表しである。**図 5.21** は実際に観測された GaAs/AlAs 量子井戸の常温[(13),(14)]での光吸収スペクトルである。$n=1$ でエキシトンの鋭いピークが重い正孔と軽い正孔それぞれに起因したピークとして観測されているのがわかる。また点線で示してあるのはバルクの場合で，わずかにエキシトンピークの肩が吸収端の低エネルギー側に見えている。本書では述べないが，エキシトンの磁場効果などに興味のある人は，例えば参考文献(14)～(16)などを参照されたい。

5.6 超　　格　　子

超格子の概念はノーベル賞を受賞した江崎先生らによって提唱されたもので，周期的にバンド構造の違った材料をナノメートルのオーダーで積み重ねた構造である。**図 5.22** にヘテロ構造を用いた超格子の例を示した。材料がそれぞれ違うため，界面では前の章で述べたヘテロ接合を形成する。また禁制帯の幅や電子親和力がそれぞれの材料で違うため，種々の異なった超格子が形成される。典型的な例は GaAs/AlGaAs ヘテロ接合を用いた超格子で，図 5.22 に示すようなバンド構造をもつ。

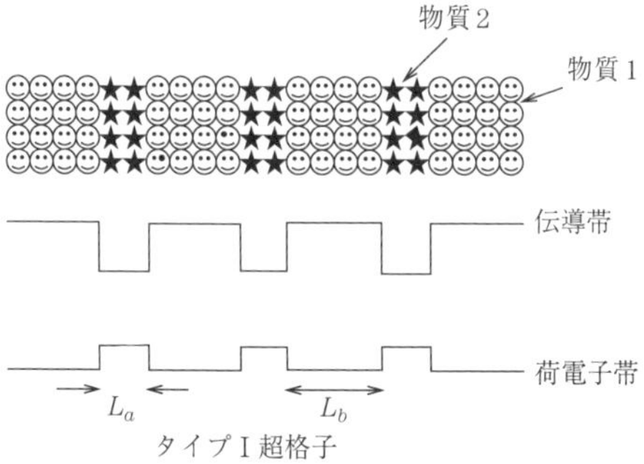

図 5.22　超格子の模式図

この場合荷電子帯のエネルギーの低いところと伝導帯のエネルギーの低いところが一致しており，それぞれ量子井戸を形成するがその量子井戸で形成される電子順位と正孔準位間で電子遷移が起こり，効率よく発光する発光素子として，あるいは量子井戸を形成する材料のバルクとしての発光波長よりより短波長側の発光を得るための発光素子として，有効な構造となっている。現在つくられている発光素子（LED あるいは LD）のほとんどは，この超格子構造を利用している。この構造をタイプ I の超格子と通常呼んでいる（**図 5.23**（a））。これに対し GaSbAs/InGaAs 系の場合，そのヘテロ構造のバンド構造は図（b）中央図に示すようになり，またそれによる超格子のエネルギー構造はタイプ II と呼ばれる図（b）右図のようになる。

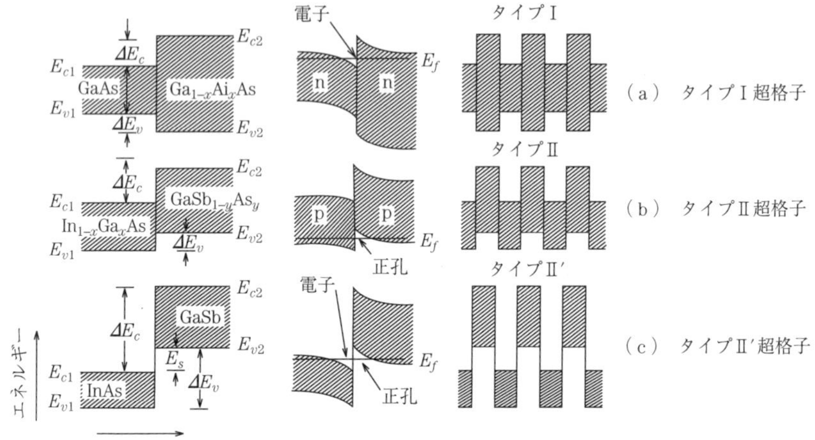

図 5.23　種々のタイプの超格子[17]

この場合荷電子帯のエネルギーの最低値と伝導帯のエネルギーの最低値は空間的に異なっており，また電子の位置と正孔の位置も空間的にずれるため，いわゆる空間的な間接遷移の構造となる。また GaSb/InAs の場合は，ヘテロ接合のバンド構造は図（c）中央図のようになり，この場合の超格子のバンド図（タイプ II′）は図（c）右図のようになる。この場合，正孔のエネルギーのほうが電子のエネルギーよりも高く，さらに空間的に離れた位置に存在することとなる。また**図 5.24** に示すように，この超格子にドーピングをする場合，バリヤ層にドーピングをし井戸層にはドーピングしないいわゆる変調ドーピングをすることにより，不純物のいる場所と電子の存在する場所を分けることができ，いわゆる移動度の大きな **HEMT**（high electron mobility transistor）**構造**をつくることができる。

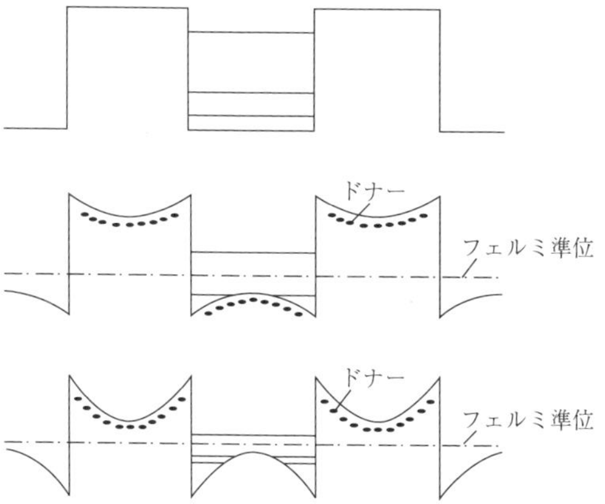

バリヤ層にドナー不純物がドープされており量子井戸に電子が供給される。
量子井戸は不純物散乱の影響を受けず高い移動度をもつことができる

図 5.24　変調ドープした超格子

この超格子の考え方の発展型として**スーパーアトム**の概念が提唱されている[18]。**図 5.25**(a)に示すように，電子を出す材料をコアとし，エネルギーの高い準位に形成できると，図(b)に示すようにそこから電子がコアの周辺に出てその不純物の数を制御すれば，そのコアのまわりに存在する電子の数を制御することができる。例えば，1個の電子をコアの不純物から出せば，その電子はコアのまわりを軌道をつくって回り，あたかも図(c)の水素原子のように振る舞う人工的な原子を形成できることとなる。自然の原子と大きく違うところ

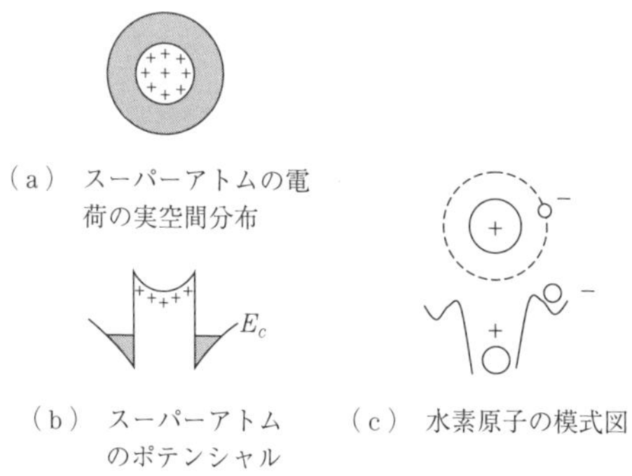

図 5.25　スーパーアトムの概念図[18]

はそのエネルギースケールで，自然の水素原子の電子のイオン化エネルギーは 13.6 eV であるが，この人工原子の場合は数 meV とたいへん小さい。しかし，この人工原子を組み合わせて人工分子を新たにつくることも夢ではない。

この人工原子は寸法的には通常の原子よりはるかに大きいが，人工的につくれる原子として興味がもたれている。また，超格子は上に述べたヘテロ構造によるものばかりではない。**図 5.26** に示すように，半導体の n 型，p 型，あるいは i 型を積み重ねることにより同じような超格子をつくることができる。これはヘテロ構造でいえばタイプII型に相当する超格子をつくることとなる。この場合はヘテロ構造をつくる必要がなく，単一の材料で超格子ができるので，電子輸送デバイスなどの応用が考えられている。

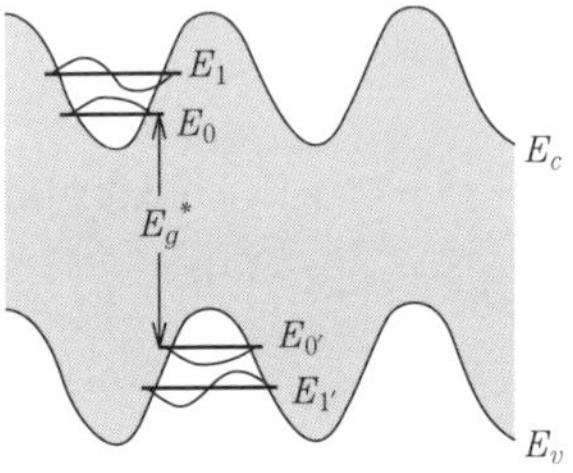

図 5.26　p-n 変調ドープによる Si 超格子[19]

5.7　量子井戸の光吸収の偏波面依存性[20]~[29]

量子井戸の吸収スペクトルを調べてみると，**図 5.27** に示すように，TE 偏波光に対しては重い正孔の励起子と軽い正孔の励起子吸収が観測されるが，TM 偏波光に対しては軽い正孔の励起子は観測されるが重い正孔の励起子は観測されない。これはいかなる理由によるものであろうか。ここでは結論のみを述べるが，詳細を知りたい読者は，山西[20] や Kane[21],[22]，Corzine[23]，浅田[24]~[26] らの論文を参考にして理論的に解析してほしい。

通常シュレーディンガー方程式は，$\boldsymbol{P}$ を運動量演算子とすると下記の式で表される。

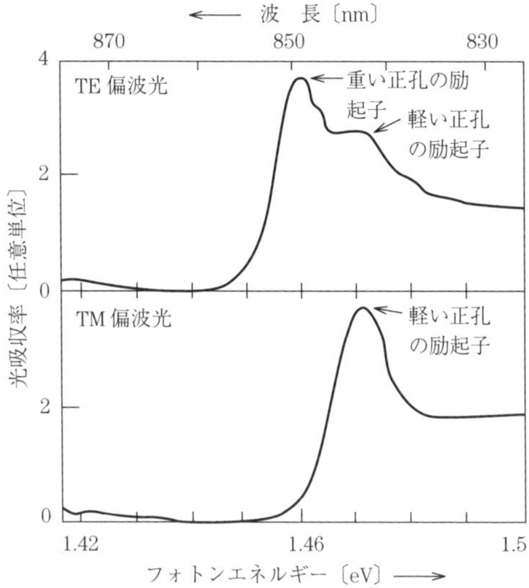

図 5.27　GaAs/AlGaAs 多重量子井戸光導波路の光吸収スペクトルの偏波面依存性(27)

$$\left(\frac{1}{2m}\boldsymbol{P}^2+V\right)\Psi=E\Psi \tag{5.106}$$

せん亜鉛鉱構造をもった半導体の結晶の対称性を考慮すると，その伝導帯の波動関数は x', y', z' 軸に対しスピンも考慮に入れて $|S'\rangle|\uparrow'\rangle$, $|S'\rangle|\downarrow'\rangle$ と書ける。$|\uparrow'\rangle$, $|\downarrow'\rangle$ はスピンの up と down を示す。また，せん亜鉛構造の対称操作に対して $|S'\rangle$ は s 関数の対称性をもった関数である。さらに，荷電子帯の波動関数は 3 重に縮退し（スピンも入れると 6 重）p 軌道のもった関数の対称性をもつ $|X'\rangle|\uparrow'\rangle$, $|Y'\rangle|\uparrow'\rangle$, $|Z'\rangle|\uparrow'\rangle$, $|X'\rangle|\downarrow'\rangle$, $|Y'\rangle|\downarrow'\rangle$, $|Z'\rangle|\downarrow'\rangle$ で表される。

結晶の中の波動関数はブロッホ型関数

$$\phi(r)=u_k(r)\,e^{ik\cdot r} \tag{5.107}$$

で表される。ここで u_k はこの波動方程式の基底関数である。式(5.107)を式(5.106)に入れ，高次の項を省略し基底関数の方程式に書き直すと

$$\left(\frac{1}{2m}\boldsymbol{P}^2+V(\boldsymbol{r})+\hbar\boldsymbol{k}\cdot\boldsymbol{P}\right)u_k=Eu_k \tag{5.108}$$

で与えられる。

$\boldsymbol{k}\cdot\boldsymbol{P}$ 摂動論[28]を用いれば伝導帯と荷電子帯は相互作用するので，いま $\boldsymbol{k}$ ベクトルを結晶の対称性の z' 方向にとり，$\boldsymbol{k}\cdot\boldsymbol{P}$ 相互作用も考慮に入れたせん亜鉛構造結晶での波動関数は

$$|iS\rangle|\downarrow'\rangle,\quad |(X'-iY')/\sqrt{2}\rangle|\uparrow'\rangle,\quad |Z'\rangle|\downarrow'\rangle,\quad |(X'+iY')/\sqrt{2}\rangle|\uparrow'\rangle,$$

$$|iS\rangle|\uparrow'\rangle,\quad |-(X'+iY')/\sqrt{2}\rangle|\downarrow'\rangle,\quad |Z'\rangle|\uparrow'\rangle,\quad |(X'-iY')/\sqrt{2}\rangle|\downarrow'\rangle$$

で与えられる。計算の詳細は文献(20)〜(28)にゆずる。

この波動関数を用いて，重い正孔，軽い正孔のそれぞれの偏向方向に対しての遷移確率を計算すると，TE 波（$E\perp z$）に対しては

$$\frac{3}{4}M^2(1+\cos^2\theta)$$

TM 波（$E//z$）に対しては

$$\frac{3}{2}M^2\sin^2\theta$$

また軽い正孔と伝導帯への遷移は，TE 波に対しては

$$\frac{1}{4}M^2(1+\cos^2\theta)+M^2\sin^2\theta$$

TM 波に対しては

$$\frac{1}{2}M^2\sin^2\theta+2M^2\cos^2\theta$$

で与えられる。ここで空間の全方向のモーメントを考えに入れて

$$3|M|^2=|\langle u_v|\boldsymbol{e}\cdot\boldsymbol{P}|u_c\rangle^2|\langle \boldsymbol{F}_h|\boldsymbol{F}_c\rangle^2 \qquad (5.109)$$

ととっている。$\boldsymbol{F}_h$ および $\boldsymbol{F}_c$ は，荷電子帯の正孔および伝導帯の電子の波動関数の包絡関数である。無限ポテンシャルをもった量子井戸で包絡関数からくる許容遷移を考えるとき $\langle \boldsymbol{F}_h|\boldsymbol{F}_c\rangle^2=1$ と考えてもよい。

θ は $\boldsymbol{k}$ ベクトルと量子井戸の法線方向との角度であるから，$\cos\theta$ は k_z/k で与えられるが，k_z は量子化されているので

$$\cos\theta=\frac{k_{zn}}{k}=\frac{E_n}{E} \qquad (5.110)$$

と書ける。ここで n は量子化準位で E_n はサブバンド n の量子化エネルギー，E は全エネルギーである。サブバンド端では $E=E_n$ であるから

$$\cos\theta=1 \tag{5.111}$$

したがって遷移確率は，上式から，重い正孔との遷移に関してはTE波は$3M^2/2$，TM波は0，また軽い正孔との遷移に関してはTE波は$M^2/2$，TM波は$2M^2$となり，重い正孔に対してTM波は禁制遷移となる。相対強度に注目し，軽い正孔とのTM波の遷移を規格化すると**図5.28**のようになる。

$Ga_{0.4}Al_{0.6}As/GaAs/Ga_{0.4}Al_{0.6}As$量子井戸で井戸幅を10 nmとしたときの遷移マトリックスの2乗の光エネルギー依存性の計算結果を，TEモード，TMモードそれぞれについて各偏波方向について規格化せずにグラフにすると，**図5.29**のようになる。遷移マトリックスの大きさは重い正孔と軽い正孔それぞれについて違うこと，またそれぞれのTEモード，TMモードに対しても違うことが明りょうにわかる。

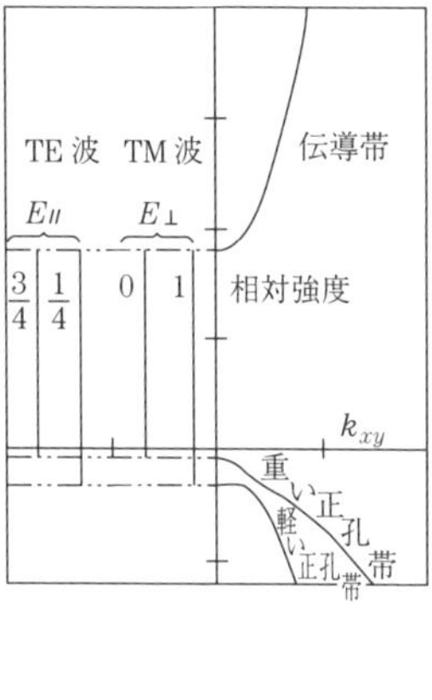

図5.28 サブバンド端における遷移の振動子強度の偏波面依存性(29)

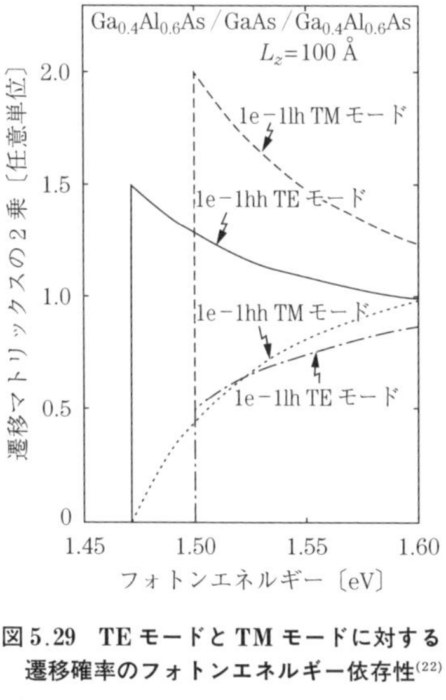

図5.29 TEモードとTMモードに対する遷移確率のフォトンエネルギー依存性(22)

5.8 超格子の電界効果[(30)~(58)]

5.8.1 量子井戸のシュタルク効果

量子井戸を用いてレーザなどを作製しようとすると，量子井戸に電界がかかりその発光特性は電界によって大きな影響を受ける。

図 5.30 に示すように，量子井戸に電界がかかっていない場合は，荷電子帯の正孔の波動関数と伝導帯の電子の波動関数の重心は基底状態を考えれば空間的に同じ位置になる。したがって電子と正孔の重なり積分は十分大きくなり，電子の閉込め効果とあいまって大きな遷移確率をもつことができる。しかしこの量子井戸に電界がかかると，量子井戸は対象でなくなり，電子は電界の反対の方向にまた正孔は電界の方向にその波動関数を移動させる。その結果，電子の波動関数の重心の位置と正孔の波動関数の重心の位置は空間的にずれ，両者の重なり積分は小さくなりその遷移確率は小さくなる。さらに量子井戸のポテンシャルが傾くことにより電子の基底状態と正孔の基底状態の間隔は狭くなり，発光波長は長波長にずれる。これらは**シュタルク効果**（stark effect）と呼ばれ，擬似的な空間的な間接遷移が形成される。また GaN のような六方晶の材料では，電界をかけなくても結晶の自発分極により電子と正孔の空間的分

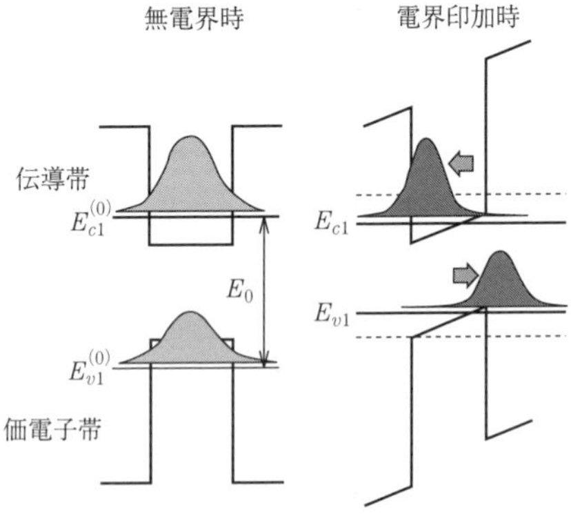

図 5.30　電界がかかった場合とかかってない場合の量子井戸のポテンシャル図と電子および正孔の存在確率位置

離が起こっており，効率よい発光を得ることは通常難しい。これを克服するために量子ドットを導入したり，あるいは量子井戸の構造を工夫することによって高い遷移確率を得ようとする努力がなされている。

この量子井戸の電界効果を理論的に考察してみよう[30]。電界 F が z 方向にかかった場合のハミルトニアンは

$$H=H_0+|e|Fz \tag{5.112}$$

で与えられる。ここで H_0 は電界がかかっていない場合のハミルトニアンで，量子井戸構造の場合，無限量子井戸を仮定すると，そのエネルギーは

$$E_n^{(0)}=\frac{\hbar^2\pi^2}{2m^*L^2}n^2 \qquad (n=1,\ 2,\ \cdots) \tag{5.113}$$

ここで L は井戸の幅である。下記のように，量子井戸の第一励起状態と基底状態とのエネルギー差より十分弱い電界の条件のもとでは

$$|e|FL\ll\frac{\hbar^2\pi^2}{2m^*L^2} \tag{5.114}$$

が成立する。2 次の摂動計算を行うと基底状態の電界によるエネルギーシフトは

$$\varDelta E_1^{(2)}=-C_{pert}\frac{m^*e^2F^2L^4}{\hbar^2} \tag{5.115}$$

で与えられる。ここで

$$C_{pert}=\frac{2^9}{\pi^6}\sum_{p=1}^{\infty}\frac{p^2}{(4p^2-1)^5}=\frac{1}{24\pi^2}\left[\frac{15}{\pi^2}-1\right] \qquad (p=1,\ 2,\ 3,\ \cdots) \tag{5.116}$$

である。詳細は論文(30)を参照されたい。

ここで電界効果は電界の 2 乗に比例するが量子井戸の幅の 4 乗に比例する。したがって，量子井戸が狭い場合，あまり電界効果は効かないが広い場合は 4 乗で効いてくることに注意する必要がある。また電界によるエネルギーシフトは m^* に比例するので，軽い有効質量をもつ電子より重い有効質量の正孔をもつ価電子帯のほうがその影響を受けやすい。しかし十分大きな電界や，あるいは量子井戸幅をもつ場合は上記式(5.114)の近似が成り立たない。このような場合，以下に述べる変分法で波動関数を計算すると便利である。すなわち，

電子は電界をかけると電界と逆のポテンシャル障壁に押し付けられるので

$$\psi(z)=N(\beta)\cos\frac{\pi z}{L}\exp\left(-\beta\left(\frac{z}{L}+\frac{1}{2}\right)\right)\qquad\left(\frac{|z|}{L}<\frac{1}{2}\right)\tag{5.117}$$

の試行関数を用いるのが合理的である。ここで β は変数パラメータ，$N(\beta)$ は規格化定数である。

$$F\to 0,\quad \beta\to 0$$

のとき，上式は基底状態の波動関数に一致する。式(5.112)と式(5.117)を用いると

$$E(\beta)=E_1^{(0)}\left\{1+\frac{\beta^2}{4\pi^2}+\phi\left(\frac{1}{\beta}+\frac{2\beta}{4\pi^2+\beta^2}-\frac{1}{2}\coth\frac{\beta}{2}\right)\right\}\tag{5.118}$$

ここで $E_1^{(0)}$ は電界がない場合の基底状態のエネルギー，ϕ は基底状態のエネルギーで規格化した電界エネルギーで，下式で与えられる。

$$\phi\equiv\frac{|e|FL}{E_1^{(0)}}\tag{5.119}$$

図 5.31 は，上式で各 ϕ に対して $E(\beta)$ が最小化されるように β を選んで得た基底状態のエネルギーを ϕ の関数として表したもので，低電界極限 $\phi\ll 1$，$\beta_{\min}=\phi(\pi^2/6-1)$ では

$$\Delta E_1\equiv E(\beta_{\min})-E_1^{(0)}=-C_{var}\frac{m^*e^2F^2L^4}{\hbar^2}\tag{5.120}$$

である。ここで

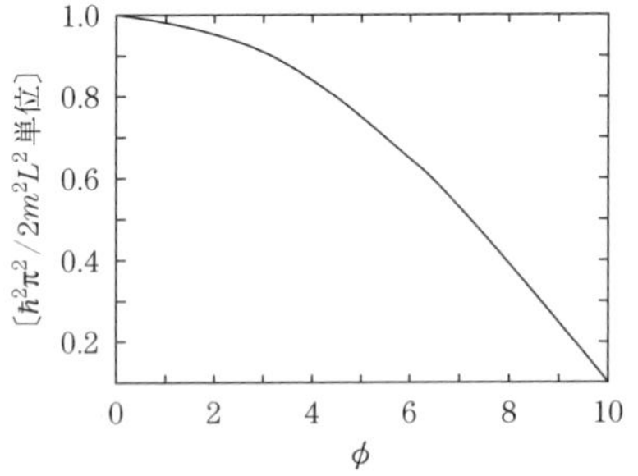

図 5.31　変分法で式(5.118)を β に関して極小化した場合の規格化電界 ϕ の関数としての規格化基底状態エネルギー(30)

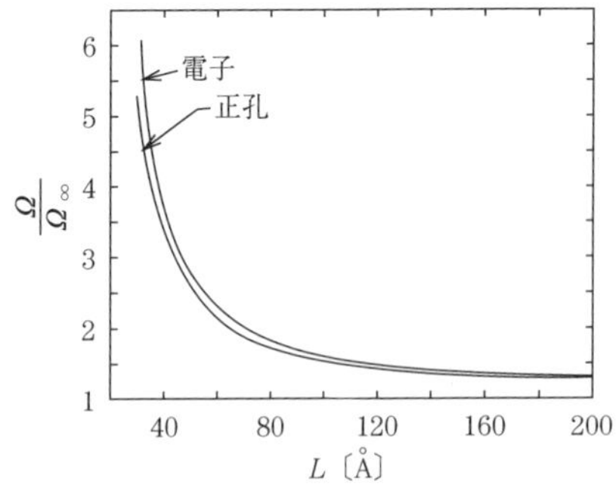

図 5.32　量子井戸幅に対するエネルギーシフト増大係数の変化(30)

$$C_{var}=\frac{1}{8}\left(\frac{1}{3}-\frac{2}{\pi^2}\right)^2 \tag{5.121}$$

である。また高電界極限では，$\phi\gg1$，$\beta_{\min}$ は参考文献(30)によれば $F^{1/3}$ に比例するので

$$\varDelta E_1=-\frac{|e|FL}{2}+\left(\frac{3}{2}\right)^{5/3}\left(\frac{e^2F^2\hbar^2}{m^*}\right)^{1/3} \tag{5.122}$$

で与えられる。

つぎに有限の量子井戸の場合を考えよう。この場合詳細な計算は文献に譲るが，結果だけ述べると，弱電界の場合電界によるエネルギーシフト $\varDelta E_1$ は

$$\varDelta E_1=-\frac{\Omega^2}{8}\frac{m^*e^2F^2L^4}{\hbar^2} \tag{5.123}$$

で与えられる。ここで

$$\Omega(k_0,\ q_0)=A\left\{\frac{1}{3}+\frac{\sin k_0}{k_0}+\frac{2\cos k_0}{{k_0}^2}-\frac{2\sin k_0}{{k_0}^3}+\frac{2}{q_0}\left(1+\frac{2}{q_0}+\frac{2}{{q_0}^2}\right)\cos^2\frac{k_0}{2}\right\},$$

$$A=\left(1+\frac{\sin k_0}{k_0}+\frac{2}{q_0}\cos^2\frac{k_0}{2}\right)^{-1},\quad {q_0}^2=\frac{2m^*L^2}{\hbar^2}(V_0-E),\quad {k_0}^2=\frac{2m^*L^2}{\hbar^2}E_1$$

である。無限バリヤの場合は $q_0\to\infty$，$k_0\to\pi$，$\Omega\to\Omega_\infty$ となる。ただし V_0 は有限バリヤの値，E_1 は無電界での基底状態のエネルギーである。

図 5.32 に量子井戸幅に電界をかけたことによるエネルギーシフトの無限ポテンシャルに比較しての増大係数 Ω/Ω_∞ の変化を示す。ただし

$$\Omega_\infty=\frac{1}{3}-\frac{2}{\pi^2} \tag{5.124}$$

である。ちなみに $L=3$ nm，有効質量 $m^*=0.067m_0$，$V_0=0.07$ eV を考えると，無限井戸の場合と比べ 38 倍もの電界強度依存性をもつ。これは GaAs-$Ga_{0.62}Al_{0.38}As$ の量子井戸の場合である。モデル的に考えると，**図 5.33** に示すように電界をかけると，電子あるいは正孔は量子井戸のバリヤのほうに変位して新たな電子あるいは正孔分布となる。

この場合の重なり積分

$$M_{cv}=\int_{-\infty}^{\infty}\varPsi_c(z)\,\varPsi_v(z)\,dz \tag{5.125}$$

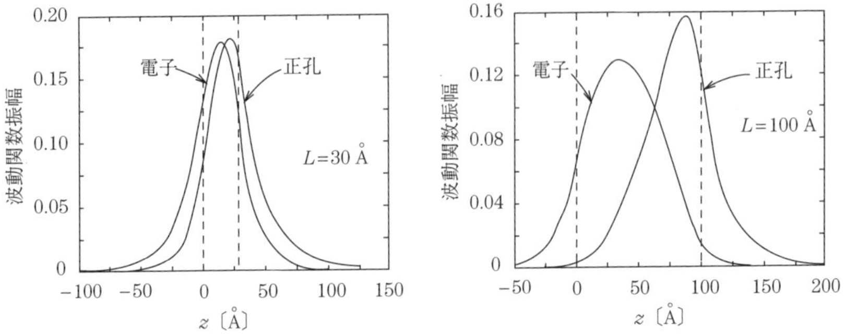

（a） 量子井戸幅の狭い場合　　（b） 量子井戸幅の広い場合

図 5.33　電界をかけた場合の電子と正孔の量子井戸での分布(30)

を計算すると**図 5.34** のようになる。発光強度は $M_{cv}{}^2$ に比例するので，井戸幅が大きいほど重なり積分は小さくなり，発光強度は弱くなる。ちなみに電界強度 100 kV/cm の場合，$L=3$ nm では発光強度は 10%ぐらい落ちるが，$L=10$ nm では 67%も低下する。

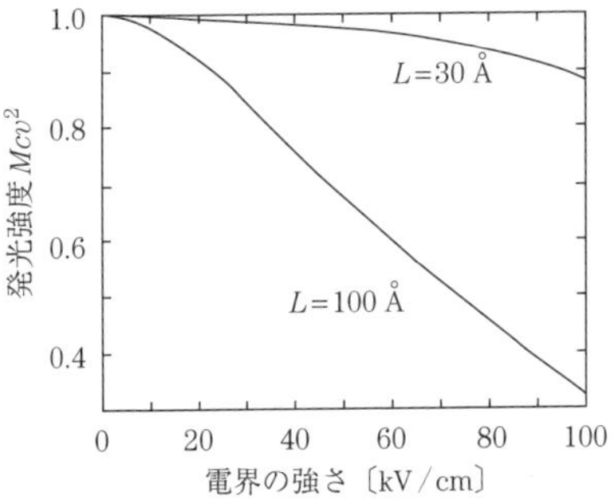

量子幅が 3 nm，10 nm のそれぞれの場合。幅が広いと電界が大きいと急激に遷移確率が下がるのがわかる(31)

図 5.34　遷移確率の電界依存性

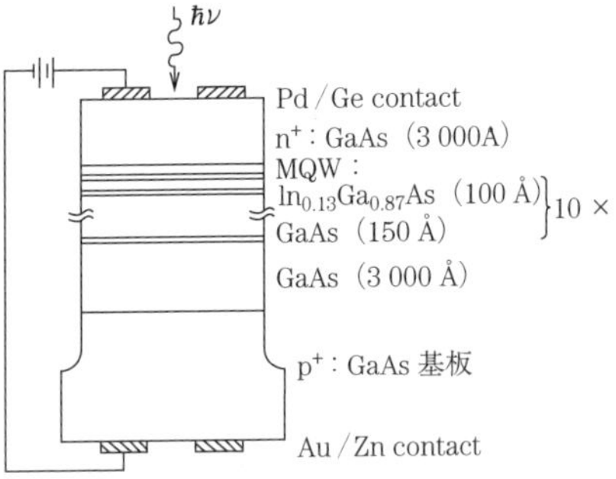

図 5.35　電界効果を調べるためのデバイス構造(32)

図 5.35 は電界効果を調べるためのデバイス構造である。通常の GaAs/In-GaAs/GaAs 超格子を挟んだ LED 構造に光を当て，その透過率から吸収の変化を電界の関数としてみている。**図 5.36** に示すように電界が強くなるに従っ

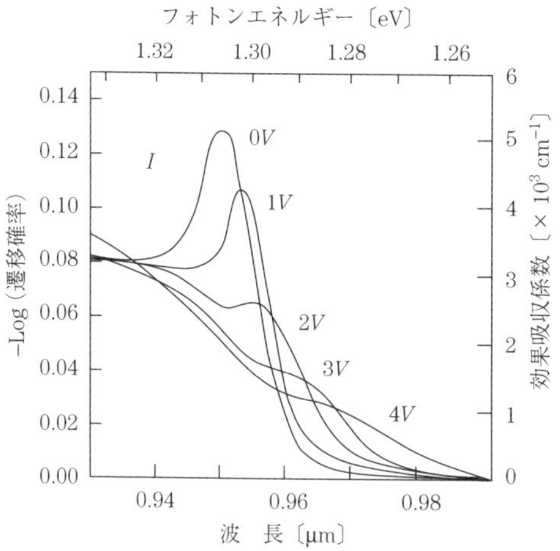

図 5.36 電界をかけた場合の透過率の波長依存性[33]

て波長が長波長にずれ，吸収強度も弱くなっているのがわかる。波長が長波長にずれるのは，電界によって実質的にバンドの幅が狭くなったように振る舞うためである。

超格子に電界をかけた場合の発光はいわゆる**シュタルクラダー効果**（stark ladder effect）といわれ，種々の議論がなされてきた。**図 5.37** にシュタルクラダー効果を示す超格子の模式図を示す。通常電界がかかっていない場合超格子の幅が十分狭いとサブバンドを形成し，電子は超格子全般に広がっている。しかしそこに電界がかかるとサブバンドはもはや形成できなくなり，電子はある量子井戸に局在し，波動関数の浸み出し効果によって近接の量子井戸にも部分的な波動関数が存在する。正孔の場合もやはり同様であるが，正孔の有効質量は通常大きいのでその局在の度合いは大きく，ほぼ一つの量子井戸に局在するようになる。この場合の電子の遷移は，超格子のバンドを形成した場合の遷移とは異なり 1 個の量子井戸の遷移と基本的には類似する。しかし近接する量子井戸にも電子の存在確率があるので，間接遷移ながらそれらの近接量子井戸に存在する電子と局在正孔間の遷移も観測される。これらがシュタルクラダー効果である。

図 5.38 は，電圧をかけた場合の電流の電圧依存性と，それぞれの電圧での試料の反射率測定を示したものである。本実験に用いた超格子は p (AlGaAs)-

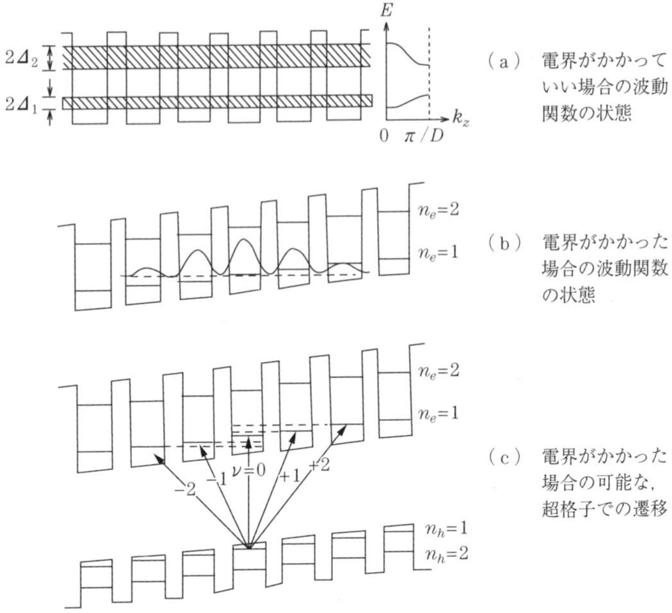

図 5.37　シュタルクラダー効果の模式図(34)

超格子-n (AlGaAs, GaAs 基板) を用いているため，p-n 接合の拡散電位 (V_d この場合は 1.64 V) が超格子に加わっており，超格子の電界は順方向 (逆方向) バイアス V_b を正 (負) にとると$(V_d-V_b)/L$で与えられる。したがって，バイアス電圧を高くすると超格子にかかる電界は弱くなる。L は超格子の全厚みである。電界を強くすることにより電流のピークは長波長にずれ，電流値も低下する。これは先ほど述べた吸収の変化とまったく同じで，それを電流の変化として見たものである。また反射測定は微分反射測定となっているが，0-0 に対応する強い反射の両脇に 0-1，0-(−1)，0-2，0-(−2)のそれぞれの準位の遷移に対応する反射のピーク（図 5.38 での矢印）が明りょうに観測される。

ここでは詳しく述べないが，電界効果の種々の特性に関して興味ある人は，例えば論文(41)〜(53)を参照されたい。また高速スイッチ，変調器，バイスタビリテイなどへの応用も提案，議論されており，興味ある人は，例えば論文

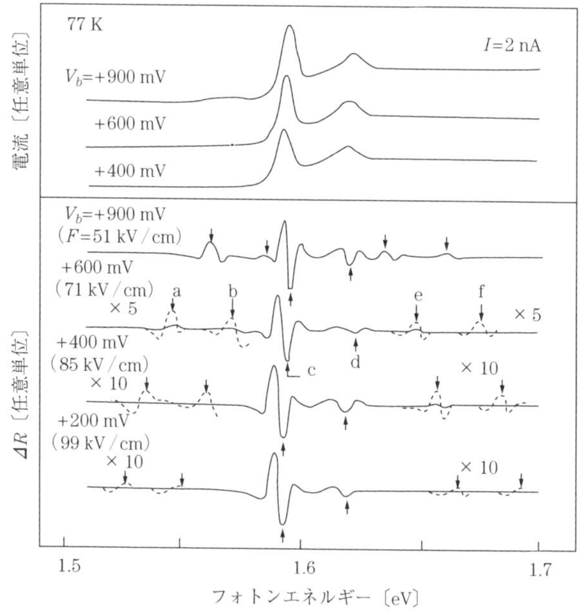

図 5.38 シュタルクラダー効果を観測した反射率の波長依存性（波線は拡大したスペクトル）(34)

(34)〜(58)を参考にされたい。

5.9 量子細線の光物性

最近，量子細線の光物性の研究および応用が盛んになってきた。その中でも，典型的な1次元材料としてのカーボンナノチューブの発光特性の研究，および量子細線レーザが注目されている。量子細線の光物性の典型例として，カーボンナノチューブの発光についてふれてみよう。

カーボンナノチューブ（CNT）は典型的な1次元材料で，そのカイラリティ（螺旋の巻き方）によって半導体的になったり金属的になったりする。**図 5.39** に半導体的カーボンナノチューブの状態密度および光の吸収プロセス

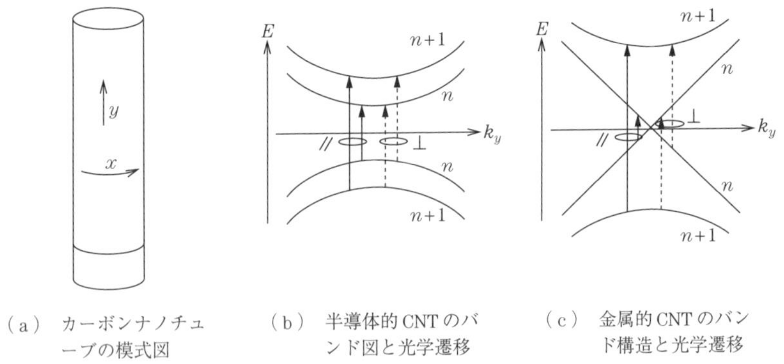

図 5.39　カーボンナノチューブのバンド構造と光遷移[59]

を示す[59],[60]。バンド構造および光遷移の選択則は図 5.39 に，また状態密度は**図 5.40** に示してある。CNT は典型的な 1 次元材料であるために，図に描かれているように強い光学遷移の選択則がある。CNT の状態密度は，図 5.40 からわかるように，CNT の場合構造の 1 次元性に伴う量子状態密度のスパイクが現われる。半導体の場合は E_c と E_v の間に状態密度をもたないが，金属的 CNT の場合はこの間に有限の状態密度をもつ。発光は図で示すように通常，基底状態間で起こる。

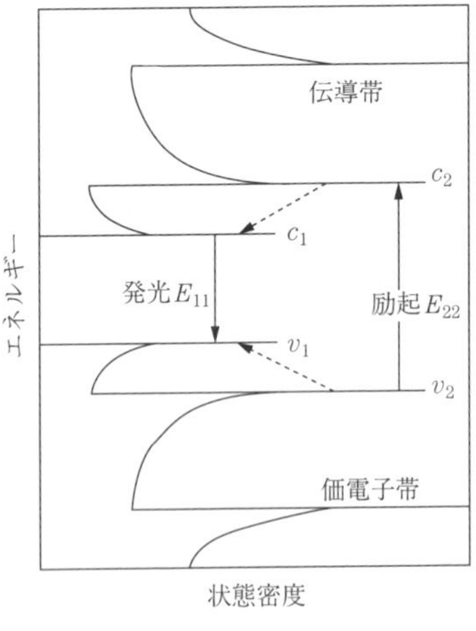

図 5.40　カーボンナノチューブの状態密度[61]

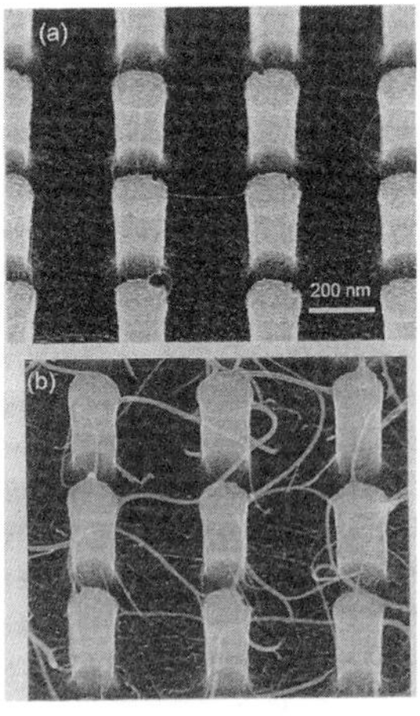

図 5.41　単一カーボンナノチューブの成長図の SEM 像

最近1本ずつのカーボンナノチューブからの発光が観測されるようになってきた[(62)~(64)]。**図5.41**は，単一CNTの発光特性を測定するために，基板にNCTを接触させることなく触媒柱から直接CNTを成長させたSEM像である。当初，半導体的なカーボンナノチューブは当然発光することが期待されていたが，メッシュ状のカーボンナノチューブからの発光は観測されても，1本1本からの発光の観測は長い間観測できずにいた。しかし，従来がSiO_2基板上に配置されたCNTからの発光を観測しようとしていたのに対し，近年，図5.41のように基板に接触しないように配置したCNTからは強い発光が観測されることがわかり，CNTの発光特性に対しいろいろな知見が得られるようになってきた。基板にCNTをはわせた場合発光しないのは，CNTの電子状態がなんらかの理由で変わったためと考えられるが，正確な原因はまだわかっていない。

単一CNTからの発光は**図5.42**に示すようにそのCNTの直径によって明確に発光波長が変わっており，また**図5.43**に示すように量子細線独特の偏向

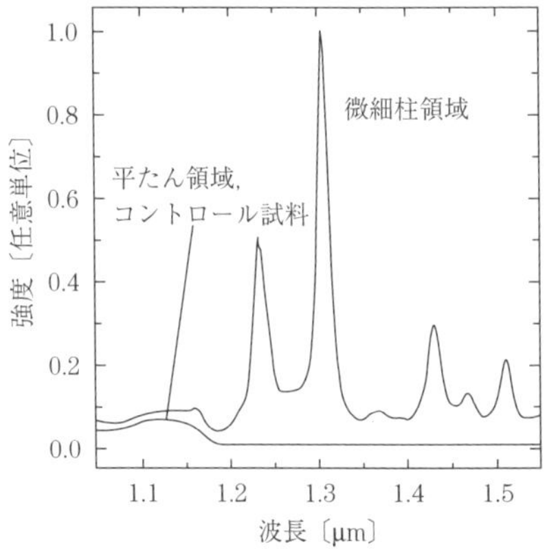

1度に広い面積を当てているので，種々の太さに対応したCNTの発光が観測されている。基板にCNTがはった領域ではシャープな発光は観測されていない

図5.42 カーボンナノチューブからの発光スペクトル[(61)]

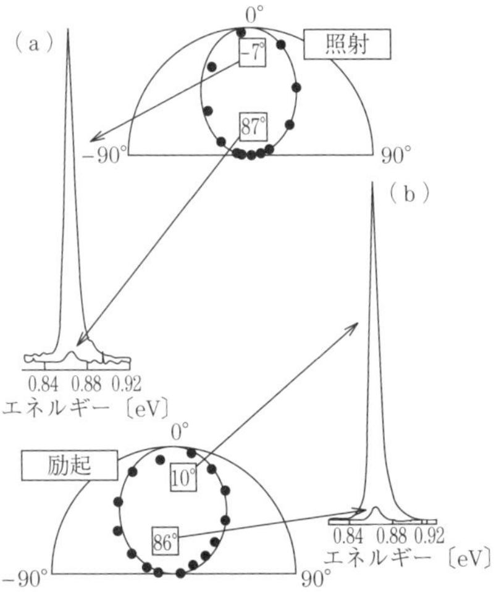

励起光のエネルギーは1.481 eV，0.5 mWで2 μmのスポットで照射している

図5.43 CNTの発光の偏向特性[(65)]

特性も明確に見られる(65)。図において，(a)は発光の偏向特性でCNTの長さ方向からの角度を変えた場合の発光スペクトル強度を示している。(b)は励起レーザの偏向方向をCNTの軸に対して変えた場合の発光の強度依存性である。強い偏向特性が観測される。実線は$(\cos^2\theta)^{0.7}$の関数で描いたものである。

また**図5.44**に示すように，液体中で観測した発光および吸収特性と，空気中で観測したそれらは系統的なエネルギーのシフトが観測され，CNTと溶液との相互作用でCNTの電子状態が変調されていることを示唆している(61)~(66)。また通常の半導体ではナノピラーが形成できる技術が選択成長法あるいはサーファクタント法により最近確立され，その光物性が調べられるようになってきた(67),(68)。量子細線の典型的な応用は量子細線レーザである。後ほど量子細線レーザを説明しよう。

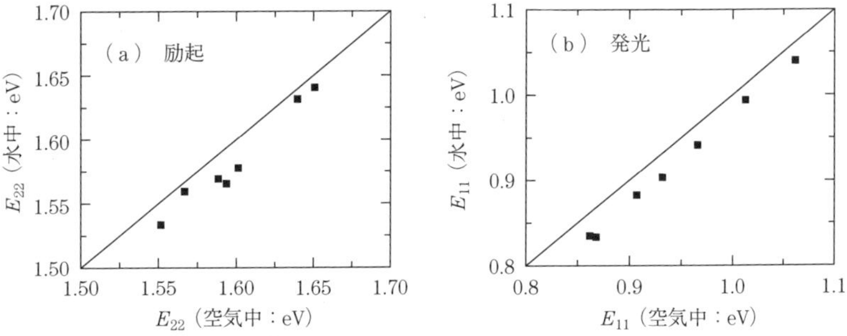

相関からのずれは，CNTの発光は水とCNTのなんらかの相互作用が存在することを示している

図5.44　水中でのCNTの発光と空気中でのCNTの発光の相関(61)

5.10　量子ドット

5.10.1　量子ドットの光物性

量子ドットは，5.4節でも示したようにδ関数的な状態密度をもつため，気

相中の分子のようなシャープな発光線が観測されるはずだと早くから期待されていたが，粒子ドットの発光測定がなされてから長い間そのようなシャープな発光線は観測されず謎とされていた。しかし，最近になって十分弱い励起と十分高い分解能の分光器を用いることにより，発光の幅が50 μeVとたいへんシャープな発光線が観測されることがわかってきた(69)。その一例を**図5.45**に示す。顕微PLを用い数少ない量子ドットからの発光を観測すると，そのスペクトルは**図5.46**に示すように計算で期待される励起子遷移に対応していることがわかってきた。これらの量子ドット内のサブレベルを用い観測した発光スペクトルとの対応をとると，たいへんよい一致を示すことがわかる。また**図5.47**に示すように，単一量子ドットからの発光はある条件では点滅することがわかった。これは最初CdSe量子ドットにおいて初めて発見されたが(70)，その後いろいろな材料で同様のことが起こっていることがわかってきた(71),(72)。

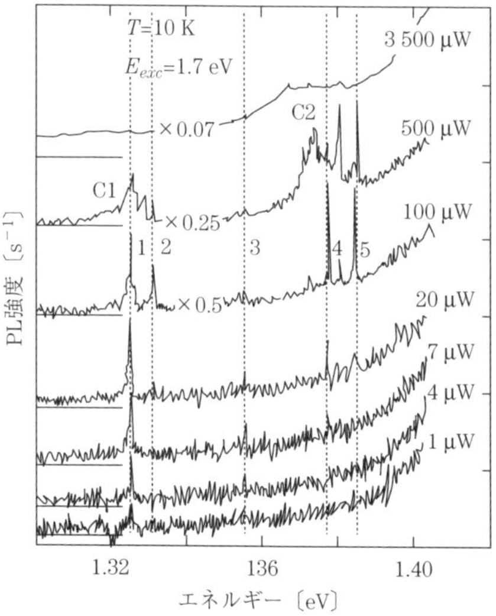

図5.45 量子ドットからの発光スペクトルの励起強度依存性(69)

この量子ドットの現象の原因はまだ十分理解されていないが，電子のトラップと密接な関係があると考えられている。例えば欠陥に電子がトラップされると，量子ドットのような微小空間ではそのトラップされた電荷がドットに強い

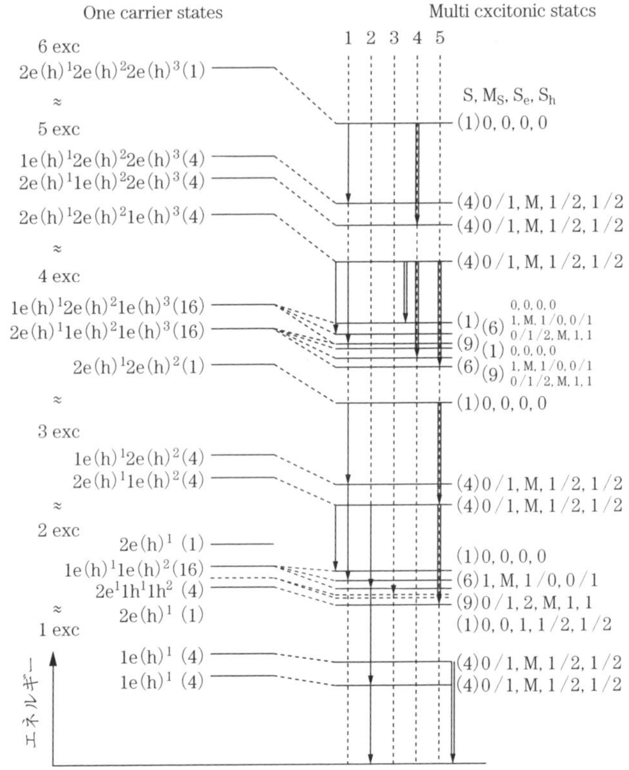

図 5.46　量子ドットからの発光の期待される遷移(69)

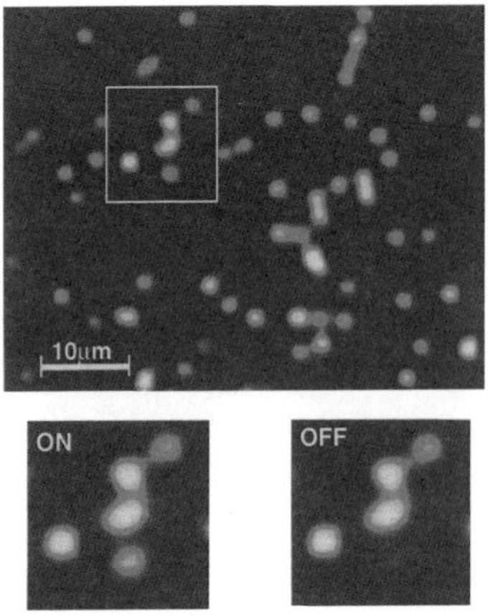

図内の下図に示すようにある量子ドットが点滅していることがわかる

図 5.47　量子ドットの点滅現象(71)

DC電界を及ぼし，それが電子と正孔の波動関数の空間的な重なりを大きく変えるため，発光が弱くなるとの説もある。したがって，トラップされないときとトラップされたときで発光の点滅が起こると考えられている。そのトラップは1個の電子が影響しているために，**図5.48**に示すようなテレグラムノイズ的な発光の振動として観測されると考えられている。最近カーボンナノチューブからの発光でも同じような発光の点滅が観測されている。

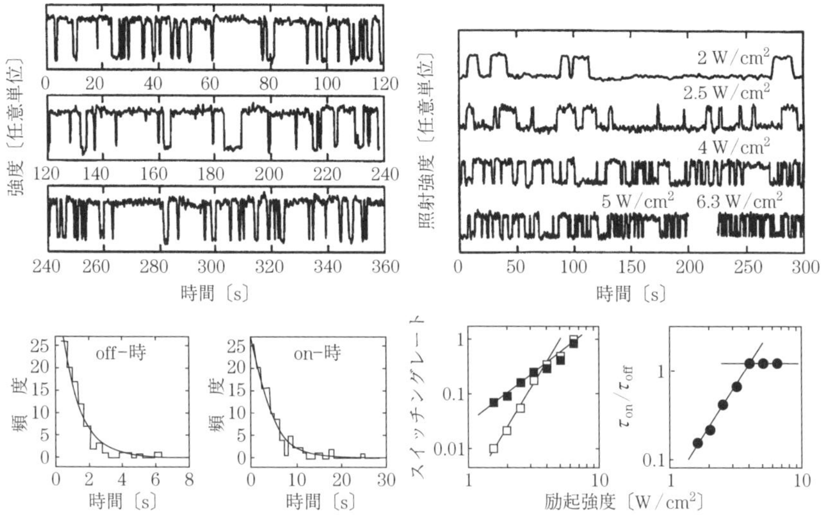

点滅のoffとonの間隔の分布およびon，offスイッチングレートの励起強度依存性が同時に示してある

図5.48　発光の点滅の時間変化[71]

5.10.2 Si量子ドットからの発光

通常Siは間接遷移半導体であるため，発光素子として用いることはいままでなかった。しかし最近の研究で，Siをナノサイズまで小さくしていくと青色領域できわめて強く光ることがわかってきた[73],[74]。Siでの発光素子が実現できれば，電子デバイスと光デバイスを同一材料で作ることができるので，将来の新しい電子-光システムの実現が期待できる。**図5.49**は，アモルファス

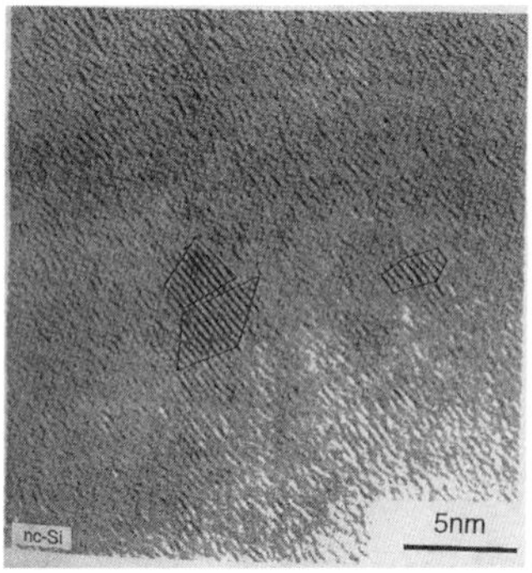

図 5.49　アモルファス Si 中に埋まったナノ Si 量子ドット単結晶の透過電子顕微鏡図(73)

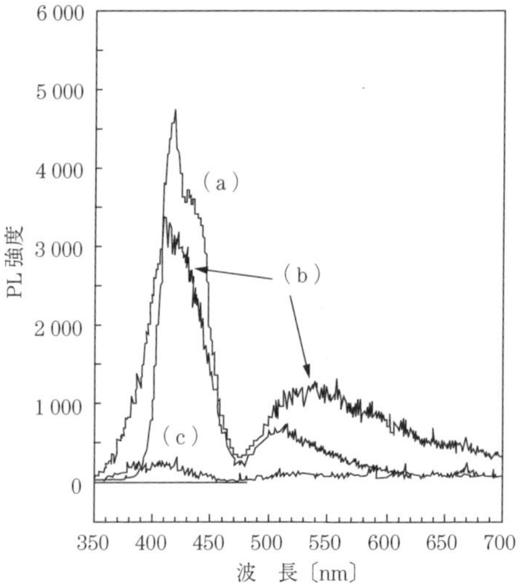

(a), (b), (c)はそれぞれ熱処理温度を示す。青色領域に強い発光が見られる(74)

図 5.50　ナノ Si 量子ドットからの発光スペクトル

Si の中に埋められているナノサイズの Si 量子ドットである。また**図 5.50** はその発光スペクトルを示す。またその吸収スペクトルは**図 5.51** のとおりである。

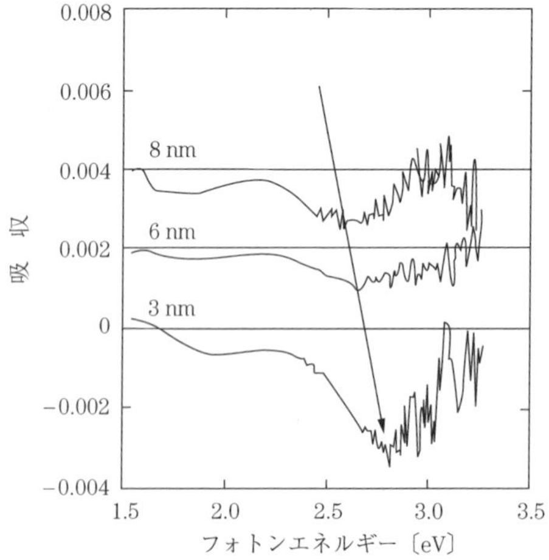

小さいほど短波長にシフトしている(74)

図 5.51　種々のサイズの Si 量子ドットの吸収スペクトル

吸収スペクトルからも明らかなとおり，量子ドットのサイズを小さくしていくとその吸収スペクトルは短波長にずれ，明らかにサイズ効果が見られる。これらの結果を有限要素法で解析すると，アモルファスの不規則層の中に埋められたナノ結晶には電子の波動関数が局在し，また量子ドット内での電子状態はバルクの場合と大きく異なり，ある一定の遷移確率をもつことが理論的にも明らかにされた[(75),(76)]。またこの微結晶の中にErのような遷移金属を入れると1.5ミクロン帯でたいへん強く発光し，レーザ構造をとると光励起であるが，明らかに利得が観測され[(77)]レーザ発振していることが報告されている。

5.11 量子構造の応用

5.11.1 カスケードレーザ

超格子の最近の応用例をここで示そう。最近の光の関係した超格子応用の最も大きなものは半導体レーザであるが，さらにまったく違った概念から出発する半導体レーザ，すなわち**量子カスケードレーザ**（quantum cascade laser, **QCL**）がある[(78),(79)]。これは，いままで電子と正孔の再結合による発光を利用してレーザを得ようとしていたのに対し，超格子でのサブバンド間の遷移を利用してレーザを得ようとするものである。これは数ミクロンの波長からTHzの比較的長波長の領域で現在研究が進められている。特にTHz領域の種々の応用の光源として興味がもたれている。THz領域のレーザは通常可視領域では透過できない材料も透過できるので，種々の検出や医療への応用，その他いろいろの応用が考えられている。QCLの原理は**図5.52**に示される[(80)]。

図に示すように，QCLは多重量子井戸のサブバンド間遷移を用いる。通常量子井戸のサブバンド間遷移はたいへん速いので，レーザ発振を起こさせるための反転分布をつくることが難しいと考えられていたが，バンド構造をうまく設計することによりレーザ発振をさせることが可能になった。図はQCLの典型的な例を示している。図では，二つのレーザ発振する活性領域と，いわゆる

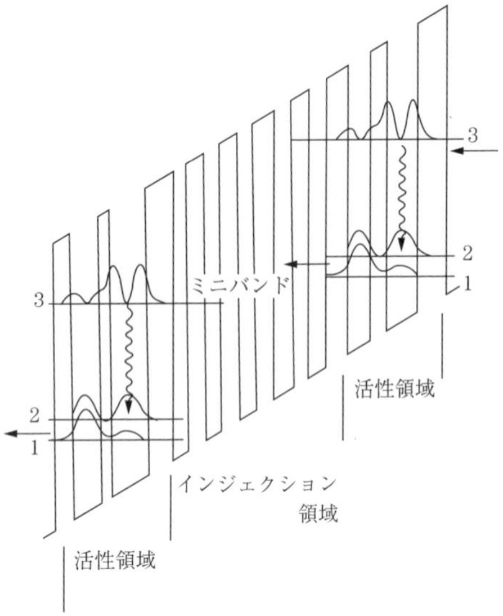

図 5.52　QCL の発振原理図[80]

活性領域にキャリヤを注入するインジェクション領域からなっており，インジェクション領域では量子井戸の幅は狭く設計されており，第一基底準位が比較的高いエネルギー状態に存在し量子井戸間の相互作用でミニバンドが形成される。電子はそのミニバンドを伝搬し，つぎの活性層に到達する。実際はこれを多段にし，電極から注入された電子を何度も活性層に再注入することにより効率よくレーザ発振を得ることができる。典型的に InP 基板に格子整合させた InGaAs/AlInAs の場合を例にとって計算してみる。$In_{0.53}Ga_{0.47}As/Al_{0.48}In_{0.52}As$ 超格子を考えると，バリヤと井戸のエネルギー差は 520 meV，また活性層での量子井戸の厚みを 6.0 nm と 4.7 nm，またバリヤの幅は 1.6 nm とすると，この場合レベル 3 とレベル 2 のエネルギー差は 207 meV（波長では 6 ミクロン相当），またレベル 2 とレベル 1 のエネルギー差は 37 meV に相当する。フローリッヒの相互作用モデルを用いると，レベル 3 にたまった電子は活性層で $\tau_{32}=2.2$ ps の緩和速度でレベル 2 に，また $\tau_{31}=2.1$ ps の速度でレベル 1 に緩和するが，この値はレベル 3 の緩和速度として総合して $\tau_3=1.1$ ps（$1/(\tau_{31}+\tau_{32})$）の値を与える。ここで τ_{31} はレベル 3 と 1 の間，τ_{32} はレベル 3 と 2 の間の緩和時間である。レベル 2 とレベル 1 は LO フォノンのエネルギーに共鳴するように設計されており，その間の緩和時間 τ_{21}（$=\tau_2$）は 0.3 ps ときわめて短く，順位 3 と順位 2 の間に反転分布を形成することができる。電子がインジェクション領域からす早くレベル 3 に注入され，レベル 2 からす早くつぎのインジェクション領域にトンネルで出払えば，CW 発信も可能となる。典型的には 20 個から 30 個の活性領域を QCL の場合はもつよう設計されており，100 もの活性領域をもった QCL も試作されている。

QCL の利得 g は理論的に次式で与えられる[81]。

$$g=\tau_3\left(1-\frac{\tau_2}{\tau_{32}}\right)\frac{4\pi e z_{32}^2}{\lambda_0\varepsilon_0 n_{eff}L_p}\frac{1}{2\gamma_{32}} \tag{5.126}$$

ここで g は利得係数，λ_0 は発振波長（$=6.0\,\mu$m），n_{eff} はある特定発振モードに対する有効屈折率（3.25），L_p（$=47$ nm）は活性層の 1 周期の幅，$2\gamma_{32}$ は自然発光の半値全幅（実験より 20 meV と評価される），Z_{32} は光双極子モーメントのマトリックス値（$=2.0$ nm）である。τ_2，τ_{32} は**図 5.53** での各準位間の寿命および遷移時間である。

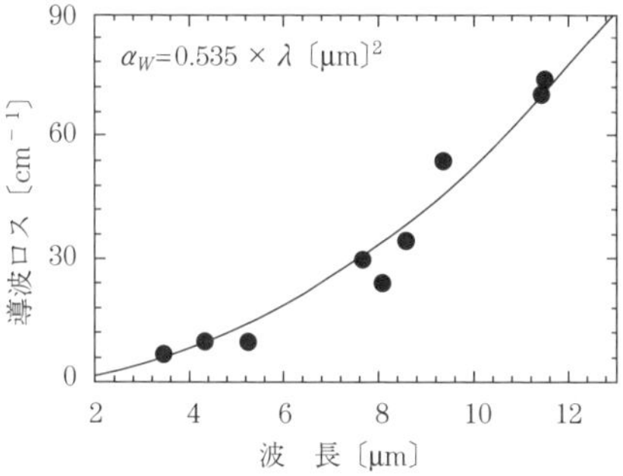

この実線は Drude モデル[82] で計算されたものである

図 5.53 QCL の導波ロスの波長依存性[80]

したがって，上記デバイス利得 g は 30 cm·K/A となる。しきい値電流 J_{th} は

$$J_{th}=\frac{\alpha_w+\alpha_m}{g\Gamma} \tag{5.127}$$

で与えられる。ここで α_w は自由電子吸収による導波ロス，α_m はミラーによるカップリングロスで，通常

$$\alpha_m=\frac{1}{L}\ln R \qquad \left(R=\frac{(n_{eff}-1)^2}{(n_{eff}+1)^2}\right) \tag{5.128}$$

で与えられる。また Γ は閉込め係数，L は共振器長である。QCL の構造で，中遠赤外領域での導波ロスは，図 5.53 に示すように強い波長依存性をもっている[80]。

上式に基づいてしきい値電流を先に述べた構造で計算すると，共振器長 2.5 mm の場合，$\alpha_m=5.1\ \mathrm{cm}^{-1}$，図 5.41 より導波路ロスは $\alpha_w=19\ \mathrm{cm}^{-1}$ となるので，閉込め係数を 0.5 とするとしきい値電流は 1.6 kA･cm^2 となる。この値は二つの活性領域をもった QCL の典型的な値である。しかし構造を工夫して最適化すれば，その値は 0.2 ～ 0.5 kA/cm^2 くらいに下げることができる。これらは温度効果を考慮せずに計算したが，実際は上に述べたいくつかのパラメータは温度依存性をもっており，その効果も取り入れなければならない。温度依存性も含めたしきい値は Faist らによって求められており[83]

$$J_{th}=\frac{1}{\tau_3(T)\left(1-\dfrac{\tau_2(T)}{\tau_{32}(T)}\right)}\left\{\frac{\varepsilon_0 n_{eff} L_p \lambda_0 (2\gamma_{32}(T))}{4\pi e z_{32}{}^2}\frac{\alpha_w+\alpha_m}{\Gamma}+e n_g \exp\left(-\frac{\Delta}{kT}\right)\right\} \tag{5.129}$$

で与えられる。ここで Δ は注入の基底状態とレベル 2 とのエネルギー差，n_g は注入基底状態でのキャリヤ密度である。

しきい値の温度依存性は通常

$$J_{th}(T)=J_0 \exp\left(\frac{T}{T_0}\right) \tag{5.130}$$

で与えられる。ここで T_0 はレーザの特性温度といわれるもので，しきい値の温度特性を表す指標である。通常の半導体レーザの場合，T_0 は 100 ～ 300 K であるが QCL の場合は 100 K 以下の値をとる。

ここで実際のレーザを見てみよう。**図 5.54** は QCL の超格子断面 TEM 像である[84]。

最近はインジェクション領域をチャープ構造にしたりなど種々の工夫がなされており，常温での発振も観測されて幅広い応用が期待されている。**図 5.55** に QCL の CW 発振スペクトルと温度依存性の一例を示す。これはチャープ超格子を使った例で，デバイスはリジッド型の導波構造をしている。QCL に関

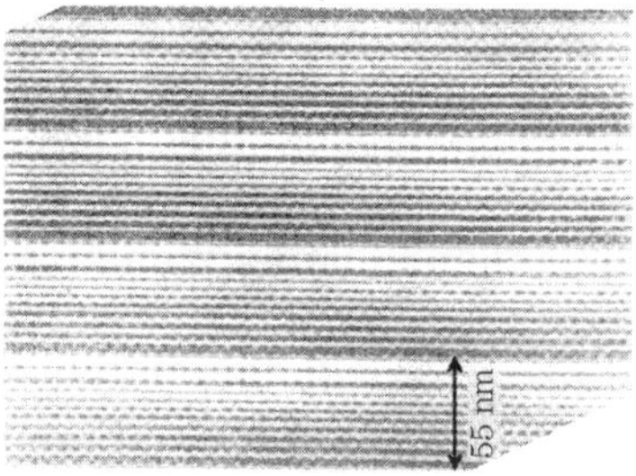

図 5.54　QCL の超格子断面 TEM 像[84]

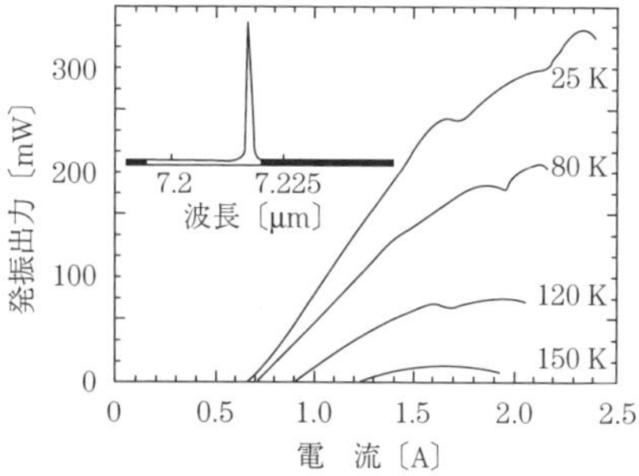

図 5.55　QCL の発振スペクトルと発振出力の注入電流依存性[85]

しては多くの論文が出ており，例えば(86)～(90)なども参照されたい。

5.11.2　量子細線レーザ

量子細線レーザの理論的な解析は後に述べるように浅田らによって詳細になされているが[91]，ここでは実験結果を先に紹介しよう。最近，量子細線レーザ作製の研究が進み CW 発振が可能となってきた[92],[93]。量子細線レーザの作成法は，量子井戸構造をリソグラフィーで加工して量子細線を作成する方法[92]，あるいは自然形成量子細線を利用する方法[93]などがあるが，ここではリソグラフィー加工による量子細線レーザを紹介しよう。

図 5.56 に典型的な量子細線レーザの構造を示す[94]。図からもわかるように，GaInAsP の 4 元材料を用い，量子細線が 18 本の場合と 27 本の場合が示されている。**図 5.57** は量子細線レーザの発振強度-注入電流特性（IL 特性）を示す。量子細線を 70 本まで増やしていくと，同構造の量子井戸レーザに比べしきい値が半分以下になっていることがわかる。

図 5.58 は，量子細線のスペースと量子細線との充てん率を量子井戸レーザの発振強度で規格化した規格化発振しきい値電流密度を，表面再結合速度 S をパラメータとして計算したものである。N_w は図 5.51 の構造において量子井戸の数，d は一つの量子井戸の厚み，W は量子井戸細線の幅，L は共振器長，α_{WG} は導波路の伝搬ロス，ρ は量子細線の充てん率で W/Λ で与えられ

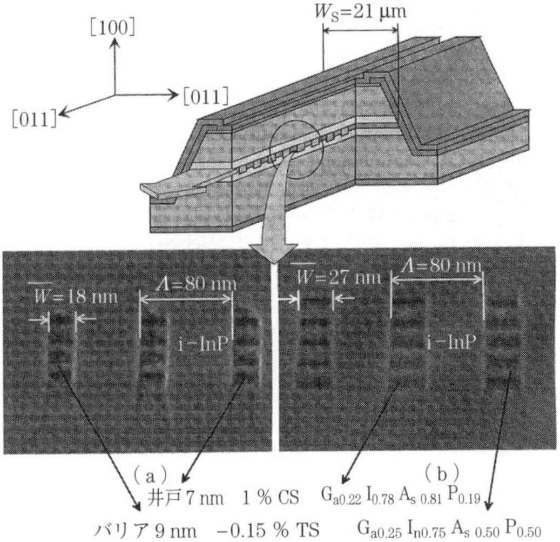

図 5.56　典型的な量子細線構造レーザの構造図および作成された量子細線[94]

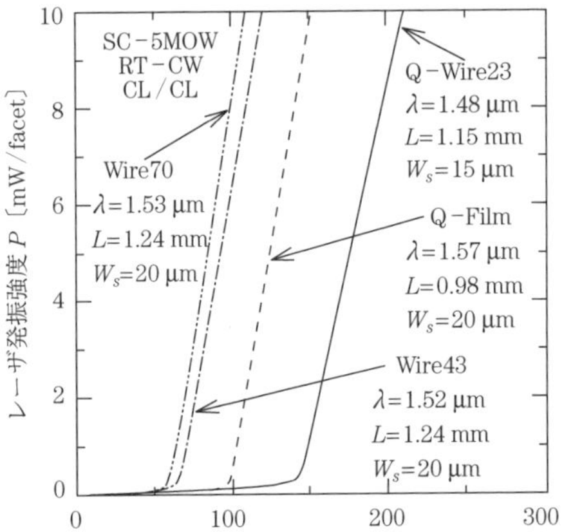

W_s は図 5.57 の構造をもった
レーザのストライプ幅である

図 5.57　量子細線レーザのレーザ発振強度の注入電流依存性[92]

る。Λ は図 5.51 における多重量子細線の周期である。また計算では量子細線のサイズの変動はないものとしている。表面再結合は量子細線の加工作成に伴って出てくるもので，S=300 cm/s の場合は量子細線レーザのしきい値は量子井戸の場合より大きくなってしまう。少なくとも，表面再結合速度の値は 30 cm/s 以下であることが必要である。また，最適な充てん率が存在すること

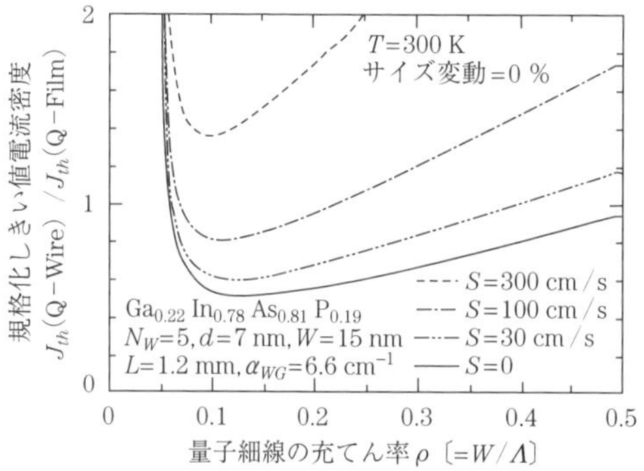

図 5.58　量子細線の充てん率と規格化しきい値電流密度(92)

がわかる。

現在，量子細線と DFB 構造を組み合わせた DFB 量子細線レーザも実現されている(94)。量子細線レーザの偏波面特性に関しては文献(97)を参照されたい。

5.11.3　量子ドットレーザ

〔1〕 **温度依存性**　量子構造を伴ったレーザのしきい値の温度特性に関しては，荒川ら(98),(99) によって早くから予言されていた。以下にまずその理論的背景を述べてみよう。量子構造をもった材料の状態密度は，5.4 節で与えたようにそれぞれバルク，量子井戸，細線，ドットに対し次式で与えられる。

$$\rho(E)\,dE=\frac{1}{3\pi^3}\left(\frac{2m^*}{\hbar^2}\right)^{3/2}\times\frac{3}{2}\times\sqrt{E}\,dE=\frac{1}{2\pi^2}\left(\frac{2m^*}{\hbar^2}\right)^{3/2}\sqrt{E}\,dE,$$

$$\rho(E)=\sum_{n_z}\frac{m^*L}{\pi\hbar^2}\Theta(E-E_{n_z}),$$

$$\rho(E)=\left(\frac{2m^*}{\hbar^2}\right)^{1/2}\frac{2\,L}{\pi}\,\frac{1}{2}\frac{1}{\sqrt{E-E_{n_y}-E_{n_z}}}=\frac{\sqrt{2m^*}L}{\pi\hbar}\frac{1}{\sqrt{E-E_{n_y}-E_{n_z}}},$$

$$\rho(E)=2\sum_{n_x,n_y,n_z}\delta(E-E_{n_x}-E_{n_y}-E_{n_z}) \qquad (5.131)$$

i 次元（0 次元はバルクに，また 3 次元は量子ドットに対応する）でのフォトンエネルギーE に対する半導体レーザにしきい値利得遷移の k 選択則を無視し，Lasher と Stern(100) および Adams(101) らによる計算を考慮に入れると

$$g^{(i)}(E)=\left(\frac{\pi^2c^2\hbar^2}{{n_r}^2E^2}\right)B^{(i)}\int_0^{E-E_g}\rho_c^{(i)}(E')\,\rho_v^{(i)}(E'-E)\times(f_c(E')-f_v(E'-E))\,dE' \tag{5.132}$$

で与えられる。ここで n_r は屈折率，c は光速，E_g はバンドギャップのエネルギー，$B^{(i)}$ は i 次元量子構造での双極子遷移の確率，f_c, f_v は伝導帯および荷電子帯でのフェルミ分布である。f_v を計算するのに，ここでは活性層のドーピングレベルはたいへん高く正孔濃度 p_0 は一定であるとしている。また f_c に関しては最大利得 $g^{(i)}(E_{\max})$ がしきい値条件を満足するように疑似フェルミレベルを決めている。すなわち最大利得 $g^{(i)}(E_{\max})$ がレーザ共振器の全光学損失に等しいと仮定する。全自然発光の割合 $R_{sp}^{(i)}$ は自然放出係数 $r_{sp}^{(i)}(E)$ の全エネルギー積分から計算され，この自然放出係数 $r_{sp}^{(i)}(E)$ は ρ_c, ρ_v, f_c, f_v から一義的に決定できる（文献(100)の Eq.(6 a)を参照)。$R_{sp}^{(i)}$ を用いてしきい値電流はしきい値のちょうど下では

$$J_{th}{}^{(i)}=\frac{qdR_{sp}^{(i)}}{\eta} \tag{5.133}$$

で与えられる。ここで q は電子の電荷，d は活性層の厚み，η は量子効率である。通常 J_{th} は数値的に計算されるが，量子井戸（1 次元）および量子ドット（3 次元）の場合は解析的に解くことができて，次式で与えられる。

$$\begin{aligned}J_{th}{}^{(1)}&=\frac{qd}{\eta}\,\frac{m_c}{\pi\hbar^2L_z}\rho_0B^{(1)}kT\ \ln\,(1+Q)\\&\approx\frac{qd}{\eta}\,\frac{m_c}{\pi\hbar^2L_z}\rho_0B^{(1)}kT\ \ln\frac{m_vkT}{\rho_0\pi\hbar^2L_z}\qquad\text{（ただし高温の場合）}\end{aligned} \tag{5.134}$$

$$J_{th}{}^{(3)}\propto\frac{qd}{\eta}\left(\frac{\alpha^{(3)}V}{A^{(3)}}+\frac{1}{V}-p_0\right)B^{(3)} \tag{5.135}$$

ここで

$$V=L_xL_yL_z,$$

$$A^{(i)}=\frac{\pi^2c^2\hbar^3}{{n_r}^2{E_g}^2}\,B^{(i)},$$

$$Q=\left\{\frac{\sqrt{C}\,D+(D-1)^{1/2}(1-C)}{1+C-CD}\right\}^2,$$

$$D=\exp\left(\frac{\alpha^{(1)}(\pi\hbar^2L_z)}{A^{(1)}kTm_cm_v}\right),$$

$$C=\frac{1}{\exp\left(\frac{\rho_0\pi\hbar^2L_z}{A^{(1)}kT}\right)-1} \qquad (5.136)$$

また，m_v は正孔の有効質量である。量子井戸の場合，上式は常温付近では J_{th} は $T\ln(T/\mathrm{const.})$ に比例する。また量子ドットの場合，J_{th} は T に依存しない。

これをGaAs/AlGaAsの場合について量子井戸，細線，ドットそれぞれについて計算して結果を図示すると**図5.59**のようになる。図から明らかなとおり，量子ドットを用いたレーザのしきい値は温度依存性（図5.59(d)）をもたず，量子細線，量子井戸になるに従って温度依存性が大きくなる。ただし，ここでは電子は形成サブバンドの基底状態にのみあり，励起状態への分布は無視している。

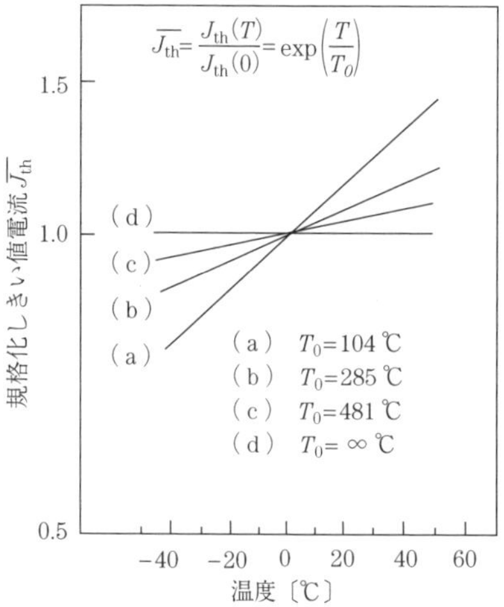

（a）は通常のレーザ，
（b）は量子井戸レーザ，
（c）は量子細線レーザ，
（d）は量子ドットレーザの場合である

図5.59 量子ドットレーザの規格化しきい値電流の温度依存性[98]

最近まで完全な量子ドット構造をもつレーザが実現できず，また理論で予言された温度に依存しないしきい値電流はなかなか観測されなかったが，最近技術の発展によりCW発振する量子ドットレーザがつくられるようになり，以下に述べるように温度依存の少ない半導体レーザの実現が可能になった[102)~(104]。

図 5.60 にリッジメサ構造をもった量子ドットレーザの構造図の一例を示す[103]。GaAs ベースのレーザ構造であるが，自然形成された InGaAs 量子ドットが活性層に 20 nm の間隔で 3 層積層され，またデバイスは，リッジ構造をとることにより十分な電流狭窄による低しきい値化がとられている。用いられた量子ドット構造[103] を**図 5.61** に示す。

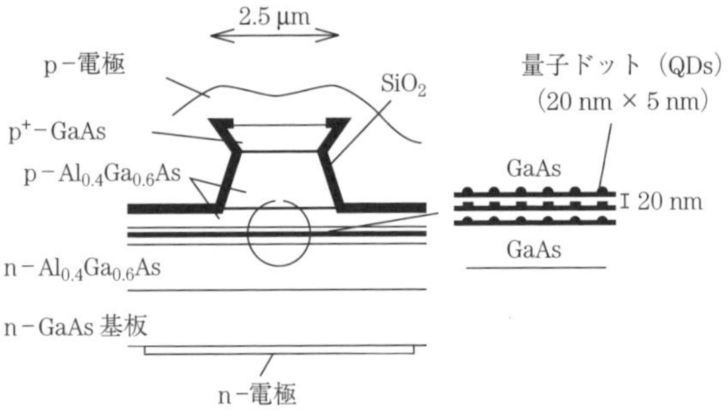

図 5.60　リッジメサ型量子ドットレーザの構造図[103]

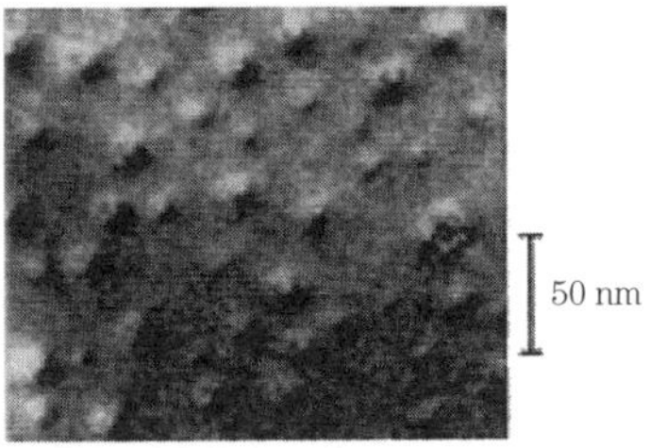

（a） 透過電子顕微鏡で表面から見た量子ドット構造

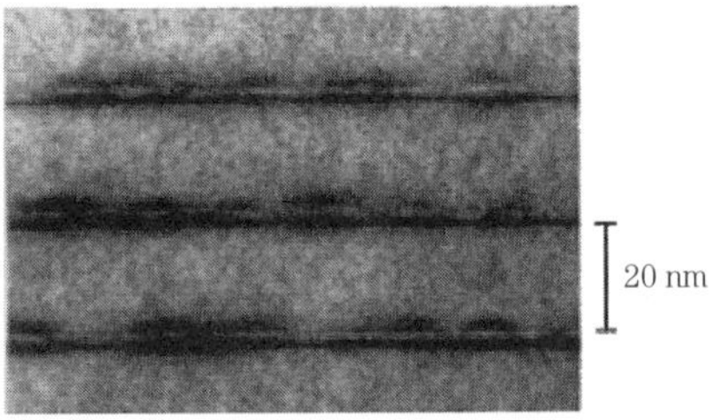

（b） 量子ドット構造の断面図

図 5.61　用いた量子ドット構造[103]

図に示すとおり，SK モードで自然形成された量子ドットが，3 層にわたってほぼセルフアラインされて形成されているのがわかる。発振特性の一例と温度特性をそれぞれ**図 5.62**，**図 5.63** に示す。

注入電流が低いレベル，すなわち 1.1 I_{th} の領域ではきれいな単一モード発振をしていることがわかる。しかし，注入電流を増やしていくと量子ドットのサブレベルからの発振が観測されるようになる。これは発光する体積が量子

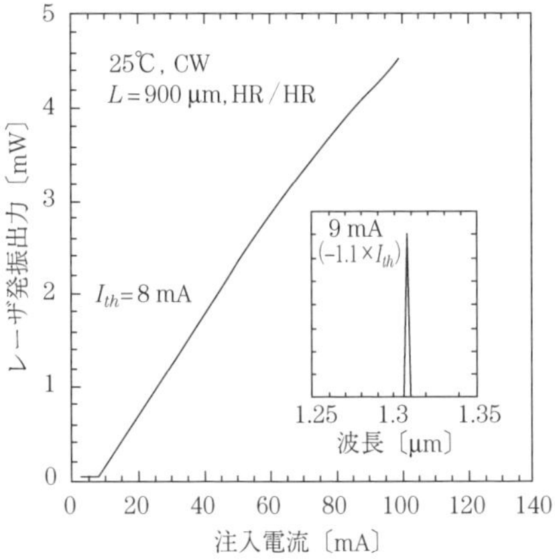

図5.62 量子ドットレーザの発振スペクトルと出力の注入電流依存性(102)

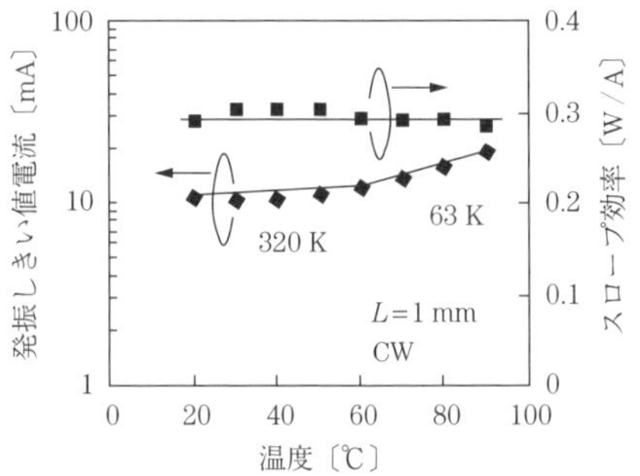

非常に低い温度依存性が20°Cから60°Cにわたって観測されている。またスロープ効率は20°Cから90°Cにわたって変化していない。同様のレーザを通常の方法でつくると T_0 は約70 K，スロープ効率は−1 dB程度であり，大幅に性能が向上していることがわかる。なお，L はレーザの長さである。

図5.63 発振しきい値電流の温度依存性とスロープ効率(105)

ドットの場合小さいため，注入電流が大きくなるとすぐサブバンド準位からの発振が現れるためである。これら発振の詳細な理論解析は菅原らの論文に丁寧になされているので，必要な読者は参照されたい(104),(105)。また量子ドットのしきい値電流およびスロープ効率の温度特性(106)に関しては図5.63に示されている。これはあらゆる環境で安定した動作が可能であることを示しており，これからの光情報処理，光通信にとって重要な結果である。量子ドットレーザに関しさらに詳しい情報を知りたい読者は，文献(106)～(111)を参照されたい。

〔2〕 量子ドットレーザの利得　量子ドットレーザの利得をAsadaらの計算(112)に基づいて示してみよう。簡単な伝導帯での量子ドットでの波動関数 ϕ_{cnml} は

$$\phi_{cnml}=u_c(r)\,\phi_{cxn}(x)\,\phi_{cyn}(y)\,\phi_{czl}(z) \tag{5.137}$$

で与えることができる。ここで $u_c(r)$ はバルクのブロッホ関数，$\phi_{cxn}(x)$，関数 $\phi_{cyn}(y)$，$\phi_{czl}(z)$ はそれぞれ x, y, z 方向の波動関数の量子ドットでの包絡関数である。それぞれの包絡関数はそれぞれ反対方向に伝搬する $\boldsymbol{k}$ ベクトルの定在波の関数として記述でき，この包絡関数は固有値を与えそれぞれの固有値の番号を n, m, l と記述している。利得を計算するためには量子ドットでの伝導帯と荷電子帯間の遷移の双極子マトリックスを求めればよいので，それを R_{ch} とすると

$$R_{ch} = \langle \psi_{cnmr} | er | \psi_{hn'm'l'} \rangle \delta_{nn'} \delta_{mm'} \delta_{ll'} \sum_{k} \langle u_c | er | u_h \rangle \tag{5.138}$$

で与えられる[112]。ここで $\langle u_c|er|u_h\rangle$ はバルクの上記の八つの双極子モーメントで，k $(=k_c=k_v)$ での和[113] である。

ある k での上記双極子モーメントは $\boldsymbol{k}\cdot\boldsymbol{p}$ 摂動を用いて計算できる[28]。双極子モーメントは $\boldsymbol{k}$ ベクトルの垂直な面を回っているので，極座標表示をとって双極子モーメントを各 x, y, z 成分で計算すると

$$\begin{cases} R(\cos\theta\cos\phi + i\cos\phi) & (x\ \text{方向}) \\ -R\sin\theta & (y\ \text{方向}) \\ R(\cos\theta\cos\phi - i\sin\phi) & (z\ \text{方向}) \end{cases}$$

で与えられる。ここで，$\theta=0$ は z 軸，$\phi=0$ は x 軸に対応し，θ は z 軸に対する角度，ϕ は $\boldsymbol{k}$ ベクトルの xy 面への投影の x 軸に対する角度である。また R は

$$R^2 = \left(\frac{e\hbar}{2E_{ch}}\right)^2 \frac{E_g(E_g+\Delta_0)}{\left(E_g+\dfrac{2\Delta_0}{3}\right)m_c} \tag{5.139}$$

で与えられる[113],[114]。ここで E_{ch} は電子と重い正孔との遷移エネルギー，E_g はバルクのバンドギャップエネルギー，Δ_0 はスピン軌道分離エネルギー，m_c は伝導帯の電子の有効質量である。量子ドットでの双極子モーメントを計算すると

$$\begin{aligned} \langle R_{ch}{}^2 \rangle &= R^2(\cos^2\theta\sin^2\phi + \cos^2\phi)\delta_{ll'}\delta_{mm'}\delta_{nn'} \\ &= \frac{R^2(k_y{}^2+k_z{}^2)}{k^2}\delta_{ll'}\delta_{mm'}\delta_{nn'} \end{aligned} \tag{5.140}$$

一般的にこの値は量子箱の形状に依存する。密度マトリックス理論を用いて量子ドットレーザの線形利得を計算すると[114],[115]

$$\alpha^{(1)}(\omega)=\frac{\omega}{n_r}\sqrt{\frac{\mu_0}{\varepsilon_0}}\sum_{lmn}\int_{E_g}^{\infty}\langle R_{ch}{}^2\rangle\frac{\dfrac{g_{ch}(f_c-f_h)\,h}{\tau_{in}}}{(E_{ch}-\hbar\omega)^2+\left(\dfrac{\hbar}{\tau_{in}}\right)^2}dE_{ch} \tag{5.141}$$

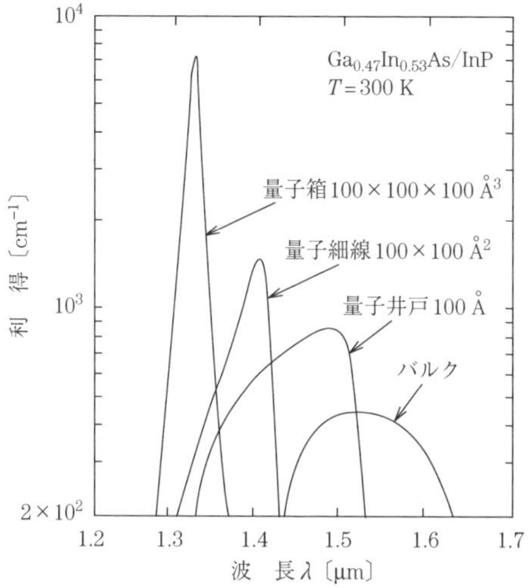

図5.64　量子ドット，細線，および井戸におけるレーザ発振利得[114]

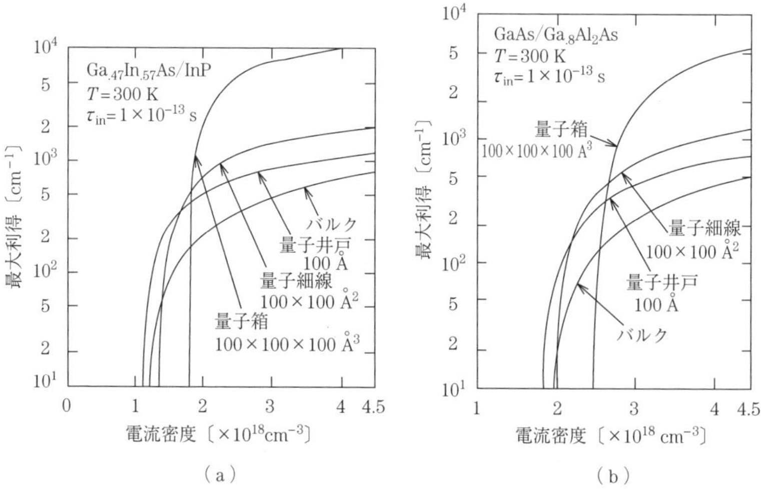

図5.65　GaInAs/InP，GaAs/GaAlAs における量子井戸，量子細線，量子ドットおよびバルクにおける最大利得の計算値[114]

で与えられる。f_c, f_h は電子，正孔に対するフェルミ関数である[(113)~(115)]。また量子ドットの電子，正孔対の状態密度 g_{ch} は次式で与えられる。

$$g_{ch}=\frac{2\delta(E_{ch}-E_{cnml}-E_{vnml}-E_g)}{L_xL_yL_z} \tag{5.142}$$

ここで L_x, L_y, L_z, は x, y, z 方向への量子ドットの井戸幅であり，また E_{cnml}, E_{vnml} は伝導帯および荷電子帯の量子井戸の固有エネルギーである。量子ドットにおける電子密度 N と正孔密度 P ($\sim N$) は疑似フェルミレベル E_{fc}, E_{fh} から導き出され

$$N=\sum_{lmn}\frac{2}{\left\{1+\exp\left(\dfrac{E_{cmnl}-E_{fc}}{kT}\right)\right\}L_xL_yL_z} \tag{5.143}$$

$$P\approx N=\sum_{lmn}\frac{2}{\left\{1+\exp\left(\dfrac{E_{fh}-E_{vmnl}}{kT}\right)\right\}L_xL_yL_z} \tag{5.144}$$

で与えられる。

図 5.64 に，10 nm 角の直方体の $Ga_{0.47}In_{0.53}As$/InP 量子箱の場合の利得の計算値が，10 nm×10 nm の量子細線の場合と 10 nm の量子井戸の場合を比較して示されている。図からもわかるように，量子ドットの場合，量子細線，量子井戸に比べたいへん高い利得をもっていることがわかる。また詳細は省くが，注入電流に対する最大利得の計算結果を**図 5.65** に示してある。詳細を知りたい読者は論文(116)を参照されたい。

引用・参考文献

(1) A. G. Milnes：Heterojunctions and Metal-Semiconductor Junctions, pp. 1-15, Miss marian Mcgrath Academic Press (1985)

(2) 工藤恵栄：光物性の基礎，p. 112，オーム社 (1996)

(3) R. Dingle, W. Wiegmann and C. H. Henry：Quantum States of Confined Carriers in Very Thin AlxGa1-xAs/GaAs-AlxGa1-xAs Heterostructures, Phys. Rev. Lett., **33**, 827-830 (1974)

(4) 荒川泰彦，榊　裕之，西岡政雄：半導体レーザーにおける多次元量子閉じ込

め効果，応用物理学会，**52，** 852-856（1983）

(5) M. Shinada and S. Sugano：Interband Optical Transitations in Extremely Anisotropic Semiconductors I. Bound and Unbound Exciton Absorption, J. Phys. Society of Japan, **21**, 1936-1946（1966）

(6) G. Bastard, E. E. Mendz, L. L. Chang and L. Esaki：Exciton Binding Energy in Quantum Wells, Phys. Rev. **B26**, 1974-1979（1982）

(7) T. Ishibashi, Y. Suzuki and H. Okamoto：Jpn. J. Appl. Phys., **20**, L623（1981）

(8) 岡本　紘：超格子構造の光物性と応用，p. 57，コロナ社（1988）

(9) H. Iwamura, H. Kobayashi and H. Okamoto：Excitonic Absorption Spectra of GAAs-AlAs Superlattice at High Temperature, Jpn. J. Appl. Phys, **23**, L795-L798（1984）

(10) T. Miyazawa, S. Tarucha, Y. Ohmori, Y. Suzuki and H. Okamoto：Observation of Room Temperature Excitons in GaSb-AlGaSb Multi-quantum Wells, Jpn. J. Appl. Phys., **25**, L200-L202（1986）

(11) Y. Kawaguchi and H. Asahi：High-temperature Observation of Heavy-hole and Light-hole Excitons in InGaAs/InP Multiple Quantum Well Structures Grown by Metalorganic molecular Beam Epitaxy, Appl. Phys. Lett, **50**, 1243-1245（1987）

(12) A. S. Barker, Jr and A. J. Sievers：Rev. Modern Phys., **47**, Suppl. 2（1975）

(13) M. Razeghi, J. Nagle, P. Maurel, F. Omnes and Pocholled：Room-temperature Excitons in Ga0.47 In0.53As-InP Superlattics Grown by Low-pressure Metlorganic Chemical Vapor Deposition, Appl. Phys. Lett., **49Z**, 1110-1111（1986）

(14) J. S. Weiner, D. S. Chemia, D. A. B. Miller, T. H. Hood, D. Sivco and A. Y. Cho：Room-temperature Excitons I 1.8 μm Band-gap Gain As/Al InAs Quantum Wells, Appl. Phy. Lett., **46**, 619-621（1985）

(15) O. Akimoto and H. Hasegawa：Interband Optical_Transitions in Extremely Anisotropic Semiconductors II. Eoexistence of Exciton and the Landau Levels, J. Phys. Society of Japan, **22**, 181-191（1967）

(16) J. C. Maan, G. Belle, A. Fasolino, M. Altarelli and K. Ploog：Magneto-optical Determanation of Exciton Binding Energy in GaAs-Ga1-xAlxAs Quantum Wells, Phys. Rev., **B30**, 2253-2256（1984）

(17) 上村　洸，権田俊一，岡村　紘，安藤恒也：半導体超格子の物理と応用，p.

267，培風館（1984）

(18) H. Watanabe and T. Inoshita：Optoelectronics-Devices and Technologies 1, 33（1986）

(19) 上村　洸，権田俊一，岡村　紘，安藤恒也：半導体超格子の物理と応用，p. 241，培風館（1984）

(20) M. Yamanishi and I. Suemune：Comment on Polarization Dependent Momentum Matrix Elements in Quantum Well Lasers, Jpn. J. Appl. Phys., **23**, L35-L363（1984）

(21) E. O. Kane：Energy Band Structure in P-Type Germanium and Silicon, J. Phys. Chem. Solids 1, 82-99（1956）

(22) E. O. Kane：Band Structure of Indium Antimonide,. Phys. Chem. Solids 1, 249-261（1957）

(23) S. W. Corzine, R. H. Yan and L. A. Coldren：Optical Gain in III-V Bulk and Quantum Well Semiconductors, p. 18-96, Academic press（1993）

(24) M. Asada, A. Kameyama and Y. Suematsu：Gain and Intervalence Band Absorption Quantum-Well Lasers, IEEE Quantum Electronics, **QE-20**, 745-753（1984）

(25) 浅田雅洋，亀山　敦，末松安晴：GaInAsP/InP 量子井戸レーザーに及ぼすバンド内緩和時間の影響と価電子帯間吸収，**OQE83-68**, 31-38

(26) M. Yamada, S. Ogita, M. Yamagishi, K. Tabata, N. Nakaya, M. Asada and Y. Suematsu：Polarization-dependent gain in GaAs/AlGaAs Multi-quantum-well Lasers：Theory and Experiment, Appl. Phys. Lett, **45**, 324-325（1984）

(27) J. S. Weiner, D. S. Chemla, D. A. B. Miller, H. A. Haus, A. C. Gossard, W. Wiegmann and C. A. Burrus：Highly anisotropic optical properties of single quantum well waveguides, Appl. Phys. Lett., **47**, 664-667（1985）

(28) P. Y. Yu and M. Cardona：Fundamentals of Semiconductors, pp. 63-96, Springer, Berlin（1999）

(29) 岡本　紘：超格子構造の光物性と応用，コロナ社（1988）

(30) G. Bastard, E. E. Mendez, L. L. Chang and L. Esaki：Variational Calculations on a Quantum Well in an Eelctric Field, Phys. Rev., **B28**, 3241-3245（1983）；M. Yamanishi and I. Suemune：Quantum Mechanical Size Effect Modulation Light Sources A New Field Effect Semiconductor Laser or Light Emitting Device, Jpn. J. Appl. Phys., **22**, L22-L24（1983）

(31) E. E. Mendez, G. Bastard, L. L. Chang, L. Esaki, H. Morkoc and R. Fischer：Effect of an Electric field on the Luminescence of GaAs Quantum Wells, Phys. Rev., **B26**, 7101-7104（1982）
(32) T. E. V. Eck, P. Chu, W. S. C. Chang and H. H. Wieder：Electroabsorption in an InGaAs/GaAs Strained-layer Multiple Quantum Well Structure, Appl. Phys. Lett., **49**, 135-136（2005）
(33) T. H. Wood：Multiple quantum well（MQW）waveguide modulators, IEEE, J. Lightwave Tech., **LT-6**, 6, 743-757（188）
(34) 中山正昭，田中　功，藤原賢三：半導体超格子のワニエ・シュタルク局在状態とその共鳴，日本物理学会，**47**，391-393（1992）；中山正昭：半導体超格子の光物性
(35) 柊元　宏，国府田隆夫，豊沢　豊，塩谷茂雄：光物性ハンドブック，p. 442，朝倉書店（1999）
(36) K. Tharamlingam：Optical Absorption in the Presence of a Uniform Field, Phys. Rev., **130**, 2204-2206（1963）
(37) D. A. B. Miller and D. S. Chemla and S. Schmitt-Rink：Relation Between Electroabsorption in Bulk Semiconductors and in Quantum Wells；The Quantum-confined Franz-Keldysh Effect, Phys. Rev., **B33**, 6976-6982（1986）
(38) D. A. B. Miller, D. S. Chemla, T. C. Damen, A. C. Gossard, W. Wiegmann, T. H. Wood and C. A. Burrus：Band-Edge Electroabsorption in Quantum Well Structures：The Quantum-Confined Stark Effect, Phys. Rev., **53**, 2173-2176（1984）
(39) J. A. Brum and G. Bastard：Electric-field-induced Dissociation of Excitons in Semiconductor Quantum Wells, Phys. Rev., **B31**, 3893-3898（1985）
(40) H. Takeuchi, Y. Yamamoto, R. Hattori, T. Ishikawa and M. Nakayama：Interference Effect on the Phase of Franz-Keldysh Oscilllation in GaAs/AlGaAs Heterostructures, Jpn. J. Appl. Phys., **42**, 6772-6778（2003）
(41) D. S. Chemla, T. C. Damen, D. A. B. Miller, A. C. Gosard and W. Wiegmann：Electroabsorption by Stark Effect on Room-temperature excitons in GaAs/GaAlAs Multiple Quantum Well Structures, Appl. Phys. Lett., **42**, 864-866（1983）
(42) Y. B. Vasilycy, V. A. Solov'es, B. Y. Mel'tser, A. N. Semenov, M. V. Baidakova, S. V. Ivanov, P. S. Kop'ev, E. E. Mendez and Y. Lin：Control

by an Electic Field of Eelctron-hole Separation in Type-II Heterostructures, Solid State Comm., **124**, 323-326 (2002)

(43) H. J. Polland, L. Schultheis, J. Kuhl, E. O. Gobel and C. W. Tu : Lifetime Enhancement of Two-dimensional Excitons by the Quantum-confined Stark Effect, Phys. Rev. Lett., **55**, 2610-2613 (1985)

(44) I. B. Joseph, G. Sucha, D. A. B. Miller, D. S. Chemia, B. I. Miller and U. Koren : Self-electro-optical Effect Device and Modulation Convertor with InGaAs/InP Multiple Quantum Wells, Appl. Phys. Lett., **52**, 51-53 (1988)

(45) J. S. Weiner, D. A. B. Miller, D. S. Chenia, T. C Damen, C. A. Buttus, T. H. Wood, A. C. Gossard and W. Wiegmann : Strong Polarization-sensitive Electroabsorption in GaAs/AlGaAs Quantum Well Waveguides, Appl. Phy. Lett., **47**, 1148-1150 (1985)

(46) H. Iwamura, T. Saku and H. Okamoto : Optical Absorption of GaAs-AlGaAs Superlattice under Eelctric Field, Jpn. J. Appl. Phys., **24**, 104-105 (1985)

(47) D. A. B. Miller, D. S. Chemia, T. C. Damen, A. C. Gossard, W. Wiegmann, T. H. Wood and C. A. Burrus : Electric Field Dependence of Optical Absorption Near the Band Gap of Quantum-well Structures, Phys. Rev., **B32**, 1043-1060 (1985)

(48) K. Yamanaka, T. Fukunaga, N. Tsukada, K. L. I Kobayashi and M. Ishii : Photocurrent Spectroscopy in GaAs/AlGaAs Multiple Quantum Wells Under a High Electric Field Perpendicular to the Heterointerface, Appl. Phys. Lett., **48**, 840-842 (1986)

(49) J. E. Zucker, jT. L. Hendrickson and C. A. Burrus : Electro-optic Phase Modulationin GaAs/AlGaAs Quantum Well Waveguides, Appl. Phys. Lett., **52**, 945-947 (1988)

(50) R. C. Miller and A. C. Gossard : Some Effects of Longitudinal Electric Field on the Photoluminescence Of p-doped GaAs-AlxGa1-xAs Quantum Well Heterostructures, Appl. Phys. Lett., **43**, 954-956 (1983)

(51) J. S. Weiner : Quadratic Electro-optic Effect Due to the Quantum-donfined Strak Effect in Quantum Well, Appl. Phys. Lett., **50**, 842-844 (1987)

(52) T. Hiroshima : Electric Field Induced Refractive Index Changes in GaAs -AlxGa1-xAs Quantum Wells, Appl. Phys. Lett., **50**, 968-970 (1987)

(53) D. A. B. Miller, D. S. Chemla, T. C. Damen, T. H. Wood, C. A. Burrus, Jr.,

A. C. Gossard and W. Wiegmann：The Quantum Well Self-electooptic Effect Device：Optoelectronic Bistability and Oscillation and Self-Linearized Modulation, IEEE J. Quantum Electonic, **QE21**, 1462-1476 (1985)

(54) I. B. Joseph, C. Klingshirn, D. A. B. Miller, D. S. Chemia, U. Koren and B. I. Miller：Quantum-confined Stark Effect in InGaAs/InP Quantum Wells grown by organometallic Vapor Phase Epitaxy, Appl. Phys. Lett., **50**, 1010-1012 (1987)

(55) D. A. B. Miller D. S. Chemia, T. C. Damen, A. C. Gossard, W. Wiegmann, T. H. Wood and C. A. Burus：Novel Hybrid Optically Bistable Switch：the Quantum Well Self-electro-optic effect Device, Appl. Phys. Lett., **45**, 13-15 (1984)

(56) T. H. Wood, C. A. Burrus, D. A. B. Miller, D. S. Chemia, T. C. Damen, A. C. Gossard and W. Wiegmann：High-speed Optical Modulation with GaAs/GaAlAs Quantum Wells in a p-ipn Diode Structure, Appl. Phys. Lett., **44**, 16-18 (1984)

(57) T. H. Wood, C. A. Burrus, A. H. Gnauck, J. M. Wiesendeid, D. A. B. Miler, D. S. Chemia and T. C. Damen：Wavelength-selective Voltage-tunable Photodetector Made from Multiple Quantum Wells, Appl. Phy. Lett., **47**, 190-192 (1985)

(58) Yamanishi, Suemune：Quantum Mechanical Size Effect Modulation Light Sources- Field Effect Semiconductor Laser or Light Emitting Device, Jpn. J. Appl. Phys., **22**, L22-L24 (1983)

(59) R. Saito, G. Dresselhaus and M. S. Dresselhaus：Physical Properties of Carbon Nanotubes, p. 68, Imperial College Press (2003)

(60) 斉藤理一郎，篠原久典：カーボンナノチューブの基礎と応用，p. 110，培風館 (2004)

(61) M. J. O'Connell, S. M. Bachilo, C. B. Huffman, V. C. Moore, M.S. Strano, E. H. Haroz, K. L. Rialon, P. J. Boul, W. H. Noon, C. Kittrell, J. Ma, R. H. Hauge, R. B. Weisman and R. E. Smalley：Science, **297**, 593 (2002)

(62) S. M. Bachilo, M. S. Strano, C. Kittrell, R. H. Hauge, R. E. Smalley, R. B. Weisman：Science, **298**, 2361 (2002)

(63) J. Lefebvre, M. M. Fraser, Y. Homma and P. Finnie：Bright Band Gap Photoluminesence from Unprocessed Single-Walled Carbon Nanotubes, Phys. Rev. Lett., **90**, 217401-1-217401-4 (2003)

(64) 本間芳和, J. Lefebre, P. Finnie：単層カーボンナノチューブの発光, 固体物理, **39**, 170-174 (2004)

(65) J. Lefebvre, M. M. Fraser, P. Finnie and Y. Homma：Photoluminescence from Individual Single-walled Carbon Nanotubes, Phys. Rev., **B69**, 075403-1-5 (2004)

(66) J. Lefebvre, M. M. Fraser, Y. Homma and P. Finnie：Photoluminescence from Single-walled carbon Nanotubes：a Comparison between Suspended and Micell-encapsulated Nanotubes, Applied Physics, **A78**, 1107-1110 (2004)

(67) H. Shiozawa, H. Ishii, H. Kataura, H. Yoshioka, H. Kihara, Y. Takayama, T. Miyahara, S. Suzuki, Y. Achiba, T. Kodama, M. Nakatake, T. Narimura, M. Higashiguchi, K. Shimada, H. Namatame and M. Taniguchi：Photoemission Spectroscopy on Single-wall Carbon Nanotubes, Physica, **B351**, 259-261 (2004)

(68) A. G. Rozhin, Y. Sakakibara, M. Tokumoto, H. Kataura and Y. Achiba：Near-infrared Nonlinear Optical Properties of Single-wall Carbon Nanotubes Embedded in Polymer Film, Thin Solid Films, **464-465**, 368-372 (2004)

(69) E. Dekel, D. Gershoni, E. Ehrenfreund, D. Spektor, J. m. Garcia and P. M. Petroff：Multiexciton Spectroscopy of a Single Self-Assembled Quantum Dot, Phys. Rev. Lett, **80**, 4991-4994 (1998)

(70) M. Nirmal, B. O. Dabbousi, M. G. Bawendi, J. J. Macklin, J. K. Trautman, T. D. Harris, L. E. Brus：Fluorescence Intermittency in single cadmium selenide nanocrystals, Nature, **383**, 802-804 (1996)

(71) M. E. Pistol. P. Castrillo, D. Hessman, J. A. Prieto and L. Samuelson：Random Telegraph Noise in Photoluminescence from Individual Self-assembled Quantum Dots, Phys. Rev., **B59**, 10725-10729 (1999)

(72) M. Sugisaki, H. W. Ren, K. Nishi and Y. Masumoto：Fluorescence Intermittency in Self-Assembled InP Quantum Dots, Phys. Rev. Lett., **86**, 4883-4886 (2001)

(73) X. Zhao, O. Schoenfeld, J. Kusano, Y. Aoyagi and T. Sugano：Nanocrystalline Si；a Material Constructed by Si Quantum dots, Jpn. J. Appl. Phys. Lett., **33**, L649 (1994)

(74) X. Zhao, Oschoenfeld, S. Nomura, J. Kusano, S. Komuro, Y. Aoyagi and T.

Sugano : Nanocrystalline Si : a Material Constructed by Si Quantum Dots, Materials Science and Engineering, **B35**, 467-471 (1995)

(75) S. Nomura, X. Zhao, Y. Aoyagi, T. Sugano : Electronic Structure of a Model Nanocrystalline/Amorphous Mixed-Phase Silicon, Phys. Rev., **54**, 13974-13979 (1996)

(76) S. Nomura, T. Iitaka, X. Zhao, T. Sugano and Y. Aoyagi : Linear Scaling Calculation for Optical-Absorption Spectra of Larage Hydrogenated Silicon nanocrystallites, Phys. Rev., **B56**, R4348-R4350 (1997)

(77) X. Zhao, S. Komuro, H. Issiki, Y. Aoyagi and T. Sugano : Fabrication and stimulated emission of Er-doped Nanocrystalline Si Waveguides formed on Si Substrate by Laser Ablation, Appl. Phys. Lett., **74**, 120-122 (1998) ; Chu and A. Y. Cho : Appl. Phy. Lett., **68**, 3680-1682 (1996)

(78) R. Kazarinov : Fiz. Tech. Poluprov, **5**, 797-800 (1971)

(79) J. Faist : Science, **264**, 553-556 (1994)

(80) Claire Gmachl, Federico Capasso, Deborah L. Sivco and Alfred Y. Cho : Recent Progress in quantum cascade lasers and applications, Rep. Prog. Phys., **64**, 1533-1601 (2001)

(81) J. Faist : Appl. Phys. Lett., **68**, 3680-3682 (1996)

(82) P. Y. Yu, M. Cardona : Fundamentals of Semiconductors : Physics and Materials Properties. Sipringer, New York.

(83) J. Faist : IEEE Photon Technol. Lett, **10**, 1100-1102 (1998)

(84) J. Faist : Appl. Phys. Lett., **72**, 680-682 (1998)

(85) C. Gmachl : IEEE Photon.Technol. Lett., **11**, 1369-1371 (1999)

(86) J. FaistLukas Mahler, Alessandro Tredicucci, Rudeger Kohler, Fabio Beltram, Harvey E. Beere, Edmund H. Linfield and David ARitchie : High-performance operation of single-mode terahertz quantum cascade lasers with metallic gratings, Appl. Phys. Lett., **87**, 181101-1--181101-3 (2005)

(87) J. L. Jimenez and E. E. Mendez : Optical gain of type II inter-sub-band quantum cascade lasers, Solid State Communications, **110**, 537-541 (1999)

(88) Frank L. Lederman and John D. Dow : Theory of electroabsorption by anisotropic and layered semiconductors. I. Two-dimensional excitons in a uniform electric field, Phys. Rev. **B13**, 4, 1633-1642 (1976)

(89) Stefano Barbieri, Jesse Alton, Sukhdeep S. Dhillon, Harvey E. Beere, Michael Evans, Edmund H. Linfield, A. Giles Davies, David A. Ritchie,

Rudeger Kohler, Alessandro Tredicucci and Fabio Beltram：Continuous-Wave Operation of Terahertz Quantum-Cascade Lasers, IEEE Journal of Quantum Electronics, **39**, 586-591 (2003)

(90) Martin Schubert, Student Member, IEEE, and Farhan Rana, Member, IEEE：Analysis of Terahertz Surface Emitting Quantum-Cascade Lasers, IEEE Journal of Quantum Electronics, **42**, 3, 257-265 (2006)

(91) M. Asada, Y. Miyamoto and Y. Suematsu：Theoretical Gain of Quantum-Well Wire Lasers, Jpn. J. Appl. Phys., **24**, L95-L97 (1985)

(92) K. C. Shin, S. Arai, Y. Nagashima, K. Kudo and S. Tamura：Temperature Dependences of Ga0.66In0.34As-InP Tensile-Strained Quasi-Quantum-wire Laser Fabricated by Wet Chemical Etching and 2-Step MOVPE Growth, IEEE Photonics Technol. Lett., **7**, 345-347 (1995)

(93) N. Nunoya, M. Nakamura, H. Yasumoto, S. Tamura and S. Arai：GaInAsP/InP Multiple-Layered Quantum-Wire lasers Fabricated by CH4/H2 Reactive-Ion Etching, Jpn. J. Appl. Phys., **39**, 3410-3415 (2000)

(94) Y. Ohno, M. Higashiwaki, S. Shimomura, S. Hiyamizu and S. Ikawa：Laser Operation at Room Temperature of Self-Organized In0.1Ga0.9As/(GaAs)6(AlAs)1 Quantum Wire Grown on (755)B- Oriented GaAs Substrates by Molecular Beam Epitaxy, J. Vac. Sci. Technol, **B18**, 1576 (2000)

(95) H. Yagi, T. Sano, K. Ohira, O. Plumwongrot, T. Moriyama, A. Haque, S. Tamura and S. Arai：GaInAsP/InP Partially Strain-Compensated Multiple- Quantum-Wire Lasers Fabricated by Dry Etching and Regrowth Processes, Jpn. J. Appl. Phys., **43**, 3401-3409 (2004)

(96) K. Ohira, N. Nunoya, H. Yagi, K. Muranushi, A. Onomura, S. Tamura and A. Arai：Reliable Operation of GaIn AsP/InP Distributed Feedback Laser with Wirelike Active Regains, Jpn. J. Appl. Phys., **42**, 475-476 (2003)

(97) T. Maruyama, H. Yagi, T. Sano, P. Dhanorm and S. Arai：Anomalous In-Plane Polarization Dependence of Optical Gain in Compressively Strained GaInAsP-InP Quantum-Wire Lasers, IEEE J. Quantum Electronics, **40**, 1344-1351 (2004)

(98) Y. Arakawa and H. Sasaki：Multidimensional Quantum well Laser and Temperature Dependence of its Threshold Current, Appl. Phys. Lett., **40**, 939-941 (1982)；M. Yamada, S. Ogita, M. Yamagishi, K. Tabata, and N. Nakaya：Polarization-dependent Gain in GaAs/AlGaAs Multi-Quantum

-Well Lasers : Theory and Experiment, Appl. Phys. Lett., **45**, 324-325 (1984) ; Y. Arakawa and H. Sakaki : Multidimensional Quantum Well Laser and Temperature Dependence of its Threshold Current, Appl. Phys. Lett., **40**, 939-941 (1982)

(99) 荒川泰彦，榊 裕之，西岡政雄：半導体レーザーにおける多次元量子閉じ込め効果，応用物理学会，**52**，852-856 (1983)

(100) G. Lasher and F. Stern : Phys. Rev., **133**, A 553 (1964)

(101) M. J. Adams : Solid State Electron, **23**, 585 (1980)

(102) Kohki Mukai, Yoshiaki Nakata, Koji Otsubo, Mitsuru Sugawara, Naoki Yoshikawa and Hiroshi Isikawa : 1.3-μm CW Lasing of InGaAs-GaAs Quantum Dots at Room Temperature with a Threshold Current of 8 mA, IEEE, Phonics Technology Letters, **11**, 1205-1207 (1999)

(103) Hajime Syohi, Yoshiaki Nakata, Kohki Mukai, Yoshihiro Sugiyama, Mitsuru Sugawara, Naoki yoshikawa and Hiroshi Isikawa : Lasing Characteristics of Self-Formed Quantum-Dot Lasers with Multistacked Dot Layer, IEEE J. Selected Topics in Quantum Electronics, **3**, 188-195 (1997)

(104) M. Sugawara, H. Ebe, N. Hatori, M. Ishida, Y. Arakawa, T. Akiyama, K. Otsubo and Y. Nakata : Theory of Optical Signal Amplification and Processing by Quantum-Dot Semiconductor Optical Amplifier, Phys. Rev., **B69**, 235332-1-235332-39 (2004)

(105) K. Otsubo and Y. Nakata : Modeling room-temperature lasing Spectra of 1.3-um Self-Assembled InAs/GaAs Quantum-dot Lasers : Homogeneous Broadening of Optical Gain Under Current Injection, Appl. Phys. Lett., **97**, 043523-1-043523-8 (2005)

(106) Koji Otsubo, Nobuaki Hatori, Mitsuru Ishida, Sigekazu Okumura, Tomoyuki Akiyama, Yoshiaki Nakata, Hiroji Ebe, Mitsuru Sugawara and Yasuhiko Arakawa : Temperature-Insensitive Eye-Opening Under 10-Gb/s Modulation of 133μm P-Doped Quantum-Dot Lasers Without Current Adjustments, Jpn. J. of Appl. Phys., **43**, 1124-1126 (2004)

(107) Mitsuru Ishida, Nobuyuki Hatori, Tomoyuki Akiyama, Koji Otsubo, Yoshiaki Nakata, Hiroji Ebe, Mitsuru Sugawara and Yasuhiko Arakawa : Photon Lifetime Deoendence of Modulation Efficiency and K Factor in 1.3 μm Self-Assembled InAs/GaAs Quantum-Dot Lasers : Impact of Capture Time and Maximum modal gain on modulation Ban-

dwidth, Appl. Phys. Lett., **85**, 4145-4147 (2004)

(108) Tomoyuki Akiyama, Mitsuru Ekawa, Mitsuru Sugawara, Kenichi Kawaguchi, Hisao Sudo, Akito Kuramata, Hiroji Ebe and Yasuhiko Arakawa : An Ultrawide-Band Semiconductor Optical Amplifier Having an Extremely High Penalty-Free Output Power of 23 dBm Achieved With Quantum Dots, IEEE Photonics Technology Letters, **17**, 8, 1614-1616 (2005)

(109) Kohki Mukai, Nobuyuki Ohtsuka, Mitsuru Sugawara and Susumu Yamazaki : Self-Formed $In_{0.5}$ $Ga_{0.5}As$ Quantum Dots on GaAs Substrates Emitting at 1.3μm, Jpn. J. Appl. Phys., **33**, 1710-1712 (1994)

(110) Mitsuru Sugawara, Kohki Mukai, Yoshiaki Nakata and Hiroshi Isikawa : Effect Of Homogeneous Broadening of Optical gain Lasing Spectra in Self-Assembled InxGa1-xAs/GaAs Quantum Dot Lasers, American Phycal Society, **61**, 11, 7595-7603 (2000)

(111) V. Tokranov, M. Yakimov, A. Katsnelson, M. Lamberti and S. Oktyabsky : Enhanced Thermal Stability of Laser Diodes With Shape-Engineered Quantum Dot Medium, American Insitute of Physics, **83**, 5, 833-835 (2003)

(112) Masahiro Asada, Yasuyuki Miyamoto and Yasuharu Suemastu : Gain and the Threshold of Three-Dimensional Quantum-Box Lasers, IEEE J. Quantum Electonic, **QE22**, 1915-1921 (1986)

(113) Masahiro Asada, Atsushi Kameyama and Yasuharu Suematsu : Gain and Intervalence Band Absorption in Quantum-Well Lasers, IEEE J. Quantum Electonic, **QE20**, 745-753 (1984)

(114) Masahiro Asada and Yasuharu Suematsu : Density-Matrix Theory of Semiconductor Lasers with Relaxation Broadening Model-Gain and Gain -Suppression in Semiconductor Lasers, IEEE J. Quantum Electonic, **QE21**, 434-442 (1985)

(115) Minoru Yamada and Yasuharu Suematsu : Analysis of gain Suppression in Undoped Injection Lasers, J. Appl. Phys., **52**, 2653-2664 (1981)

(116) Masahiro Asada, Y. Miyamoto and Yasuharu Suematsu : Theoretical Gain of Quantum-Well Wire Lasers, Jpn. J. Appl. Phys., **24**, L95-L97 (1985)

6 フォトニック結晶と表面プラズモン

6.1 は じ め に

屈折率 n の媒質を光が伝搬するときには，その位相速度 v は真空中の光速 c を n で割った値になる。単位時間に単位面積を流れるエネルギー量であるポインティングベクトル S の時間平均を光強度 I と考えるから，1.2.3項で議論したように下記の式で与えられる。

$$I=\frac{n}{2Z_0}|E_0|^2 \tag{6.1}$$

ここで，Z_0 は真空のインピーダンスであり，E_0 は振幅の最大値である。このように屈折率 n の媒質中では光強度は n 倍に増加していることがわかる。このような性質を利用すれば，光学現象を高い効率で観察することができるなどの利点がある。

屈折率は物質固有の光学定数であるが，実効的に媒質の屈折率を制御する方法として**フォトニック結晶**（photonic crystal）がある。フォトニック結晶は，屈折率の異なる複数の媒質を用いて人工的に光の波長と同じ程度の間隔の周期構造を構築したものである。この材料中では，屈折率周期構造に由来する光のブラッグ反射が起こり，単一の物質では実現が困難な分散関係を得ることができる。その結果，さまざまな興味深い光学現象が観測され，それらを光情報デバイスに応用することが試みられている。すなわち，フォトニック結晶構造を構築することにより，物質固有の屈折率ではなく構造に由来する巨大な実効的屈折率や複屈折，それを使った光の伝搬制御などが実現できるのである。

一方，フォトニック結晶と同じように大きな実効的屈折率が得られたり，光を微小な領域に閉じ込めたりすることができる光学現象として，**表面プラズモン**（surface plasmon）がある。表面プラズモンは金属中の電子波の一種であり，光と相互作用する表面に局在したモードである。フォトニック結晶と表面プラズモンは異なる光学現象であるが，分散関係や実効的な屈折率を人為的に制御できるという点で共通している。ここでは，これらに関して考えてみる。

6.2 フォトニック結晶

6.2.1 シュレーディンガー方程式と光波動方程式

結晶中の原子や分子，イオンは空間的に規則正しく周期的に配列した構造をしている。この中の電子は，原子などにより周期的につくられるポテンシャルの中を運動することになる。電子の波長は結晶の周期に近く，ブラッグ反射が起きてエネルギーギャップが生じる。1次元の電子の動きを記述したシュレーディンガー方程式は，電子波の波動関数 $\Psi(x)$，ポテンシャル $U(x)$，系のエネルギー $\mathcal{E}$ を用いて

$$-\frac{\hbar}{2m}\frac{d^2\Psi(x)}{dx^2}+U(x)\Psi(x)=\mathcal{E}\Psi(x) \qquad (6.2)$$

のように表される。m は電子の静止質量である。$U(x)$ に周期的なポテンシャルを入れて式(6.2)を解くと電子がとれるエネルギー値はある幅を有するようになり，また電子がとれないエネルギーの幅が生じるようになる。前者は許容帯，後者は禁制帯である。自由空間中では電子がもつエネルギー値は連続的であり，そのエネルギー ε と波数 k の間の分散関係は式(6.3)に示すように単純であるが，周期的なポテンシャルをもつ結晶では自由空間中とは異なったさまざまな分散関係が出現する。

$$\varepsilon = \frac{\hbar^2 k^2}{2m} \tag{6.3}$$

さて，電子波を光波に置き換えてみる。電子波におけるシュレーディンガー方程式に対応するのがマクスウェル方程式より導出される波動の式である。1次元における電界 E の波動の式は，媒質の比誘電率 $\varepsilon_r(x)$を用いて

$$\frac{d^2E(x)}{dx^2} + k_0{}^2\varepsilon_r(x)E(x) = 0 \tag{6.4}$$

のように表される。ここで k_0 は真空中の光の波数であり，角周波数 ω を真空中の光速 c で割ったものである。また，磁界における波動の式は

$$\frac{d}{dx}\left(\frac{1}{\varepsilon_r(x)}\frac{dH(x)}{dx}\right) + \frac{\omega^2}{c^2}H(x) = 0 \tag{6.5}$$

となる。式(6.2)と式(6.4)を対応させるには，両辺に $-k_0{}^2E(x)$を加えればよい。すなわち，式(6.4)は

$$-\frac{d^2E(x)}{dx^2} + k_0{}^2(1-\varepsilon_r(x))E(x) = k_0{}^2E(x) \tag{6.6}$$

となる。比較するとシュレーディンガー方程式においてポテンシャル $U(x)$に対応するものが，媒質の誘電率 $k_0{}^2(1-\varepsilon_r(x))$であることがわかる。比誘電率は屈折率を2乗したものであるから，屈折率が高い媒質ほど媒質の電磁波に対するインピーダンスが低く，フォトンにとってはポテンシャルが低い媒質であると考えることができる。これは，例えば連続的に屈折率が変化するような媒質で光が屈折率が高い媒質中に曲がって進むことからもわかる。

結晶におけるポテンシャルの周期に対応するものを屈折率の周期構造で作成すれば，光のブラッグ反射が起こりそれによる**フォトニックバンドギャップ**（photonic band gap，**PBG**）が生じるはずである。このような概念が提案されたのは30年ほど前であるが[(1)]，90年代に入って微細加工技術の発展とともに急速に研究が進展した[(2)~(8)]。光の伝搬という基礎的な興味だけでなく，集積化光情報デバイスへの応用なども検討され，フォトニック結晶を用いた光ファイバも実用化されている。また，自然界においても類似の構造は存在している。例えば，蝶の鱗粉や孔雀の羽などの干渉色は周期構造に由来するもので

あり，その光学特性の解析や研究も行われている。

6.2.2 フォトニック結晶

図 6.1 に示すように，フォトニック結晶は，その繰返しの次元性により 1 次元，2 次元，3 次元フォトニック結晶に分類される。1 次元フォトニック結晶の一つとして多層膜を積み重ねた構造があり，その構造は古くから誘電体ミラーなどに用いられてきた。光の閉込め方向が 1 方向のみであるため，フォトニック結晶中での全方向への完全な光閉込め効果は期待できない。2 次元フォトニック結晶では，スラブ型導波路構造を利用すればある程度の閉込め効果が期待できる。すなわち，面内にはフォトニック結晶で，導波路に垂直方向には導波路構造で光を閉じ込める構造とすればよい。作成も比較的容易であり，多くの研究が行われている系である。

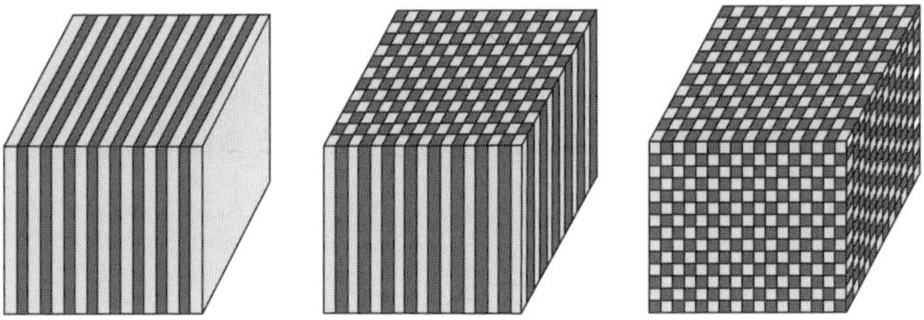

（a） 1 次元　　（b） 2 次元　　（c） 3 次元

図 6.1　フォトニック結晶の種類

また，光の漏れを抑制するためにスラブの上下を金属で覆った構造の研究もされており，後述の表面プラズモンとの関連もある。3 次元のフォトニック結晶では，すべての方向に対して光を閉じこめることができる可能性がある。これを完全フォトニックバンドギャップと呼ぶが，すでにこれを実現するいくつかの構造が提案されている。例えば，初期に提案された**図 6.2** に示したヤブロノバイトはよく知られた構造であるが[9],[10]，光領域においてこのような結晶の作成は容易ではない。そのため，実験はマイクロ波領域で行われている。しかしながら，現在では光領域で完全バンドギャップを有するフォトニック結晶

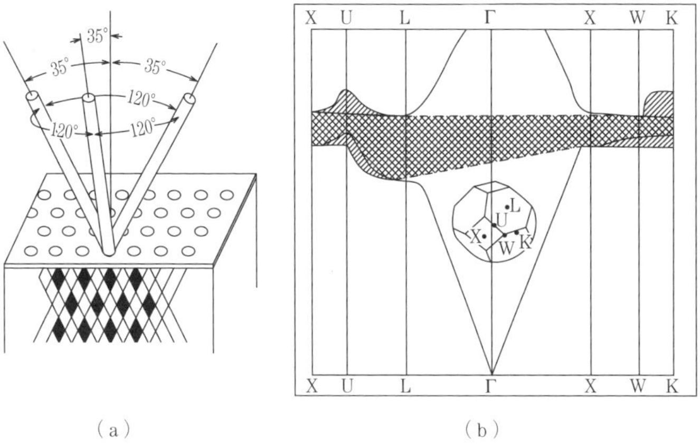

図 6.2 Yablonovitch が作成した完全バンドギャップをもつフォトニック結晶(a)とその分散関係(b)[9],[10]

も多数報告されている[11]。

一方，完全な結晶だけでなく欠陥を有するフォトニック結晶も光学的に興味深い現象が現れる。欠陥に光エネルギーが集中し，そこに増強された電界が生じることが示されている[12]。さらにこれを利用した非線形光学現象などの各種の光学効果の増強や高効率化が研究されている。また，欠陥を配列することにより光導波路を作成することができる[13]。一般の誘電体導波路にない特徴として，分散特性の制御ができることや，非常に急峻な曲がりをもっても低損失で光を導波できる利点がある。このように，フォトニック結晶を利用すれば，光の放出や伝搬を自由に操ることができる可能性があり，新しいフォトニクス材料として期待されている。

6.2.3 多層膜における分散関係

1 次元フォトニック結晶の一種である誘電体の多層膜中における分散関係を理解しておくことはフォトニック結晶を理解するうえで重要である[14]。この系は計算が容易であり，物理的な直感が得られやすい。式(6.4)や式(6.5)を用いて，バンドギャップや群速度の変化が得られることを確かめてみる。**図 6.3** に示したようなその膜厚が波長程度の 2 種類の薄膜が無限に積層した構造を考

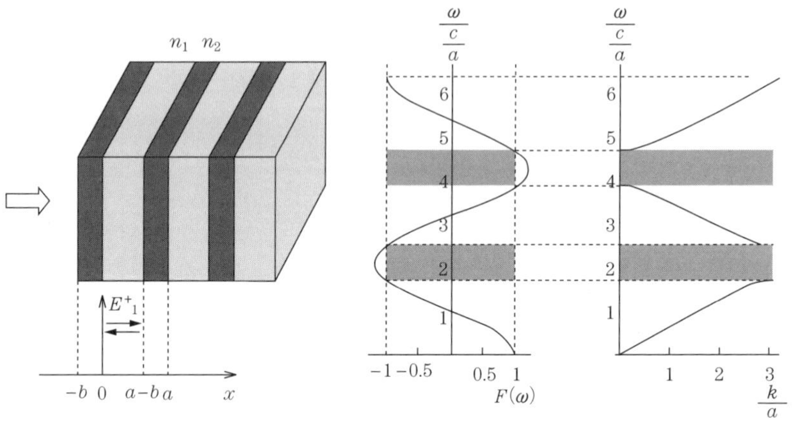

（a） 計算で用いた多層膜の構造　（b） F_1の計算結果　（c） 分散関係

図 6.3 多層膜における分散関係

える。

繰返しの周期を a とし，屈折率 n_1 の領域（領域 I ）の厚さを $a-b$，また屈折率 n_2 の領域（領域II）の厚さを b とする。ここでは簡単のため界面に対して垂直に進む光について考えることにする。各層において，x の正の方向に進む光と負の方向に進む光の 2 種類が存在する。そのため，例えば，領域 I における光電界 E_1 は

$$E_1 = E_1^+ \exp(ik_1x) + E_1^- \exp(-ik_1x) \tag{6.7}$$

のように表される。ここで E_1^+ は x の正の方向に進む光の振幅であり，E_1^- は x の負の方向に進む光の振幅である。k_1 は屈折率 n_1 の媒質中の光の波数であり，真空中の波数 k_0 を用いて $k_1=k_0n_1$ と表される。領域IIについても同様に

$$E_2 = E_2^+ \exp(ik_2x) + E_2^- \exp(-ik_2x) \tag{6.8}$$

のように表される。界面においては電界および磁界の接線方向成分が連続でなければいけないので，$x=0$ では

$$E_1^+ + E_1^- = E_2^+ + E_2^- \tag{6.9}$$

$$n_1E_1^+ - n_1E_1^- = n_2E_2^+ - n_2E_2^- \tag{6.10}$$

である。周期構造であることから，電子の場合と同様にブロッホの定理を適用

して

$$E(x+a)=E(x)\exp(iKa) \tag{6.11}$$

を満たさなければならない。ここで，K は光の波数である。これを使うと $x=a-b$ においては

$$\begin{aligned}&E_1^+\exp(ik_1(a-b))+E_1^-\exp(-ik_1(a-b))\\&=\exp(iKa)(E_2^+\exp(-ik_2b)+E_2^-\exp(ik_2b))\end{aligned} \tag{6.12}$$

$$\begin{aligned}&n_1E_1^+\exp(ik_1(a-b))-n_1E_1^-\exp(-ik_1(a-b))\\&=\exp(iKa)(n_2E_2^+\exp(-ik_2b)-n_2E_2^-\exp(ik_2b))\end{aligned} \tag{6.13}$$

となり，式(6.9)～(6.13)が解をもつためには

$$\begin{vmatrix} 1 & 1 & -1 & -1 \\ n_1 & -n_1 & -n_2 & n_2 \\ \exp(ik_1(a-b)) & \exp(-ik_1(a-b)) & -\exp(i(Ka-k_2b)) & -\exp(i(Ka+k_2b)) \\ n_1\exp(ik_1(a-b)) & -n_1\exp(-ik_1(a-b)) & -n_2\exp(i(Ka-k_2b)) & n_2\exp(i(Ka+k_2b)) \end{vmatrix}=0 \tag{6.14}$$

であることが必要である。これを解くと下記のような分散関係の式を求めることができる。

$$\cos Ka=\cos k_1(a-b)\cos k_2b-\frac{1}{2}\left(\frac{n_1{}^2+n_2{}^2}{n_1n_2}\right)\sin k_1(a-b)\sin k_2b \tag{6.15}$$

式(6.15)の右辺および左辺をそれぞれ下記のように $F_1(\omega)$, $F_2(\omega)$ とおく。

$$F_1(\omega)=\cos\left\{\frac{\omega}{c}n_1(a-b)\right\}\cos\left(\frac{\omega}{c}n_2b\right)-\frac{1}{2}\left(\frac{n_1{}^2+n_2{}^2}{n_1n_2}\right)\sin\left\{\frac{\omega}{c}n_1(a-b)\right\}\sin\left(\frac{\omega}{c}n_2b\right) \tag{6.16}$$

$$F_2(\omega)=\cos Ka \tag{6.17}$$

例えば，領域Ⅰと領域Ⅱの厚さが等しい場合に，領域Ⅰの屈折率を $n_1=1.0$，領域Ⅱの屈折率を $n_1=3.0$ とおいて式(6.16)を計算した結果が図6.3(b)である。斜線に示した角周波数 ω では，$-1\leqq F_1(\omega)\leqq 1$ とはならないため，式(6.17)における K は実数とはならず虚数となる。この場合，光はエバネッセント波となり媒質内で減衰する。すなわち，光伝搬することができないバンドギャップが生じる。また，K と ω の間の分散関係を図示したのが図(c)である。点線には自由空間中を伝搬する光の分散関係を示した。K/a が $N\pi$ $(N=1, 2, 3, \cdots)$ において光学的なバンドギャップが生じ，その周辺では群速度 $d\omega/dk$ が低下していることがわかる。

この領域で光が伝搬しないことを実際に示すため，この1次元多層膜に光が入射した際の透過率 T を求めてみる。この場合，無限の層数を扱うことはできないので，垂直入射における15層の多層膜について計算を行った。その結果を**図6.4**(a)に示す。図6.3(a),(b)に対応してフォトニックバンド周辺で透過率が急激に低下している。フォトニックギャップの周波数をもつ光は結晶中を伝搬するモードが存在せず，この多層膜中を透過しないためである。さらに，この中に1層だけ厚さが異なる層（欠陥層）を導入した計算例を図6.4(b)に示す。矢印で示したような光の透過率が0であるバンドギャップの中に，光を通す周波数が生じる。このようなモードは半導体における不純物準

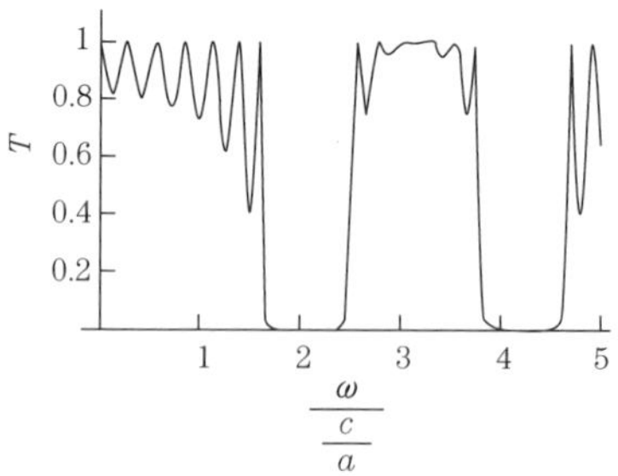

(a) 多層膜における透過率の計算結果

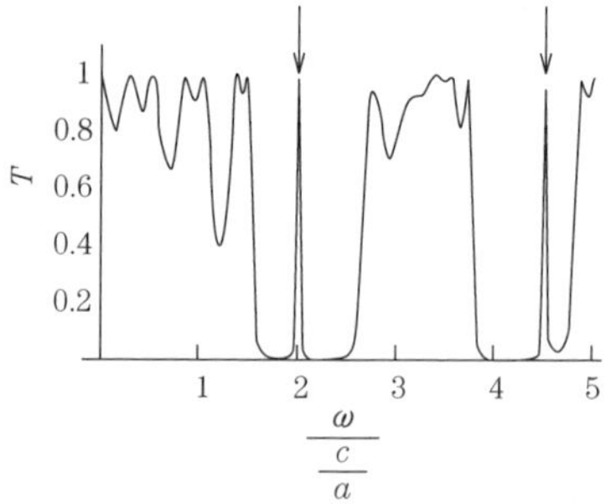

(b) 欠陥層として8層目を10％程度厚い膜に置き換えた場合の計算結果

図6.4　1次元多層膜に光が入射した際の透過率 T

位に類似したものである。欠陥層には周囲の層に比べて大きな電界が生じており，これを積極的に利用することにより，各種の光学現象の増強などができると考えられている[(7),(12)]。

6.2.4 分散関係の導出

前節では，1次元のフォトニック結晶について簡単な計算を示したが，2次元や3次元のフォトニック結晶における計算は多少複雑である[(6)~(8)]。計算には電界ではなく磁界を用いるのがわかりやすい。以下に2次元フォトニック結晶の分散関係の導出について簡単に紹介する。

誘電率 ε_r は周期構造による並進対称性があるため，下記のように表すことができる。

$$\frac{1}{\varepsilon_r(\boldsymbol{r})}=\sum_{G}\frac{1}{\varepsilon_r(\boldsymbol{G})}\exp(i\boldsymbol{G}\cdot\boldsymbol{r}) \tag{6.18}$$

ここで，$\boldsymbol{r}$ は位置ベクトルであり $\boldsymbol{G}$ は逆格子ベクトルである。これを用いて磁界 $\boldsymbol{H}$ を平面波に展開するとつぎのようになる。

$$\boldsymbol{H}(\boldsymbol{r})=\sum_{G}\begin{pmatrix}h_G^1\\ h_G^2\end{pmatrix}\exp(i(\boldsymbol{k}+\boldsymbol{G})\boldsymbol{r}) \tag{6.19}$$

ここで，h_G は磁界の振幅であり，上付文字の1, 2は磁界の偏向方向を示している。これらの式を式(6.5)に代入して整理すると，磁界がロッドの長軸と同じ方向の場合（TE偏光の場合）下記の固有方程式が得られる。

$$\sum_{G'}\frac{1}{\varepsilon_r(\boldsymbol{G}-\boldsymbol{G}')}(\boldsymbol{k}+\boldsymbol{G})\cdot(\boldsymbol{k}+\boldsymbol{G}')\,h_{G'}^1=\left(\frac{\omega}{c}\right)^2h_{G'}^1 \tag{6.20}$$

また，磁界がロッドの長軸方向の偏光の場合（TM偏光の場合）には固有方程式はつぎのようになる。

$$\sum_{G'}\frac{1}{\varepsilon_r(\boldsymbol{G}-\boldsymbol{G}')}|\boldsymbol{k}+\boldsymbol{G}||\boldsymbol{k}+\boldsymbol{G}'|h_{G'}^2=\left(\frac{\omega}{c}\right)^2h_G^2 \tag{6.21}$$

実際には有限の数の逆格子ベクトルに対してこれらを解くことにより，結晶中の分散関係を求めることができる。また，$\boldsymbol{H}$ や $\varepsilon_r(\boldsymbol{G})$ のエルミート性を利用したり，対称性を利用したりすることにより計算量を減らすことができる[15]。

6.2.5　1次元フォトニック結晶

6.2.3項では1次元フォトニック結晶の一種として誘電体の多層膜について簡単に述べた。1次元フォトニック結晶の特徴は以下のとおりである。

1. 繰返し構造方向以外には光の閉込め効果が期待できない。
2. 2種類の誘電体の屈折率差の大小にかかわらずバンドギャップが存在する。

光の閉込め効果は1次元に限定されるものの，非線形光学効果などの光の進む方向が規定される（波数ベクトルが決定される）光学現象では，1次元フォトニック結晶の利用は有力である。これまで周期構造を有する多層膜に関する研究は数多く行われてきた。また，グレーティング構造やDFB構造も広義には一種の1次元フォトニック結晶構造といえる。自発的に1次元のフォトニック構造が形成される材料として，不斉（キラル）炭素を有する液晶性分子が形成する光学的周期構造がある[16]~[18]。

キラリティーを有する液晶材料には**図6.5**に示すようなコレステリック液晶や後述の強誘電性液晶分子があり，数100ナノメートルから数10ミクロンのピッチの光学的周期構造を形成する。棒状の液晶分子が配向すると複屈折をもつため，その光学的周期構造では屈折率楕円体がそのピッチで回転する。すな

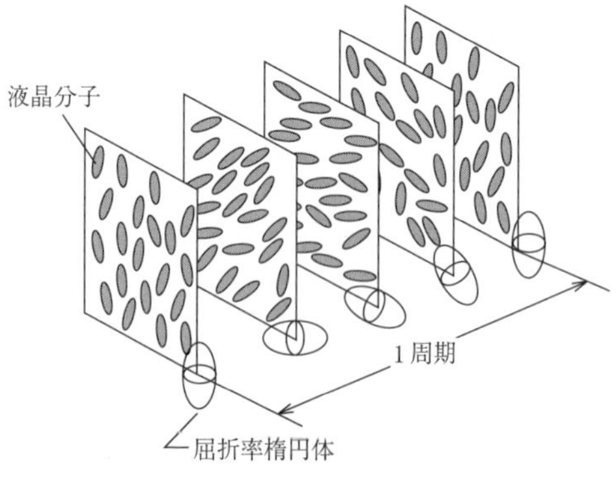

図6.5　キラル液晶の一種であるコレステリック液晶の構造

わち，複屈折の1次元フォトニック結晶が生じていることになる。身近なところでは，コレステリック液晶中の周期構造による特性反射を利用して干渉色を呈する塗料や色材が使われている。温度や分子の混合比率により光学的周期の制御が可能であるという特徴もある。これらの液晶中で生じる1次元フォトニック結晶による多様な分散関係を利用して光高調波の位相整合を達成する実験が70年代より研究されてきた[16],[19]。また，近年では周期構造中に欠陥に対応する分子をドープしてレーザ発振を起こしたり[20]，液晶による光アイソレータを作成した報告もある[21]。液晶を使った1次元フォトニック結晶は単純な系ではあるが，ここに述べた以外にもさまざまな興味深い光学現象を示す。

6.2.6 2次元フォトニック結晶

2次元フォトニック結晶では多くの場合，その周期構造は平行なロッドやロッド状の空孔で形成される。ロッドの軸に対して垂直な平面内に2次元の周期構造が構築される。この面内に偏光を有する**TE**（transverse electric）**偏光**とロッドのそれに垂直な**TM**（transverse magnetic）**偏光**の2種類の偏光モードが存在し，たがいに異なった分散関係を示す[22],[23]。分散関係の例として，誘電体中に空気のロッドが正方格子状に配列した場合を**図6.6**に示す[24]。

逆格子より求めた第一ブリユアンゾーンを挿入図に示した。第一ブリユアンゾーン中の特異な点，Γ, X, Mは，それぞれ(0, 0)，(0, 0.5)，(0.5, 0.5)である。TM偏光の分散関係はTE偏光のそれと大きく異なっていることがわかる。また，いずれの方向にも光が伝搬しないフォトニックバンドギャップ（PBG）は存在しない。一方，2次元フォトニック結晶でも，**図6.7**に示した三角空孔格子ではその様子が大きく異なる。挿入図示したように格子の様子および第一ブリユアンゾーン中の特異な点，Γ, K, Mはそれぞれ(0, 0)，(1/2, $1/(2\sqrt{3})$)，(2/3, 0)である。この場合には，TE偏光に対して光が伝搬しないバンドギャップが $\omega a/2\pi c=3.1\sim4.2$ の間に形成している。一方，TM波に対してはPBGは形成していない。

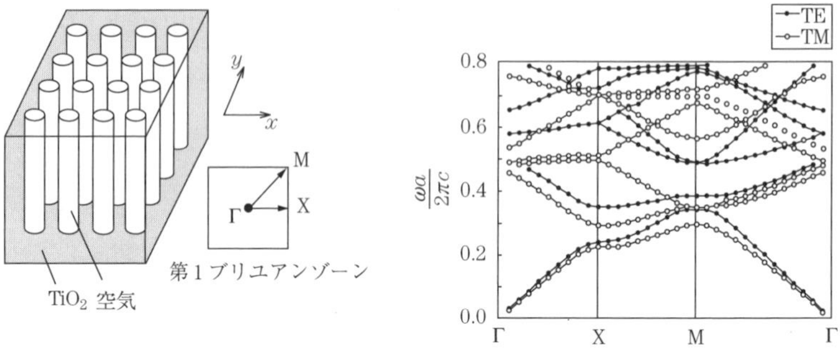

（a） TiO_2を背景とした2次元空気ロッドの正方格子の図　（b） 分散関係の計算結果

空気の屈折率を1.0，TiO_2の屈折率を2.52，ロッドの直径Rと格子定数aの比を$R/a=0.4$とおき計算を行った

図6.6　誘電体中に空気のロッドが正方格子状に配列した場合の分散関係の例

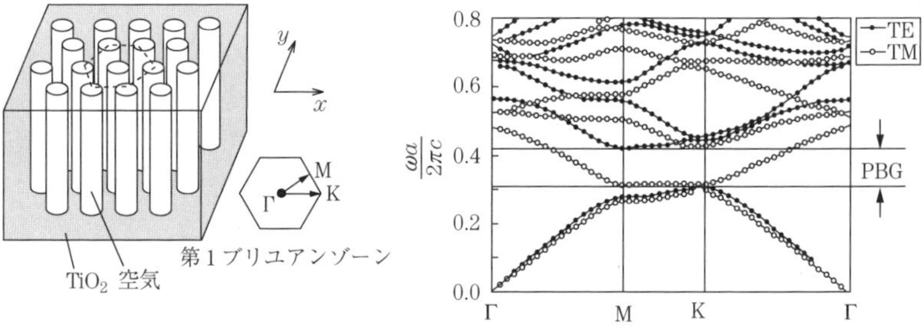

（a） TiO_2を背景とした2次元空気ロッドの三角格子の図　（b） 分散関係の計算結果

空気の屈折率を1.0，TiO_2の屈折率を2.52，ロッドの直径Rと格子定数aの比を$R/a=0.4$とおき計算を行った。TE偏光の光に対して$\omega a/2\pi c=$3.1～4.2の間にフォトニックバンドギャップ（PBG）が生じている

図6.7　誘電体中に空気のロッドが三角格子状に配列した場合の分散関係の例

2次元フォトニック結晶の作成方法として最もよく用いられるのは，板状の基板にエッチングなどで穴を開けた構造である[25]。基板上に塗布したレジスト剤に電子線露光や紫外線レーザによる干渉を利用した露光を行い，異方性エッチングをして穴を開ける。また，基板ではなくその上に堆積（たい）した薄膜中に穴を開けることも試みられている。この他，電気化学的な手法として，基板の陽極酸化による自己組織的な周期構造の形成や周期構造をもつ鋳型を使った手

法も報告されている[26]。また，条件を選べばシリカやラテックスの微小球が気液界面や固液界面などに配列しながら吸着するため，これを利用したフォトニック結晶も作成されている。この方法は低コストで比較的簡単にフォトニック結晶を作成することができるが，屈折率のコントラストが高くとれないという課題もある。

6.2.7 3次元フォトニック結晶

3次元のフォトニック結晶を用いれば，どの方向へも光を閉じ込めることができる完全フォトニックギャップが得られる可能性がある。**図6.8**に面心立方格子における分散関係を示した[15]。図(a)からわかるように，面心立方格子ではあらゆる方向への光の伝搬が禁じられている周波数帯がなく，完全フォトニックバンドギャップをもたない。しかし，類似の構造であるダイヤモンド構造では，その分散関係を図(b)に示すように，完全バンドギャップを与える構造として知られている[15]。また近年では，図6.2に示したヤブロノバイトだけでなく，ウッドパイル構造など完全フォトニックバンドギャップをもつ構造はいくつか報告されている[11]。

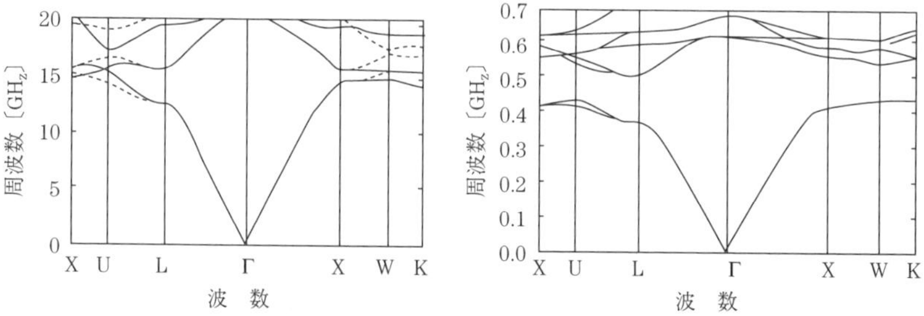

（a） 面心立方格子　（b） ダイヤモンド構造

図6.8 3次元フォトニック結晶の分散関係の例[15]

微細加工技術を使った人工的な3次元フォトニック結晶の作成方法は多数提案されている。しかし，高度な技術と労力がかかるため量産性が課題である。一方，シリカやラテックスの微小球を3次元に規則的に配列させることにより，3 次元フォトニック結晶が作成されている[27]。この形成は自己組織化過程であるため，条件が適切であれば多大な労力を必要とせずにフォトニック結晶が作成できる。ただし，屈折率のコントラストが大きくとれないため，完全フォトニックバンドギャップをもつフォトニック結晶の作成は現在の技術では困難である。別の方法として，多光子吸収を利用して材料中に微細構造を書き込んで 3 次元フォトニック結晶を作成することも試みられている[25]。多光子吸収は非線形光学効果の一種であり，光強度の 2 乗あるいは 3 乗に比例して吸収強度が増す現象である。収束ビームを用いれば，光重合材料内の任意の点で光吸収による光重合を起こすことが可能であり，フォトニック結晶だけでなく微細な機械部品の加工などの研究が行われている。また，無機材料でもレーザによる構造の書込みが研究されている。

6.2.8　フォトニック結晶における光の伝搬

2.2.4 項で論じたように，一般に光の伝搬方向はスネルの法則によって表すことができる（**図 6.9**(a)）。しかし，フォトニック結晶に光が入射した場合には図(b)や図(c)に示すように，通常では考えられない方向に光が進んだり，入射角のわずかな変化により屈折角が大きく変わったり，あるいは等方的な媒質でも複屈折が生じたり，などの興味深い現象が現れる。これらを**スーパープリズム**（super prism）**現象**と呼び，近年注目されているフォトニック結晶が示す光学現象の一つである[4],[28]。この他，スーパーコリメート現象やスーパーレンズなど，多様な分散関係を利用した興味深い光学素子が数多く提案されている[4]。

界面に光が入射した際の光の進行方向は，スネルの法則および分散面により規定される。前者は界面における波数ベクトルの表面接線成分の保存を与え，後者は光エネルギーの流れる方向を規定する。これを図に示したのが図(d)である。フォトニック結晶ではない通常の媒質では分散面は半径 $|k|$（$=(\omega/c)n$）の円であり，ある点における法線は必ず円の中心を通る。分散面の法線方向が光の進む方向を与えるため，単純な形のスネルの法則が成り立つのであ

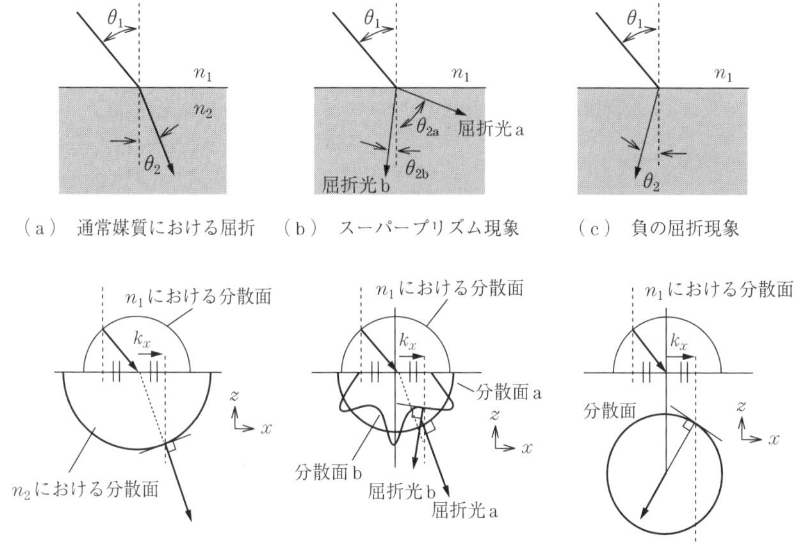

（a） 通常媒質における屈折　（b） スーパープリズム現象　（c） 負の屈折現象

（d） 通常媒質における屈折　（e） スーパープリズム現象における分散面と屈折　（f） 負の屈折現象における分散面と屈折

図 6.9　フォトニック結晶における負の屈折率

る。一方，フォトニック結晶の場合は分散面が複雑であり，単純な円や楕円だけではなく，偏光や波長によってもその形状が大きく異なる。その結果，図(b)に示すように屈折が生じ，かつその方向は波長に強く依存する。図(e)に分散面の模式図を示す[4]。この場合には，波数ベクトルの表面接線成分の保存を示した点線と分散面との交点における分散面の勾配方向は，複数存在しその方向も大きく異なる。この図を用いると入射角を少し変えると屈折方向が大きく変わることを確かめることができる。

例えば，屈折光 b に単純にスネルの法則を適用すると見かけ上屈折率は負になる。しかし，実際にフォトニック結晶中を伝搬している光の位相速度($v=c/n$)が負になるわけではなく，これは一種の回折現象と考えられる。これに対して，近年注目を集めているメタ物質を用いた負の屈折現象[29]や図(c)に示したような大きな屈折率差をもつフォトニック結晶で生じる負の屈折効果[30],[31]では，媒質そのものが負の屈折率を有するように振る舞う。その結果，光の位相速度 v は負となり，完全結像レンズなど興味深い現象が現れると期待されている[32]。メタ物質は後述の表面プラズモンとも密接に関連した現象であり，負の屈折率現象以外にもセンサなどさまざまな光学素子への応用が期待されている。

これ以外にも分散を利用した興味深い光学現象として，バンド端で群速度が低下することによるフォトニック結晶内部の電界の増強効果がある。これを利用すれば，光第2高調波，第3高調波をはじめとする非線形光学効果を著しく増強することができる。また，光カー効果の効率を向上させ，光スイッチング素子への応用が考えられる[33]。フォトニック結晶中の分散を利用して基本波と高調波光の速度を一致させ位相整合をとる試みも行われている。

6.2.9 フォトニック結晶の応用

蛍光などの光の放射過程において，その波長がフォトニック結晶で生じるバンドギャップにあれば自然放出確率をコントロールすることができる。このような**共振器量子電磁力学**（cavity quantum electrodynamics，**cavity QED**）的な興味から[34]，フォトニック結晶の初期研究が行われてきた。この現象は例えば単純なファブリー・ペロー共振器でもある程度の実現が可能であるが，完全バンドギャップが容易に実現できれば，この分野での応用が期待される。この点で3次元フォトニック結晶における完全ギャップを利用した光閉込めは初期におけるフォトニック結晶の最も注目すべき応用分野であった。基礎的な興味以外にも，工業的には自然放出確率の制御が実現すれば，無しきい値半導体レーザを実現できる。

これに加えて，最近ではフォトニック結晶中における光の分散関係を利用した素子の作成が盛んである。代表的な例として光導波路がある。**図6.10**(a)のようにフォトニック結晶を反射媒質として用いれば，そこを光が導波して一種の導波路として機能する[13]。光の周波数がバンドギャップ中にあれば，フォトニック結晶が反射媒質として機能して光が導波する。すなわち，波長選択的な導波路が作成できる。カー効果などを用いてフォトニック結晶を形成し

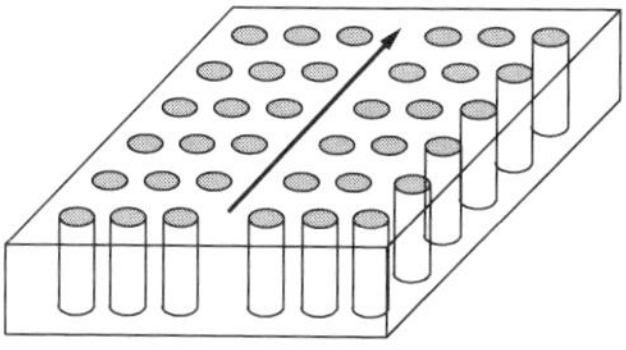

（a） 2次元導波路の一例

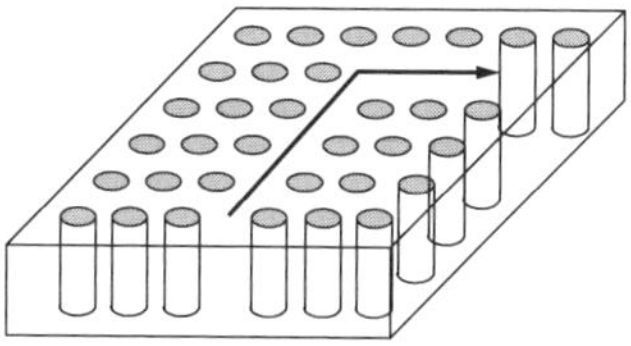

（b） 2次元導波路の折曲げ構造

図6.10 光 導 波 路

ている媒質の屈折率を変化させれば，導波条件を微妙に制御することができるため，スイッチング素子や光双安定素子などの能動素子の作成が可能である。他の特徴として，フォトニック結晶導波路は光の曲げや分岐などに強いことがある。図(b)に示したようなフォトニック結晶導波路では，通常の導波路では困難な鋭角な曲げに対して損失を小さくすることができ，微小な基板上に構築した光集積回路への応用などが期待されている。

フォトニック結晶導波路として現在実用化されているものの一つに，フォトニック結晶ファイバがある。フォトニック結晶ファイバの一例を，**図6.11**に示す[35]。通常の光ファイバと異なり，フォトニック結晶による反射を利用して光を閉じ込める。そのため，コアの部分が高い屈折率である必要はなく，例えば空気でもよい。構造を設計することにより，広い波長範囲でシングルモードを実現したり，分散の大きさや開口数を大きくしたり小さくしたりすることができる。また，高いパワー密度の実現により高効率で非線形光学効果を起こし，白色光の発生などに用いられる。空気をコアとした光ファイバでは，逆に光ファイバ中の非線形光学効果を抑えることができたり，強い光でも破壊が起

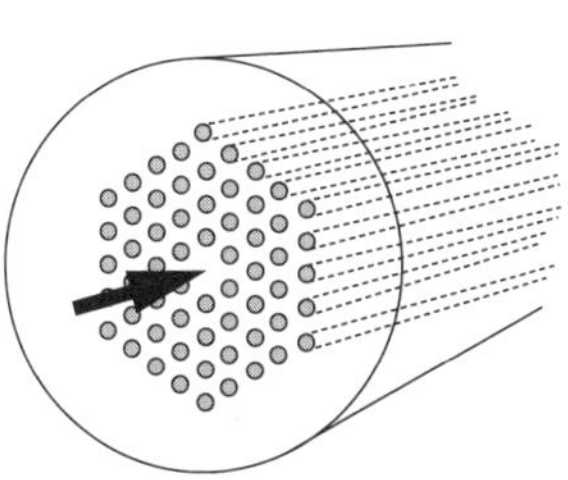

図6.11 フォトニック結晶ファイバの構造

きないなどの特徴がある。このように光伝送路だけでなく光学部品としての活用も行われている。

また，モノリシックな光学部品へ実用化された例として，自己クローニング技術を用いた偏光素子がある[36]。一方の偏光のみが禁制となっている周波数の光では，他方の偏光のみが結晶中を通過する。フォトニック結晶を設計することにより，目的の周波数でこれを実現し，超小型のフォトニック結晶偏フォトンが実用化されている。設計条件を変えることにより，偏光板だけでなく波長板や波長フィルタとしても用いることができる。

6.3 表面プラズモン

6.3.1 表面プラズモンとマクスウェル方程式

表面プラズモン（surface plasmon）は表面近傍で生じる金属中の自由電子の波である[37],[38]。一般に電子の疎密波であるプラズモンは縦波であるため，横波である光波と相互作用を起こさない。しかしながら，表面に局在するモードであるプラズモンの表面ポラリトン（以下，表面プラズモンと呼ぶ）は横波であるため，光と相互作用を起こすことが可能である。**図 6.12**(a)に示した系における電気変位 D に関するマクスウエル方程式 $\nabla \cdot D=0$ を解くことにより，下記のような表面プラズモンの分散式を得ることができる。

$$\frac{k_{1z}}{\varepsilon_1}+\frac{k_{2z}}{\varepsilon_2}=0 \tag{6.22}$$

ここで，k_{iz} は媒質 i における光の波数ベクトルの z 方向成分である。スネルの法則により k の z 方向成分が保存されることに注意すると，k_{iz} は光の波数ベクトルの x 方向成分 k_x との間に下記の関係がある。

$$k_{zi}=\sqrt{\varepsilon_i\left(\frac{\omega}{c}\right)^2-k_x^2} \tag{6.23}$$

これを用いて，式(6.22)を解くと

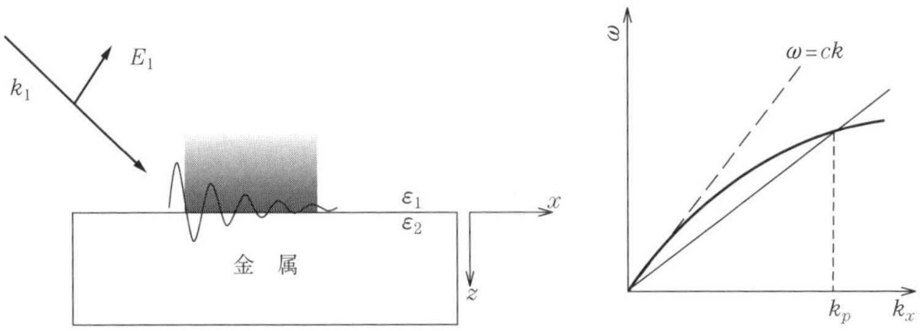

（a） 表面プラズモンを考える際の光学配置　　（b） 表面プラズモンの分散関係

図 6.12 表面プラズモンの考察

$$k_x=\frac{\omega}{c}\sqrt{\left(\frac{\varepsilon_1\varepsilon_2}{\varepsilon_1+\varepsilon_2}\right)} \tag{6.24}$$

となる。表面プラズモンの分散関係を図（b）に実線で示す。自由空間中の光の分散関係を点線で示した。

ここに示すように，表面プラズモンの波数は自由空間のそれよりもつねに大きい。すなわち，自由空間中を伝搬する光では表面プラズモンは励起できないことを示している。表面プラズモンの波数 k の実部 k' と虚部 k'' は，金属の誘電率の実部 ε_2' と虚部 ε_2'' を用いて

$$k_x'=\left(\frac{\omega}{c}\right)\sqrt{\frac{\varepsilon_1\varepsilon_2'}{\varepsilon_1+\varepsilon_2'}} \tag{6.25}$$

$$k_x''=\left(\frac{\omega}{c}\right)\left(\frac{\varepsilon_1\varepsilon_2'}{\varepsilon_1+\varepsilon_2'}\right)^{3/2}\left(\frac{\varepsilon_2''}{2\varepsilon_2'^2}\right) \tag{6.26}$$

と表される。これより，表面プラズモンの伝搬長 L_p は下記のように求めることができる。

$$L_p=\frac{1}{2k_x''} \tag{6.27}$$

これより求まる伝搬長は赤～緑の領域の光を用いた場合，銀では 20～30 μm，金では 5 μm 程度となる。

光を用いて表面プラズモンを励起するためには，光と表面プラズモンの分散関係を一致させる工夫が必要である。図（b）で示すように，表面プラズモンの

波数は自由空間中を伝搬する光の波数より大きいためである。これを実現する一つの方法に**全反射減衰法**（attenuation method of total reflection, **ATR**）の利用がある。ATR 配置を用いるとその表面近傍にエバネッセント光が生じる。この電界の波数ベクトルの x 成分 k_x は下記のように表される。

$$k_x=\left(\frac{\omega}{c}\right)\sqrt{\varepsilon_1}\sin\theta_1 \tag{6.28}$$

となる。その際に波数の面内成分は図(b)の細線のようになるため，$k_x=k_p$ において表面プラズモンを励起することが可能となる。最初に考えられたのは，Otto 配置と呼ばれる**図 6.13**(a)のような光学系である。全反射の際に生じるエバネッセント光は，式(6.28)のような関係をもつため，これを利用して表面プラズモンを励起することができる。この配置における入射角-反射曲線はマクスウェル方程式を解くことにより簡単に求めることができ，その計算例を図(b)に示す。全反射角 θ_c よりも高角度側で表面プラズモンが励起され，入射光のエネルギーは金属薄膜に吸収されて反射率が急激に低下する。共鳴角 θ_r において反射率が最小となる。

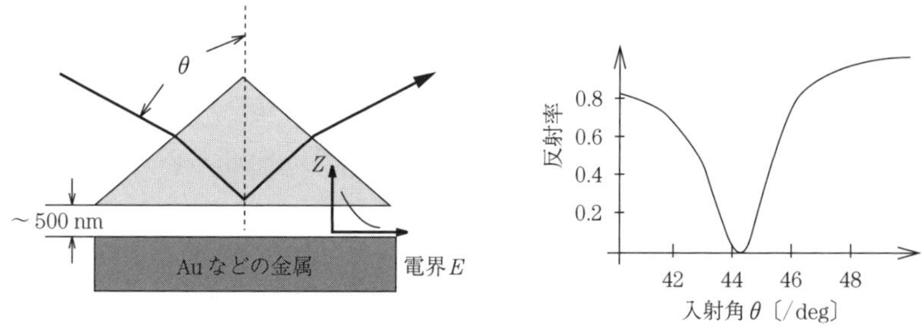

（a） Otto が考えた表面プラズモン励起の光学配置　　（b） 入射角反射率曲線

図 6.13　表面プラズモンの励起

Otto 配置では数百ナノメートルのギャップが必要であり，実際には不便なことが多い。そのため，プリズム底面に直接金属薄膜を堆積した**図 6.14**(a)に示したような Kretschmann 配置がよく用いられる。金属薄膜の厚さは，金や銀では約 50 ナノメートル，アルミニウムでは 10 ナノメートル程度である。

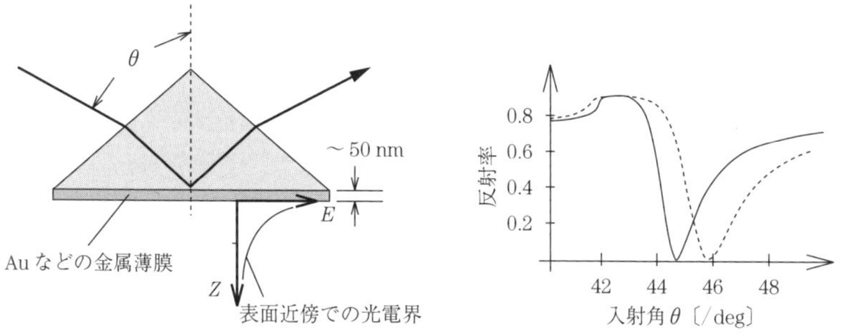

（a） Kretschmannが考えた表面プラズモン励起の光学配置　（b） 入射角反射率曲線

図 6.14 表面プラズモンの励起

この場合も入射角反射曲線はマクスウェル方程式を解くことにより簡単に求めることができる。この様子を図(b)に示す。Otto配置と同じように，表面プラズモンが励起されると入射光のエネルギーは金属薄膜に吸収されて反射率が低下する。共鳴条件は表面の状態に敏感であるため，表面に1ナノメートルの誘電体薄膜が吸着しただけで θ_r は約0.1°高角度側にシフトする。これを利用すれば，表面近傍における物質の脱離や吸着を高い感度でモニタすることができる。

これを応用したバイオセンサは実用化もされており，遺伝子工学や生化学の分野ではなくてはならないツールになっている。その原理を示したのが**図 6.15** である[39),(40)]。検出対象分子（アナライト）に対して特異的に相互作用を有する分子であるリガンドをレセプタとして，金薄膜表面上に被服する。アナライト分子はリガンド分子に吸着して平均的な誘電体薄膜として働くようになるが，それ以外の相互作用をもたない分子はリガンドとは反応しない。アナ

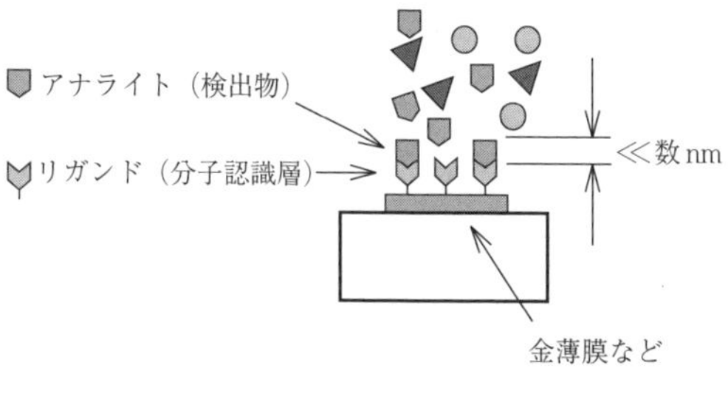

図 6.15 バイオセンサの原理

ライト分子の吸着量はたかだか 1 ng/mm^2 とたいへん少ないが，表面プラズモンの共鳴条件を変化させるには十分である。Kretschmann 配置では一般に 0.01 ng/mm^2 の吸着量を検出できる分解能をもち，DNA やタンパクの検出に十分な性能を有する。

表面プラズモン共鳴のもう一つの特徴に電界の増強効果がある。共鳴時には，表面近傍には距離とともに指数関数的に減衰するエバネッセント場が生じる。共鳴時にはこれが著しく増強するため，ラマン散乱や蛍光強度を増強することができる。これは，表面プラズモンの波数ベクトルの x 成分が大きくなる現象である。増強率は計算により求めることができるが，近年非線形光学効果を用いた測定と比較され，両者のよい一致が示されている(41)。

6.3.2　局在プラズモン共鳴

金属薄膜中に生じる表面プラズモン共鳴の他に，ナノメートルサイズの金属微粒子中の電子波も光と相互作用して共鳴する。この現象を**局在化表面プラズモン共鳴**と呼ぶ(42),(43)。金属薄膜中に生じる表面プラズモン共鳴と同じように，共鳴条件が金属微粒子の表面近傍の状態に敏感である。表面近傍の電界の増強などに利用することができ，またさまざまなデバイスが提案されている。

図 6.16 に示すような，複素誘電率 $\varepsilon_1(\lambda)$ をもつ半径 r の微小な球状の金属微粒子が誘電率 $\varepsilon_2(\lambda)$ の媒質中に置かれている系を考えてみよう。金属微粒子の分極率 $\alpha(\lambda)$ は擬似静電界近似のもとでは

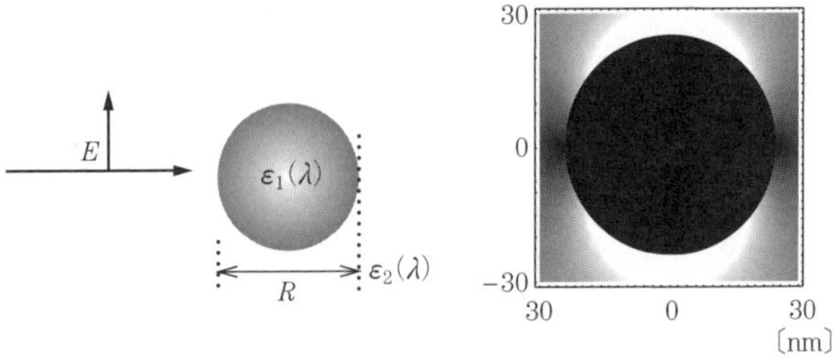

（a）　　　　（b）

図 6.16　局在表面プラズモン共鳴

$$\alpha(\lambda) = 4\pi\varepsilon_2(\lambda)r^3\frac{\varepsilon_1(\lambda)-\varepsilon_2(\lambda)}{\varepsilon_1(\lambda)+2\varepsilon_2(\lambda)} \tag{6.29}$$

と書くことができる[42),(43)]。式(6.29)の分母の絶対値が最小となる波長λにおいて局在プラズモンが共鳴状態となり，分極率$\alpha(\lambda)$の大きさが最大となる。また，式(6.29)は，rが波長に比べて十分小さいときには共鳴波長がrによらないことを示している。共鳴条件は，周辺媒質の屈折率やその表面への物質の吸着に敏感であり，それらを検出することによりさまざまなセンサを作成することができる。具体的には，散乱光強度のスペクトルを測定してその変化を観察する他に，共鳴波長近傍の単色光を照射してその散乱光強度の変化を観測する方法などがある。局在プラズモン共鳴を使ったセンサでは，10^{-4}〜10^{-5}程度の周辺媒質の屈折率変化を検出することができる[44)]。この感度は，1〜2 nmの膜厚の物質の吸着を検出するには十分な感度であり，バイオセンサなどに応用されている。

引用・参考文献

(1) K. Ohtaka：Phys. Rev., **B19**, 5057 (1987)
(2) 花村榮一：応用物理，**63**，604 (1994)
(3) 井上久遠：応用物理，**64**，19 (1995)
(4) 小坂英男：日本物理学会誌，**55**，172 (2000)
(5) 野田　進：固体物理，**37**，335 (2002)
(6) J. D. Jannonpoulos, R. D. Meade and J. N. Winn (藤井壽崇・井上光輝訳)：フォトニック結晶, コロナ社 (2003)
(7) 迫田和彰：フォトニック結晶入門，森北出版 (2003)
(8) 吉野勝美，武田寛之：フォトニック結晶の基礎と応用，コロナ社 (2004)
(9) E. Yablonovitch and T. J. Gmitter：Phys. Rev. Lett., **63**, 1950 (1989)
(10) E. Yablonovitch, T. J. Gmitter and K. M. Leung：Phys. Rev. Lett., **67**, 2295 (1991)
(11) S. Noda, K. Tomoda, N. Yamamoto and A. Chutiman：Science, **289**, 604 (2000)
(12) T. Hattori, N. Tsurumachi and H. Nakatsuka：J. Opt. Soc. Am., **B14**, 348

(1997)
(13) A. Mekis, J. C. Chen, I. Kurland, S. Fan, P. R. Villeneuve, J. D. Joannopoulos：Phys. Rev. Lett., **77**, 3787 (1996)
(14) A. Yariv and P. Yeh：Optical Waves in Crystals, Propagation and Control of Laser Radiation, Ch. 6, John Wiley & Sons, New York (1984)
(15) K. M. Ho, C. T. Chan and C. M. Soukoulis：Phys. Rev. Lett., **65**, 3152 (1990)
(16) J. W. Shelton and Y. R. Shen：Phys. Rev. Lett., **25**, 23 (1970)
(17) 福田敦夫，竹添秀男：強誘電性液晶の構造と物性，コロナ社 (1990)
(18) 吉野勝美，尾崎雅則：液晶ディスプレイの基礎と応用，コロナ社 (1994)
(19) H. Hoshi, D.-H. Chung, K. Ishikawa and H. Takezoe：Phys. Rev., **E63**, 056610-1 (2001)
(20) T. Matsui, R. Ozaki, K. Funamoto, M. Ozaki and K. Yoshino：Appl. Phys. Lett., **81**, 3741 (2002)
(21) J. Hwang, M. H. Song, B. Park, S. Nishimura, T. Toyooka, J. W. Wu, Y. Takanishi, K. Ishikawa and H. Takezoe：Nature Materials, **4**, 383 (2005)
(22) R. D. Meade, K. D. Brommer, A. M. Rappe and J. D. Joannopoulos：Appl. Phys. Lett., **61**, 495 (1992)
(23) A. A. Maradudin and A. R. McGurn：J. Opt. Soc. Am., **10**, 307 (1993)
(24) 鈴木英明 卒業論文，東京工業大学 (2006)
(25) H.-B. Sun, S. matsuo and H. Misawa：Appl. Phys. Lett., **74**, 786 (1999)
(26) H. Masuda, M. Ohya, K. Nihio, H. Asoh, M. Nakao, M. Nohtomi, A. Yokoo and T. Tamamura：Jpn. J. Appl. Phys., **39**, L1039 (1999)
(27) K. Fukuda, H.-B. Sun, S. Matsuo and H. Misawa：Jpn. J. Appl. Phys., **37**, L508 (1998)
(28) H. Kosaka, T. Kawashima, M. Notomi, T. Tamamura, T. Sato and S. Kawakami：Phys. Rev., **B58**, R10096 (1994)
(29) G. V. Eleftheriades and K. G. Balmain Eds.：Negative Refraction Metamaterials, John Wiley & Sons, New Jersey (2005)
(30) 納富雅也：応用物理，**74，** 173 (2005)
(31) M. Notomi：Phys. Rev., **B62**, 10696 (2000)
(32) J. B. Pendry：Phys. Rev. Lett., **85**, 3966 (2000)
(33) S. Inoue and Y. Aoyagi：Phys. Rev. Lett., **94**, 103904 (2005)
(34) E. Yablonovitch：Phys. Rev. Lett., **58**, 2059 (1987)

(35) T. A. Birks, P. J. Roberts, P. St. J. Russel, D. M. Atkin and T. J. Shepherd：Electron. Lett., **31**, 1941 (1995)

(36) 川上影二郎：OplusE, **28**, 59 (2006)

(37) H. Raether：Surface Plasmons on Smooth and Rough Surfaces and on Gratings, Springer-Verlag, Berlin (1988)

(38) 福井萬壽夫，大津元一：光ナノテクノロジーの基礎，オーム社 (2003)

(39) 六車仁志：バイオセンサー入門，コロナ社 (2003)

(40) 梶川浩太郎：蛋白質核酸酵素，**49**，1772 (2003)

(41) R. Naraoka, H. Okawa, K. Hashimoto and K. Kajikawa：Opt. Commun., **248**, 249 (2005)

(42) B. F. Bohren and D. R. Huffman：Absorption and Scattering of Light by Small Particles, John Wiley & Sons, New York (1983)

(43) 岡本隆之：光学，**33**，152 (2004)

(44) K. Mitsui, Y. Handa and K. Kajikawa：Appl. Phys. Lett., **85**, 4231 (2004)

7 スピンと光学的特性

7.1 はじめに

非磁性の物質中では，電子がとり得る二つのスピン状態は，エネルギー的に縮退，あるいはエネルギー分裂がきわめて小さいため，通常はスピンの自由度に起因する現象は顕著に観測されない。しかし，光がスピンに起因する二つの自由度を有することを利用してスピン偏極した電子状態を形成したり，磁性不純物を添加したりすることにより，スピンに依存する現象を顕著に観測することができる。本章では，このようにスピン状態が重要となる現象を中心に述べる。

7.2 光学遷移における選択則と磁気光学効果

フォトンは，スピン1の質量のないボーズ粒子であり，波数ベクトルの方向にスピンの成分を有するヘリシティ $h=1$ の右円偏光の状態と，反対方向にスピンが向いたヘリシティ $h=-1$ の左円偏光の状態の二つの自由度をもつ。

電子系によるフォトンの吸収や放出の過程では，角運動量の保存則，すなわちフォトンの吸収・放出の前後での電子系の全角運動量の変化量を Δj_z，フォトンのヘリシティを h とするとき，$h=\Delta j_z$ が要請される。**図 7.1** は，2章で

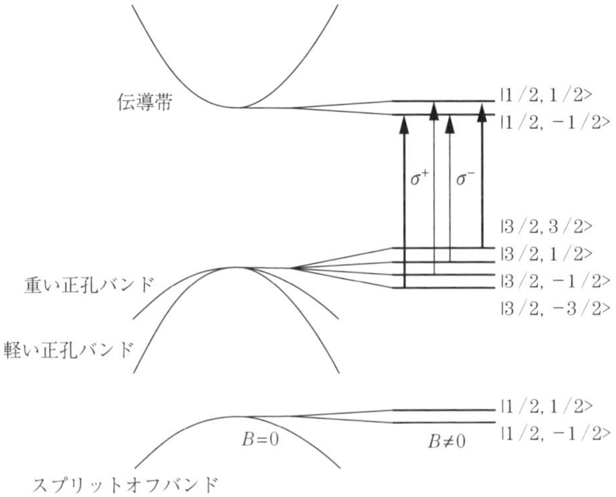

図 7.1　スピン軌道相互作用を考慮した場合の閃亜鉛鉱型構造をもつ半導体の禁止帯近傍のバンドの分散と左右の円偏光の光吸収に関する選択則

述べたダイヤモンド型や閃亜鉛鉱型構造を有する半導体の $\boldsymbol{k}=\boldsymbol{0}$ 近傍のバンドの分散を模式的に表したものである。

2.5.5 項で述べたように，スピン軌道相互作用のため，スピンはよい量子数とはならず，全角運動量 $\boldsymbol{j}=\boldsymbol{l}+\boldsymbol{s}$ が量子数となり，磁界 0 の場合は，価電子帯上端は 4 重に縮退した $j=3/2$ の状態$|3/2,\ j_z\rangle$$(j_z=\pm 3/2,\ \pm 1/2)$から構成される。一方，伝導帯下端の状態は，2.5.4 項で述べたように s 軌道で構成されるため，スピンの自由度による 2 重に縮退した $|1/2,\ \pm 1/2\rangle$ から構成される。したがって，右円偏光 σ^+ と左円偏光 σ^- のフォトンの吸収・放出では，それぞれ角運動量の保存則 $\Delta j_z=+1$，$\Delta j_z=-1$ が要請されるため，それぞれ図 7.1 に矢印で表した二つの遷移のみが許される。すなわち，磁界 0 の場合は，右円偏光による励起では $|3/2,\ -3/2\rangle \rightarrow |1/2,\ -1/2\rangle$ と$|3/2,\ -1/2\rangle \rightarrow |1/2,\ 1/2\rangle$ の二つの過程が並行して起こる。ただし，$|3/2,\ -3/2\rangle \rightarrow |1/2,\ -1/2\rangle$ の吸収は，$|3/2,\ -1/2\rangle \rightarrow |1/2,\ 1/2\rangle$ の吸収の 3 倍の強度をもつ。これは，ベクトルポテンシャルの偏光方向 $\boldsymbol{e}$ を z 軸に垂直にとるとき，双極子遷移の行列要素に $\langle s|\boldsymbol{e}\cdot\boldsymbol{p}|p_z\rangle=0$ なる関係があること，および価電子帯の四つの電子状態が式

(2.101)により表されることから容易に導かれる。一方，2.5.5項で述べたように，|3/2, ±3/2⟩ と |1/2, ±1/2⟩ はそれぞれ重い正孔バンドと軽い正孔バンドに対応し，二つのバンドの有効質量が異なる。このため，5章で述べたように量子井戸構造による二つのバンドの量子化エネルギーが異なるため，0磁界下（$\boldsymbol{H}=0$）でも**図7.2**に示すように縮退が解けている。したがって，適当なエネルギーの円偏光の光を用いることにより，スピン偏極したキャリヤを選択的に生成することができる。一方，磁界が存在する（$H\neq0$）場合は，ゼーマン（Zeemen）分裂により右円偏光と左円偏光の光に対する吸収のエネルギーに差が生じるため，つぎに述べる磁気光学効果が現れる。

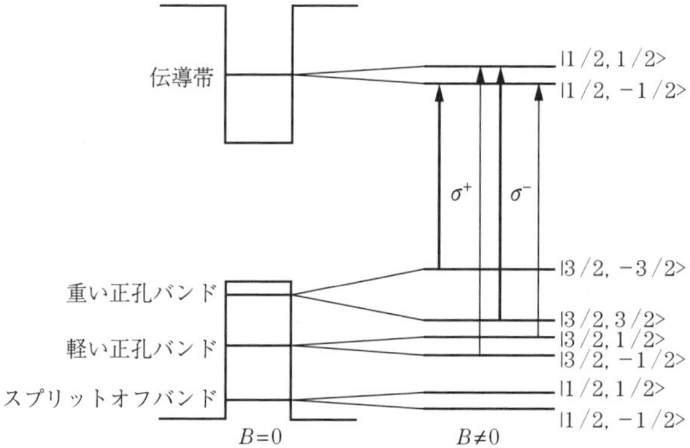

図7.2　閃亜鉛鉱型構造を有する半導体により作製した(001)面上の量子井戸の場合の電子状態と円偏光の光の吸収における選択則

7.2.1　磁 気 光 学 効 果[(1)]

図7.1の $B\neq0$ の場合ようなスピン分離があると，左右の円偏光の吸収エネルギー $\hbar\omega_\pm$（以下右円偏光に関する物理量を添字 +，左円偏光に関するものを添字−で表す）に相違が生じる。1.2.2項で述べたローレンツモデルによると，左右の円偏光に対する誘電率 $\varepsilon_\pm$ は

$$\frac{\varepsilon_\pm(\omega)}{\varepsilon_0}=1+\frac{e^2N}{m\varepsilon_0}\frac{1}{{\omega_\pm}^2-\omega^2-i\omega\Gamma_\pm} \tag{7.1}$$

と表される。このため，左右の円偏光に対する屈折率 $n_{\pm}$ にも相違が生じる。したがって，スピン分離をもつ物質を左右の円偏光が通過すると，両者の間に位相差が生じる。**図 7.3**(a)から容易に類推できるように，直線偏光の光は，振幅が等しい左右の円偏光の光の重ね合せで表される。このため，直線偏光の光がスピン分離のある物質を通過すると，図(b)のように偏光面の回転した直線偏光となる旋光性が観測される。この現象は**ファラデー効果**（Faraday effect）と呼ばれる。さらに，左右の円偏光に対する吸収係数が異なる場合には，図(c)のように通過した左右の円偏光の光の振幅にも相違が生じるため，合成した波は楕円偏光となる。この現象は，**磁気円 2 色性**（magnetic circular dichroizm）と呼ばれる。つぎに，これらの現象を磁界下でのローレンツモデルから求めた誘電率テンソルを基に考察する。

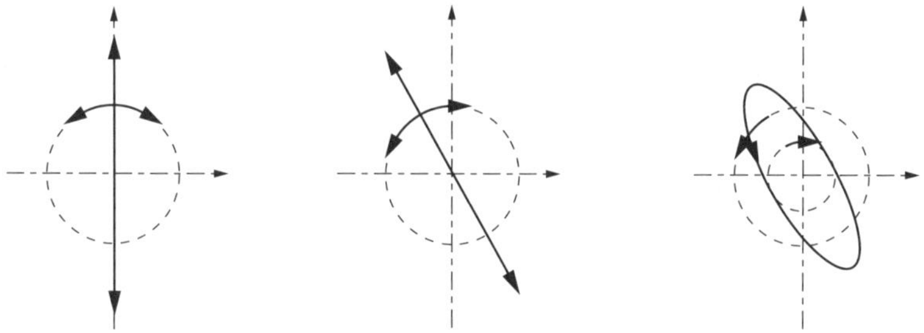

電界ベクトル先端の軌跡を示す。直線偏光は同じ振幅をもつ左右の円偏光の和として表せる

（a） 入射する直線偏光

屈折率の相違のため，出射した左右の円偏光に位相差が生じるため，合成した光は直線偏光となるが，偏光面が回転する

（b） 旋光性を有する物質を通過後の光の電界ベクトル

左右の円偏光に対する吸収係数の差により，位相差に加えて振幅に差が生じる。このため，合成した光は楕円偏光となる

（c） 旋光性と円 2 色性の両方をもつ物質を通過後の光の電界ベクトル

図 7.3 旋光性と円 2 色性

質量 m，電荷 q，共鳴振動数 ω_0 のローレンツ振動子に速度に比例する抵抗力 $-m\Gamma\boldsymbol{v}$，光の電界による静電気力 $q\boldsymbol{E}$，定常な磁界によるローレンツ力 $\boldsymbol{F}=q\boldsymbol{v}\times\boldsymbol{B}$ が働く場合の分極 $\boldsymbol{P}$ を考える。$\boldsymbol{B}=(0,\ 0,\ B)$とする。古典的な運動方程式は

$$m\frac{d^2\boldsymbol{r}}{dt^2} = -m\omega_0{}^2\boldsymbol{r} - m\Gamma\frac{d\boldsymbol{r}}{dt} + q\boldsymbol{E} + q\boldsymbol{v}\times\boldsymbol{B}$$

と書ける。分極 $\boldsymbol{P}$ は，$\boldsymbol{P} = Nq\boldsymbol{r} = \varepsilon_0\chi\boldsymbol{E}$ と表せるので，入射する電磁波の角振動数を ω として電界を $\boldsymbol{E} = \boldsymbol{E}_0 e^{-i\omega t}$ としたときの定常解 $\boldsymbol{r} = \boldsymbol{r}_0 e^{-i\omega t}$ を考えることにより，誘電率テンソル ε は

$$\varepsilon = \varepsilon_0(1+\chi) = \varepsilon_0\begin{bmatrix} \varepsilon_\perp & \varepsilon' & 0 \\ -\varepsilon' & \varepsilon_\perp & 0 \\ 0 & 0 & \varepsilon_{/\!/} \end{bmatrix} \tag{7.2}$$

と求められる。ここで，$\varepsilon_\perp$, ε', $\varepsilon_{/\!/}$ は

$$\begin{cases} \varepsilon_\perp \equiv 1 + \dfrac{Nq^2}{m\varepsilon_0}\dfrac{(\omega_0{}^2 - \omega^2 - i\omega\Gamma)}{(\omega_0{}^2 - \omega^2 - i\omega\Gamma)^2 - \omega_c{}^2\omega^2} \\ \varepsilon' \equiv -\dfrac{Nq^2}{m\varepsilon_0}\dfrac{i\omega_c\omega}{(\omega_0{}^2 - \omega^2 - i\omega\Gamma)^2 - \omega_c{}^2\omega^2} \\ \varepsilon_{/\!/} \equiv 1 + \dfrac{Nq^2}{m\varepsilon_0}\dfrac{1}{\omega_0{}^2 - \omega^2 - i\omega\Gamma} \end{cases} \tag{7.3}$$

である。ω_c は，サイクロトロン周波数 $\omega_c \equiv qB/m$ である。なお，容易に確認できるように，左右の円偏光を基底として表した誘電率(7.1)を x, y 方向の直線偏光を基底として表すと，式(7.1)と同じ形をもつ誘電率テンソルが得られる。

強磁性体は，自発磁化 $\boldsymbol{M}$ をもつため，強磁性体内部では $\boldsymbol{M}$ に比例する有効磁界（分子場）が働いていると考えることができるので，$\boldsymbol{M}$ の向きを z 軸方向にとると，式(7.2)より誘電率 ε は

$$\varepsilon = \begin{bmatrix} \varepsilon_\perp(M) & \varepsilon'(M) & 0 \\ -\varepsilon'(M) & \varepsilon_\perp(M) & 0 \\ 0 & 0 & \varepsilon_{/\!/}(M) \end{bmatrix} \tag{7.4}$$

と表せる。なお，オンサーガー（Onsager）の関係式[2]

$$\varepsilon_{ij}(-M) = \varepsilon_{ji}(M) \tag{7.5}$$

が要請されるので，式(7.4)を M のべきで展開したとき，対角項は M の偶数次のみで，また非対角項は M の奇数次のみで表される。

つぎに誘電率が式(7.4)で与えられる物質中の平面電磁波の伝搬を考える。平面電磁波を複素屈折率 $\tilde{n}$ と波数方向の単位ベクトル $\boldsymbol{s}$ を用いて

$$\begin{cases} \boldsymbol{E}=\boldsymbol{E}_0\exp(i(\boldsymbol{k}\cdot\boldsymbol{r}-\omega t))=\boldsymbol{E}_0\exp\left(i\omega\left(\dfrac{\tilde{n}}{c}\boldsymbol{s}\cdot\boldsymbol{r}-t\right)\right) \\ \boldsymbol{H}=\boldsymbol{H}_0\exp(i(\boldsymbol{k}\cdot\boldsymbol{r}-\omega t))=\boldsymbol{H}_0\exp\left(i\omega\left(\dfrac{\tilde{n}}{c}\boldsymbol{s}\cdot\boldsymbol{r}-t\right)\right) \end{cases} \tag{7.6}$$

と表す。この平面波が，マクスウェル方程式

$$\nabla\times\boldsymbol{E}=-\frac{\partial\boldsymbol{B}}{\partial t},\quad \nabla\times\boldsymbol{H}=\frac{\partial\boldsymbol{D}}{\partial t}$$

を満たすための条件は，磁化 $\boldsymbol{M}$ の時間依存性を無視すると

$$\frac{\tilde{n}}{c}\boldsymbol{s}\times\boldsymbol{E}=-\mu\boldsymbol{H},\quad \frac{\tilde{n}}{c}\boldsymbol{s}\times\boldsymbol{H}=\varepsilon\boldsymbol{E} \tag{7.7}$$

と表される。2式から $\boldsymbol{H}$ を消去すると

$$\tilde{n}^2\boldsymbol{s}\times(\boldsymbol{s}\times\boldsymbol{E})=\tilde{n}^2\{\boldsymbol{E}-(\boldsymbol{s}\cdot\boldsymbol{E})\boldsymbol{s}\}=\varepsilon\boldsymbol{E}$$

なる関係が得られる。ここで，$s_x^2+s_y^2+s_z^2=1$ に注意すると，この方程式は

$$\begin{bmatrix} \varepsilon_\perp-\tilde{n}^2(1-s_x^2) & \varepsilon'+\tilde{n}^2 s_x s_y & \tilde{n}^2 s_x s_z \\ -\varepsilon'+\tilde{n}^2 s_x s_y & \varepsilon_\perp-\tilde{n}^2(1-s_y^2) & \tilde{n}^2 s_y s_z \\ \tilde{n}^2 s_x s_z & \tilde{n}^2 s_y s_z & \varepsilon_{/\!/}-\tilde{n}^2(1-s_z^2) \end{bmatrix}\begin{bmatrix} E_x \\ E_y \\ E_z \end{bmatrix}=0 \tag{7.8}$$

と表せる。この方程式が，$\boldsymbol{E}=\boldsymbol{0}$ 以外の解をもつためには，係数行列式が 0 であることが必要である。$\boldsymbol{s}$ が，xz 面内にあるとして，$\boldsymbol{s}$ と z 軸のなす角を θ として $\boldsymbol{s}$ を $\boldsymbol{s}=(\sin\theta,0,\cos\theta)$ と表すと，式(7.8)は

$$\begin{vmatrix} \varepsilon_\perp-\tilde{n}^2\cos^2\theta & \varepsilon' & \tilde{n}^2\sin\theta\cos\theta \\ -\varepsilon' & \varepsilon_\perp-\tilde{n}^2 & 0 \\ \tilde{n}^2\sin\theta\cos\theta & 0 & \varepsilon_{/\!/}\sin\theta\cos\theta \end{vmatrix}=0 \tag{7.9}$$

と書ける。以下では，実験的に重要な光学配置として，磁化 $\boldsymbol{M}$ が光の波数ベクトル $\boldsymbol{k}$ と平行となるファラデー配置（$\theta=0$）と，$\boldsymbol{M}$ が $\boldsymbol{k}$ に対して垂直となるフォークト（Voigt）配置（$\theta=\pi/2$）について考える。

(1)　ファラデー配置（$\theta=0$）の場合

式(7.9)は

$$\begin{vmatrix} \varepsilon_\perp - \tilde{n}^2 & \varepsilon' & 0 \\ -\varepsilon' & \varepsilon_\perp - \tilde{n}^2 & 0 \\ 0 & 0 & \varepsilon_{/\!/} \end{vmatrix} = 0 \tag{7.10}$$

となり，固有値と対応する固有ベクトルは

$$\tilde{n}_\pm{}^2 = \varepsilon_\perp \pm i\varepsilon', \quad \boldsymbol{E} = E_0 \frac{1}{\sqrt{2}} \begin{bmatrix} 1 \\ \pm i \\ 0 \end{bmatrix} \tag{7.11}$$

となる。y 方向成分の $\pm i$ は，x 方向と y 方向の振動の間には $\pm\pi/2$ の位相差があること，すなわち左右の円偏光が固有モードとなることを表している。言い換えると，直線偏光の光が磁化に平行に入射すると，結晶中で左右の円偏光に分かれて伝搬する。このとき，両者の複素屈折率が異なるため，結晶を通過した光は図 7.3(c)のような楕円偏光となり，ファラデー効果と円 2 色性を示す。また，二つの光に対する屈折率が異なるため（磁気）複屈折が表れる。

(2)　フォークト配置（$\theta = \pi/2$）の場合

式(7.9)は

$$\begin{vmatrix} \varepsilon_\perp & \varepsilon' & 0 \\ -\varepsilon' & \varepsilon_\perp - \tilde{n}^2 & 0 \\ 0 & 0 & \varepsilon_{/\!/} - \tilde{n}^2 \end{vmatrix} = 0 \tag{7.12}$$

となり，固有値と対応する固有ベクトルは，それぞれ

$$\left\{ \begin{aligned} &\tilde{n}^2 = \varepsilon_{/\!/} : & &\boldsymbol{E} = E_0 \begin{bmatrix} 0 \\ 0 \\ 1 \end{bmatrix} \\ &\tilde{n}^2 = \varepsilon_\perp \left\{ 1 + \left(\frac{\varepsilon'}{\varepsilon_\perp} \right)^2 \right\} : & &\boldsymbol{E} = E_0 \begin{bmatrix} 0 \\ 1 \\ 0 \end{bmatrix} \end{aligned} \right. \tag{7.13}$$

と求まる。すなわち，磁化に垂直な方向から入射した光は，磁化に平行な直線偏光と磁化に垂直な直線偏光の二つに分かれて伝搬する。両者の屈折率が異なるため，ファラデー配置の場合と同様に（磁気）複屈折が表れる。この現象

は，**コットン・ムートン効果**（Cotton-Mouton effect），あるいは**フォークト効果**（Voigt effect）と呼ばれる。なお，この効果は，非対角項の 2 乗$(\varepsilon'/\varepsilon_\perp)^2$に比例するため，磁化の偶数次に比例し，一般にファラデー効果よりも小さい。誘電率の非対角項の効果は，透過光のみならず反射光にも現れる。直線偏光の偏光方向が入射光に対して回転する現象は，**磁気カー効果**（magnetic Kerr effect）と呼ばれる。これらの現象を総称して**磁気光学効果**（magneto-optic effect）と呼ぶ。ファラデー効果やカー効果は，磁化を高感度に測定する手法として有用であり，基礎的に重要なのはもちろんであるが，光通信に不可欠な光のダイオードとして作用する光アイソレータや光磁気ディスク（ディジタルデータ記録用の MO（magneto optical disc）やディジタルオーディオ記録用の MD（mini disc）など）として広く利用されており，応用上もきわめて重要である。

ここで，ファラデー効果と通常の旋光性との相違について補足しておく。両者の違いは，**図 7.4** に示すように，通常の旋光性が光の伝搬方向に依存せず，偏光面を同一方向に回転させるのに対して，ファラデー効果は磁化の奇数次に

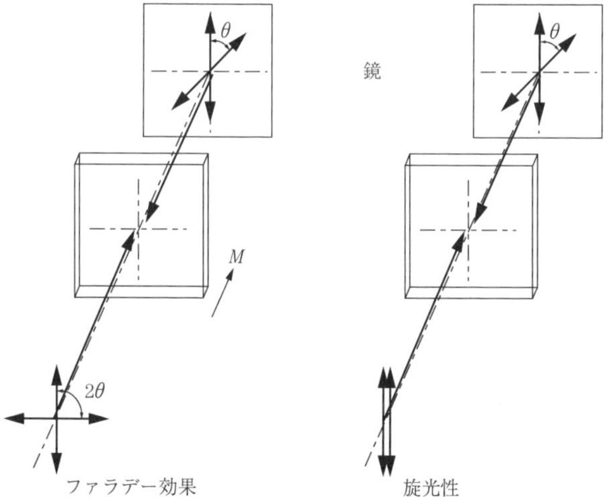

通常の旋光性は，物質の有するカイラリティ（例えば，分子構造が，右回りらせんか左回りらせんか）に起因するため，偏光面の回転は，光がどの方向から入射したかには依存しない。一方，ファラデー効果では偏光方向の回転する向きは，入射する光の $\boldsymbol{k}$ ベクトルと磁化 $\boldsymbol{M}$ の相対関係に依存する。このため，図のように鏡で反射されて 2 度通過した光の偏光面は，通常の旋光性ではもとの偏光方向に戻るのに対して，ファラデー効果では，偏光方向は 2 倍回転する

図 7.4 旋光性とファラデー効果の相違

比例するため，電磁波が磁化に平行に入射する場合と磁化に対して反平行に入射する場合で，偏光面は逆向きに回転する。したがって，この性質を用いると，1回の透過で偏光面を45°回転させる磁気光学結晶と直線偏フォトンを組み合わせることにより，光が1方向のみに透過する光アイソレータを構成できる。

7.2.2 希薄磁性半導体[3]

磁気光学効果を利用した光アイソレータなどのデバイスの小型化を図るためには，磁気光学効果が大きい材料が必要である。磁気光学効果の大きさとして，単位磁界，単位長さ当りのファラデー回転角として定義されるVeldet定数 V が，よい指標を与える。試料の厚みを L，磁界を H，ファラデー回転角を θ_F とするとき，Veldet定数は，$V \equiv \theta_F/(LH)$ と表される。金属磁性体では大きなスピン分離が存在するため，磁気光学効果は大きいが，プラズマ反射のため光の透過率は低い。このため，光アイソレータへの応用では吸収係数が小さいことも重要である。

ところで，通常の半導体は，禁止帯幅以下のエネルギーの光に対しては高い透過率を示すが，ゼーマン効果が小さいため，Veldet定数も小さい。II-VI族半導体にMnを添加した，例えばCdMnTeなどの希薄磁性半導体では，Mnは2価イオンとしてCdサイトを置換する。したがって，価電子状態に変化はなく，Mnは $3d^5$ の高スピン状態（次項参照）をとる。Mnの $3d$ 軌道と最近接のTeのp軌道の混成のため，Teのp軌道を介して最近接Mnの $3d$ 電子間に反強磁性的な間接的交換相互作用（次項参照）が働く。Mn副格子は面心立方格子，したがって，最近接原子は正三角型を構成するため，Mnが高濃度になり最近接のMnペア数が増大すると，すべてのスピンのペアに，安定な反平行配置をとれないフラストレーションを伴うスピンのガラス状態である，スピングラスとしての振舞いが観測される。

これらの希薄磁性半導体におけるバンドの電子のスピンに関連するハミルトニアンは，Mn間の相互作用を無視すると

$$H = g\mu_B \boldsymbol{s}\cdot\boldsymbol{H} - \sum_i J\boldsymbol{s}\cdot\boldsymbol{S}_i\xi_i \tag{7.14}$$

と表せる。第1項は磁界によるゼーマンエネルギー，第2項はバンドの電子スピンとMnスピン間の交換相互作用を表している。$\boldsymbol{s}$と$\boldsymbol{S}$は，それぞれ価電子帯を形成するp軌道と磁性不純物のd軌道のスピンを表し，J_iは，それらの交換相互作用の大きさを表す。ここで，添字のiはMn原子のサイトを表す。また，ξ_iは，格子サイトiが，磁性原子の場合は1，磁性原子でない場合は0をとる。ここで，d軌道のスピンを平均値$\langle S_z\rangle$で置き換える平均場近似を適用すると，$J\boldsymbol{s}\langle \boldsymbol{S}_z\rangle$の項は積分の外に出せる。このとき，$\sum_i \xi_i$は単位胞内の磁性不純物の数$xN_0$となる。ここで，$x$と$N_0$は，それぞれMn組成と陽イオンサイトの密度である。したがって，式(7.13)は

$$H = g_{eff}\mu_B H s_z, \quad g_{eff} \equiv g + \frac{xN_0\langle S_z\rangle J}{\mu_B H}$$

と表せる。g_{eff}は**有効 $\boldsymbol{g}$ 値**と呼ばれる。ここで，Mn局在スピン間に働く反強磁性的相互作用を無視すると，Mnスピンの平均値$\langle S_z\rangle$は，ブリユアン関数$B_S(x)$を用いて

$$\langle \boldsymbol{S}_z\rangle = SB_S\left(\frac{g\mu_B SH}{k_B T}\right), \quad B_S(x) = \frac{2S+1}{2S}\coth\left(\frac{2S+1}{2S}x\right) - \frac{1}{2S}\coth\frac{x}{2S} \tag{7.15}$$

と表される。式(7.15)の第2式第2項は，式(7.14)から明らかなようにバンドの電子とMnの局在スピン間の交換相互作用で，バンドの電子に対して磁界と等価な作用を与える。このため，Mnのスピンが同じ方向にそろうと，$\langle S_z\rangle$は1に近づき，大きなスピン分裂が現れる。しかし，CdMnTeでは，Mn間には弱い反強磁性的な相互作用が働くため，自発磁化は生じないが，十分大きな外部磁界を印加するとMnスピンの平均値$\langle S_z\rangle$はSに近づき，g_{eff}として100にも及ぶ大きい値が実現されている。この特性を利用して，CdMnTeをベースとする小型で強力な永久磁石を内蔵した光アイソレータが実用化されている。

7.2.3 半導体中のスピンダイナミクス[4]

本節の初めに述べたように，量子井戸構造では，適当なエネルギーの円偏光励起を行うことにより，伝導帯と価電子帯にスピンが偏極したキャリヤのみを選択的に生成させることができる。電子スピンは

$$\boldsymbol{\mu} = g\mu_B \boldsymbol{S}$$

の磁気モーメントを有するため，左右の円偏光の光の照射によって選択的にスピン偏極した電子を生成させれば，方向を制御した磁化の発生が期待される。すなわち，光磁気メモリへの応用の可能性が示唆される。さらに究極的には，1電子のスピンの2状態を量子情報処理における演算や記憶の単位qbitとして利用しようとする検討も進められている。このような応用では，情報を保持するためには，スピン状態が十分長い寿命をもつことが必須となる。一方，情報の読出し・書込みや演算のためには，適当な大きさの相互作用をもつことも必要となる。このような観点から，スピン状態の寿命の測定，およびそれを決める散乱機構に関する検討が行われている。

スピン $\boldsymbol{s}$ をもつ単一の電子は，磁界 $\boldsymbol{H}_0$ 中でスピンに依存するハミルトニアン

$$H = -\boldsymbol{\mu}_S \cdot \boldsymbol{H}_0 = g_e \mu_B \boldsymbol{s} \cdot \boldsymbol{H}_0 = -\gamma_e \hbar \boldsymbol{s} \cdot \boldsymbol{H}_0 \tag{7.16}$$

をもつ。ここで，γ_e は磁気回転比 $\gamma_e \equiv -g_e \mu_B/\hbar$ である。これをハミルトニアンとするハイゼンベルグの運動方程式 $d\boldsymbol{s}/dt = (i/\hbar)[H, \boldsymbol{s}]$ から，$\boldsymbol{s}$ の時間発展は

$$\frac{d\boldsymbol{s}}{dt} = \frac{i}{\hbar}[H, \boldsymbol{s}] = \gamma_e[\boldsymbol{s} \times \boldsymbol{H}_0] \tag{7.17}$$

と表される。この方程式は，古典力学のトルク方程式に対応し，定常解として磁界 $\boldsymbol{H}_0$ を軸とするスピンのラーモア歳差運動を与える。一方，われわれが通常観測するのは，単一の電子スピンの緩和ではなく，電子の集合のアンサンブル平均である。電子集団のスピン，すなわち電子集団の磁化 $\boldsymbol{M}$ の時間発展を表す方程式として，現象論的なブロッホ方程式がある。われわれが対象としている半導体中などの電子は移動できるので，ブロッホ方程式に拡散項を加えた

$$\begin{cases} \dfrac{\partial M_x}{\partial t} = \gamma_e (\boldsymbol{M} \times \boldsymbol{H})_x - \dfrac{M_x}{T_2} + D\nabla^2 M_x \\ \dfrac{\partial M_y}{\partial t} = \gamma_e (\boldsymbol{M} \times \boldsymbol{H})_y - \dfrac{M_y}{T_2} + D\nabla^2 M_y \\ \dfrac{\partial M_z}{\partial t} = \gamma_e (\boldsymbol{M} \times \boldsymbol{H})_z - \dfrac{M_z - M_{z0}}{T_1} + D\nabla^2 M_z \end{cases} \tag{7.18}$$

という方程式により表される[5]。ここで，$\boldsymbol{H}$ は，z 方向を向いた定常磁界 $\boldsymbol{H}_0$ と xy 面内の交流磁界 $\boldsymbol{H}_1(t)$ の和 D は拡散定数，M_{z0} な磁化 $\boldsymbol{M}$ の z 成分の熱平衡における値である。単一の電子の場合と同様に，磁化は第 1 項のために磁界を軸とする歳差運動を行うが，第 2 項により磁化が緩和を起こす。T_1 は**スピン緩和時間**（spin relaxation time）と呼ばれ，磁化の磁界方向成分が M_{z0} に緩和する時間を表しており，**縦緩和時間**（longitudinal relaxation）とも呼ばれる。一方 T_2 は，同期していた個々の電子の歳差運動の位相が種々の要因でずれる効果を表しており，**スピン位相緩和時間**（spin-phase relaxation），あるいは**横緩和時間**（transverse relaxation）と呼ばれている。2 種類のスピンに関する緩和時間が存在してわかりにくいが，立方対称性をもつ物質中のピコ秒以下の時間域ではおおむね $T_1 \approx T_2$ となることが知られており，以下では両者を区別せずに τ_s と表す。まず，半導体中でこのようなスピン緩和の観測例を紹介する。

前のほうで述べたように，量子井戸構造を適当なエネルギーをもつ左右の円偏光のパルス光により励起させると，完全に一方のスピンをもったキャリヤを生成させることができる。しかし，種々の散乱のため，この偏ったスピンの分布は時間とともに熱平衡分布比に向かって変化する。**図 7.5**(a)は，ポンププローブ法によって測定された GaAs/AlGaAs 量子井戸構造の左右の円偏光の光に対する透過率の時間変化を示している[6]。強い右円偏光の光パルスによる励起直後は，終状態の $|\uparrow\rangle$ スピンバンドの占有率が上昇するため，右円偏光の光の透過率は上昇する。右円偏光の光の透過率が時間とともに減少し，もとの値に近づくのは，$|\uparrow\rangle$ スピンバンドの占有数が時間とともに減衰すること，すなわち $|\uparrow\rangle$ バンドから $|\downarrow\rangle$ バンドへスピン状態が遷移したことを示してい

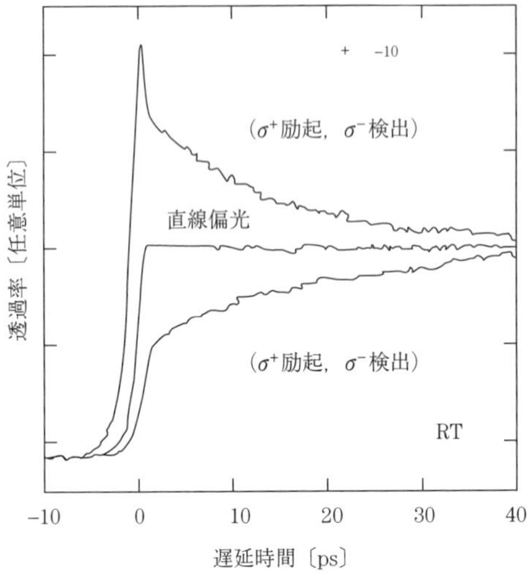

図中の記号（σ^+励起，σ^-検出）は，右円偏光強励起を行った後，左円偏光による透過率測定の結果を示す。「直線偏光」は，直線偏光で励起し，それと垂直な直線偏光による透過率測定の結果を示す(6)

（a） ポンププローブ法により測定した量子井戸構造におけるスピン緩和

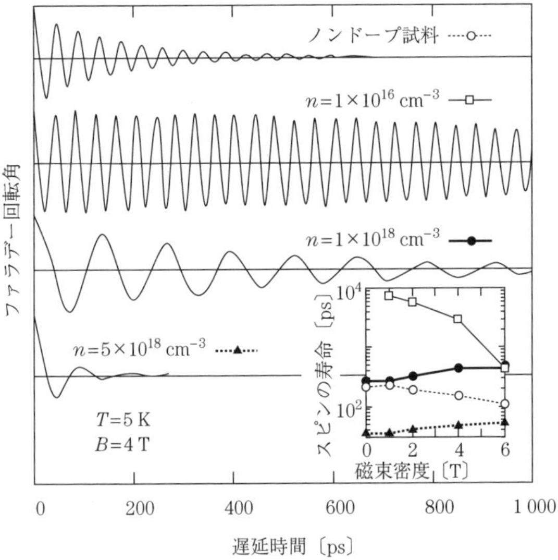

図中の数字は，n型試料の電子濃度を表す(7)，また挿入図は，スピン寿命の外部磁場依存性を示す

（b） 時間分解ファラデー回転測定により測定されたn型バルクGaAs中のスピン緩和

図 7.5　半導体中のスピン緩和

る。この解釈が正しいことは，左円偏光の光の透過率が逆の振舞いを示すことから裏づけられる。スピン緩和時間を τ_s，$|\uparrow\rangle$ と $|\downarrow\rangle$ の状態の占有数をそれぞれ，$n_\uparrow$，$n_\downarrow$ とするとき，レート方程式

$$
\begin{cases}
\dfrac{dn_\uparrow}{dt} = -\dfrac{n_\uparrow - n_\uparrow^0}{\tau_s} + \dfrac{n_\downarrow - n_\downarrow^0}{\tau_s} \\[2ex]
\dfrac{dn_\downarrow}{dt} = -\dfrac{n_\downarrow - n_\downarrow^0}{\tau_s} + \dfrac{n_\uparrow - n_\uparrow^0}{\tau_s}
\end{cases}
$$

が成り立つ。ここで，$n_\uparrow^0$, $n_\downarrow^0$ は，それぞれ熱平衡状態の占有数を表す。2 式の和をとると

$$
\frac{d(n_\uparrow - n_\downarrow)}{dt} = -\frac{(n_\uparrow - n_\downarrow) - (n_\uparrow^0 - n_\downarrow^0)}{\dfrac{\tau_s}{2}}
$$

なる方程式が得られるので，この実験では，減衰の時定数として $\tau_s/2$ の値が観測されることがわかる。いずれにしても，図 7.5(a)の結果は，スピン緩和が 10 ps のきわめて高速なオーダーで起こっていることを示している。

一方，図(b)は，フォークト配置で測定されたバルクの n-GaAs の**時間分解ファラデー回転**（time-resolved Faraday rotation, **TRFR**）の測定結果を示す[(7)]。ファラデー回転角が，時間に対して減衰振動する様子が観測されているが，この振動は，電子のラーモア歳差運動に起因するものと考えられる。

ファラデー回転は，磁気モーメントの光の $\boldsymbol{k}$ ベクトル方向への射影成分に依存するため，フォークト配置でファラデー回転角を観測すると歳差運動を反映して振動的な変化が観測される。一方，図(b)の振幅の減衰から求められるスピン緩和時間は，試料により 10 ps から 10 ns に至る広い時間領域で変化しており，スピン緩和時間が構造や種々のパラメータに強く依存することを示唆している。

半導体や金属中のキャリヤのスピン緩和は，(1) Elliott-Yafet (EY) 機構[(8)]，(2) D'yakonov-Perel (DP) 機構[(9)]，(3) Bir-Aronov-Pikus (BAP) 機構[(10)]，(4) 核スピンとの超交換相互作用，(5) スピンを有する不純物との交換相互作用，などに起因すると考えられる。核スピンとの超交換相互作用は，量子ドットやドナーなどの局在した電子のスピン緩和において重要な役割を果たすと考えられているが，以下では，広がった電子状態をもつ通常の半導体において重要と考えられる(1)～(3)の三つの機構について簡単に述べる。

〔1〕 **EY 機 構**(8)　スピン軌道相互作用 $H_{SO}=\lambda \boldsymbol{s}\cdot\boldsymbol{l}$ のため，スピンはよい量子数とはならず，バンドの固有状態はスピン状態 α と β が混合したものとなる。このため，通常の運動量の緩和において支配的なイオン化不純物散乱やフォノン散乱などのスピンに依存しない散乱においても，散乱に伴いスピン状態が変化するためスピン緩和が起こる。このようなスピン緩和を EY 機構と呼ぶ。EY 機構による伝導帯の波数 $\boldsymbol{k}$，エネルギー $\varepsilon(\boldsymbol{k})$ の電子のスピン緩和時間 τ_s は

$$\frac{1}{\tau_s(\varepsilon(\boldsymbol{k}))}\propto\left(\frac{\Delta_{SO}}{\varepsilon_g+\Delta_{SO}}\right)^2\left(\frac{\varepsilon(\boldsymbol{k})}{\varepsilon_g}\right)^2\frac{1}{\tau_p(\varepsilon(\boldsymbol{k}))} \tag{7.19}$$

と表される。ここで Δ_{SO} はスピン軌道分裂の大きさ，ε_g は禁止帯幅である。この機構に起因する緩和は通常の運動量の緩和に伴って起こるため，スピン緩和時間 τ_s は運動量緩和時間 τ_p に比例する。ダイヤモンド構造や閃亜鉛鉱型構造の半導体の伝導帯下端近傍の波動関数は，主として s 軌道で構成されるが，$\boldsymbol{k}=0$ から離れるに従い p 軌道との混成が強くなる。このため，伝導帯の電子の場合でもスピン軌道相互作用の影響を受ける。また，2 章の議論からわかるように，p 軌道との混成は禁止帯幅が小さいほど強いため，この機構によるスピン緩和は，禁止帯幅が小さいほど，またスピン軌道分裂が大きいほど促進されることが理解できる。

〔2〕 **DP 機 構**(9)　閃亜鉛鉱型結晶のように空間反転対称性をもたない結晶では，固有のスピン軌道相互作用のため，スピン状態 $|\uparrow\rangle$ と $|\downarrow\rangle$ のエネルギー縮退が解けている。このスピン分裂は磁界によるゼーマン分裂と等価な作用を与えるため，電子スピンは，磁界が働いている場合と同様にこの等価な磁界を軸とするラーモア歳差運動を行う。反転対称性の喪失に起因するスピン分裂を $H=\hbar\boldsymbol{s}\cdot\boldsymbol{\Omega}$ と表すと，$\boldsymbol{\Omega}$ は波数 $\boldsymbol{k}$ に依存し

$$\boldsymbol{\Omega}(\boldsymbol{k})=\frac{\alpha\hbar^2}{\sqrt{2m^3\varepsilon_g}}(k_x(k_y{}^2-k_z{}^2),\ k_y(k_z{}^2-k_x{}^2),\ k_z(k_x{}^2-k_y{}^2)) \tag{7.20}$$

と表される(10)。この効果は **Dresselhaus 効果**と呼ばれる。ここで，α はスピン軌道相互作用の強さを表す無次元の定数，ε_g は禁止帯幅である。式(7.20)

からわかるように，有効磁界の方向は$\boldsymbol{k}$に依存するため，異なる$\boldsymbol{k}$の状態に散乱されるたびに異なる向きをもった軸のまわりを歳差運動するため，散乱によりスピンの向きの情報が次第に失われ，スピン緩和が起こる。このようなスピン緩和を **DP 機構**と呼ぶ。DP 機構によるスピン緩和時間 τ_s は

$$\frac{1}{\tau_s} \propto \alpha^2 \frac{\varepsilon(\boldsymbol{k})^3}{\varepsilon_g} \tau_p(\varepsilon(\boldsymbol{k})) \tag{7.21}$$

なる依存性をもつ。ここで注目すべきは，DP 機構によるスピン緩和時間が，EY 機構によるスピン緩和時間(7.19)と異なり，運動量緩和時間 τ_p に反比例することである。これは，運動量の緩和時間が短くなり $\tau_p \ll \tau_s$ となると，散乱から散乱までの間の歳差運動によるスピンの向きの変化がきわめて小さくなるため，散乱が激しくなるほど，むしろスピン緩和が抑制される状況を反映している（motional narrowing と呼ばれる）。また，反転対称性の破れに起因するスピン分離には，バルクの結晶構造の反転非対称性に起因する固有の Dresselhaus 効果に加えて，ヘテロ構造などの構造により導入される反転非対称性に起因する **Rashba 効果**(11) が存在する。

閃亜鉛鉱型半導体により(110)面上に作製した量子井戸構造中では，式(7.20)からわかるように，有効磁界の方向はつねに量子井戸面に垂直な方向を向くため，散乱前後で歳差運動の軸が変化しない。このため，バルク起因の DP 機構に基づくスピン緩和機構は働かない。実験的にも(110)面上に作製した GaAs/GaAlAs 量子井戸構造中では，スピン緩和が大幅に抑制され，室温で数 ns 程度の長寿命化をすることが確認されている。この結果は，通常の(100)面上に作製された量子井戸構造では，DP 機構がスピン緩和の主たる要因となっていることを示している(12)。

〔3〕 **BAP 機構**(13) 価電子帯上端近傍の波動関数は，主として p 軌道（$l=1$）で構成されるため，スピン軌道相互作用によるスピン状態の混合の効果を強く受ける。このため，価電子帯の正孔のスピンは，EY 機構によるスピン緩和が強く作用する。このため，一般に正孔のスピン緩和時間はきわめて短い。したがって，電子と正孔が共存する系における電子スピンの緩和では，電

子-正孔間の交換相互作用，$H=J_{eh}\boldsymbol{s}\cdot\boldsymbol{J}\delta(\boldsymbol{r}_e-\boldsymbol{r}_h)$を通してのスピンフリップ散乱が支配的となる。正孔の緩和に起因する電子スピンの緩和を**BAP 機構**と呼ぶ。BAP 機構に基づくスピン緩和時間 τ_s は

$$\frac{1}{\tau_s}\propto\frac{N_a m_e a_B{}^4 v_k}{\hbar\tau_0}\left(\frac{p}{N_a}|\psi(0)|^4+\frac{5}{3}\,\frac{N_a-p}{N_a}\right) \tag{7.22}$$

と表される。ここで，a_B, N_a, p, τ_0 は，それぞれ，励起子のボーア半径，アクセプタ濃度，正孔濃度，交換分裂パラメータである。交換分裂パラメータは，交換分裂 $\varDelta_{ex}$ と $(\tau_0)^{-1}=(3\pi/32)\,m_e a_B{}^2\varDelta_{ex}{}^2/\hbar^3$ が関係づけられる。また，v_k は電子の速度である。また，ゾンマーフェルドパラメータと呼ばれる電子と正孔の波動関数の重なりを表すパラメータである。この機構に起因するスピン緩和は，励起子が形成される低温で重要となる。

7.3 光誘起磁性

本節では，光による磁性の制御に関する話題を取り上げる。初めに，磁性の起源を与えるスピン間の相互作用である交換相互作用の起源について述べる。二つの電子が，それぞれたがいに直交する軌道関数 $\phi_1(\boldsymbol{r})$ と $\phi_2(\boldsymbol{r})$ を占める場合を考える。スピン関数を α, β とすると，パウリの排他原理を満たす反対称化された四つの 2 電子波動関数

$$\varPsi_{\alpha\beta}(\boldsymbol{r}_1,\ \sigma_1\,;\,\boldsymbol{r}_2,\ \sigma_2)=\frac{1}{\sqrt{2}}(\phi_1(\boldsymbol{r}_1)\,\alpha(\sigma_1)\,\phi_2(\boldsymbol{r}_2)\,\beta(\sigma_2)-\phi_1(\boldsymbol{r}_2)\,\alpha(\sigma_2)\,\phi_2(\boldsymbol{r}_1)\,\beta(\sigma_1)),$$

$$\varPsi_{\beta\alpha}(\boldsymbol{r}_1,\ \sigma_1\,;\,\boldsymbol{r}_2,\ \sigma_2)=\frac{1}{\sqrt{2}}(\phi_1(\boldsymbol{r}_1)\,\beta(\sigma_1)\,\phi_2(\boldsymbol{r}_2)\,\alpha(\sigma_2)-\phi_1(\boldsymbol{r}_2)\,\beta(\sigma_2)\,\phi_2(\boldsymbol{r}_1)\,\alpha(\sigma_1)),$$

$$\varPsi_{\alpha\alpha}(\boldsymbol{r}_1,\ \sigma_1\,;\,\boldsymbol{r}_2,\ \sigma_2)=\frac{1}{\sqrt{2}}(\phi_1(\boldsymbol{r}_1)\,\phi_2(\boldsymbol{r}_2)-\phi_1(\boldsymbol{r}_2)\,\phi_2(\boldsymbol{r}_1))\,\alpha(\sigma_1)\,\alpha(\sigma_2),$$

$$\varPsi_{\beta\beta}(\boldsymbol{r}_1,\ \sigma_1\,;\,\boldsymbol{r}_2,\ \sigma_2)=\frac{1}{\sqrt{2}}(\phi_1(\boldsymbol{r}_1)\,\phi_2(\boldsymbol{r}_2)-\phi_1(\boldsymbol{r}_2)\,\phi_2(\boldsymbol{r}_1))\,\beta(\sigma_1)\,\beta(\sigma_2) \tag{7.23}$$

が存在する。つぎに，これらの 2 電子状態の電子間のクーロン相互作用の期待値を求めてみよう。$\varPsi_{\alpha\alpha}$ の電子間のクーロンエネルギーの期待値は

$$\left\langle \Psi_{\alpha\alpha} \left| \frac{e^2}{r_{12}} \right| \Psi_{\alpha\alpha} \right\rangle = \sum_{\sigma_1,\sigma_2} \int \Psi_{\alpha\alpha}{}^*(\boldsymbol{r}_1,\ \sigma_1\,;\ \boldsymbol{r}_2,\ \sigma_2) \frac{e^2}{r_{12}} \Psi_{\alpha\alpha}(\boldsymbol{r}_1,\ \sigma_1\,;\ \boldsymbol{r}_2,\ \sigma_2)\, d\boldsymbol{r}_1 d\boldsymbol{r}_2$$

$$= K_{12} - J_{12}$$

と求められる。ここで，K_{12} と J_{12} は

$$\begin{cases} K_{12} \equiv \iint \left| \phi_1(\boldsymbol{r}_1,\ \sigma_1) \right|^2 \dfrac{e^2}{r_{12}} \left| \phi_2(\boldsymbol{r}_2,\ \sigma_2) \right|^2 d\boldsymbol{r}_1 d\boldsymbol{r}_2 \\ J_{12} \equiv \iint \phi_1(\boldsymbol{r}_1,\ \sigma_1)^* \phi_2(\boldsymbol{r}_2,\ \sigma_2)^* \dfrac{e^2}{r_{12}} \phi_1(\boldsymbol{r}_2,\ \sigma_2)\, \phi_2(\boldsymbol{r}_1,\ \sigma_1)\, d\boldsymbol{r}_1 d\boldsymbol{r}_2 \end{cases} \tag{7.24}$$

で定義され，それぞれ**クーロン積分**（Coulomb integral），**交換積分**（exchange integral）と呼ばれる。同様にして他の三つの状態についても期待値を計算すると

$$\left\langle \Psi(\boldsymbol{r}_1,\ \sigma_1\,;\ \boldsymbol{r}_2,\ \sigma_2) \left| \frac{e^2}{r_{12}} \right| \Psi(\boldsymbol{r}_1,\ \sigma_1\,;\ \boldsymbol{r}_2,\ \sigma_2) \right\rangle = K_{12} - J_{12}\delta_{12} \tag{7.25}$$

と表される。ここで，δ_{12} は，Ψ のスピン関数部分が等しいとき $\delta_{12}=1$，異なるとき $\delta_{12}=0$ をとるものと定義した。したがって，$J_{12}>0$ の場合，スピンが反平行の場合と比べ平行の場合のほうがエネルギーJ_{12} だけ低いので，電子スピンは同じ方向にそろう，すなわち，スピン間に強磁性的な相互作用が働く。一方，$J_{12}<0$ の場合は，逆にスピン間に反強磁性的な相互作用が働く。

ここで

$$H_{ex} \equiv -J_{12}\left(2\boldsymbol{s}_1 \cdot \boldsymbol{s}_2 + \frac{1}{2}\right) = -J_{12}\left\{(s_{1+}s_{2-} + s_{1-}s_{2+} + 2s_{1z}s_{2z}) + \frac{1}{2}\right\} \tag{7.26}$$

で定義される交換積分演算子を導入し，式(7.23)の 2 電子状態に作用させると

$$\begin{cases} -J_{12}\left(2\boldsymbol{s}_1 \cdot \boldsymbol{s}_2 + \dfrac{1}{2}\right)\Psi_{\beta\alpha} = -J_{12}\Psi_{\alpha\beta} \\ -J_{12}\left(2\boldsymbol{s}_1 \cdot \boldsymbol{s}_2 + \dfrac{1}{2}\right)\Psi_{\alpha\beta} = -J_{12}\Psi_{\beta\alpha} \\ -J_{12}\left(2\boldsymbol{s}_1 \cdot \boldsymbol{s}_2 + \dfrac{1}{2}\right)\Psi_{\alpha\alpha} = -J_{12}\Psi_{\alpha\alpha} \\ -J_{12}\left(2\boldsymbol{s}_1 \cdot \boldsymbol{s}_2 + \dfrac{1}{2}\right)\Psi_{\beta\beta} = -J_{12}\Psi_{\beta\beta} \end{cases} \tag{7.27}$$

の関係が得られる。ここで 2.5.5 項で述べた

$$s_+\alpha=0,\quad s_+\beta=\alpha,\quad s_-\alpha=\beta,\quad s_-\beta=0,\quad s_z\alpha=\frac{1}{2}\alpha,\quad s_z\beta=-\frac{1}{2}\beta$$

の関係を用いた。式(7.27)から容易にわかるように，$-J_{12}(2\boldsymbol{s}_1\cdot\boldsymbol{s}_2+1/2)$の期待値$\langle\Psi|-J_{12}(2\boldsymbol{s}_1\cdot\boldsymbol{s}_2+1/2)|\Psi\rangle$は式(7.25)の第2項と一致するので，$-J_{12}(2\boldsymbol{s}_1\cdot\boldsymbol{s}_2+1/2)$は電子間のクーロン相互作用の有効ハミルトニアンと考えることができる。これは，多電子状態を反対称化された1体近似の波動関数で表すとき，電子間のクーロン相互作用が起源となって表れる相互作用であるため，直接交換相互作用と呼ばれる。局在スピン間には，これとは異なる要因で実効的に$-2J_{12}\boldsymbol{s}_1\cdot\boldsymbol{s}_2$と同じ形をした相互作用が表れ，それらは交換相互作用と総称される。

物質の磁性の有無は，各原子が磁気モーメントをもつかどうかに依存する。ところで，自由な原子では，電子はFund則，すなわち「不完全殻をもつ原子では，パウリの排他原理を満たす配置の中で，合成スピンSが最大となるような配置の中で，さらにLを最大とするような配置が実現される」に従って軌道に配置される。この規則は，パウリの排他原理，電子間のクーロン相互作用，交換相互作用，スピン軌道相互作用に起因する。Fund則は，磁気モーメントが最大となるように電子が軌道に配置されることを示している。このような電子配置を**高スピン状態**（high-spin state）と呼ぶ。

一方，分子や結晶中では，原子は，周囲の原子がつくるクーロン場の中に置かれるため，軌道への電子の配置は，必ずしも自由な原子と一致しない。例えば，d軌道が，**図7.6**(a)に示す6個の最近接原子に取り囲まれた八面体配位のサイトに置かれた場合を考えよう。このとき，図2.2に示した五つのd軌道のうち，d_γ軌道と呼ばれる$d_{x^2-y^2}$，$d_{3r^2-z^2}$の二つの軌道は，軌道が最近接原子の存在する方向に伸びているのに対して，d_ε軌道と呼ばれるd_{xy}，d_{yz}，d_{zx}の三つの軌道は，最近接原子が存在しない方向に伸びている。このため，d_ε軌道のエネルギーはd_γ軌道のエネルギーよりも低くなる。一方，ダイヤモンド構造や閃亜鉛鉱型構造などの正四面体配位の場合，同じ理由から，逆にd_ε軌道のエネルギーよりもd_γ軌道のエネルギーのほうが低くなる。このようなエネルギー分裂を**結晶場分裂**（crystal field splitting）と呼ぶ。

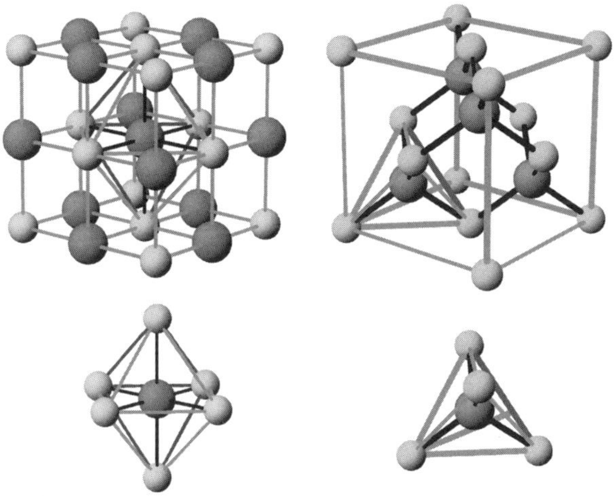

(a) 6個の再近接原子を有する正八面体配位　(b) 4個の再近接原子を有する正四面体配位

図 7.6 立方対称性を有する結晶における再近接原子の配置

いま，結晶場分裂の大きさを Δ_{cf}，一つの電子のスピンを反転させるのに必要なエネルギー，すなわち交換エネルギーを Δ_{ex} としよう。四面体配位の場合を考えると，**図 7.7** に示すように $\Delta_{cf} < \Delta_{ex}$ であれば，自由な原子の場合と同

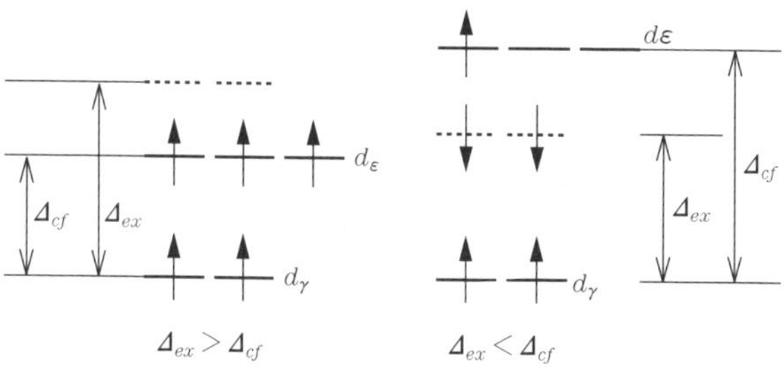

(a) 結晶場分裂の大きさ Δ_{cf} より交換エネルギー分裂 Δ_{ex} のほうが，大きい場合　(b) 逆の場合 ($\Delta_{ex} < \Delta_{cf}$)

実線と点線は，それぞれ $|\uparrow\rangle$ と $|\downarrow\rangle$ の入る状態のエネルギー準位を表す。(a)では，自由原子の場合と同様にすべての電子のスピンは同一方向を向き，スピンの大きさは5/2の高スピン状態となる。(b)では，先に逆向きスピンの状態が充てんされるため，スピンの大きさは，1/2の低スピン状態となる

図 7.7 正四面体配位のサイトに置かれた d 軌道に 5 電子が存在する場合の電子配置

様に，まず d_ε 軌道に電子が1個ずつ充てんされた後，引き続き d_γ 軌道に充てんされるので，自由電子の場合と同様にスピン S が最大となるように電子が充てんされ，高スピン状態が実現される。一方，まわりの原子のつくるクーロン場が強くなると，結晶場分裂 $\varDelta_{cf}$ は増大する。このとき $\varDelta_{cf}>\varDelta_{ex}$ となると，d_ε 軌道に電子が1個ずつ充てんされた後 d_γ 軌道に電子を充てんするよりも，すでに電子が1個ずつ充てんされている d_ε 軌道に下向きスピンの電子を入れたほうが全エネルギーが低くなる。この場合，自由な原子と異なり，全スピンが小さい「低スピン状態」が実現される。結晶場分裂や交換エネルギーの大きさは，原子間距離など原子配置の局所構造に依存するため，高スピン状態と低スピン状態間の相転移が起こる場合がある。このような現象は，**スピンクロスオーバー**と呼ばれる。

つぎに，光の照射による磁性の制御について考える。一言で光照射により磁性が変化するといってもいくつかの機構が考えられる。大きく分けるとつぎの三つの可能性が考えられる。

(1)　多電子状態の制御：光照射により，d電子数の変化や原子の局所構造の変化により，スピン状態が変化する。

(2)　スピン間相互作用の制御：光照射により交換相互作用 J が変化する。

(3)　光の角運動量による磁化の制御：光吸収により吸収した光の角運動量により磁化の向きが変化する。

以下では，それぞれの実験的な研究例を紹介する。

7.3.1　多電子状態の制御

Feを含んだ錯体，例えば $[Fe(Rtz)_6](BF_4)_2$ (Rtz：methyl-，ethyl-，propyl-provide) は，八面体配位のFeを含んでいる。低温では，Feは $^1A_1$ の低スピン状態をとるが，温度の上昇とともに $^5T_2$ の高スピン状態へのスピンクロスオーバー相転移が観測される。さらに興味深いことは，転移点以下の低温において514 nmの光を照射すると，高スピン状態に移行する現象，**光誘起スピントラッピング**（light induced excited spin state trapping，**LIESST**）

が観測されている[14]。また，514 nm の光照射で実現された高スピン状態に対して 820 nm の光を照射すると，逆に高スピン状態から低スピン状態への遷移が観測される。すなわち，光により高スピン状態と低スピン状態間をスイッチできることを示している。**図 7.8** は，Fe イオンと配位した N 原子からなる電子・格子系のエネルギーを Fe イオンと周囲の N 原子との距離を代表する一つの距離（配位座標）の関数として表す配位座標モデルを用いて表したもので，この図を用いると，この系で観測される現象はつぎのように定性的に理解できる。

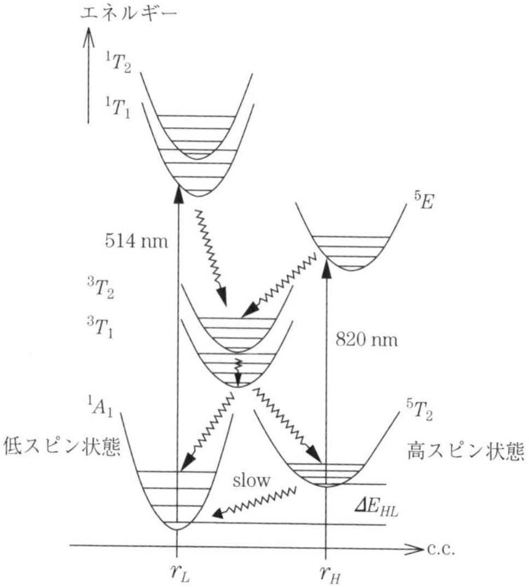

光によるスピン状態の制御の機構を示す。低スピン状態の基底状態 $^1A_1$ と高スピン状態 $^5T_2$ の間にはエネルギー障壁があるため，低温では $^5T_2$ は長い寿命を有する。$^1A_1$ から 512 nm の光照射により $^1A_1$ に励起すると，中間状態を経てもとの $^1A_1$ に緩和する過程に加えて，$^5T_2$ への緩和過程が存在する。また，820 nm の光照射により $^5T_2$ から ^5E への励起を行うと，$^5T_2$ への緩和に加えて，$^1A_1$ への緩和過程も存在する。すなわち，波長の異なる光の照射によりスピンの大きさの異なる二つの状態 $^1A_1$-$^5T_2$ 間の相互のスイッチングが可能であることを示す[15]

図 7.8　Fe 錯体の配位座標図

低温で安定な低スピン状態の $^1A_1$ 状態では，Fe 原子は，Fe–N 間の原子間距離が r_L の位置を平衡点として振動しているが，温度が上昇すると，Fe–N

間の原子間距離が変化し，r_H の位置を中心として振動する少し高いエネルギーをもつ高スピン状態 $^5T_2$ への分布が増加し，転移を起こす。一方，低温で 514 nm の光照射により $^1A_1$ から $^1T_1$ への励起を行うと，$^1T_1 \to {}^3T_2 \to {}^3T_1 \to {}^5T_2$ なる緩和過程を通じて $^5T_2$ への遷移，すなわち光によるスピンクロスオーバー転移が起こる。一方，中間状態となる $^3T_1$ 状態は，$^1A_1$ への緩和のパスを合わせもつため，820 nm の光により $^5T_2 \to {}^5E$ の励起を行うと，$^5E \to {}^3T_2 \to {}^3T_1 \to {}^1A_1$ というパスを通して低スピン状態への遷移が起こる。分子や電子・格子間相互作用の強い固体中では，原子間隔が電子状態に依存するため，光によって電子状態の変化が起これば原子間隔などの局所的な原子配置に変化が生じ，その結果として Δ_{cf} と Δ_{ex} の大小関係に変化が現れることも十分に理解できる。さらに興味深いことは，上述のスピンクロスオーバー転移が，協力現象として起こるという報告もなされている(15)。

7.3.2　スピン間相互作用の制御

図 7.9 は，前節で述べた希薄磁性半導体の低温における CdMnTe の発光の時間分解スペクトルを時間-エネルギー軸上に発光強度を等高線で表したものである。磁界 0（図(a)）では，1 ns 以下で観測される速い時間変化とそれ以降で顕著になる遅い時間変化が観測される。一方，強磁界下（$B=7\ T$，図(b)）では，発光の左回り円偏光の成分は，遅い時間変化のみを示す(16)。

前節で述べた CdMnTe などの II-VI 族の希薄磁性半導体では，Mn スピン間には反強磁性的な相互作用が働いているため，外部磁界がない場合は Mn のスピンはランダムな方向を向いているが，外部磁界が印加されると磁気モーメントは磁界の向きに配向して常磁性的な振舞いを示す。一方，光照射により励起子が生成されると，比較的広がった軌道をもつ励起子と Mn スピン間に反強磁性的な交換相互作用が働き，**図 7.10** に模式的に示すように励起子の軌道内に存在する Mn スピンを同じ方向に配向させ，励起子のエネルギーの安定化が起こる。このような励起子と Mn スピンの複合体は，**励起子スピンポーラロン**（exciton magnetic polaron）と呼ばれる。図 7.9 の振舞いは，つ

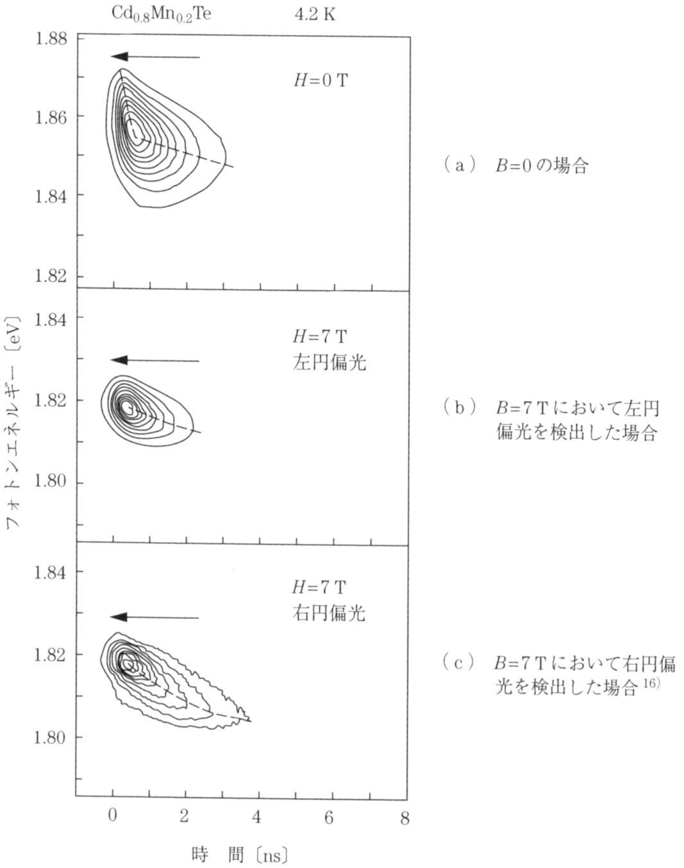

図7.9 CdMnTeの発光の時間分解スペクトル（等高線図）

ぎにように理解されている。励起の直後に観測される発光の速い長波長側へのシフトは，生成された励起子の軌道内のMnスピンが次第に配向し，励起子磁気ポーラロンを形成する過程を表す。一方，強磁界下では，磁界によりMnスピンが初めから配向しているため，速い緩和過程は観測されない。なお，1 ns以降も観測される発光ピークの遅い長波長シフトは，混晶中のMn濃度の局所的なゆらぎが存在するため，時間とともに励起子がMn濃度の少ない禁止帯幅の小さい領域に空間的に緩和する過程に起因すると考えられている。

上記の現象は，光照射により，スピン間の相互作用が反強磁性的から強磁性

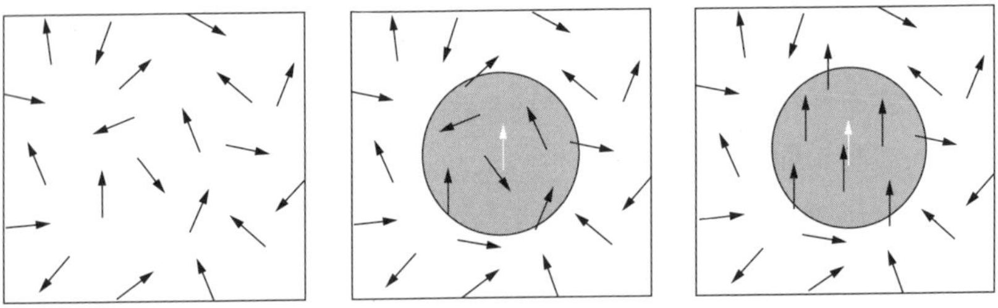

相互作用の弱い磁性半導体中では，左図のように局在スピンはランダムな方向を向いているが，中央の図のように励起子が形成されると励起子中のホールのスピン（白抜矢印）と局在スピンの交換相互作用のため，励起子の存在する領域の局在スピンは，右図のように次第にエネルギーが下がる方向にそろえられる。このような状態を励起子磁気ポーラロンと呼ぶ

図 7.10　磁性半導体中の磁気ポーラロンの形成

的に変化したことを表しているが，同様な効果は，III-V 族の希薄磁性半導体である InMnAs においても観測されている[17]。II-VI 族半導体中では，Mn は 2 価として置換されるため，Mn を添加してもキャリヤは発生しない。一方，III-V 族半導体中では，Mn はアクセプタとして働くため，Mn を添加すると局在スピンと同時に価電子帯に正孔が注入される。Mn の d 電子と価電子帯の p 軌道の間には交換相互作用が働くため，2%以上の Mn を添加すると全系のエネルギーを下げるように自発スピン分極，すなわち強磁性が発現する[18]。Koshihara らは，正孔濃度が低く常磁性を示す InMnAs に光照射を行い光キャリヤを増加させると，キャリアの増大とともに，直線的で常磁性的な M-H 特性がヒステリシスを示す強磁性的な M-H 特性に変化することを観測した[17]。

7.3.3　光の角運動量による磁化の制御

光は左右の円偏光に対応するスピンの自由度を有するため，光が電子系に吸収されるとき，光のもつ角運動量が電子系に伝達される。この角運動量が磁化の制御に利用できれば，メモリなどへの応用が期待される。

図 7.11(a)は，CdMnTe と同様な II-VI 族の希薄磁性半導体である HgMnTe に，直交する位相の異なる二つの直線偏光の光を重ね合せで得られる異なるさまざまな偏光状態の光を照射したとき，観測される磁化の変化を

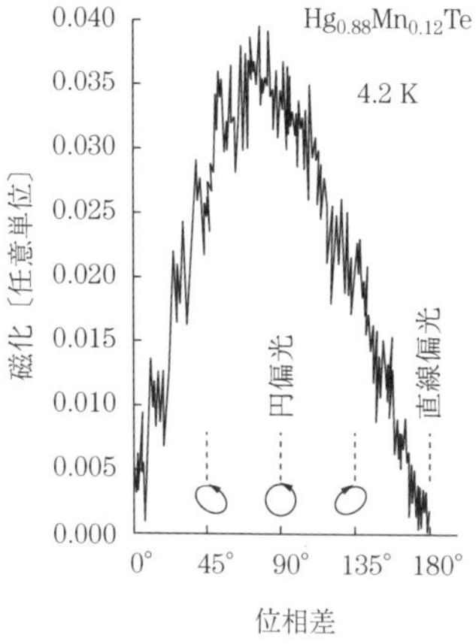

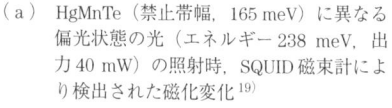

（a） HgMnTe（禁止帯幅，165 meV）に異なる偏光状態の光（エネルギー 238 meV，出力 40 mW）の照射時，SQUID 磁束計により検出された磁化変化[19)]

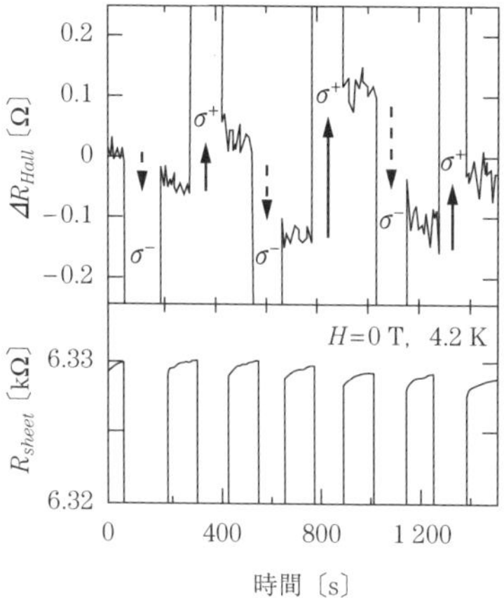

（b） GaMnAs に右円偏光（σ^+）と左円偏光（σ^-）を照射したとき観測されるシート抵抗 R_{sheet} とホール抵抗 ΔR_{Hall} の変化[20)]

強磁性半導体のホール抵抗は磁化に比例する異常ホール効果に支配されるので，ホール抵抗変化 ΔR_{Hall} は磁化変化と見なせる

図 7.11 磁性半導体への円偏光照射による磁化の発生

SQUID（superconducting quantum interference device）磁束計により観測した結果である。横軸は，2 光の位相差を表しており，光の偏光状態の模式図で表している。磁化の大きさは照射する光の偏光状態に依存し，直線偏光の光が照射されている場合と比べて，円偏光の光が照射されているとき観測される磁化は明らかに増大しており，光の角運動量が Mn の磁化に伝達された可能性を示唆している[(19)]。また，図(b)は，III-V 族の半導体中である GaMnAs に左右の円偏光を照射し，その際観測される磁化の変化を異常ホール効果（スピン軌道相互作用のため磁化に比例して発生するホール電圧）を用いて測定した結果を示している。右円偏光と左円偏光の照射を交互に照射すると，ホール電圧の符号が交互に反転している。これは，左右の円偏光の光の照射により，磁化の向きが反転していることを示している[(20)]。

これらの現象は，光の角運動量がそのまま固体中の磁化として書き込める可能性を示唆する結果として注目される。しかし，光吸収によりバンドの電子に伝達された角運動量は，通常 10 ps～10 ns の短い時間で緩和し，結晶全体に広がってしまうと考えられているため，その磁化の生成機構に関しては十分な理解に至っていない。

引用・参考文献

(1) 佐藤勝昭：光と磁気，朝倉書店（1968）

(2) H. B. Callen：Thermodynamics, Ch.16, John Wiley & Sons（1960）

(3) J. K. Furdyna and J. Kossut Eds.：Semiconductors and Semimetals, Academic Press（1988）；長宮健夫：磁性の理論，吉岡書店（1987）

(4) I. Žutić：Review of Modern Physics, **76**, 323（2004）；M. E Flatté et al. D. (D. Awschalom, D. Loss and N. Samarth Eds.)："Spin Dynamics in Semiconductors" in "Semiconductor spintronics and quantum computation", Ch.4, Springer（2002）

(5) H. C. Torrey：Phys. Rev., **104**, 563（1956）

(6) A. Tackeuchi et al.：Jpn. J. Appl. Phys., **38**, 4680（1999）

(7) J. M. Kikkawa and D. D. Awschalom：Phys. Rev. Lett., **80**, 4313（1998）

(8) R. J. Elliot：Phys. Rev., **96**, 266（1954）

(9) M. I. D'yakonov and V. I. Perel'：Sov. Phys. JETP, **33**, 1053（1971）

(10) G. Dresselhaus：Phys. Rev., **100**, 580（1955）

(11) E. I. Rashba：Sov. Phys. Solid State 2, 1109（1960）；Yu. A. Bychov and E. I. Rashba：J. Phys., **C17**, 6093（1984）

(12) Y. Ohno：Phys. Rev. Lett., **83**, 4196（1999）

(13) G. L. Bir et al.：Sov. Phys. JETP, **42**, 705（1975）

(14) P. Gütlich et al.：Chem. Soc. Rev., **29**, 419（2000）(review article)

(15) Yu et al.：J. Mater. Sci., **32**, 6579（1997）

(16) 岡　泰夫：固体物理，**23,** 795（1988）

(17) S. Koshihara et al.：Phys. Rev. Lett., **78**, 4617（1997）

(18) T. Dietl et al.：Phys. Rev., **B63**, 195205（2001）

(19) H. Krenn et al.：Phys. Rev. Lett., **55**, 1510（1985）；H. Krenn et al.：Phys. Rev., **39**, 10918（1989）

(20) A. Oiwa et al.：Phys. Rev. Lett., 88, 137202（2002）

8 種々の先端材料の光物性

8.1 液晶材料

8.1.1 液晶の種類

液晶を利用したフラットパネルディスプレイが普及するようになってきた。平たんで薄く省スペースであることや，電力の消費が少ないなどの特徴がある。液晶の発見は古く，19 世紀の終わりにはある種のコレステロールが液体のような流動性をもちながら全体として秩序をもつことが知られていた。流動性と秩序という一見矛盾するような二つの性質が同居していることが，液晶の機能をつかさどる。異方性をもつ液晶分子が秩序をもつと複屈折を示し，流動性のためそれを電界や磁界などの外場により制御することができる。液晶ディスプレイではこれらの性質を利用している。

液晶は，**図 8.1** に示すように，分子の形により大きく二つの種類に分けられる[1]。一つは棒状の分子の液晶であり，多くの液晶がこのタイプである。もう一つは円盤状の分子であり，**ディスコティック液晶**（discotic liquid crystal）と呼ばれる。液晶を議論するためには分子の方向を考えることが多いが，前者では長軸方向を分子の方向として定義し，後者では円盤法線方向を分子の方向として定義する。結晶と異なり個々の分子は固定されておらずゆらいでおり，

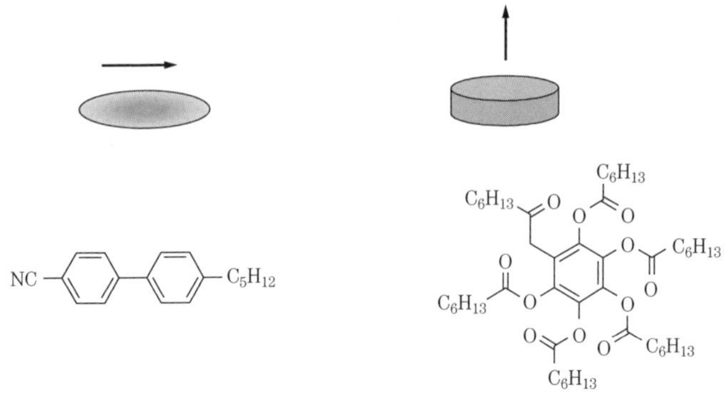

（a） 棒状の液晶と化学構造の例（5CB）　（b） 円盤状の液晶（ディスコティック液晶）とその化学構造の例

図8.1　液 晶 の 種 類

その方向もすべての分子が必ずしも同じ方向を向いているわけではない。そのため，分子より十分大きい範囲で平均化した分子方向を定義し，それを**ダイレクタ**（director）と呼びベクトル $\boldsymbol{n}$ で表す。液晶の秩序の度合いを表す指標として，オーダーパラメータ S がある(1)~(5)。オーダーパラメータは分子がダイレクタの方向にどれだけ向いているかを示し，下記のような式で表される。

$$S=\langle P_2(\cos\theta_i)\rangle=\frac{3\langle\cos^2\theta_i-1\rangle}{2} \tag{8.1}$$

ここで θ_i は分子 i の方向とダイレクタのなす角であり，括弧はその平均を表す。また，$P_2(x)$ は2次のルジャンドル多項式である。液晶材料は高い温度では等方相（液体）であり分子の方向は無秩序な状態である。このとき，$S=0$ である。温度を下げると液晶相に転移して $0<S<1$ となる。液晶相の中でも温度により，あるいは相によりオーダーパラメータは変化する。ほとんどの場合には高い温度では秩序は低く，温度が下がるにつれて秩序は高くなる。$S=1$ の場合にすべての分子がダイレクタの方向に向いていることになるが，液晶中の分子はつねに熱的にゆらいでいるため，S が1に近くなることはない。

式(8.1)では S は θ_i に対して2次の平均をとっていることからわかるように，$\boldsymbol{n}$ と $-\boldsymbol{n}$ は等価であり，全体としてダイレクタ方向には分極をもたない。

これは，図 8.1(a)に示した 5CB 分子のように個々の分子は中心対称をもたない構造でも，集合状態では分極を打ち消すように配列していることに対応する。後述の強誘電性液晶では分極はダイレクタに直角方向発生する[(3),(4)]。

液晶は相の種類によっても分類される。棒状の液晶は，さらに秩序の度合いに応じて**ネマティック相**（**N 相，** nematic phase）と**スメクティック相**（**S 相，** smectic phase）に分類される†。それらの説明を**図 8.2** に示す。

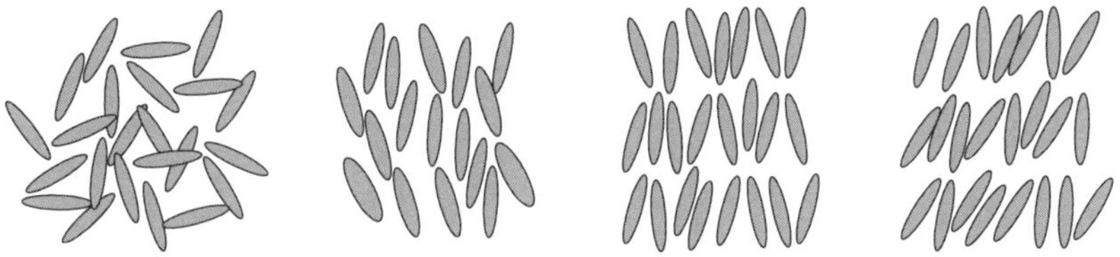

図 8.2 液晶相の種類

液晶相の中で秩序が最も低いのがネマティック相であり，現在最もよく使われている液晶相である。図(b)に示したように，重心の秩序はないが全体として分子の方向がそろっている状態を指す。対称性はダイレクタ方向に回転軸をもつ $D_{\infty h}$ である。スメクティック相では全体として分子の方向がそろうことに加えて，重心の秩序も有するようになる。秩序の度合いに応じていくつかの副次相に分かれることもスメクティック相の特徴である。最も秩序が低いのが，図(c)に示すような 1 次元的な重心の秩序を有して層構造を形成するスメクティック A 相（S_A 相）である。スメクティック A 相の対称性は $D_{\infty h}$ であり，ネマティック相のそれと同じである。スメクティック A 相のつぎに秩序が高い相には，スメクティック C 相（S_C 相）がある。この相では，層法線に対してダイレクタが傾く。この傾き角を**チルト角**（tilt angle）と呼ぶ。これにより対称性が落ち，スメクティック C 相の対称性は C_{2h} となる。さらに温度を下げると秩序が高い層が出現し，層内での重心の秩序が発生する。秩序の

† 一般に，ネマティック相のみを示す液晶を**ネマティック液晶**と呼び，スメクティック相を示す液晶を**スメクティック液晶**と呼ぶ。スメクティック液晶は温度によりネマティック相を示す。

種類に応じてスメクティックB相，スメクティックI相，スメクティックF相などさまざまな相がある[(3),(4)]。これらの高い秩序を有する相では，流動性が落ち，結晶に近い性質をもつようになる。

8.1.2 キラル液晶

分子がキラリティーをもつとさらに興味深い性質が現れる。キラリティーとは分子が不斉炭素をもつような場合を指し，自分自身とその鏡像を重ね合わせたときにそれらが一致しない鏡像異性体をもつことをいう。生体由来物質にはキラリティーをもつものが多く，液晶として最初に発見されたコレステロールもキラリティーをもつ。ネマティック液晶にキラリティーがある場合，キラルネマティック相（N* 相）と呼び，＊を付けてキラリティーのないN相と区別する。対称性は $D_{\infty h}$ から D_{∞} に落ちるが，ネマティック相と同様に分極をもたない。この相は**コレステリック相**（cholesteric phase）とも呼ばれ，**図8.3**のように分子のダイレクタが周期的に変化する構造をしている。その周期は数百ナノメートルから数十ミクロンであり光の波長の領域である。そのため，光学的なブラッグ反射が生じ，特性反射と呼ばれる特定の波長の光を反射する現象が起こる。周期は温度により変化するため，キラルネマティック相を示す液晶を温度により色が変化する色材として用いることができる。

つぎにスメクティック相を示す液晶にキラリティーがある場合を考える。分

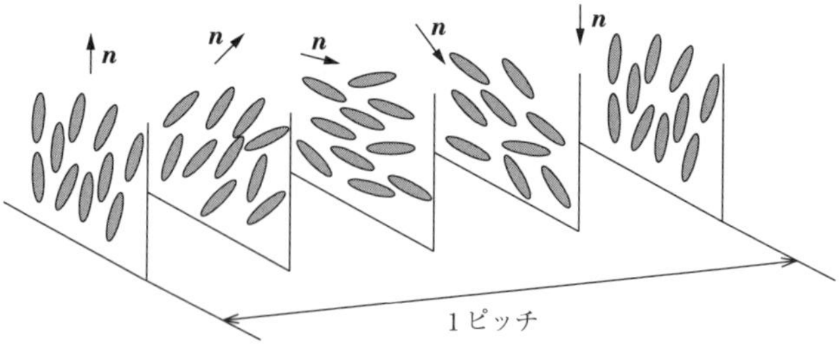

図では見やすいように層構造を描いているが，コレステリックには層構造はなく，連続的に液晶の方向がねじれていく。分子に上下の区別がないため，ディレクタ $\boldsymbol{n}$ は $-\boldsymbol{n}$ と等価である。よって，ディレクタが半回転する長さが1ピッチに対応する

図8.3　コレステリック液晶の構造

子にキラリティーがあってもスメクティックA相ではネマティック相と同様に対称性は D_∞ である。よって，分極はもたずに複屈折のみを示す。一方，分子がキラリティーをもつスメクティックC相では，対称性は C_2 となり自発分極が生じる。分子の軸まわりの回転運動はキラリティーのために阻害され，層内において分子の双極子モーメントは同じ方向を向く。電界などが印加されていない状態では，**図8.4**(b)に示すように，分子は円すい上を層に沿って螺旋（らせん）状に回転すると考えられている。螺旋のピッチは数百ナノメートルから数十ミクロンである。自発分極は分子長軸に垂直で円すいの接線方向に生じる。図からわかるように，螺旋構造のため電界のない状態では分子の双極子モーメントは打ち消し合い，巨視的な分極はない。しかし，電界を印加することにより螺

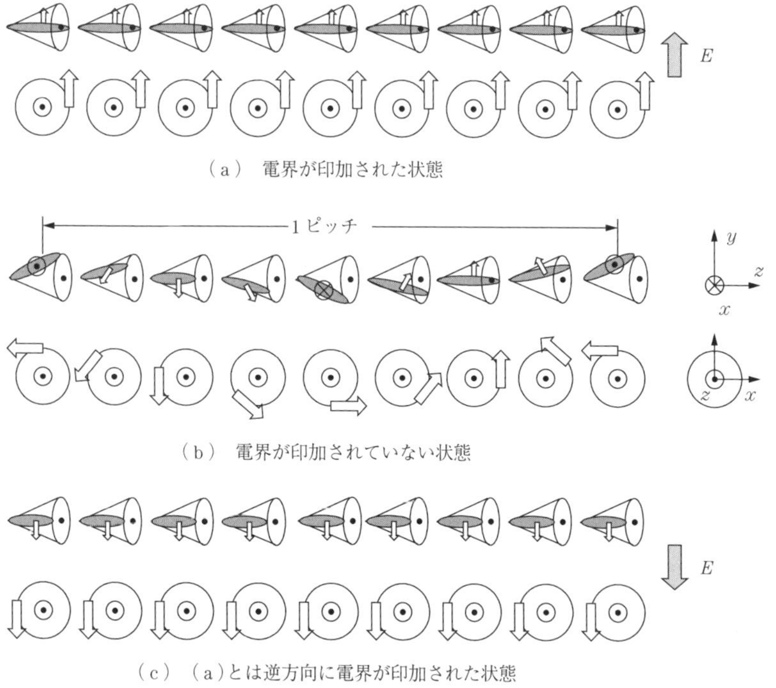

棒状の液晶分子が円すい上をら旋を巻くように配向している。下の円は z 軸の正の方向から液晶に向かって見た図である。いずれの図でも自発分極の方向を矢印で表している

図8.4　強誘電性液晶の構造

旋がほどけて，図(a)や図(c)に示すように分子の双極子モーメントがそろい分極が生じる。また，分極方向が電界により変化するので強誘電体である。そのため，このような液晶を**強誘電性液晶**（ferroelectric liquid crystal）と呼ぶ。類似の構造をもつキラル液晶の一部は，反強誘電性やフェリ誘電性を示すものがある。反強誘電性液晶では，隣り合う層が分極を打ち消し合いながら，螺旋構造をもつ。電界を印加することにより分極がそろって強誘電相に転移する[(3),(4)]。

8.1.3 液 晶 の 弾 性

液晶の粘性率や弾性率は応用を考える際に重要なパラメータである。ディスプレイにおける応答時間や必要な印加電圧などを決めるからである。ここでは，ネマティック液晶がもつ弾性について考える。弾性は変形に対して液晶がその配向を維持するために生じる。ネマティック液晶におけるダイレクタの変形に伴う自由エネルギーfは以下の式で表される[(1)~(4)]。

$$f=\frac{1}{2}K_{11}(\nabla\cdot\boldsymbol{n})^2+\frac{1}{2}K_{22}\{\boldsymbol{n}\cdot(\nabla\times\boldsymbol{n})\}^2+\frac{1}{2}K_{33}\{\boldsymbol{n}\times(\nabla\times\boldsymbol{n})^2\} \tag{8.2}$$

図 8.5 に示したような第 1 項は広がり，第 2 項はねじれ，第 3 項は曲がりの変形に対応し，K_{11}, K_{22}, K_{33} はそれぞれに対応する弾性定数である。

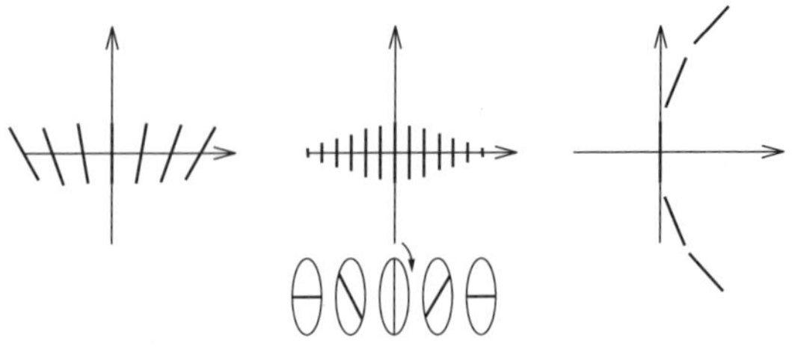

（a） 広がり変形　（b） ねじれ変形　（c） 曲がり変形

図 8.5 変 形 の 種 類

弾性が関係する現象に**フレデリクス転移**（Frederiks transition）がある。これはある磁界や電界を印加したときに分子の配向方向が変わる現象であり，

2次の相転移である。液晶ディスプレイは基本的な原理としてこの現象を用いている。電界を印加した際に生じる広がり，ねじれ，曲がりに対応した配向変化が起こり，実際の液晶素子ではそれらが組み合わさり光の透過量が制御される。ここでは，現象を簡単に理解するために，**図 8.6** に示したような液晶分子が基板に水平に配向したセルにおいて電界を印加した際に生じるフレデリクス転移について考えてみる(1),(3)。

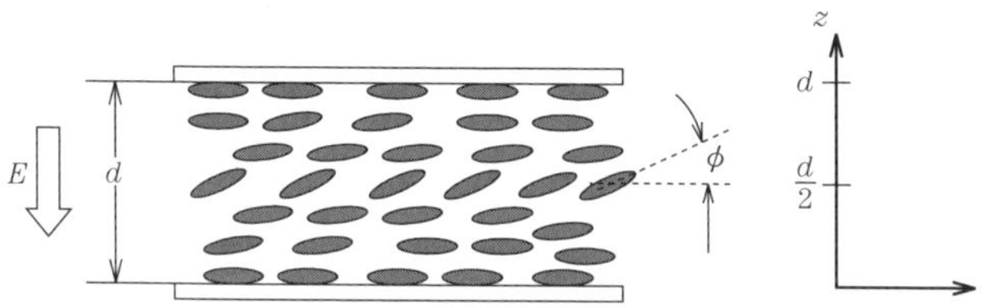

図 8.6　フレデリクス転移を説明するための水平配向液晶セル

この場合，ねじれ変形はなく式(8.2)の第2項は無視できる。自由エネルギーf は，電界 $\boldsymbol{E}$ 印加によるポテンシャルの項を加えて下記のように記述される。

$$f=\frac{1}{2}K_{11}(\nabla\cdot\boldsymbol{n})^2+\frac{1}{2}K_{33}\{\boldsymbol{n}\times(\nabla\times\boldsymbol{n})\}^2-\frac{1}{2}\Delta\varepsilon(\boldsymbol{E}\cdot\boldsymbol{n})^2 \qquad (8.3)$$

ここで $\Delta\varepsilon$ は液晶の誘電率の異方性であり，長軸方向の誘電率を $\varepsilon_{/\!/}$，短軸方向の誘電率を $\varepsilon_{\perp}$ とした場合に $\Delta\varepsilon=\varepsilon_{/\!/}-\varepsilon_{\perp}$ で表される。ここでは，簡単のため $K=K_{11}=K_{33}$ と近似する。この近似を行ってもフレデリクス転移の物理的な描像を理解する妨げにならない。式(8.3)は液晶の x 方向となす角 ϕ を用いて

$$f=\frac{1}{2}K\left(\frac{d\phi}{dz}\right)^2-\frac{1}{2}\Delta\varepsilon\sin^2\phi E^2 \qquad (8.4)$$

となる。全体の自由エネルギーF は

$$F=\int_0^d f dz \qquad (8.5)$$

で表されるが，F を最小とする $\phi(z)$ を求めるためには工夫が必要である。積分関数 f に関してオイラー・ラグランジェの変分法を用いれば(3),(6)

$$\frac{\partial f}{\partial \phi}-\frac{d}{dz}\frac{\partial f}{\partial \frac{d\phi}{dz}}=0 \tag{8.6}$$

を求めることに対応し，これを計算すると

$$K\left(\frac{d\phi}{dz}\right)^2+\Delta\varepsilon \sin\phi \cos\phi E=0 \tag{8.7}$$

となる。液晶セルは上下に対称であるため $z=d/2$ で $d\phi/dz=0$ となり，このときの ϕ を $\phi_{\max}$ とすると

$$K\left(\frac{d\phi}{dz}\right)^2+\Delta\varepsilon \sin^2\phi E^2=\Delta\varepsilon \sin^2\phi_{\max} E^2 \tag{8.8}$$

となる。これを変数分離して積分すると

$$\int_0^{\phi_{\max}}\sqrt{\frac{1}{\sin^2\phi_{\max}-\sin^2\phi}}\,d\phi=\int_0^{d/2}\sqrt{\frac{\Delta\varepsilon}{K}}\,Edz=\frac{d}{2}\sqrt{\frac{\Delta\varepsilon}{K}}\,E \tag{8.9}$$

となる。フレデリクス転移前後では $\phi_{\max}$ や ϕ は1に比べて非常に小さいので，$\sin\phi_{\max}\approx\phi_{\max}$ や $\sin\phi\approx\phi$ に近似すると以下のようになる。

$$\int_0^{\phi_{\max}}\sqrt{\frac{1}{\phi^2_{\max}-\phi^2}}\,d\phi=\frac{\pi}{2} \tag{8.10}$$

これよりフレデリクス転移が起こる電界のしきい値 E_c を下記のように求めることができる。

$$E_c=\frac{\pi}{d}\sqrt{\frac{K}{\Delta\varepsilon}} \tag{8.11}$$

E_c を与える電圧を V_c とすれば

$$V_c=\pi\sqrt{\frac{K}{\Delta\varepsilon}} \tag{8.12}$$

であり，しきい値電圧 V_c はセルの厚さに無関係であることがわかる。

8.1.4　相転移の分子論

ここでは，液晶の配向と相転移について微視的な考察をする。**図8.7**(a)に示すように，分子 i の長軸とダイレクタのなす角を θ_i と定義する。液晶のオーダーパラメータを S とすると，液晶分子のエネルギー $V(\cos\theta_i)$ は

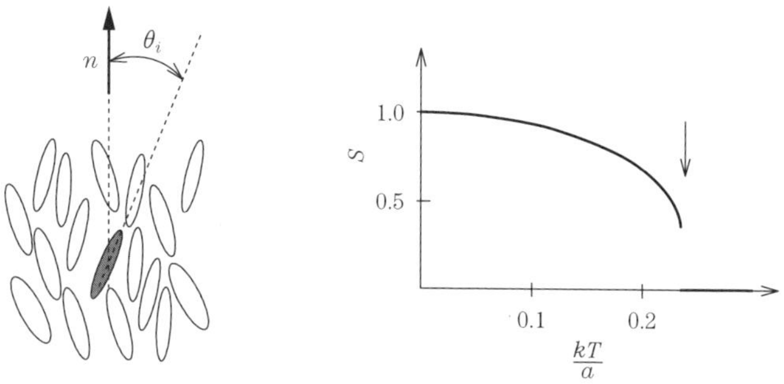

（a）式（8.13）を考えるための配置図　　（b）式（8.17）の計算結果

図 8.7　液晶の配向と相転移

$$V(\cos\theta_i) = -aSP_2(\cos\theta_i) \tag{8.13}$$

のように表される(7)。ここで a はエネルギーの次元をもつ正の定数であり，分子間のポテンシャルに関する変数である。この式は $\theta_i = 0$，すなわち分子がダイレクタの方向に向いている場合にポテンシャルが最小であり，それから外れるとエネルギーが上がることを示している。熱的な分子のゆらぎをボルツマン分布 $D(\cos\theta)$ で表すと下記のようになる。

$$D(\cos\theta) = \frac{1}{g}\exp\left(-\frac{V(\cos\theta_i)}{kT}\right) \tag{8.14}$$

k はボルツマン定数である。また，g は分配関数であり

$$g = \int \exp\left(-\frac{V(\cos\theta_i)}{kT}\right) d\Omega \tag{8.15}$$

である。Ω は立体角であり，極角 θ と方位角 ϕ を使って $-d(\cos\theta)\,d\phi$ と表される。$D(\cos\theta)$ を用いて，改めて S を表すと下記のようになる†。

$$S = \int P_2(\cos\theta)\,D(\cos\theta)\,d\Omega \tag{8.16}$$

すると，式(9.13)〜(9.16)より下記のような積分方程式が求められる。

$$S = \frac{\int_0^1 P_2(\cos\theta)\exp\left(\frac{aSP_2(\cos\theta)}{kT}\right)d(\cos\theta)}{\int_0^1 \exp\left(\frac{aSP_2(\cos\theta)}{kT}\right)d(\cos\theta)} \tag{8.17}$$

---

† ここでは平均場近似を使っているため i がとれる。

これを数値計算し，自由エネルギーが最小となるように解を吟味した結果が図8.7(b)である。

横軸は規格化した温度 kT/a であり，縦軸はオーダーパラメータ S である。温度が上がるにつれてオーダーパラメータは減少して分子の配向が乱れていく。さらに，$kT/a=0.22$ 付近で1次の相転移が生じ $S=0$ となり液体に転移することが示されている。多数の分子により生じるポテンシャルが場をつくり，その中でのエネルギー最小化と熱的ゆらぎとの競争により液晶相が生じることがわかる。

8.1.5　ツイステッドネマチックバルブ

現在用いられている液晶ディスプレイは，液晶がもつ流動性と分子が配向する性質を巧みに利用したものである。液晶中の光の伝搬について考えながらその原理について述べる。**図8.8(a)**に**ツイステッドネマチック**（twisted nematic，**TN**）セルの概略を示す。液晶分子の配向方向は，適当な表面処理剤（配向剤）を塗布した基板表面を布などでこすることにより決めることができる。この方法をラビング法と呼ぶ†。たがいに垂直な方向にラビングした基板を重ね合わせることにより，配向方向が90°ねじれた液晶セルを作製するこ

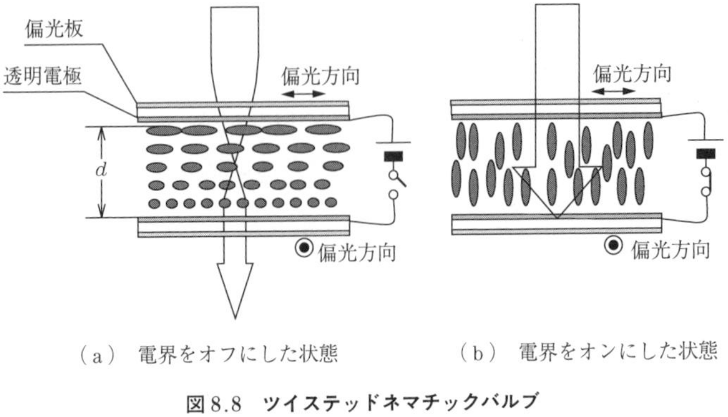

（a）　電界をオフにした状態　　　（b）　電界をオンにした状態

図8.8　ツイステッドネマチックバルブ

† 液晶の配向方法として，この他にも高分子配向膜への光照射法や SiO_x の斜め蒸着法，磁界や電界を印加する方法などがある。

とができる。電界を印加するため，ITO などの透明電極を用いる。また，セルは偏光板でサンドイッチされており，その偏光方向は基板表面の液晶の長軸方向と同じ方向にしておく。光はツイステッドネマチックセル中を偏光方向を回転しながら伝搬するため，上下の偏光板が直交しているにもかかわらず光は透過することになる。この状態が「明」状態である。このセルに電界を印加すると，フレデリクス転移により，図(b)に示したように V_c 以上の電圧で液晶分子は基板法線方向に向きを変える。光は光軸に沿って伝搬することになるので偏光状態は変わらず，2 枚の直交した偏光板のため「暗」状態となる。電圧の有無により光の透過量を変えることができるため，ツイステッドネマチックセルを 2 枚の偏光板で挟み電極を付けたものをツイステッドネマチックバルブという。実際のディスプレイではさまざまな工夫が施されているが，現在使われている多くのディスプレイではこのバルブが使われている。

電界を印加していない状態でのツイステッドネマチックセルにおける光伝搬を考察してみよう。**図 8.9** に示したように，仮想的に液晶セルを N 枚にスライスしたスラブ構造を考える。膜厚は d/N であり，液晶の屈折率を $n_{/\!/}$，$n_\perp$ とすれば，複屈折は $\Delta n = n_{/\!/} - n_\perp$ である。i 層目のスラブにおける屈折率楕円体の長軸と x 軸のなす角は $\theta_i = (\pi/2)\{(i-1)/(N-1)\}$である。このスラブは波長板として働き，位相差 $\exp(2\pi d\Delta n/N)/\lambda$ を与える。入射光電界の振幅を E_0 とすると，偏光板の方向の単位ベクトル $\hat{p}_{inc} = {}^t(1, 0)$を使って，偏光板を通り抜けた光電界は $\hat{p}_{inc}E_{inc}$ と表される。ここで，透過側の偏光板の方向は

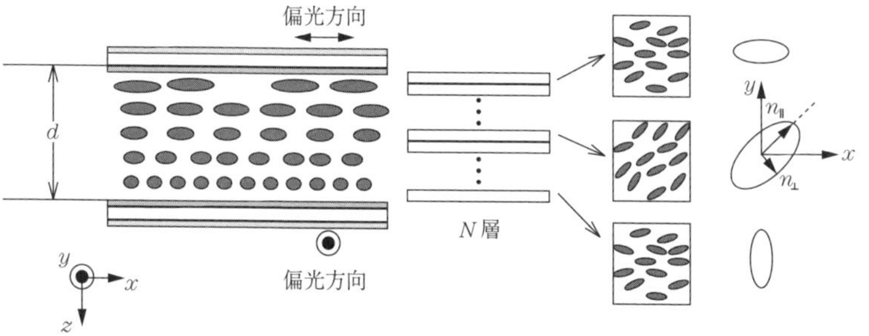

図 8.9 ツイステッドネマチックバルブの計算に用いる光学配置

$\hat{p}_{trans} = {}^t(0, 1)$であり，それを通り抜けた光の振幅 E_{trans} はトランスファマトリックス法を使って下記のように表すことができる[8]。

$$E_{trans} = \hat{p}_{trans} \cdot R\left(\frac{\pi}{2}\right) \Phi\left(\frac{d}{N}\right) R^{-1}\left(\frac{\pi}{2}\right) M_{N,N-1}$$
$$\cdots M_{2,1} R(0)\, \Phi\left(\frac{d}{N}\right) R^{-1}(0)\, \hat{p}_{inc} E_{inc} \qquad (8.18)$$

ここで $M_{i,i-1}$ は $i-1$ 層目と i 層の界面におけるフレネル反射を表す行列である。また，$R(\theta)$ は個々のスラブから試料への回転の座標変換行列である。実際には，液晶は連続体であり分子の大きさに比べてセル厚が十分大きいので，N は大きく複屈折の変化は小さいので，スラブ界面における反射の寄与を無視できる。すると，$M_{i,i-1}$ は単位行列として考えることができる。このことと回転行列の性質から

$$R\left(\frac{\pi}{2}\frac{1}{N-1}\right) = R\left(\frac{\pi}{2}\frac{i}{N-1}\right) R^{-1}\left(\frac{\pi}{2}\frac{i-1}{N-1}\right) \qquad (8.19)$$

であることを利用すると式(9.18)は

$$E_{trans} = \hat{p}_{trans} \cdot R\left(\frac{\pi}{2}\right) \left(\Phi\left(\frac{d}{N}\right) R\left(\frac{\pi}{2}\frac{1}{N-1}\right)\right)^{N-1} \Phi\left(\frac{d}{N}\right) \hat{p}_{inc} E_{inc} \qquad (8.20)$$

となる。透過係数 t は $t = E_{trans}/E_{inc}$ なので

$$t = \hat{p}_{trans} \cdot R\left(\frac{\pi}{2}\right) \left(\Phi\left(\frac{d}{N}\right) R\left(\frac{\pi}{2}\frac{1}{N-1}\right)\right)^{N-1} \Phi\left(\frac{d}{N}\right) \hat{p}_{inc} \qquad (8.21)$$

となる。**図 8.10** に，この式から求めた透過率の波長依存性を示す。広い波長範囲で透過率が 1 に近いことがわかる。界面近傍の分子の配向具合などを取り

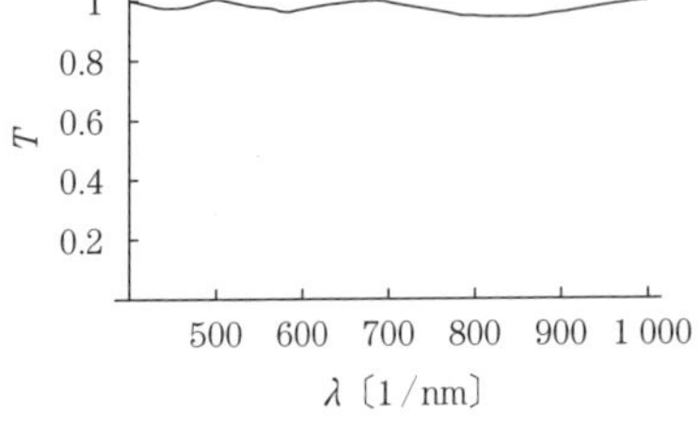

セル厚 d=10 μm，Δn=0.2，N=11 として計算を行った

図 8.10　ツイステッドネマチックバルブの計算結果

入れた詳細な検討をするためには，フレネル反射を考慮した計算が必要であり，4×4 マトリックス法を用いると計算が簡単である[9]。

このようなツイステドネマチックバルブ以外にも色素をドープしたディスプレイや強誘電性液晶，反強誘電性液晶を用いた表示素子も研究が行われている。また，ディスプレイ以外にも電気光学素子[5]，波長変換素子[10]，液晶性半導体[11]などさまざまな素子や材料が提案されている。

8.2 有機エレクトロルミネセンス

8.2.1 有機エレクトロルミネセンスの構造

自らが発光するディスプレイとして，電子を使って蛍光体を発光させるCRTが古くから用いられてきたが，軽量化や省スペース化が難しい，高電圧が必要などの点から低電圧で駆動できるフラットパネルディスプレイに置き換わろうとしている。液晶を使ったディスプレイは軽く低消費電力である利点により近年広く普及しているが，これは光の透過量を制御する素子である。そのため，バックライトが必要であり十分なコントラストがとれない，視野角特性がよくないなど，さらに改善すべき点も多い。これは，自らが発光しない（非自発光）ディスプレイであるためである。自らが発光する（自発光）ディスプレイとして，プラズマを用いたディスプレイも普及しているが，小型で低消費電力であることが必要なコンピュータ用や携帯端末用の用途には適さない。近年自発光型ディスプレイとして，**有機エレクトロルミネセンス**（organic electroluminescence，**有機 EL**）が注目を集めている[12],[13]。有機 EL は励起子の再結合による光放射を利用しており，自発光型であり消費電力も小さい。**有機薄膜トランジスタ**（orgnic thin-film transistor，**有機 TFT**）と組み合わせて紙のようにしなやかなディスプレイの作製も可能であるなど，将来のフラットパネルディスプレイとして有力な候補である。

有機 EL の歴史は古く，単結晶アントラセンへの電荷注入などによる発光の観察は1960年代に報告がある。その後，1987年に現在の有機ELの原型となる多層構造の素子が提案されて以来[14]，多くの研究が進められるようになってきた。現在では，低分子材料だけでなく高分子材料や液晶材料など，さまざまな形態の材料が提案されている。

有機EL素子の構造を**図8.11**に示す。仕事関数の異なる2枚の電極間に，蛍光や燐光を示す薄膜材料を電子や正孔を注入する電荷輸送層で挟んだものである。電極を除いた3層構造が基本であるが，電子や電荷輸送層が発光層を兼ねる場合や複数の電荷輸送層をもつものもある。有機ELの特徴として以下のことが挙げられる。

1．低い電圧で駆動ができる。

2．高いエネルギー変換効率である。

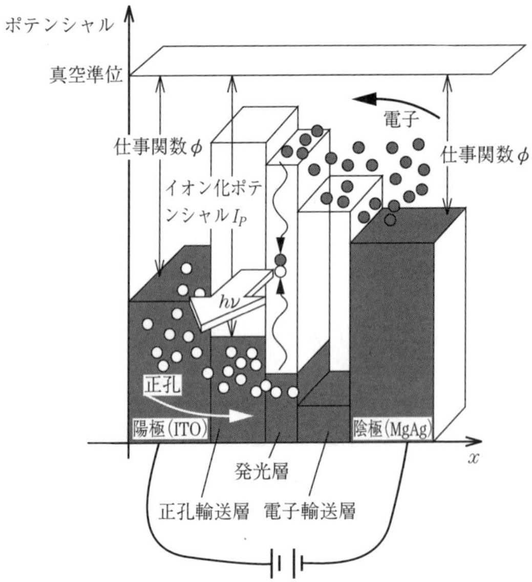

図8.11　有機EL素子の構造

無機ELが高電圧で交流電界による発光であるのに対して，有機ELではキャリヤ注入型の発光素子であるため，低電圧の直流で駆動ができるという特徴がある。そのため，ELというよりはむしろ発光ダイオード（LED）に近い動作原理である。そのため，有機LEDと呼ぶ場合もある。しかし，下記のような無機の LED との相違点もある。

1. 有機 EL では，キャリヤの注入は空間電荷制限電流による。
2. 有機 EL では，電子と正孔の再結合により生じる励起子からの発光による。

現在のところ外部量子効率は数%～20%程度にとどまっている。主な要因として一重項励起子の生成が理論的に 25%程度であること，光の取出し効率が 20%程度にとどまっていることの二つの要因がある。

8.2.2 有機エレクトロルミネセンスを構成する材料

陽極材料に必要な条件には，仕事関数が大きいこと，光を透過すること，がある。これらを満たす主な材料に ITO（indium tin oxide）がある。ITO の仕事関数 ϕ は $\phi=4.6\sim4.7$ eV である。その他の材料としては，金（$\phi=5.2$ eV），アルミニウム（$\phi=4.3$ eV）なども候補となるが，光を通すにはかなり薄い膜とする必要がある。

陰極材料に必要な条件としては，陽極とは逆に仕事関数が小さいことが挙げられる。そのため，ナトリウム（$\phi=2.75$ eV）やカリウム（$\phi=2.3$ eV）などのアルカリ金属やマグネシウム（$\phi=3.66$ eV）などのアルカリ土類金属が利用されるが，一般にこれらの金属は酸化されやすく安定ではない。そこで，銀やアルミニウムなどの金属と共蒸着して用いられる。これにより，基板との接着性がよくなり化学的にも安定となる。

電荷輸送材料は通常蒸着により堆積する。そのため，蒸着可能な材料であり，かつ均一な薄膜となることが必要である。正孔輸送層では，イオン化ポテンシャル（$I_p=5.2\sim5.6$ eV）が小さいことと移動度（$\mu=10^{-3}$ cm^2/(V･s)）が大きいことが求められる。主な化合物は芳香族アミンであり，その代表的な材料を**図 8.12** に示した。実用を考える場合には高いガラス転移温度（T_g）が求められる。近年では，正孔の注入効率を高めるために正孔輸送層を 2 層にすることも行われている。電子輸送層では，逆に大きなイオン化ポテンシャルが求められる。発光材料と電子輸送材料を兼ねる場合も多い。クマリンやルブレ

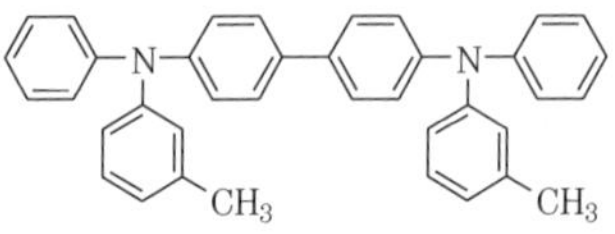

TPD

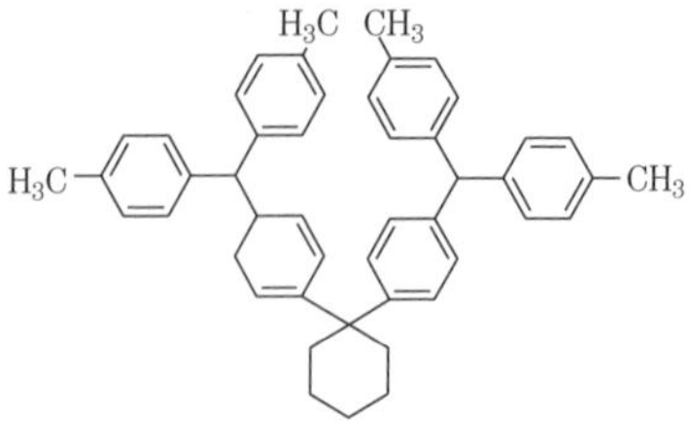

TAPC

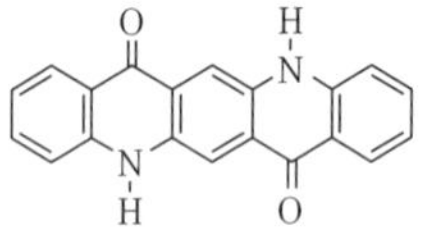

QA

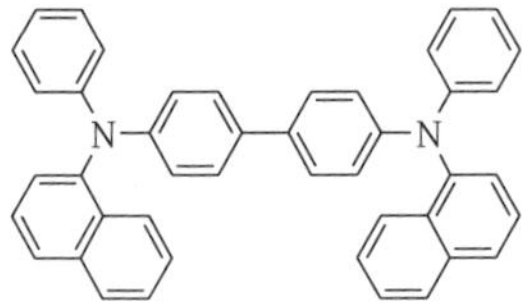

NPD

図 8.12　代表的な正孔輸送材料

ンなどのレーザ色素材料を添加して長波長側の発光を得ることもある。代表的な電子輸送材料を**図 8.13** に示した。

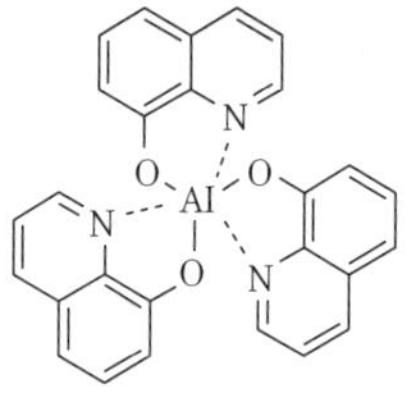

Alq

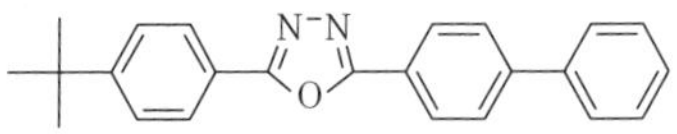

PBD

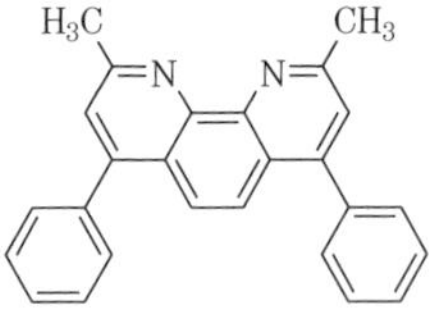

BCP

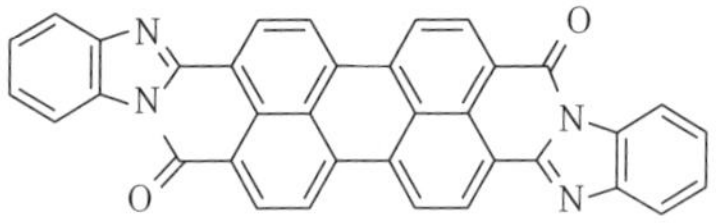

PTCBI

図 8.13　電子輸送材料の例

発光材料に必要な条件としては，目的とする波長を発光することがもちろんであるが，その他に，正孔，電子のいずれのキャリヤも輸送できることや，均一な固体薄膜が得られることなどが重要である。

図8.14や**図8.15**のようなさまざまな発光材料が提案されてきた。高分子材料は蒸着をせずにスピンコートで製膜できる利点がある。適当な正孔輸送層と組み合わせれば，インクジェットなどを用いて湿式のプロセスで堆積することもできる[15]。

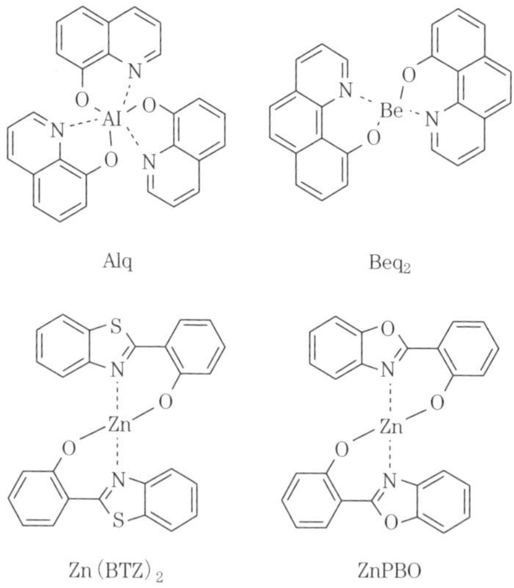

図8.14　発光材料の例

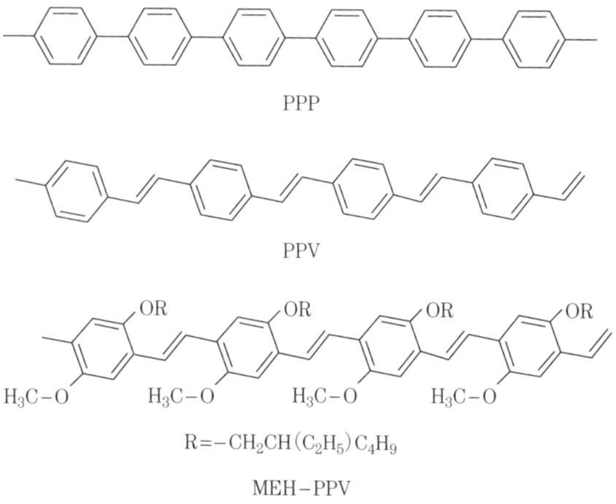

図8.15　高分子発光材料の例

近年注目されているのが燐光材料である[16]。電子と正孔が再結合することにより励起子が生じる。その際，蛍光発光する一重項励起子の生成効率は

25％であり，残りの 75％の励起子は三重項励起子となる†。

図 8.16 に光吸収と発光過程の模式図を示した。一重項の励起はただちに基底状態に戻り蛍光が放出される。一方，三重項に項間交差した電子は寿命が長く熱的に緩和する場合も多いが，燐光としてゆっくりと光を放出する。燐光の発光効率が高い材料があればエネルギー効率が飛躍的に改善できることになる。有機 EL において燐光の重要性が認識されたのは最近になってからであり，盛んに研究が進められている。**図 8.17** に代表的な燐光材料である Ir(ppy)$_3$ の構造を示す。

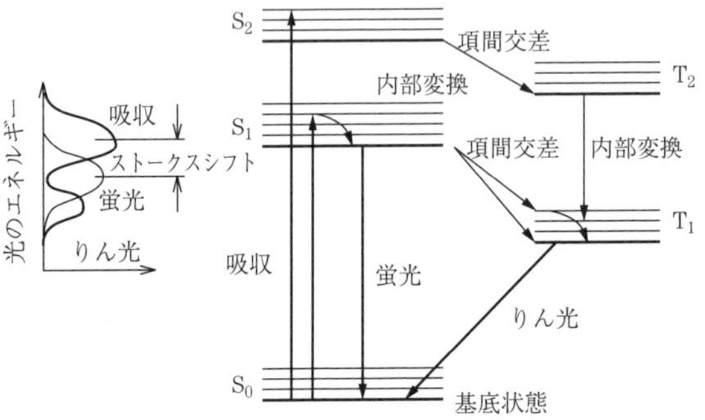

図 8.16　発光過程の模式図

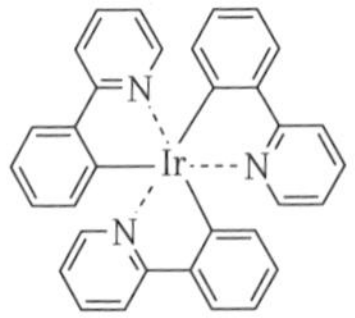

Ir(ppy)$_3$ 3-phenylpridine iridium (Ⅲ)

図 8.17　燐光材料の例

8.2.3　空間電荷制限電流

最後に電流の流れる過程について考えてみる。一般に有機 EL 材料では，低電界中（$\leqq 10^4$ cm^{-4}）では抵抗が高く（10^{15} Ω•cm）電気が流れにくい。キャ

† LUMO と HOMO に入る粒子のスピンの組合せで決まり，反平行の場合が 1 通り，平行の場合が 3 通り生じることによる。前者を一重項，後者を三重項という。

リヤ密度が低いためである。ところが，高い電界のもとでは，数百 mA/cm^2 以上の電流が流れるようになる。これは，一般に見られるドリフト電流ではなく空間電荷制限電流が流れているためである(17)。マクスウェル方程式の中で，電界の発散の式は，電荷密度 ρ と誘電率 ε を用いて

$$\nabla \cdot \boldsymbol{E} = \frac{\rho}{\varepsilon} \tag{8.22}$$

と表される。電子のみを考える場合には，電子の単位電荷量 e と電子の密度 n を使って $\rho = -ne$ と表される。ドリフト電流が支配的であるとすると $\boldsymbol{J} = en\mu\boldsymbol{E}$ であるから，これを代入し

$$\boldsymbol{J} = -\varepsilon\mu\boldsymbol{E}(\nabla \cdot \boldsymbol{E}) \tag{8.23}$$

となる。電流の向きとして 1 次元（x 方向）のみを考えれば

$$J = -\varepsilon\mu E\frac{dE}{dx} \tag{8.24}$$

である。これを積分して，陰極側の電極界面において $E=0$ であるという条件を入れると，空間電荷制限電流は以下のような式で表される。

$$J = \frac{9}{8}\varepsilon\mu\frac{V^2}{d^3} \tag{8.25}$$

μ は移動度，V は印加電圧，d は電極間距離である。この式は**チャイルドの式**（Child's equation）と呼ばれる。

電流密度はキャリヤ濃度に依存していない点，電界の 2 乗に比例している点，電極間距離の 3 乗に反比例している点が特徴である。そのため，高い電界をかけた場合には，キャリヤ濃度が低くても大きな電流を流すことができる。実際に $\mu = 10^{-3}$ cm^2/(V•s)，$d = 100$ nm，$V = 1$ V を入れると電流密度は大体 $J = 0.3$ A/cm^2 となる。電流密度をこの 100 倍にすることができれば，有機 EL を使った電流駆動レーザ（プラスチックレーザ）が実現できるといわれている。

8.3 非線形光学材料

8.3.1 非線形光学材料の種類

非線形光学現象については1.3.3項で簡単なモデルを立てて述べたが，ここでは非線形光学効果を示す材料について紹介する。一口に非線形光学効果といっても，光第2高調波発生（SHG），光第3高調波発生（THG），電気光学効果，フォトリフラクティブ効果などさまざまである。材料の種類も無機誘電体，半導体，有機結晶，高分子，場合によっては金属材料など多岐に分かれる。多様な研究が進められているが，実用化という点から見ると光第2高調波発生と電気光学効果が中心である。ここでは，それらの材料について述べることとする。

8.3.2 光第2高調波発生用材料

光第2高調波発生（optical second-harmonic generation, **SHG**）は角周波数 ω の光が角周波数 2ω の光にコヒーレントに変換される現象である。レーザの波長変換などに用いられる。例えば，赤や近赤外の半導体レーザ光を青や紫の光に効率よく変換できれば，光記録ディスクの容量を飛躍的に向上させることができる。2次の非線形光学効果であるため，反転中心をもつ系では起こらない。そのため，反転中心を欠く材料であることが重要である。強誘電体材料は，分極をもつため反転中心がなく，2次の非線形光学材料としての必要条件が備わっている。これに加えて，光学的な品質がよいこと，目的とする波長で透明であること，高出力レーザ光のダメージに耐えること，位相整合がとりやすいこと，加工性がよいこと，物理的，化学的に安定であることなどが必要である。現在，実用に供する材料は無機誘電体材料である。**表8.1**に主な光第2高調波発生用材料をまとめた。

LNは現在最もよく用いられている材料である。最も大きな非線形定数であ

表 8.1 主な光第 2 高調波発生用材料[(19)~(23)]

材料名	対称性	d〔pm/V〕(@1064 nm)	角度位相整合
LN($LiNbO_3$)	C_{3v}	$d_{31}=5.95$, $d_{33}=33.4$	可
LT($LiTaO_3$)	C_{3v}	$d_{22}=2.8$	不可
LBO(LiB_3O_5)	C_{2v}	$d_{24}=0.74$, $d_{31}=0.8\sim1.3$	可(~550 nm)
KDP($KNbO_3$)	C_{4v}	$d_{36}=0.43$	可
KTP($KTiPO_4$)	C_{2v}	$d_{31}=2.54$, $d_{32}=4.53$, $d_{33}=16.9$	可(~1 000 nm)
BBO(β-Ba_2O_4)	C_3	$d_{11}=1.6$, $d_{eff}=1.32$ (@266 nm)	紫外域まで可
CLBO($CsLiB_6O_{10}$)		$d_{eff}=0.84$ (@266 nm)	紫外域まで可
尿素	D_{2d}	$d_{36}=1.3$	可
MNA	C_s	$d_{11}=184$, $d_{12}=26.7$	可
DAST	C_s	$d_{11}=600$, $d_{12}=30$	
α-石英(SiO_2)	D_3	$d_{11}=0.5$	不可

る d_{33} は対角成分であるため，これを用いた角度位相整合はできないが，加工性がよいため導波路化による伝搬定数分散を用いた位相整合や擬似位相整合の材料として用いられている。LT も角度位相整合はできないが，擬似位相整合材料として用いられ，光損傷を受けにくいという特徴がある。KDT，KTP は高出力レーザ用の非線形光学結晶であり，現在よく用いられている。BBO や CLBO は紫外光まで利用が可能であり，Nd:YAG レーザの 4 倍光（$\lambda=255$ nm）より短波長まで用いることができる。尿素や 2-methyl-4-nitroaniline (MNA)，4-N,N-dimethylamino-4-N-methyl-stilbazolium tosylate (DAST) は有機系の非線形光学材料である[(21)]。有機材料は大きな非線形光学定数をもつのが特徴である。しかし，加工性が悪い，長期間にわたる安定性に難があるなど，現在のところ波長変換材料としては実用化が難しいと考えられている。DAST は，近年では光差周波発生を用いたテラヘルツ波の発生の研究が発表されている。α-石英は主に非線形光学感受率を求めるための標準試料として用いられる。**図 8.18** に各材料の透明領域をまとめた。目的とする波長において吸収がないことは重要である。LN などは可視光領域すべてをカバーするため，半導体レーザを入射して紫～青色領域の倍波を得るのに適している。高出力レーザを用いた 4 倍波による紫外光発生は，リソグラフィーや医療の分野において応用が期待されている。BBO や CLBO はこれに適した材料である[(23)]。

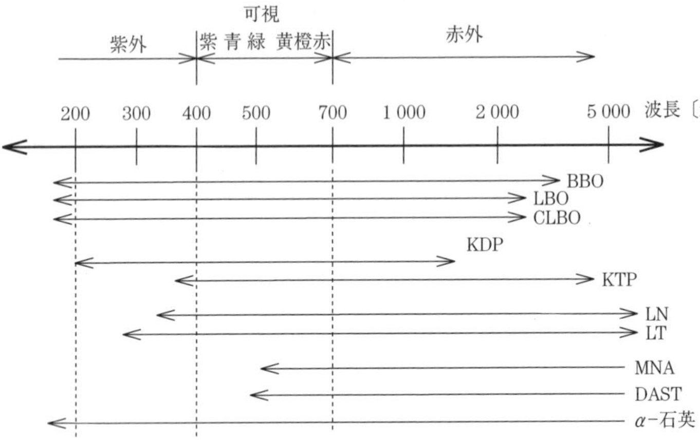

図 8.18　主な波長変換材料の透明領域

8.3.3　電気光学効果用材料

1 次の電気光学効果は 2 次の非線形光学効果の一種であり，電界を印加することにより材料の屈折率が変わる現象である[18],[24]。**ポッケルス効果**（Pokels effect）とも呼ばれる。光変調器や光スイッチなどに用いられ，現在の光通信技術ではなくてはならない材料である。2 次の非線形光学効果の一種であるため，光第 2 高調波発生用材料と重なる部分も多い。2 次の非線形光学定数 d と電気光学定数 r の間には $r=-2\,d/n^4$ の関係がある。現在，実用化されている材料はすべて無機誘電体材料であり，**表 8.2** にそれらの物性値をまとめた[19]~[21]。研究段階ではあるが，高分子材料に色素をドープした電界配向ポリ

表 8.2　主な電気光学効果用材料の物性値（r と屈折率は λ=633 nm のもの（DAST は λ=1 535 nm））

材料名	r〔pm/V〕	屈折率	比誘電率
LN ($LiNbO_3$)	$r_{13}=9.6$，$r_{33}=30.9$	$n_o=2.286$，$n_e=2.2$	$\varepsilon_1=\varepsilon_2=78$，$\varepsilon_3=32$
LT ($LiTaO_3$)	$r_{13}=8.4$，$r_{33}=30.5$	$n_o=2.176$，$n_e=2.180$	$\varepsilon_1=\varepsilon_2=51$，$\varepsilon_3=45$
$BaTiO_3$	$r_{51}=1\,640$	$n_o=2.437$，$n_e=2.365$	$\varepsilon_1=\varepsilon_2=3\,600$，$\varepsilon_3=135$
KDP ($KNbO_3$)	$r_{41}=8$，$r_{63}=11$	$n_o=1.507\,4$，$n_e=1.466\,9$	$\varepsilon_1=\varepsilon_2=42$，$\varepsilon_3=21$
ZnS	$r_{41}=-1.6$	$n=2.35$	
DAST	$r_{11}=485$		

マーの研究も進んでいる。色素を含んだ高分子材料をガラス転移点以上の温度で分極処理を施したものである。誘電率が低く，無機材料に比べて高い r をもつものが多いため，材料としての性能はよい。プロセスにおける熱的な緩和や時間的な分極緩和の問題がクリアできれば，有望な材料となる[25]。

8.3.4 光カー効果材料

光による光の制御のためには，3 次の非線形光学効果の一種である光カー効果を用いることができる。この現象は将来の光通信や光情報処理デバイスとして利用されると思われるが，材料の点でも研究の余地は多い。下記の式で示される光照射による屈折率変化を利用して，光変調や光スイッチを行う。

$$n = n_1 + \Delta n = n_0 + n_2 I \tag{8.26}$$

ここで，n_0 は材料の屈折率であり，n_2 は**非線形屈折率**（nonlinear refractive index）と呼ばれる。n_2 と 3 次の非線形感受率との間には

$$n_2 = \left(\frac{3}{8}\varepsilon_0 c n_0^2\right)\mathrm{Re}(\chi^{(3)}) \tag{8.27}$$

の関係がある。光により屈折率が変化する材料として，半導体や半導体超格子，半導体ドープガラス材料，ポリジアセチレンなどの有機 π 電子共役系材料などがある。GaAs などの半導体材料では，主に吸収飽和による非線形屈折率変化が利用される。これは，**バンドフィリング効果**（band filling effect）と呼ばれ，バンドギャップより少し低エネルギーの光が用いられる[21],[26]。非線形屈折率は $n_2 = 10^{-11}\ \mathrm{m^2/V}$ と非常に大きいが，共鳴領域を利用するため応答速度が数十～数百ナノ秒程度と遅い。近年では，半導体に電界を加えたときに生じる**フランツ・ケルディッシュ**（Franz-Keldish）**効果**や半導体超格子におけるシュタルク効果の一種である**量子閉込めシュタルク効果**（quantum-confined Stark effect, **QCSE**）を使ったスイッチが実用化されているが，特に後者を使うと光スイッチでも大きな非線形屈折率 $n_2 = 10^{-8}\ \mathrm{m^2/V}$ が得られ，また応答速度もピコ秒領域と速い[21],[26]。一方，有機 π 電子共役系材料では，非線形性の起源が π 電子であり非共鳴領域で応答が非常に速くフェムト秒

オーダーである（10^{-14} s）という特徴がある[(27),(28)]。そのため，光スイッチの特徴である超高速応答を生かすことができる可能性がある。しかしながら，現在のところ非線形屈折率は $n_2=10^{-15}\ \mathrm{m^2/V}$ 程度と小さいため，実用化されるにはさらに研究が必要である。

引用・参考文献

(1) W. H. de Jeu（石井　力・小林駿介 訳）：液晶の物性，共立出版（1991）
(2) P. G. de Gennes and J. Prost：The Physics of Liquid Crystals 2 nd Ed., Oxford University Press, New York（1993）
(3) 吉野勝美，尾崎雅則：液晶ディスプレイの基礎と応用，コロナ社（1994）
(4) 福田敦夫，竹添秀男：強誘電性液晶の構造と物性，コロナ社（1990）
(5) I.-H. Khoo：Liquid Crystals, Physical Properties and Nonlinear Optical Properties, John Wiley & Sons, New York（1985）
(6) 折原　宏：液晶の物理，内田老鶴圃（2004）
(7) W. L. McMillan：Phys. Rev., **A4**, 1238（1971）
(8) D. S. Bethune：J. Opt. Soc. Am., **B6**, 910（1989）
(9) D. W. Berrman：J. Opt. Soc. Am., **62**, 502（1989）
(10) J. Kosugi and K. Kajikawa：Appl. Phys. Lett., **84**, 5013（2004）
(11) 半那純一：応用物理，**68**，26（1999）
(12) 筒井哲夫（雀部博之 編）：有機フォトニクス，6章，アグネ（1994）
(13) 時任静士，安達千波矢，村田英幸：有機 EL ディスプレイ，オーム社（2004）
(14) C. W. Tang and S. A. VanSlyke：Appl. Phys. Lett., **51**, 913（1987）
(15) 関　俊一，宮下　悟：応用物理，**70**，70（2001）
(16) C. Adachi, M. A. Baldo, S. R. Forrest and M. E. Thompson：Appl. Phys. Lett., **77**, 904（2000）
(17) 日野太郎：電子材料物性工学，朝倉書店（1985）
(18) A. Yariv：Quantum Electronics 3 rd Ed., John Wiley & Sons, New York（1989）
(19) 宮澤信太郎：光学結晶，培風館（1995）
(20) 小川智哉：結晶光学の基礎，裳華房（1998）
(21) 佐々木豊（日本材料学会 編）：光エレクトロニクス，5章，裳華房（2000）
(22) R. W. Boyd and J. E. Midwinter：Nonlinear Optics, Academic Press, San

Diego (1992)

(23) Y. K. Yap, M. Inagaki, S. Nakajima, Y. Mori and T. Sasaki：Opt. Lett., **21**, 1348 (1996)

(24) 岡田正勝（中澤叡一郎・鎌田憲彦 編）：光物性デバイス光学の基礎，7.1 節，培風館（1999）

(25) K. D. Singer, S. L. Lalama, J. E. Sohn and R. D. Small (D. S. Chemla and J. Zyss Eds.)：Nonlinear Optical Properties of Organic Molecules and Crystals, p. 437, Academic Press, London (1987)

(26) 行松健一：光スイッチングと光インターコネクション，共立出版（1998）

(27) 久保寺憲一（雀部博之 編）：有機フォトニクス，7 章，アグネ（1994）

(28) 花村榮一：応用物理，**63**，873（1994）

9 機能素子への光物性の適用

9.1 発光素子

9.1.1 発光ダイオード[(1)]

発光ダイオード（light emitting diode, **LED**）と**半導体レーザ**（laser diode, **LD**）は，いずれもダイオード，すなわちpn接合を基本構造とするデバイスである。pn接合に順方向バイアスを印加すると，**図9.1**に示すようにポテンシャル障壁を越えて，伝導帯では電子がn領域からp領域へ，価電子帯では正孔がp領域からn領域へ注入される。注入された少数キャリヤは，拡散しながら多数キャリヤと発光再結合する。発光ダイオードでは，この電流注入による発光再結合を利用する。伝導帯の電子と価電子帯の正孔の直接発光再結合，あるいは発光中心となる欠陥を通した発光再結合が利用される。これまでの章で，発光ダイオードの動作に関する物理はだいたい述べられてきた。本節では，発光ダイオードの具体的な材料を選択するために必要となる一般的な指針について簡単に述べる。

pn接合を用いて注入された少数キャリヤのエネルギーは，目的とするフォトンを放出する発光再結合過程の他に，フォトンを放出せずに非発光再結合過程を通して熱として失われる。発光再結合の寿命を τ_R，並行して存在する非

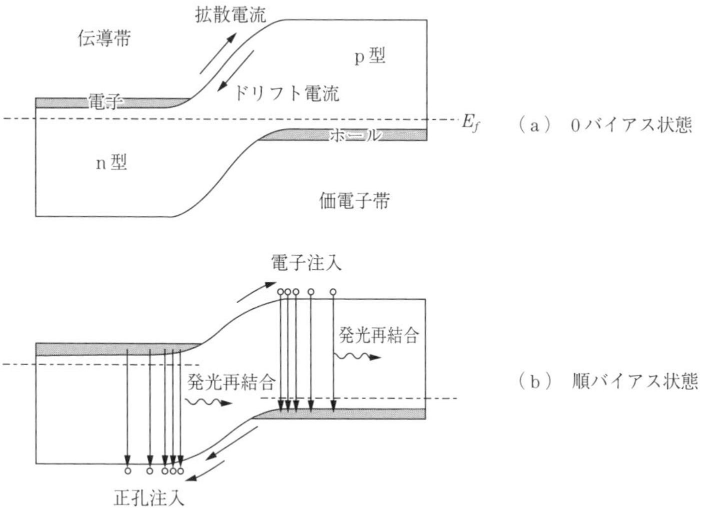

0 バイアス状態（a）：pn 接合内では，キャリヤの電界によるドリフト電流と濃度勾配による拡散電流がバランスしている。順バイアス状態（b）： pn 接合内の電位勾配が減少するためドリフト電流が減少し，n 領域から p 領域への電子の拡散電流，p 領域から n 領域への正孔の拡散電流のほうが大きくなる。その結果，n 領域から p 領域へ少数キャリヤである電子が，また p 領域から n 領域に少数キャリヤである正孔が注入される。注入された少数キャリヤは多数キャリヤと再結合し，光を放出する

図 9.1　pn 接合のバンドのラインアップと少数キャリヤ注入による発光

発光再結合の寿命を τ_N とすると，発光の量子効率（内部量子効率），すなわち注入した一つの少数キャリヤからフォトンが生成する割合は式(4.1)

$$\eta = \frac{1}{1 + \tau_N / \tau_R}$$

で表される。したがって，非発光再結合の寿命が同じであれば，発光再結合の寿命が短いほど高効率となる。3 章で述べたように，間接遷移型の半導体のバンド間の再結合にはフォノンの関与が必要となるため，遷移の寿命は長い。このため，一般に間接遷移型半導体の発光再結合の寿命は，直接遷移型半導体と比べて長く，間接遷移型半導体は発光効率の点で不利となる。このため，間接遷移型を LED に応用するためには，遷移寿命の短い発光中心を導入することが不可欠となる。比較的早く実用化された赤色と緑色の LED では，間接遷移型半導体である GaP を母体として，発光中心となる欠陥を導入したものが用

いられてきた。赤色LEDでは，Gaサイトを置換したZnとPサイトを置換したOが最近接に配置したZn_{Ga}-O_Pが，また緑色LEDでは，PサイトをNが置換したN_P欠陥が発光中心として用いられている（添字は，不純物のサイトを表す）。これらの欠陥では，欠陥の価電子数が，置換した原子の価電子数と等しいため，等電子中心（4.6節参照）と呼ばれる。例えば，Zn_{Ga}-O_P欠陥では，ZnとOの価電子数の合計は8となり，置換した母体のGa-Pペアの価電子数と変化しない。またN_P欠陥では，いずれもV族元素であるため，価電子数は変わらない。また，アイソエレクトロニックトラップでは，元素置換により価電子数の変化がないため，キャリヤに対してドナーやアクセプタのような長距離的なクーロンポテンシャルを生じないが，母体原子と電子親和力が異なるため，欠陥の近傍に局在したポテンシャルをつくる。このため，この欠陥により束縛された準位の波動関数も欠陥近傍に局在するので，束縛状態の波動関数をブロッホ関数を用いて展開すると，広い領域の$\boldsymbol{k}$の状態の重ね合せが必要となる。このため，通常のバンド間の発光再結合では3.3節で述べたように$\boldsymbol{k}$保存が要請されるが，アイソエレクトロニックトラップの準位とバンド状態間の遷移では，さまざまな$\boldsymbol{k}$の状態と発光再結合が可能となり，再結合レートが比較的大きくなる。また，発光のエネルギーが禁止帯幅よりも小さいため，発光した光が再吸収される確率が小さいというメリットもある。

また，希土類原子も発光中心として重要な特性を有している。半導体の禁止帯幅は，温度により格子定数とフォノンによる散乱が変化するため，温度に依存する。このため，発光のエネルギーを一定にするためには，温度制御が必要となる。これに対して，f電子の内核遷移のエネルギーは温度にほとんど依存しないため，希土類原子を発光中心として用いることにより，発光エネルギーの温度変化の少ないLEDの開発が期待される[(2)]。

LEDでは，非発光過程を減少させることが重要となるため，SiのLSIなどの場合のように引上げ法などで作製されたバルク結晶をそのまま発光層として用いずに，適当な基盤結晶上に作製された結晶欠陥の少ないエピタキシャル層が発光層として用いられる。結晶欠陥の少ないエピタキシャル層を得るという観点で，基盤結晶としては，つぎの条件が必須となる。

1. エピタキシャル層と結晶構造が同一，または対称性がより低いこと。
2. 確定した格子定数の値をもち，エピタキシャル層のそれと近いこと。
3. 発光層の禁止帯幅より広い禁止帯幅をもつこと。

通常は，発光層と同一の結晶構造をもち，格子定数が近い基盤結晶が選ばれる。基盤結晶と成長層の格子定数が異なる場合，成長の初期には面内方向の格子定数を一致させて成長が進むが，さらに成長層の厚みが増加すると，ひずみエネルギーが転移の形成に必要なエネルギーを越えると転位が導入される。転移は，非発光再結合中心として働くことが多く，また素子の劣化を促進することも多く，転移の発生はできるだけ抑える必要がある。また3.は，基盤による放出されたフォトンの再吸収を防ぐためである。

LEDの発光エネルギーは禁止帯幅に等しいかそれよりも小さいので，目的とする発光波長の光を生成するためには，適当な禁止帯幅をもった材料の選択が必要となる。このため，LEDを作製するためには，適当な禁止帯幅の選択と適当な基盤結晶の選択が必要となる。このため，**図9.2**に示す禁止帯幅と格子定数をプロットした図は有用である。この図には，代表的なIV族半導体，III-V族半導体，II-VI族半導体を示している。擬2元半導体間を結ぶ線は，両者の混晶の禁止帯幅と格子定数の関係を示す。混晶の格子定数は，通常，組成に対して連続的に変化するため，基盤結晶として魅力があるが，組成が厳密に制御された混晶のバルク結晶の作製は事実上困難があるため，通常，基盤結晶として利用できるのは2元結晶とSiなどの元素半導体に限られる。

すでに，可視の3元色，赤外，紫外域で発光するLEDが実用化され，われわれの日常生活に溶け込んでいるが，最後にLEDの開発の歴史を簡単に述べておこう。LEDは，1970年代にGaAsを用いた赤外発光素子やGaP，GaAsPにZn-OやNなどの発光中心を添加した赤〜緑の領域の素子が実用化された。電球と比較して高効率，長寿命という特徴を生かして，フォトカプラ，各種計測用光源，インジケータ，自動車のテールランプなどに幅広く応用されてきた。青色発光素子が開発されれば，フルカラー表示が可能となり，発

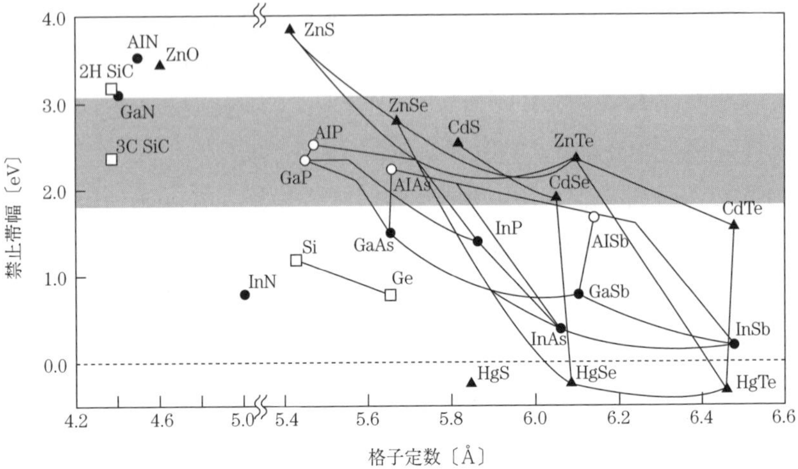

□，●（○），▲は，それぞれ VI 族半導体，III-V 族半導体，II-VI 族半導体を示す。白抜きの記号は，間接遷移型半導体を示す。また，六方晶構造をとる GaN などの窒化物と 2H SiC では，最近接原子間距離を d とするとき $4d/\sqrt{3}$ を横軸に示している。網掛けは，可視光領域を示す

図 9.2　各種の半導体の禁止帯幅と格子定数の関係

光ダイオードの適応領域を大幅に拡張できるため，1970 年代後半から精力的に青色発光素子の開発が進められてきた。図 9.2 からわかるように，青色発光が実現可能な材料系として，IV 族半導体では SiC が，III-V 族半導体では窒化物系が，II-VI 族半導体では Zn(S, Se) 系の材料が候補となる。このため，これらの三つの材料系で並行して研究開発が進められた。

III-V 族窒化物系と II-VI 族の Zn(S, Se) 系の開発では，p 型半導体の実現が開発の鍵を握った。一般に禁止帯幅の広い材料では，ドナーとアクセプタ不純物を添加しても n 型伝導，p 型伝導を得にくくなる。これは，禁止帯幅が広くなると，ドナーやアクセプタ不純物を添加したとき，キャリヤを発生するよりも発生するキャリヤを補償するような欠陥を同時に生成し，電荷補償をしたほうが結晶の全エネルギーが下がる自己補償効果のためと考えられてきた。特に III-V 族窒化物系と II-VI 族の Zn(S, Se) 系では，p 型伝導の実現が困難であり，その解決が大きな鍵となった。また，III-V 族窒化物系では，大型のバ

ルク結晶の作製が困難であるため，格子定数が整合する適当な基盤結晶がなく，結晶構造が異なる基盤を用いなければならないという問題もあった。

一方，SiC では，p 型，n 型の伝導性の制御には問題はなかったものの，基盤結晶として用いる大型の基盤結晶の作製が，量産化に向けての課題となった。さらに，[111]方向の原子の積層順序が異なるさまざまな結晶構造，すなわち結晶多型が存在し，それぞれが異なる禁止帯幅をもつため，結晶多型が関連した素子の劣化や多型の制御も実用化に向けての課題となった。

1990 年代に入り，III-V 族窒化物系材料におけるアクセプタ不純物の電荷補償の機構が，結晶成長中に混入する水素原子によるアクセプタ準位のパッシベーションに起因することが明らかにされ，p 型伝導制御の長年の課題が解決され[(3)]，InGaN 系の青色 LED が実用化された[(4)]。その結果，赤，緑，青の LED を用いたフルカラーのディスプレイが実現した。さらに，発光波長は紫外域まで広がり，また青色 LED と黄色蛍光体を組み合わせた白色 LED[(5)] も実用化され，液晶表示素子のバックライトをはじめとする照明用としての用途も広がっている。一般照明用としては，周辺機器にかかるコストを考慮すると，LED の長寿命を考慮しても蛍光灯の効率である 50～100 lm/W と同等，あるいはそれ以上の性能が要求されるが，すでに 50 lm/W を越えるものが実現されている。

9.1.2 半導体レーザ[(6)]

半導体レーザと発光ダイオードの本質的な違いは，発光ダイオードでは個々のフォトンが独立に放出されるのに対して，半導体レーザから放出される光ではフォトンが誘導放出に基づくレーザ発振により生成されるため，生成されるフォトンの単色性が高く，位相がそろっていることである。半導体レーザを用いれば，1 mm にも満たない半導体素子に数 V の電圧を印加するだけでこのようなレーザ光を高効率に取り出せるため，半導体レーザは，大容量の光通信用光源からレーザプリンタ，CD，MD，DVD ドライブなど，われわれの身のまわりに至るまで幅広く利用されている。

半導体レーザの動作を理解するため，まず光の放出過程と吸収過程について考えよう。物質の光に対する応答，すなわち分極は，1.2.2 項で述べたローレンツモデルによれば

$$\boldsymbol{P}(t)=\chi(\omega)\boldsymbol{E}(t)=\frac{\dfrac{q^2N}{m\varepsilon_0}}{{\omega_0}^2-\omega^2-i\omega\Gamma}\boldsymbol{E}(t)$$

と表せた。減衰がない場合（$\Gamma=0$），電気感受率は実数となる。これは分極が入射電磁波の電界と同相で振動することを表す。しかし，減衰がある場合（$\Gamma\neq0$）電気感受率は複素数となり，入射電磁波の電界と同位相で振動する成分（実数部分）と，位相が $\pi/2$ だけ遅れた成分（虚数部分）の和で表される。電磁気学によれば，無限に広い誘電体平板の面内の方向の分極の振動は，電気双極子放射により面に垂直な方向に位相が $\pi/2$ だけ遅れた電磁波を放出する。物質を透過してくる光は，入射電磁波と分極の実数部分の振動により発生する位相が $\pi/2$ だけ遅れた電磁波の重ね合せとなるため，屈折率が現れる。一方，虚数成分の振動は，さらに位相が $\pi/2$ だけ遅れた，すなわち入射電磁波の電界に対して位相が反転した電磁波を発生するため，吸収を与える。一方，誘電体平板が入射電磁波に対して $\pi/2$ だけ進んでいる強制振動を行う場合，入射光と同位相の電磁波が発生する。このようなフォトンの放出過程を**誘導放出**（stimulated emission）と呼ぶ。一方，入射光によって発生した分極の振動の位相が，なんらかの散乱のため入射光の位相とずれをもつ場合や，電磁波によらない要因で分極が発生する場合は，個々の分極の振動から放出されるフォトンはたがいにまったく独立な位相をもっている。このようなフォトンの放出を**自然放出**（spontaneous emission）と呼ぶ。アインシュタインは，2 準位電子系 $|1\rangle$，$|2\rangle$ と電磁界（$\hbar\omega_{21}=\varepsilon_{21}=\varepsilon_2-\varepsilon_1$）の間の熱平衡状態について考察して，自然放出，誘導放出，**光吸収**の遷移確率の関係を求めた。

光吸収と誘導放出は存在するフォトン数に依存するので，まずフォトンの熱平衡分布を考える。一辺 L の立方体の箱の中に束縛された平面電磁波

$$\boldsymbol{E}_x=\boldsymbol{E}_0\exp(i\boldsymbol{k}\cdot\boldsymbol{r}-\omega_{21}t)$$

を考える。結晶中の電子状態の状態密度を考える場合と同様に周期的境界条件を課すると，箱の中の電子と同様に

$$k_x=\frac{2\pi n_x}{L}\quad(n_x=0,\ \pm1,\ \pm2),\qquad k_y=\frac{2\pi n_y}{L}\quad(n_y=0,\ \pm1,\ \pm2),$$

$$k_z=\frac{2\pi n_z}{L}\quad(n_z=0,\ \pm1,\ \pm2)$$

で与えられる離散的な波数 $\boldsymbol{k}$ のみをとりうることになる。すなわち，状態は $\boldsymbol{k}$ 空間の $(2\pi/L)^3$ の体積に一つずつ存在することになる。フォトンの分散関係 $\varepsilon=c\hbar k$ を用い，右左の円偏光の自由度2を考慮すると，単位体積当りのフォトンのエネルギー状態密度 $\rho(\varepsilon)$ は

$$2\left(\frac{1}{2\pi}\right)^3 d\boldsymbol{k}=2\left(\frac{1}{2\pi}\right)^3 4\pi k^2 dk=\frac{k^2}{\pi^2}\,dk=\frac{\varepsilon^2}{\pi^2 c^3\hbar^3}\,d\varepsilon=\rho(\varepsilon)\,d\varepsilon \tag{9.1}$$

と表される。フォトンはボーズ分布 $n(\varepsilon)=(\exp(\varepsilon/k_BT)-1)^{-1}$ に従うので，エネルギーが ε と $\varepsilon+d\varepsilon$ の間に存在するフォトン数密度 $u(\varepsilon)$ は

$$u(\varepsilon)\,d\varepsilon=n(\varepsilon)\,\rho(\varepsilon)\,d\varepsilon=\frac{\varepsilon^2}{\pi^2c^3\hbar^3}\frac{1}{\exp\left(\dfrac{\varepsilon}{k_BT}\right)-1}\,d\varepsilon \tag{9.2}$$

と表される。この式は**プランクの黒体輻射の式**と呼ばれる。

図9.3に示す $|1\rangle\rightarrow|2\rangle$ の電磁波の吸収，電磁波の誘導放出 $|2\rangle\rightarrow|1\rangle$，電磁波の自然放出 $|2\rangle\rightarrow|1\rangle$ の遷移確率を，それぞれ B_{21}, B_{12}, A_{12} とおくと，遷移寿命，すなわち単位時間，単位体積当りの遷移の数 W_{21}^{abs}, W_{12}^{stm}, W_{12}^{spn} は

$$\begin{cases} W_{21}{}^{abs}(\varepsilon_{21})=B_{21}f_1(1-f_2)\,u(\varepsilon_{21})\\ W_{12}{}^{stm}(\varepsilon_{21})=B_{12}f_2(1-f_1)\,u(\varepsilon_{21})\\ W_{12}{}^{spn}(\varepsilon_{21})=A_{12}f_2(1-f_1)\end{cases} \tag{9.3}$$

と表される。2準位が定常状態にあれば

$$W_{21}^{abs}=W_{12}^{stm}+W_{12}^{spn} \tag{9.4}$$

でなければならない。ここで，f_i $(i=1,\ 2)$ はフェルミ分布関数 $f_i=\{\exp((\varepsilon_i-\varepsilon_F)/k_BT)+1\}^{-1}$ である。したがって，式(9.3)と式(9.4)から

$$\left(\frac{A_{12}}{\alpha B_{21}}-1\right)\exp\left(\frac{\varepsilon_{21}}{k_BT}\right)+\left(\frac{B_{12}}{B_{21}}-\frac{A_{12}}{\alpha B_{21}}\right)=0\qquad\left(\alpha\equiv\frac{(\varepsilon_{21})^2}{\pi^2c^3\hbar^3}\right) \tag{9.5}$$

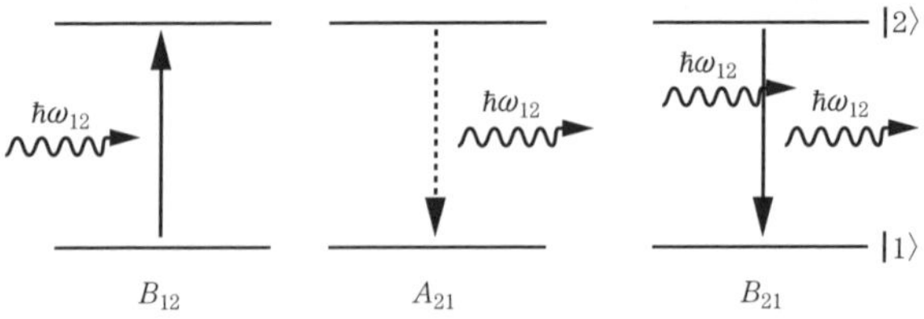

図 9.3 2準位系と電磁波の相互作用

を得る。この式が任意の温度で成り立つためには，温度に依存する第1項と温度に依存しない第2項がいずれも0でなければならないので

$$\begin{cases} B_{21} = B_{12} \equiv B \\ A_{12} = \alpha B \equiv A \end{cases} \tag{9.6}$$

が要請される。A, B は，それぞれアインシュタインの A 係数，B 係数と呼ばれる。

熱平衡状態では式(9.4)が成り立つので，フォトン数密度は変化しない。式(9.3)からわかるように，吸収寿命 W_{12}^{abs} と誘導放出寿命 W_{21}^{stm} はフォトン数密度 $u(\varepsilon_{21})$ に依存するので，$u(\varepsilon_{21})$ を十分大きくできれば自然放出の寿命 W_{12}^{spn} は無視できる。このとき，さらになんらかの方法によって

$$W_{21}^{abs} < W_{12}^{stm} \tag{9.7}$$

の関係が実現できれば，フォトン数は時間とともに増大する。これが，**レーザ**（light amplification by stimulated emission of radiation, **LASER**）**発振**である。この条件が成り立つためには，式(9.3)と式(9.6)より

$$f_2 > f_1$$

が必要である。$\varepsilon_1 < \varepsilon_2$ のとき，熱平衡状態であれば $f_1 > f_2$ が成り立つので，このような分布は**反転分布**（population inversion）と呼ばれる。完全な2準位型では，式(9.6)の関係が成り立つため，反転分布を実現することはできない。反転分布は，適当な遷移確率をもつ3準位以上の系において，適当な励起方法により励起状態にキャリヤを組み上げることにより実現される。半導体

レーザでは，pn 接合を用いて電子と正孔をレーザ発振が起こる活性領域に注入することにより反転分布を実現している。

誘導放出を自然放出よりも十分大きくするためには，電磁界のフォトン数密度 $u(\varepsilon_{21})$ を増大させることが必要である。このため，レーザ発振させる物質は，2 枚の平行な鏡で構成されるファブリー・ペロー（Fabry-Perot）共振器中に置かれる。半導体レーザでは，この鏡として平行する二つの劈(へき)開面が用いられる。さらに，半導体レーザでは，$u(\varepsilon_{21})$ を増大させるために**図 9.4**(a)に示すような禁止帯幅の狭い半導体を禁止帯幅の広い半導体で挟んだ，2 重ヘテロ構造と呼ばれる導波路構造が用いられる。禁止帯幅の狭い発光層の屈折率は，禁止帯幅の広い光閉込め層の屈折率よりも大きいため，光は発光層に閉じ込められ，$u(\varepsilon_{21})$ の増大に寄与する。さらに，pn 接合により注入されるキャリヤも禁止帯幅の狭い発光層に蓄積されるため，2 重ヘテロ構造は，同時に反転分布の形成にも有効に作用する。以下では，2 枚の劈開面で構成されるファブリー・ペロー共振器と，2 重ヘテロ構造を基本構造とする半導体レーザにおけるレーザ発振について考える。

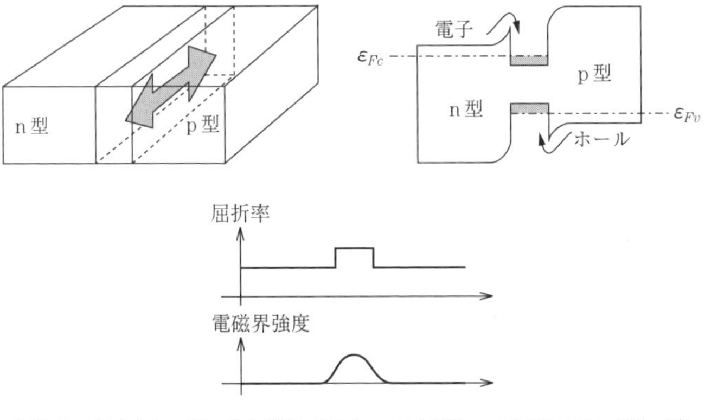

図 9.4　半導体レーザの基本構造（2 重ヘテロ構造）と屈折率分布と電磁分布

〔1〕　**導波路構造と横モード**　　まず，ここでは 2 重ヘテロ構造中の電磁波の伝搬について考える。電磁波が，**図 9.5** に示すような対称な屈折率分布をもつ 3 層導波路構造

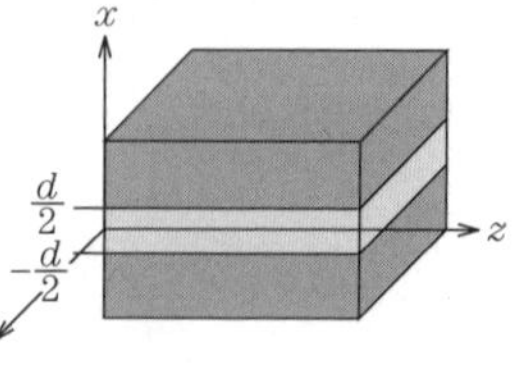

図 9.5 導波路構造

$$n(x)=\begin{cases} n_1 & \left(x<-\dfrac{d}{2}\right) \quad ：領域 \mathrm{I} \\ n_2 & \left(-\dfrac{d}{2}\leqq x\leqq\dfrac{d}{2}\right) ：領域 \mathrm{II} \\ n_1 & \left(\dfrac{d}{2}<x\right) \quad ：領域 \mathrm{III} \end{cases} \tag{9.8}$$

中を領域 II に束縛されつつ，z 方向に伝搬するものとする。それぞれの媒質は均一かつ等方的で，損失と真電荷はない（$\sigma=0$，$\rho=0$）とする。y 方向は一様なので，$\boldsymbol{E}(x, z; t)$，$\boldsymbol{H}(x, z; t)$，すなわち $\partial/\partial y=0$ と考えられる。また，通常，導波路に使われる物質は非磁性であるため，透磁率は $\mu=\mu_0$ とする。

まず，TE モード（$E_z=0$）を考えると，マクスウェル方程式は

$$\begin{cases} \dfrac{\partial E_y}{\partial z}=\mu_0\dfrac{\partial H_x}{\partial t} \\ \dfrac{\partial E_x}{\partial z}=-\mu_0\dfrac{\partial H_y}{\partial t}, \\ \dfrac{\partial E_y}{\partial x}=-\mu_0\dfrac{\partial H_z}{\partial t} \end{cases} \qquad \begin{cases} -\dfrac{\partial H_y}{\partial z}=\varepsilon(x)\dfrac{\partial E_x}{\partial t} \\ \dfrac{\partial H_x}{\partial z}-\dfrac{\partial H_z}{\partial x}=\varepsilon(x)\dfrac{\partial E_y}{\partial t} \\ \dfrac{\partial H_y}{\partial x}=0 \end{cases} \tag{9.9}$$

となる。この連立微分方程式は$\{E_x, H_y\}$と$\{E_y, H_x, H_z\}$の二つのグループに分けられるが，前者は TEM 波を与え，導波路中に束縛される導波モードを与えないので，以下では $H_y=E_x=0$ として$\{E_y, H_x, H_z\}$の方程式の組のみについて考える。式(9.9)より，H_x, H_z を消去すると

$$\frac{\partial^2 E_y}{\partial x^2}+\frac{\partial^2 E_y}{\partial z^2}=\varepsilon(x)\,\mu_0\frac{\partial^2 E_y}{\partial t^2} \tag{9.10}$$

を得る。ここで，$E_y(x, z; t)=X(x)\,Z(z)\,T(t)$ とおくと，式(9.10)は変数分

離されて，三つの方程式

$$\frac{1}{X}\frac{d^2X}{dx^2}=+\beta^2-\omega^2\varepsilon(x)\mu_0,\quad \frac{1}{Z}\frac{d^2Z}{dz^2}=-\beta^2,\quad \frac{1}{T}\frac{d^2T}{dt^2}=-\omega^2$$

が得られる。$T(t)$ と $Z(z)$ に対する微分方程式は容易に解けて，一般解として

$$\begin{cases} T(t)=Ae^{i\omega t}+Be^{-i\omega t} \\ Z(z)=Ce^{i\beta z}+D^{-i\beta z} \end{cases} \tag{9.11}$$

を得る。誘電率 $\varepsilon(x)$ は，屈折率 n_i（$i=1, 2$）と

$$\varepsilon(x)=\begin{cases} \dfrac{{n_1}^2{k_0}^2}{\mu_0\omega^2} & \left(x<-\dfrac{d}{2},\ \dfrac{d}{2}<x\right) \\ \dfrac{{n_2}^2{k_0}^2}{\mu_0\omega^2} & \left(-\dfrac{d}{2}\leqq x\leqq\dfrac{d}{2}\right) \end{cases} \tag{9.12}$$

のように関連づけられるので，X に関する方程式は

$$\begin{cases} \dfrac{d^2X}{dx^2}+{n_1}^2{k_0}^2X=\beta^2X & \left(x<-\dfrac{d}{2},\ \dfrac{d}{2}<x\right) \\ \dfrac{d^2X}{dx^2}+{n_2}^2{k_0}^2X=\beta^2X & \left(-\dfrac{d}{2}\leqq x\leqq\dfrac{d}{2}\right) \end{cases} \tag{9.13}$$

と表せる。k_0 は真空中の波数である。したがって，z の正の方向に伝搬する導波モードの解は，式(9.11)より

$$E_y(x,\ z;\ t)=\begin{cases} A_{\mathrm{I}}\exp(\gamma x)\,e^{i(\beta z-\omega t)} & ：領域\mathrm{I} \\ (A_{\mathrm{II}}\cos\kappa x+B_{\mathrm{II}}\sin\kappa x)\,e^{i(\beta z-\omega t)} & ：領域\mathrm{II} \\ B_{\mathrm{III}}\exp(-\gamma x)\,e^{i(\beta z-\omega t)} & ：領域\mathrm{III} \end{cases} \tag{9.14}$$

と表せる。ここで

$$\begin{cases} \gamma^2=\beta^2-{n_1}^2{k_0}^2 \\ \kappa^2={n_2}^2{k_0}^2-\beta^2 \end{cases} \tag{9.15}$$

とおいた。式(9.14)の解が導波モードとなるためには，γ と κ は実数でなければならないので，$\gamma^2>0$，$\kappa^2>0$，したがって $n_2>n_1$ である必要がある。さて，式(9.14)の係数 A_{I}, A_{II}, B_{II}, B_{III} は，界面における電磁界の境界条件，すなわち電磁界の界面平行成分の連続性

$$E_{1t}=E_{2t},\quad H_{1t}=H_{2t} \tag{9.16}$$

により決まる。一方，マクスウェル方程式(9.9)から，磁界は

$$\begin{cases} H_x(x,\ z;\ t) = -\dfrac{\beta}{\mu_0\omega} X(x)\, e^{i(\beta z-\omega t)} \\ H_z(x,\ z;\ t) = \dfrac{1}{i\mu_0\omega} \dfrac{dX}{dx} e^{i(\beta z-\omega t)} \end{cases} \tag{9.17}$$

と表せるので，境界条件(9.16)は，界面 $x=\pm d/2$ における $X(x)$ と dX/dx の連続を要請する。したがって，式(9.13)から $X(x)$ を求める問題は，6 章で述べた 1 次元井戸型ポテンシャルにおける束縛状態を求める問題と等価になる。すなわち，繰返しになるが，導波モードの解として，x 方向に対称な偶モードと反対称な奇モードが存在して，それぞれ

$$\text{偶モード：}\begin{cases} E_y(x,\ z;\ t) = \begin{cases} A_{\mathrm{II}} \cos\dfrac{\kappa d}{2} \exp\!\left(\gamma\!\left(x+\dfrac{d}{2}\right)\right) e^{i(\beta z-\omega t)} & \left(x<-\dfrac{d}{2}\right) \\ A_{\mathrm{II}} \cos\kappa x\ e^{i(\beta z-\omega t)} & \left(-\dfrac{d}{2}<x<\dfrac{d}{2}\right) \\ A_{\mathrm{II}} \cos\dfrac{\kappa d}{2} \exp\!\left(-\gamma\!\left(x-\dfrac{d}{2}\right)\right) e^{i(\beta z-\omega t)} & \left(\dfrac{d}{2}<x\right) \end{cases} \\ \dfrac{\kappa d}{2} \tan\dfrac{\kappa d}{2} = \dfrac{\gamma d}{2} \end{cases} \tag{9.18}$$

$$\text{奇モード：}\begin{cases} E_y(x,\ z;\ t) = \begin{cases} -B_{\mathrm{II}} \sin\dfrac{\kappa d}{2} \exp\!\left(\gamma\!\left(x+\dfrac{d}{2}\right)\right) e^{i(\beta z-\omega t)} & \left(x<-\dfrac{d}{2}\right) \\ B_{\mathrm{II}} \sin\kappa x\ e^{i(\beta z-\omega t)} & \left(-\dfrac{d}{2}<x<\dfrac{d}{2}\right) \\ B_{\mathrm{II}} \sin\dfrac{\kappa d}{2} \exp\!\left(-\gamma\!\left(x-\dfrac{d}{2}\right)\right) e^{i(\beta z-\omega t)} & \left(\dfrac{d}{2}<x\right) \end{cases} \\ -\dfrac{\kappa d}{2} \cot\dfrac{\kappa d}{2} = \dfrac{\gamma d}{2} \end{cases} \tag{9.19}$$

と表される。それぞれ，第 2 式が境界条件を与える。一方，式(9.15)から

$$\left(\frac{\kappa d}{2}\right)^2 + \left(\frac{\gamma d}{2}\right)^2 = (n_2{}^2 - n_1{}^2)\left(\frac{k_0 d}{2}\right)^2 \tag{9.20}$$

の関係があるので

$$x=\frac{\kappa d}{2}, \quad y=\frac{\gamma d}{2} \tag{9.21}$$

とおくと，式(9.18)と式(9.19)の境界条件を満たす固有モードは，5.3.2 項で述べた有限深さの量子井戸中の問題と同様に，偶モード，奇モードの場合，それぞれグラフ

$$\text{偶モード：}\begin{cases} y=x\tan x \\ x^2+y^2=(n_2{}^2-n_1{}^2)\left(\dfrac{k_0 d}{2}\right)^2, \end{cases}$$

$$\text{奇モード：}\begin{cases} y=-x(\tan x)^{-1} \\ x^2+y^2=(n_2{}^2-n_1{}^2)\left(\dfrac{k_0 d}{2}\right)^2 \end{cases} \tag{9.22}$$

の交点(x, y)として求めることができる。式(9.22)から明らかなように，固有モードは少なくとも一つ存在し，固有モードの数は導波路の構造パラメータに依存する。この固有モードは，光の伝搬方向に垂直な方向の電磁界分布を与えるので横モードと呼ばれる。一方，導波モードの電界は，β を用いて $E_y(x, z; t)=X(x)e^{i(\beta z-\omega t)}$ と表されることから，β は導波路の実効的な波数であり，これより導波路の実効屈折率を $\overline{n}_2=\beta/k_0$ と考えることができる。後述するようにレーザ発振するフォトンのエネルギーは β により決定されるが，β 自身は横モードに依存するため，レーザ発振するフォトンのエネルギーは横モードにも依存する。さらに，横モードはレーザから放出される光の横方向のビームの形状を決定するので，応用上，単一横モードの実現が重要となる。

まったく同様に，TM モード（$H_z=0$）を考えると，マクスウェル方程式は

$$\begin{cases} \dfrac{\partial E_y}{\partial z}=\mu_0\dfrac{\partial H_x}{\partial t} \\ \dfrac{\partial E_x}{\partial z}-\dfrac{\partial E_z}{\partial x}=-\mu_0\dfrac{\partial H_y}{\partial t}, \\ \dfrac{\partial E_y}{\partial x}=0 \end{cases} \qquad \begin{cases} -\dfrac{\partial H_y}{\partial z}=\varepsilon(x)\dfrac{\partial E_x}{\partial t} \\ \dfrac{\partial H_x}{\partial z}=\varepsilon(x)\dfrac{\partial E_y}{\partial t} \\ \dfrac{\partial H_y}{\partial x}=\varepsilon(x)\dfrac{\partial E_z}{\partial t} \end{cases}$$

となる。TE 波の場合と同様に $E_y=H_x=0$ として，$\{H_y, E_x, E_z\}$の方程式を考えることにより，式(9.10)に対応する微分方程式として

$$\frac{\partial^2 H_y}{\partial x^2}+\frac{\partial^2 H_y}{\partial z^2}=\varepsilon(x)\mu_0\frac{\partial^2 H_y}{\partial t^2}$$

が得られる。以下，TE モードの場合とまったく同様に TM モードの横モードが得られる。

〔2〕 **ファブリー・ペロー共振器と発振条件**　2 枚の反射鏡が対向して配置されているファブリー・ペロー共振器内を，準位 $|1\rangle$，$|2\rangle$ 間のエネルギー間隔に等しい光が光吸収と誘導放出の作用を受けながら往復するとき，適当な条件が満たされるとレーザ発振が起こる。ここでは，ファブリー・ペロー共振器の効果を考慮して発振の条件を考える。

2 枚の鏡の距離を L，鏡の表面の複素振幅透過率，複素振幅反射率を**図 9.6** のように表す。横モードを求める際に現れた導波路導波モードの実効的波数を β とすると，共振器を 1 回電磁波が横切るとき電界に $\rho\equiv\exp(i\beta L)$ という因子がかかる。

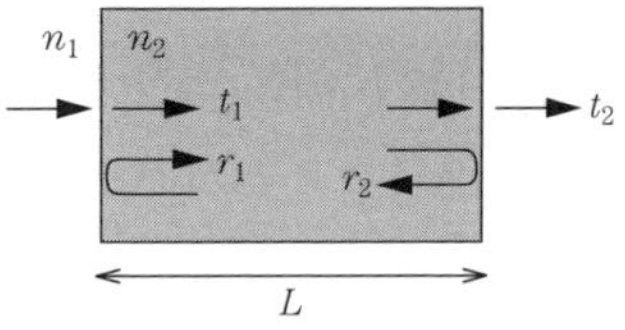

図 9.6　ファブリー・ペロー共振器

図の共振器の左側から光を共振器に入射させるとき，共振器の右側に透過する電磁波の振幅 E_t は，電磁波が共振器内を複数回往復した後，透過した波の重ね合せとなるので

$$E_t=t_1t_2E_0\rho e^{-i\omega t}\{1+r_1r_2\rho^2+(r_1r_2\rho^2)^2+(r_1r_2\rho^2)^3+\cdots\}=\frac{t_1t_2E_0\rho e^{-i\omega t}}{1-r_1r_2\rho^2}$$

と表される。分母が 0 となるとき，入射光がなくても出力が有限値となるので，発振の条件は

$$1-r_1r_2\exp(2i\beta L)=0 \tag{9.23}$$

と表せる。導波路の実効複素屈折率を $\overline{n}_2=n_2+i\kappa_2$ と表すと，この電磁波は

$$E = E_0 \exp(i(\beta z - \omega t)) = E_0 \exp(i(\overline{n}_2 k_0 z - \omega t))$$
$$= E_0 \exp(-k_0 \kappa_2 z) \exp(i(k_0 n_2 z - \omega t))$$

と表せる。一方，光の強度は E^*E に比例するので，光の強度は，進行とともに

$$I = I_0 \exp(\gamma z) \qquad (\gamma \equiv -2k_0\kappa_2)$$

のように指数関数的に変化する。吸収のみであれば γ は負であるが，誘導放出が増大して吸収を凌駕（りょうが）すると γ は正となり，伝搬とともに振幅が増大する。ここで，準位 $|1\rangle$, $|2\rangle$ 間の誘導放出による光の増幅度を g, $|1\rangle$, $|2\rangle$ 間の光吸収を α，その他の種々の原因による光吸収を α_0 として，γ を

$$\gamma = g^{eff} - \alpha_0, \quad g^{eff} = g - \alpha \tag{9.24}$$

と表す。g は**利得**（gain）と呼ばれる。g^{eff} は，誘導放出から光吸収を差し引いた実効的な利得を表す。これらの量を用いると，発振の条件(9.23)は実部，虚部をそれぞれ 0 とすることにより

$$\begin{cases} g^{eff} = \alpha_0 + \dfrac{1}{2L} \ln \dfrac{1}{R_1 R_2} & (\text{振幅条件}) \\ \lambda = \dfrac{2n_2 L}{m} \quad (m：\text{整数}) & (\text{位相条件}) \end{cases} \tag{9.25}$$

と表される。簡単のため，ここでは r_1, r_2 を実数と仮定し，反射鏡のエネルギー反射率を R_1, R_2（$R_i = \sqrt{r_i}$）とおいた。この位相条件のため，発振する光のエネルギーは離散的となる。後述するように，g^{eff} はエネルギーに対して比較的ゆっくり変化する関数となるため，通常，位相条件を満たす複数のエネルギーの光が同時に発振する。m の異なる発振モードを縦モードと呼ぶ。応用によっては，レーザ光のエネルギー（波長）を単一にする必要があり，その場合には，縦モードと横モードの両方の単一モード化が必要となる。

〔3〕 **半導体における利得**　半導体における有効利得 g^{eff} を考える。半導体では，エネルギー準位は連続的なエネルギーバンドで表されるため，有効利得 g^{eff} はエネルギーに対して幅をもつ関数となる。ここでは，半導体における有効利得のエネルギー依存性を考える。

まず，光吸収の遷移寿命 W_{21}^{abs} と吸収係数 α の関係を考える。単位面積をもつ厚さ $\varDelta x$ の物質に垂直に電磁波が入射したとき，単位時間に吸収されるフォトン数は $\alpha(E)\,v_g u(E)\,\varDelta x$ と表される。一方，W_{21}^{abs} は単位体積当りの遷移数を表すので，単位時間に単位面積，厚さ $\varDelta x$ の領域が吸収するフォトン数は $W_{12}^{abs}\,\varDelta x$ と表せる。これより，$W_{12}^{abs}=\alpha(\varepsilon)\,v_g u(\varepsilon)$ なる関係があることがわかる。W_{21}^{stm} と利得 $g(\varepsilon)$ の間にも同様の関係が成り立つので，式(9.3)より

$$\begin{cases} W_{21}^{abs}(\varepsilon_{21})=B_{21}f_1(1-f_2)\,u(\varepsilon_{21})=\alpha(\varepsilon_{21})\,v_g u(\varepsilon_{21}) \\ W_{12}^{stm}(\varepsilon_{21})=B_{12}f_2(1-f_1)\,u(\varepsilon_{21})=g(\varepsilon_{21})\,v_g u(\varepsilon_{21}) \end{cases} \tag{9.26}$$

なる関係が得られる。したがって，有効利得 $g^{eff}(\varepsilon)$ は

$$g^{eff}(\varepsilon)\equiv g(\varepsilon)-\alpha(\varepsilon)=\frac{W_{21}^{stm}(\varepsilon)-W_{12}^{abs}(\varepsilon)}{v_g u(\varepsilon)}=\frac{B\,(f_2-f_1)}{v_g} \tag{9.27}$$

と表される。

3.3 節で摂動論を用いて半導体のバンド間吸収による吸収係数，式(3.51)を導いた。その導出では，始状態と終状態の電子の占有率を，それぞれ 1 と 0 と仮定している。その場合の吸収係数を α_l とすると，式(9.26)より，B 係数は

$$B=\alpha_l v_g=\frac{\pi e^2}{v_g m^2 n c\omega\varepsilon_0}|\boldsymbol{e}\cdot\boldsymbol{p}_{21}|^2\delta(\varepsilon_{21}-\hbar\omega)$$

と表される。したがって，バンド間遷移に関する有効利得は，すべての $\boldsymbol{k}$ について式(9.27)の和を求めることにより

$$\begin{aligned} g^{eff}(\varepsilon)&=\int\frac{B\,(f_2-f_1)}{v_g}\delta(\varepsilon_{21}-\varepsilon)\frac{2}{(2\pi)^3}\,d\boldsymbol{k} \\ &=\frac{\pi\hbar e^2}{m^2 n c\varepsilon\varepsilon_0}\int|\boldsymbol{e}\cdot\boldsymbol{p}_{21}|^2(f_c(\varepsilon_2)-f_v(\varepsilon_1))\,\delta(\varepsilon_{21}-\varepsilon)\frac{2}{(2\pi)^2}\,d\boldsymbol{k} \end{aligned} \tag{9.28}$$

と表される。ここで f_c, f_v は，伝導帯と価電子帯の電子の分布関数である。3.3 節と同様に価電子帯と伝導帯が放物線型のバンド分散をもつと仮定し，さらに行列要素 $|\boldsymbol{e}\cdot\boldsymbol{p}_{21}|^2$ の $\boldsymbol{k}$ 依存性が小さいものとして積分の外側に出すと，$\boldsymbol{k}$ に関する積分は実行できて，有効利得 $g^{eff}(\varepsilon)$ は式(3.38)の結合状態密度 $J_{cv}(\varepsilon)$ を用いて

$$g^{eff}(\varepsilon)=\frac{\pi\hbar e^2}{m^2 n c\varepsilon\varepsilon_0}|\boldsymbol{e}\cdot\boldsymbol{p}_{21}|^2 J_{cv}(\varepsilon)\,(f_c-f_v) \tag{9.29}$$

と表すことができる。

熱平衡状態では一つのフェルミ準位が定義されて，伝導帯，価電子帯の両方の電子分布は一つのフェルミ準位により表される。しかし，いま対象としている系では活性層へのキャリヤの注入があり，発光再結合が起こっているため，定常状態ではあるが熱平衡状態ではない。このため，フェルミ準位を定義することはできない。しかし，バンド間の再結合に比べ，バンド内のエネルギー緩和はきわめて高速であるため，それぞれのバンド内では準熱平衡が成り立っている。すなわち，f_c, f_v は，伝導帯と価電子帯に対してそれぞれ独立したフェルミ準位（擬フェルミ準位あるいはImrefと呼ばれる）ε_{Fc}, ε_{Fv} が定義できて，それぞれの分布関数はそれらを用いて

$$f_c=\left\{1+\exp\left(\frac{\varepsilon_c(\boldsymbol{k})-\varepsilon_{Fc}}{k_B T}\right)\right\}^{-1},\quad f_v=\left\{1+\exp\left(\frac{\varepsilon_v(\boldsymbol{k})-\varepsilon_{Fv}}{k_B T}\right)\right\}^{-1}$$

と表される。ε_{Fc}, ε_{Fv} は，注入された電子と正孔濃度 n, p が与えられれば

$$\begin{cases} n=\displaystyle\int_{-\infty}^{+\infty}\rho_c(\varepsilon)f_c(\varepsilon)\,d\varepsilon \\ p=\displaystyle\int_{-\infty}^{+\infty}\rho_v(\varepsilon)\,(1-f_v(\varepsilon))\,d\varepsilon \end{cases}$$

の関係から求められる。**図 9.7**(a)は，伝導帯と価電子帯の有効質量として，それぞれGaAsにおける $m_e/m_0=0.07$，$m_h/m_0=0.45$ という値を用い，さらに行列要素 $|\boldsymbol{e}\cdot\boldsymbol{p}_{12}|$ がエネルギーに依存しないと仮定し，キャリヤ濃度をパラメータとして求めた有効利得スペクトル $g^{eff}(\varepsilon)$ の相対値のエネルギー依存性を示す。この結果から，キャリヤ濃度の増大，すなわち注入電流密度の増大とともに，利得最大を与えるエネルギーは高エネルギー側にシフトし，また利得スペクトルの幅も広がることがわかる。発振は，利得が式(9.25)の振幅条件を満たす領域で，さらに位相条件を満たす複数のエネルギーで起こる。有効利得が最大となるエネルギーで最も強い発振が起こるが，利得最大を与えるエネルギーは注入電流に依存するため，注入電流を変化させると発振する光のエネルギーが変化する。このため，レーザダイオードに流す電流を変調すると，発振する光の縦モードが変化する「**モードジャンプ**」と呼ばれる現象が起こる。ま

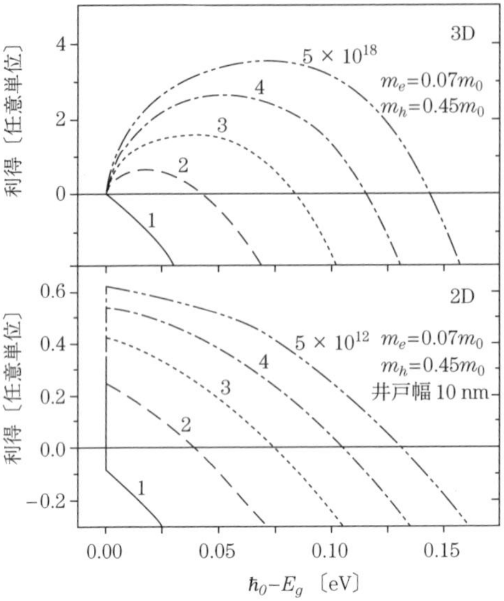

（a） 3次元系の場合

（b） 2次元系の場合

横軸は，光のエネルギーhw から禁止帯幅 E_g を引いたエネルギー。電子濃度と正孔濃度は，等しいと仮定している。3次元系の場合(a)，5本の曲線は，キャリヤ濃度が，それぞれ，1, 2, 3, 4, 5×10^{18} cm^{-3} の場合を示す。井戸幅 10 nm の量子井戸の場合（2次元系）(b)，5本の曲線は，それぞれキャリヤ濃度が 1, 2, 3, 4, 5×10^{12} cm^{-2} の場合を示す。いずれの場合も，電子と正孔の有効質量は GaAs における値を仮定している

図 9.7　利得の光のエネルギー依存性

た，特に光通信への応用では，複数の縦モードで発振が起こる場合，光ファイバの屈折率分散のため，光の伝搬とともにパルスの波形が変化するという問題も起こる。このため，横モードの制御と同時に単一縦モードの実現が必須となる。

一方，発光層が量子井戸構造の場合，井戸中の単一の量子準位の組合せを考えると結合状態密度は，式(5.73)の2次元系の状態密度から

$$\rho_j^{2D}(\varepsilon)\,d\varepsilon=\frac{\mu}{\pi\hbar^2}\,d\varepsilon$$

となるので，有効利得のエネルギー依存性は，図 9.7(b)のように3次元の場合と比較してエネルギー依存性が平たん化される。なお，図 9.7(b)では，低エネルギー側の利得の立上りは，状態密度の階段関数の形状を反映して鋭い

が，準位の寿命を考慮したより厳密な計算ではなめらかに立ち上がる。さらに，電子の束縛を 2 次元，3 次元方向から行った量子細線，量子ドットでは，状態密度が先鋭化し，利得の幅が狭くなり，発振しきい値電流密度の低減に効果がある。

単一縦モード発振の実現には，**図 9.8** に示すようなレーザ共振器内に回折格子を設けた **DFB**（distributed feedback）**構造**，あるいは **DBR**（distributed Bragg reflector）**構造**[7] と呼ばれる構造が用いられる。共振器内に設けられた周期構造は，近似的に光の進行方向に屈折率の微小な周期的変化が導入されたものと見なすことができる。6 章で，屈折率の周期構造が存在すると，電磁波はブラッグ反射されることを見た。両端の劈開面に無反射コーティングを施すと，ブラッグ条件を満たす光のみがファブリー・ペロー共振器中にとどまることになるため，単一の縦モード発振が可能となる。

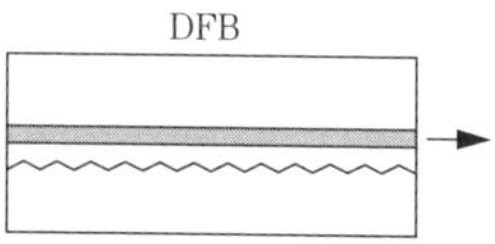

二重ヘテロ接合の一方の界面，あるいはその近傍に，光の伝搬方向に垂直な方向に発振させたい光の導波路中に波長 l の半分の周期をもつ凹凸（グレーティング）を作製する。このとき，ファブリー・ペロー共振器中を進行する光は，この凹凸を周期的な屈折率変化と感じるため，特定の波長の光以外の光は反射される。このため，共振器の利得幅が狭くなり，特定の波長のみを選択的に発振させることができる

図 9.8　模式的に示した DFB 構造

単一縦モードを実現する他の方法として，面発光レーザ構造がある[8]。面発光レーザは，基板面に垂直方向に光を取り出すレーザで，さまざまな構造が提案されているが，**図 9.9** に示すように活性層の上下を多層膜によるブラッグ反射鏡で挟んだ構造が一般的である。式(9.25)からわかるように，縦モードのエネルギー間隔は共振器長 L に反比例する。このため，共振器長が数 μm の面発光レーザでは，利得幅の中に縦モードが一つのみ存在するような条件を設定できる。面発光レーザは，単一縦モードの実現という観点から重要であるが，さらに，(1) 活性領域の体積を微小化できるため，低しきい値化が可能，(2) 低しきい値化が可能であるため，高い電力-光変換効率が可能，(3) レーザ共振器の体積が小さいため，緩和振動周波数が高く，高速の変調が可能，(4) 円

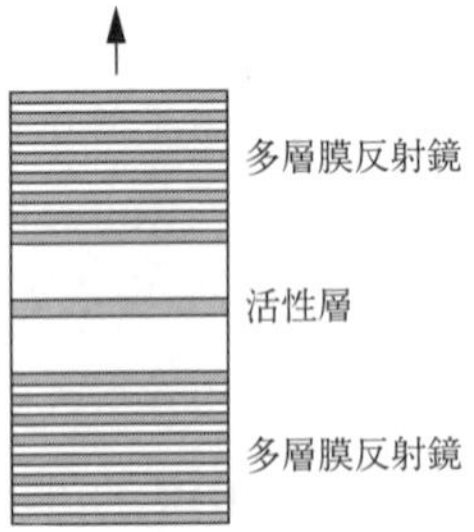

活性層の両側につくられた多層膜反射鏡により構成されるファブリー・ペロー共振器によりレーザ発振が起こる。通常の半導体レーザでは，レーザ光はウェーハ面内方向に出射するが，面発光レーザでは，ウェーハ面に垂直方向に出射する

図 9.9　模式的に示した面発光レーザの構造

形狭出射ビームの取出しが可能，(5) 2 次元アレー化が可能，(6) 微小共振器による自然放出光制御が可能，などさまざまな特徴を有している。

この他にも，半導体レーザはさまざまな形での発展があるが，本節の初めに LED と半導体レーザはいずれも pn 接合を基本とするデバイスであると述べたが，これに反するきわめてユニークな半導体レーザとして量子カスケードレーダ[(9)] がある。量子カスケードレーザに関しては，5.11.1 項ですでに述べているので，ここでは省略する。

9.2　光第 2 高調波発生

非線形光学効果の中でも，光高調波発生はレーザの波長変換などに用いられる重要な現象である。赤外領域の半導体レーザ光をその倍波である可視光領域に変換したり，さらにその倍の振動数の紫外領域の光に変換したりすることができ，情報技術やエレクトロニクス，医療の分野などへ応用されている。非線形光学結晶中では倍波や 3 倍波などの高調波発生は容易に起こるが，実際にデバイスとして使うためには，1.3.2 項で述べたように位相整合をとることが重要である。これは，一般に角周波数 ω の入射光（基本波）に対する媒質の屈折率と角周波数 2ω や 3ω の高調波に対する屈折率が波長分散により異なるためである。ここでは，実際の波長変換デバイスについて述べるが，現在実用化されている波長変換デバイスは，2 次の非線形光学効果を利用したものがほとんどであるので，ここでは**光第 2 高調波発生**（second-harmonic generation, **SHG**）デバイスについて述べることにする。

9.2.1 光第2高調波テンソル

非線形光学結晶中に生じる光第2高調波の x, y, z 方向の分極成分 $\boldsymbol{P}$ は，入射電界 $\boldsymbol{E}$ に対して非線形感受率テンソル $\boldsymbol{\chi}$ を用いて式(9.30)のように記述される[(11)~(13)]。これは，光第2高調波の場合には非線形感受率成分 χ_{ijk} と χ_{ikj} が等価であるためである。

$$\begin{bmatrix} P_x \\ P_y \\ P_z \end{bmatrix} = \varepsilon_0 \begin{bmatrix} \chi_{xxx} & \chi_{xyy} & \chi_{xzz} & \chi_{xyz} & \chi_{xzx} & \chi_{xxy} \\ \chi_{yxx} & \chi_{yyy} & \chi_{yzz} & \chi_{yyz} & \chi_{yzx} & \chi_{yxy} \\ \chi_{zxx} & \chi_{zyy} & \chi_{zzz} & \chi_{zyz} & \chi_{zzx} & \chi_{zxy} \end{bmatrix} \begin{bmatrix} {E_x}^2 \\ {E_y}^2 \\ {E_z}^2 \\ E_yE_z \\ E_zE_x \\ E_xE_y \end{bmatrix} \tag{9.30}$$

ここでは，非線形感受率（χ テンソル）を用いて記述したが，非線形光学定数（d テンソル）を用いて表記されることもある。χ テンソルと d テンソルの間には

$$\frac{\varepsilon_0}{2}\chi_{ijk} = d_{ijk} \qquad (i,\ j,\ k \text{ は } x,\ y,\ z) \tag{9.31}$$

の関係がある。また，x, y, z はそれぞれ 1, 2, 3 のように表記する場合もあり，この場合は，例えば χ_{zzx} は χ_{331} と表される。また，χ_{ijk} の jk をまとめて，$xx=1$，$yy=2$，$zz=3$，$yz=4$，$zx=5$，$xy=6$ のように表記する場合もあり，特に d テンソルを用いて表記した場合はこちらのほうが一般的である†。また，物質に吸収がない場合にはクラインマン則[(1)]が成立し，$\chi_{ijk}=\chi_{kji}$ など添字の順番がどのように変わっても χ の大きさは変わらない。

式(9.30)では d テンソルや χ テンソルの各成分は18個あるが，実際には結晶の対称性やクラインマン則により独立な成分の数は少ない。主な結晶のもつ

† $d_{xzx}=\mathrm{d}_{15}$ などと表記される。

表 9.1　対称性と光第 2 高調波成分

○は・と大きさは等しく符号が反対の要素である。また文献(13), (14)より抜粋した◎は●の－2 倍の要素である。

対称性	主な非線形光学材料	テンソル成分
C_s	DAST, MNA	
C_{2v}	LBO, KTP	
C_{3v}	LN LT	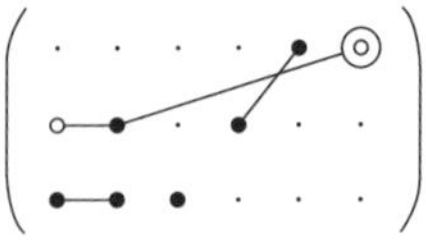
C_{4v}	KDP	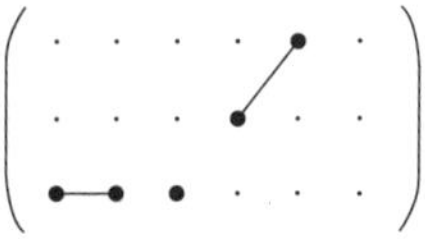
C_3	BBO	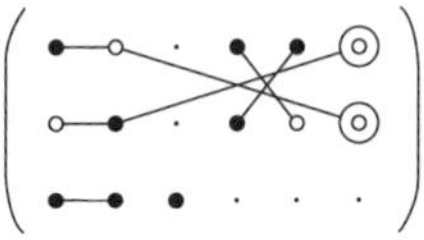
D_{2d}	尿素	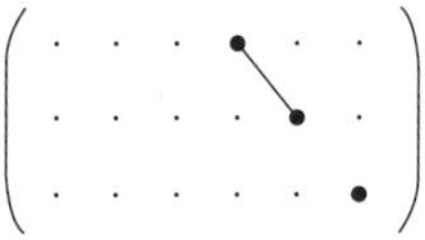
D_3	α-石英	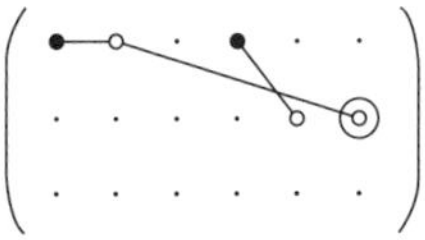

対称性での独立な成分をまとめたものを**表 9.1** に示した。

9.2.2　位相整合の種類

波長変換では，基本波に対する屈折率と高調波に対する屈折率が異なることにより，非線形光学結晶中で入射光（基本波）と高調波光の速度に差が生じる。その結果，各場所で発生する高調波光の間で干渉が起こり，**図9.10**の曲線Aに示すように相互作用長 L を大きくしても得られる高調波の強度は振動してしまうため強くなることはない†。振動の谷と山の間の相互作用長の差を**コヒーレンス長**（coherence length）と呼ぶ。コヒーレンス長 l_c は，媒質中の基本光 ω の波数 $k(\omega)$ および高調波光 2ω の波数 $k(2\omega)$ の差 $\Delta k = k(2\omega) - 2k(\omega)$ を用いて

$$l_c = \frac{\pi}{\Delta k} = \frac{\lambda(\omega)}{2\pi(n(2\omega) - n(\omega))} \tag{9.32}$$

と表される。$\lambda(\omega)$ は基本波の波長，$n(\omega)$，$n(2\omega)$ はそれぞれ，基本波および高調波に対する屈折率である。光第2高調波発生の場合には一般に l_c は1〜20 μmである。一方，なんらかの方法で基本波と高調波の波数を一致させれば，$\Delta k = 0$ となり図9.1の曲線Bに示すように L^2 に比例して出力光強度が増加するようになる。これが**位相整合**（phase matching）である。高調波発生を実際の波長変換に利用するためには，位相整合や後述の疑似位相整合をとることが不可欠である。

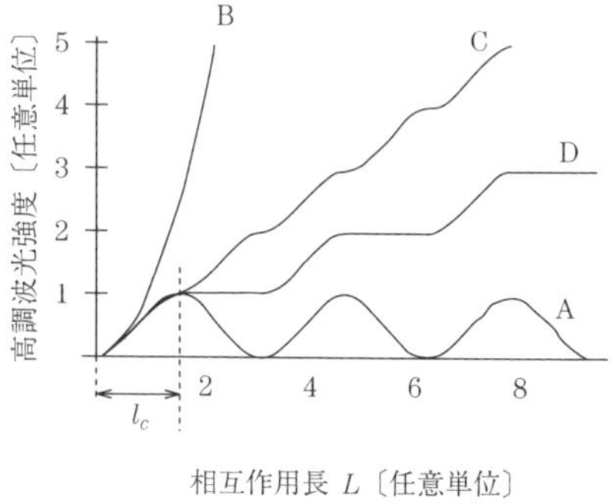

位相整合がとれていない場合(a)，位相整合がとれている場合(b)，隣り合うドメインで分極を交互に反転させた擬似位相整合の場合(c)，分極をもつドメインと分極をもたないドメインで構成した擬似位相整合の場合(d)

図9.10 SHG強度の相互作用長 L 依存性

位相整合をとる方法はいくつかある。**図9.11**(a)に示した非線形媒質の複屈折を利用した角度位相整合は最もよく使われている方法である。大出力レーザの波長変換に用いられているが，光集積化素子への組込みには適していな

† 相互作用長とは，一般に板状の試料ではその厚さを指し，導波路などの場合はその長さを指すが，実際には多重反射の影響などがあるので厳密に定められるものではない。

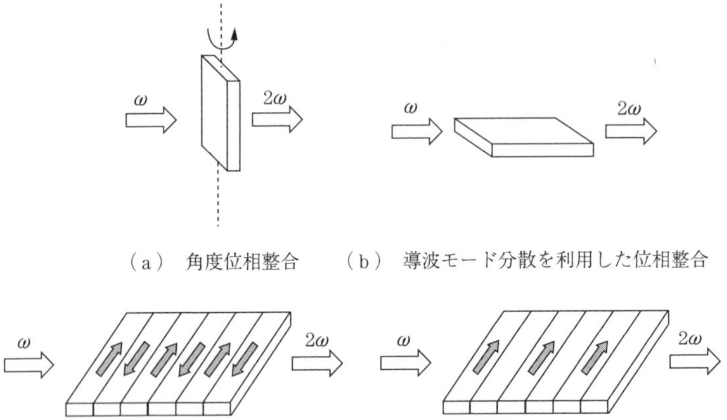

（a） 角度位相整合　　（b） 導波モード分散を利用した位相整合

（c） 隣り合うドメインで分極を交互に反転させた擬似位相整合　　（d） 分極をもつドメインと分極をもたないドメインで構成した擬似位相整合

（c），（d）における網掛けの矢印は分極方向を表す

図 9.11　位相整合の種類

い。一方，図（b）に示したような光導波路モード間の実行屈折率の違いを利用する方法や，図（c）や図（d）に示したような分極反転周期構造を利用した擬似位相整合は光導波路との整合性がよいため，低出力レーザの波長変換の研究として進められている。

9.2.3　角度位相整合

まず，角度位相整合などの複屈折を利用した位相整合について説明する。この方法は，材料がもつ屈折率の異方性を利用している。ここでは例として正の1軸結晶（$n_e > n_o$）を考える。1.2.11 項で述べたように1軸結晶では光軸方向に進む光は，いずれの偏光方向に対しても一つの屈折率しかもたないが，それ以外の光では偏光方向に応じて $n_e(\Theta)$ および n_o の二つの屈折率が存在する。n_o は定数であるが，$n_e(\Theta)$ は結晶への光の入射角（Θ）により変化する（図 1.8 および式(1.102)）。いずれの場合も波長分散のため，基本波 ω に対する屈折率と 2 次の高調波 2ω に対する屈折率は異なる。しかし，基本波に異常光を用い，常光の高調波を取り出せば，n_e と n_o を等しくすることができる入

射角 θ が存在する可能性がある。これを**タイプⅠの角度位相整合**（angular phase matching）という。この様子は横軸に角周波数，縦軸に屈折率の関係を示した**図 9.12**(a)を使って考えるとわかりやすい。$n_e(\omega)$ は入射角により変化するため，ある位相整合角 Θ において $n_e(\omega)=n_o(2\omega)$ が成り立てば位相整合がとれた状態となる。また，入射角を変える代わりに，温度による複屈折の変化を利用して同様の位相整合を達成することもできる。これを**温度位相整合**（temperature phase matching）と呼ぶ。この関係を波数で表すと SHG の場合には $\boldsymbol{k}_o(2\omega)=2\boldsymbol{k}_e(\omega)$ となる。ここで $\boldsymbol{k}_o(\Omega)$，$\boldsymbol{k}_e(\Omega)$ はそれぞれ角周波数 Ω ($\Omega=\omega, 2\omega$) における常光および異常光の波数である。

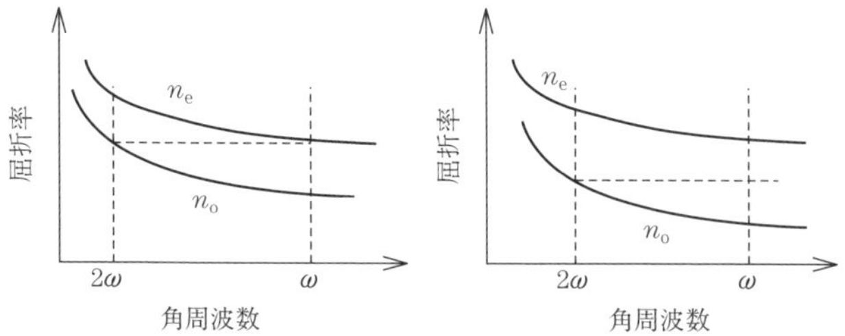

（a） タイプⅠ角度位相整合　（b） タイプⅡ角度位相整合

図 9.12 角度位相整合の種類

基本波の偏光方向として異常光と常光の間の偏光を用いることもできる。この場合，基本波は平均の屈折率に対応する速度で進むことになる。例えば，光第2高調波発生の場合には，基本波 ω に対する屈折率の平均 $(n_e(\omega)+n_o(\omega))/2$ と高調波に対する屈折率 $n_o(2\omega)$ が等しくなった場合に位相整合が起こる。この様子をグラフに表したのが図 9.12 である。この関係を波数で表すと $\boldsymbol{k}_o(2\omega)=\boldsymbol{k}_e(2\omega)+\boldsymbol{k}_o(\omega)$ となる。これを**タイプⅡ位相整合**と呼ぶ。

タイプⅠ位相整合の場合もタイプⅡ位相整合の場合も入射光に対する高調波の偏光方向が異なる。そのため，位相整合時には $\chi^{(2)}_{zzz}$ などの非線形感受率の対角成分が寄与するのではなく，$\chi^{(2)}_{zxx}$ などの非対角成分の寄与により高調波が生じる。多くの結晶では，$\chi^{(2)}_{zzz}$ などの対角成分が最も大きいが，角度位相整合では対角成分を使えない。また，位相整合を達成する条件として結晶の複屈折が大きく分散が小さいことが必要である。そのため，角度位相整合は光第2高調波発生に限られていると考えられていたが，最近液晶中の光第3高調波の位相整合に成功した報告もある(8)。

9.2.4 擬似位相整合

位相整合がとれていない状態では，相互作用長 L を大きくしても，図9.10の曲線Aに示したようにコヒーレンス長 l_c を越えると光第2高調波光強度は小さくなる。これは，$l_c<L<2\,l_c$ の領域において発生する光第2高調波の符号が逆転するためである。図9.11(c)に示したように，$0<L<l_c$ の領域と $l_c<L<2\,l_c$ の領域で分極方向を逆転すれば，いずれの領域で発生した光第2高調波も強め合うはずである。これを**擬似位相整合**（quasi-phase matching，**QPM**）と呼ぶ。この場合の光第2高調波光強度の L に対する依存性を図9.10の曲線Cに示した。また，図9.11(d)に示したように $l_c<L<2\,l_c$ の領域において分極をもたない構造にしてもよく，その際の光第2高調波強度の L に対する依存性を図9.10の曲線Dに示した。この方法では $\chi_{zzz}^{(2)}$ などの対角成分が最も大きな非線形感受率成分を利用できる利点もあり，$LiNbO_3$ や $LiTaO_3$ を用いた擬似位相整合デバイスは現在最も研究されている方法の一つである。実際の分極反転構造は，Tiなどを拡散させたり，分極処理を行ったりして作製され，10～20％の変換効率が得られている。

9.3 電気光学効果を利用したデバイス

9.3.1 電気光学効果

電気光学効果（electrooptic effect）は，物質に静電界を加えた際に屈折率が変化する現象である。静電界が印加された際の分極 $\boldsymbol{P}$ は線形分極の部分も含めて以下のように記述される。ここで $\boldsymbol{E}(\omega)$ は入射光電界であり $\boldsymbol{E}(0)$ は静電界である。

$$\boldsymbol{P}=\varepsilon_0\boldsymbol{\chi}^{(1)}\boldsymbol{E}(\omega)+\varepsilon_0\boldsymbol{\chi}^{(2)}:\boldsymbol{E}(\omega)\boldsymbol{E}(0)+\varepsilon_0\boldsymbol{\chi}^{(3)}:\boldsymbol{E}(\omega)\boldsymbol{E}(0)\boldsymbol{E}(0)+\cdots \quad (9.33)$$

右辺の第2項に由来した屈折率変化を**1次の電気光学効果**，第3項に由来した屈折率変化を**2次の電気光学効果**という。これらは2次，3次の**非線形光学効果**（nonlinear optic effect）の一種であり†，それぞれ，**ポッケルス効果**（Pockels effect），**カー効果**（Kerr effect）とも呼ばれる。現在，光情報デバイスに用いられている電気光学効果は1次の電気光学効果であるため，ここではそれについて説明する。

電界を印加されていない場合の光の周波数における比誘電率 $\varepsilon_{r,0}(\omega)$ は屈折率 $n_0(\omega)$ を用いて以下のように記述される。

$$\frac{\varepsilon(\omega)}{\varepsilon_0}=\varepsilon_{r,0}(\omega)=n_0{}^2(\omega)=1+\chi^{(1)} \quad (9.34)$$

大きさ $E(0)$ の静電界が印加された場合には，式(10.4)の第2項までを考え

$$\varepsilon_r(\omega)=n^2(\omega)=1+\chi^{(1)}+\chi^{(2)}E(0) \quad (9.35)$$

と表すことができる。電界を加えた際に生じる屈折率変化を Δn とすれば，$n_r(\omega)$ は

$$n_r{}^2(\omega)=(n_0+\Delta n)^2=1+\chi^{(1)}+\chi^{(2)}E(0) \quad (9.36)$$

となる。Δn は n_0 に比べて小さいので，$(n_0+\Delta n)^2\approx n_0{}^2+2n_0\Delta n$ と近似して以下のようになる。

$$\Delta n=\frac{1}{2n_0}\chi^{(2)}E(0) \quad (9.37)$$

一般に結晶の屈折率は屈折率楕円体により記述される。x, y, z 方向を固有偏光とするとそれらの偏光に対する屈折率をそれぞれ n_{0x}, n_{0y}, n_{0z} として屈折率楕円体は以下のように表記される[(2),(4),(5)]。

$$\frac{x^2}{n_{0x}^2}+\frac{y^2}{n_{0y}^2}+\frac{z^2}{n_{0z}^2}=1 \quad (9.38)$$

電界を印加した際の屈折率楕円体を式(9.38)をもとに以下のように表すことにする。

† 電気光学効果はすべてが光を用いた過程ではないため非線形光学効果と呼ばない文献もある。

$$\left(\frac{1}{n_{xx}^2}\right)x^2+\left(\frac{1}{n_{yy}^2}\right)y^2+\left(\frac{1}{n_{zz}^2}\right)z^2+2\left(\frac{1}{n_{yz}^2}\right)yz+$$

$$2\left(\frac{1}{n_{zx}^2}\right)zx+2\left(\frac{1}{n_{xy}^2}\right)xy=1 \tag{9.39}$$

電界を印加した際の屈折率の変化を $\varDelta n_{ij}$ （i, $j=x$, y, z）とすれば，対角項に関しては，例えば

$$\varDelta\left(\frac{1}{n_{xx}^2}\right)=\left(\frac{1}{n_{xx}^2}\right)-\left(\frac{1}{n_{0x}^2}\right)=r_{xxx}E_x+r_{xxy}E_y+r_{xxz}E_z \tag{9.40}$$

非対角項に関しては，例えば

$$\varDelta\left(\frac{1}{n_{yz}^2}\right)=\left(\frac{1}{n_{yz}^2}\right)=r_{yzx}E_x+r_{yzy}E_y+r_{yzz}E_z \tag{9.41}$$

のように表すことができる。r_{ij} は**電気光学テンソル**（electro-optic tensor）と呼ばれる。

χ テンソルと同様に $x=1$，$y=2$，$z=3$ と表記し，前の二つの添字については，$xx=1$，$yy=2$，$zz=3$，$yz=4$，$zx=5$，$xy=6$ のようにまとめて表記するのが一般的である。その結果，式(9.40)，(9.41)などをまとめて以下のように表すことができる。

$$\begin{bmatrix}\varDelta\left(\frac{1}{n_1^2}\right)\\ \varDelta\left(\frac{1}{n_2^2}\right)\\ \varDelta\left(\frac{1}{n_3^2}\right)\\ \varDelta\left(\frac{1}{n_4^2}\right)\\ \varDelta\left(\frac{1}{n_5^2}\right)\\ \varDelta\left(\frac{1}{n_6^2}\right)\end{bmatrix}=\begin{bmatrix}r_{11} & r_{12} & r_{13}\\ r_{21} & r_{22} & r_{23}\\ r_{31} & r_{32} & r_{33}\\ r_{41} & r_{42} & r_{43}\\ r_{51} & r_{52} & r_{53}\\ r_{61} & r_{62} & r_{63}\end{bmatrix}\begin{bmatrix}E_1\\ E_2\\ E_3\end{bmatrix} \tag{9.42}$$

光第2高調波発生の場合と同じようにクラインマン則も成立し，実際には結晶の対称性により独立な成分の数は少なくなる。主な結晶の対称性についてその場合の独立な成分をまとめたものを**表 9.2** に示した。

表 9.2　対称性と電気光学定数テンソル

○は・と大きさは等しく符号が反対の要素である。また，⊙は・の−2 倍の要素である。文献(13)，(14)より抜粋した

対称性	主な非線形光学材料	テンソル成分
C_{2v}	LBO，KTP	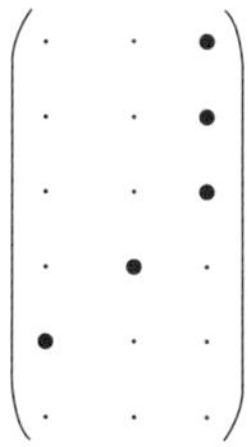
C_{3v}	LN，LT	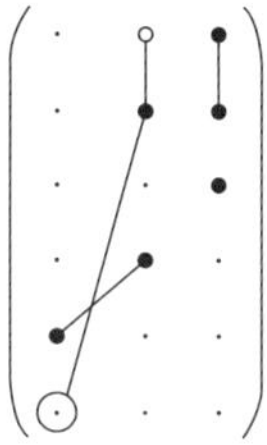
C_{4v}	KDP	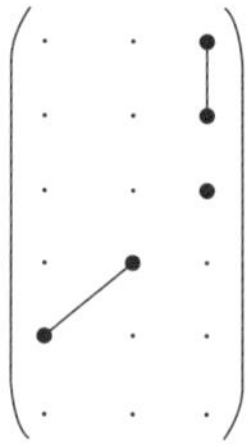
C_3	BBO	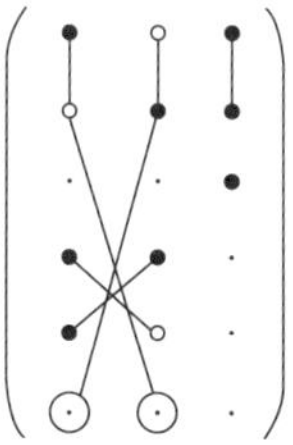

非線形感受率 χ と電気光学係数 r の間の関係は以下のように議論できる。電界が印加されていない状態で屈折率 n_{0ij} の媒質が，電界 E_k を印加した際には屈折率が n_{ij} になるとする。式(9.40)から

$$\left(\frac{1}{n_{ij}^2}\right)=\left(\frac{1}{n_{0ij}^2}\right)+r_{ijk}E_k \tag{9.43}$$

となる。これを整理して

$$n_{ij}=n_{0ij}(1+n_{0ij}^2\, r_{ijk}E_k)^{-1/2}\approx n_{0ij}\left(1-\frac{1}{2}\,n_{0ij}^2\, r_{ijk}E_k\right) \tag{9.44}$$

より

$$\Delta n_{ij}=n_{ij}-n_{0ij}=-\frac{1}{2}\,n_{0ij}^3\, r_{ijk}E_k \tag{9.45}$$

を得る。これと式(10.8)を成分で書き直して

$$-\frac{1}{2}\,n_{0ij}^3\, r_{ijk}E_k=\frac{1}{2n_{0ij}}\chi_{ijk}^{(2)}E_k \tag{9.46}$$

となるので，これよりつぎの関係を得ることができる。

$$\chi_{ijk}^{(2)}=-n_{0ij}^4\, r_{ijk} \tag{9.47}$$

9.3.2 光 変 調 器

電気光学効果を利用したデバイスの一つに，**光変調器**（optical modulator）がある。ここでは，よく用いられる $LiNbO_3$ を用いた光変調器の原理について考える。この変調器の構造を**図 9.13** に示した。xz 平面に対して垂直に光を入射し，電圧を z 方向に印加する。光路長を L として，入射側と出射側に z 軸に対してそれぞれ+45°，−45°方向になるように偏光版を置く。すなわ

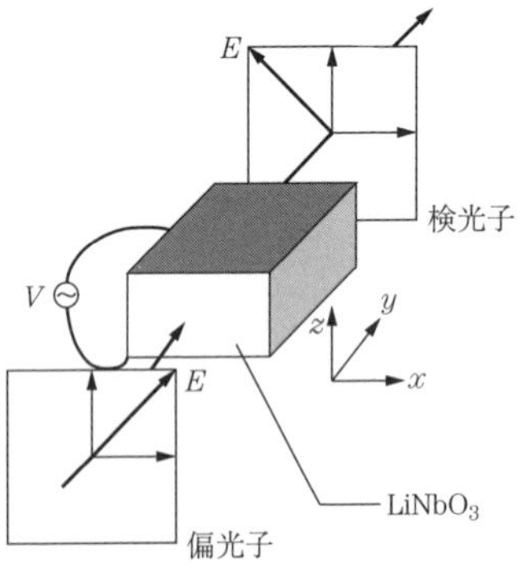

入射側の偏光子の偏光角は z 軸に対して45°，出射側の偏光子の偏光角は z 軸に対して−45°に置いている

図 9.13 $LiNbO_3$ を使った光変調器

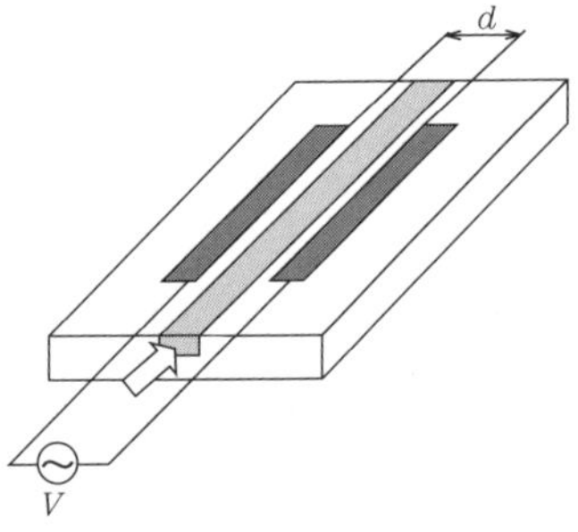

図 9.14 導波路型光変調器

ち，それらの偏光板はたがいに90°の角度となる場合を考える。$LiNbO_3$は対称性C_{3v}をもつので，電気光学テンソルは以下のような$r_{13}=r_{23}$，$r_{51}=r_{42}$，$r_{22}=-r_{61}/2=-r_{12}$，r_{33}の四つの独立な成分を有する。また，1軸結晶なので常光に対する屈折率n_oと異常光に対する屈折率n_eを用いて，n_{0x}, n_{0y}, n_{0z}は$n_{0x}=n_{0y}=n_o$, $n_{0z}=n_e$のように表される。

z方向に電界を印加すると

$$\left(\frac{1}{n_o^2}+r_{13}E_3\right)x^2+\left(\frac{1}{n_o^2}+r_{13}E_3\right)y^2+\left(\frac{1}{n_e^2}+r_{33}E_3\right)z^2=1 \tag{9.48}$$

となる。この式より非対角成分が生じないので，電気光学効果により主軸の方向は変化せず，屈折率の大きさがわずかに変化するだけであることがわかる。電界印加によりx方向に偏光した光に対する屈折率がn_1となったとすると

$$\frac{1}{n_1^2}=\frac{1}{n_o^2}+r_{13}E_3 \tag{9.49}$$

より

$$n_1=n_o(1+r_{13}n_o^2E_3)^{-1/2}=n_o\left(1-\frac{1}{2}r_{13}n_o^2E_3\right) \tag{9.50}$$

となる。n_3に対しても同様に

$$n_3=n_e\left(1-\frac{1}{2}r_{33}n_e^2E_3\right) \tag{9.51}$$

である。これより結晶を通り抜けた光電界E_xとE_zの間の位相差δは下記の式のようになる。

$$\delta=\frac{2\pi}{\lambda}L\left\{n_o-n_e+\frac{E_3}{2}(r_{13}n_o^3-r_{33}n_e^3)\right\} \tag{9.52}$$

$\delta=\pi$を与える印加電圧を半波長電圧$V_{\lambda/2}$と呼ぶ。この結晶を**図9.14**に示したような導波路として用いた場合の半波長電圧$V_{\lambda/2}$を求めてみる。ここで必要なパラメータは電極間の距離$d=10\ \mu$mと長さ10 mmである。$LiNbO_3$の電気光学テンソルや屈折率は表8.2に示した値を用いると

$$V_{\lambda/2}=\frac{d}{L}\frac{1}{r_{13}n_o^3-r_{33}n_e^3} \tag{9.53}$$

$\lambda=633$ nmのHeNeレーザの光に対して$V_{\lambda/2}\sim3$ Vとなり，低電圧で位相差

π が得られることがわかる†。

図 9.14 における透過率 T を以下のように定義し

$$T = \sin^2 \frac{\delta}{2} \tag{9.54}$$

これを微分して 1 V 当りの透過率変化を求めると以下のようになる。

$$\frac{dT}{dV} = 2 \sin \delta \cos \delta \left\{ \frac{L\pi}{d\lambda} (r_{13} n_o^3 - r_{33} n_e^3) \right\} \tag{9.55}$$

上述の値を代入すると最も変化量が大きい $\delta = \pi/4$ 付近で約 10%になる。ただし，この構造では $\delta = \pi/4$ とするために導波路長 L を数 10 nm の精度で作成しなければならず，高い技術が必要である。

そこで，**図 9.15** に示したような光の干渉を利用したマッハツェンダー型の導波路構造が研究されている(11),(15),(16)。まず，入射光は E_1, E_2 の二つに分岐される。光は，電界が印加された非線形媒質中に導波され，電気光学効果により位相差 ϕ_1, ϕ_2 が与えられる。構造上おのおのの導波路には逆符号の電界が印加されるため，高い効率で変調をかけることができる。その後，分岐された光は一つに足し合わされて出力となる。π または 0 の場合には光出力が現れるが，$\pi/2$ の位相差がある場合には光は出力されない。これを利用すれば光変調素子や光スイッチング素子として用いることができる。

また，方向性結合器と呼ばれる**図 9.16** に示すような構造もよく検討されて

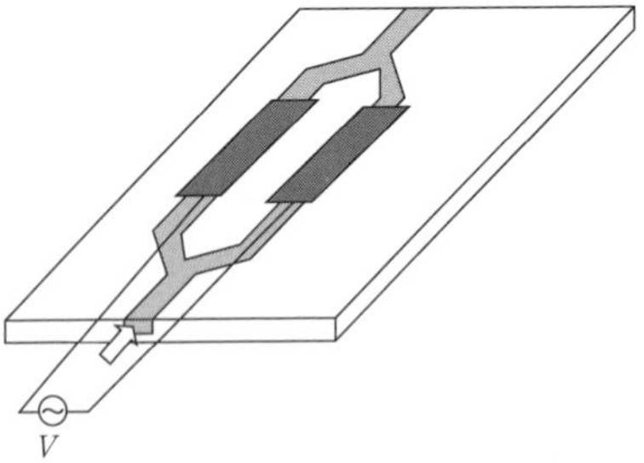

図 9.15　マッハツェンダー型光変調器

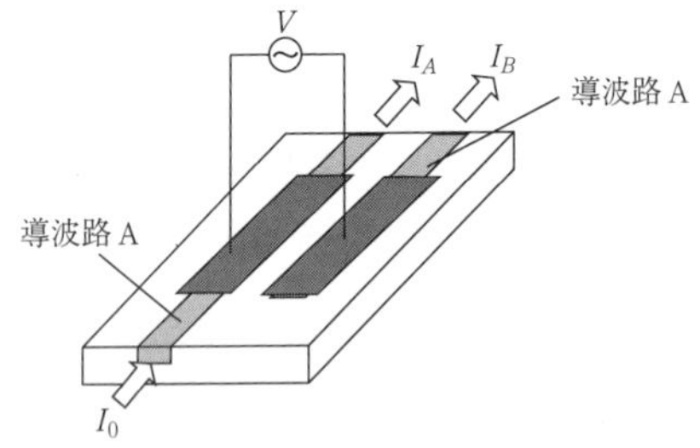

図 9.16　方向性結合器

† 導波路構造の場合には，導波路内の電界分布が無視できないので，実際にはこの値より大きくなる。

いる[11],[15],[16]。接近した二つの導波路を光の波長程度の距離に近接させた場合に，両方に結合が生じその結合係数が導波路の屈折率に敏感に依存することを利用したものである。導波路Aの伝搬定数を β_A，導波路Bの伝搬定数を β_B としてその差を $\Delta\beta=\beta_A-\beta_B$ とする。導波路Bに生じる光出力 I_B は入射光強度 I_0 に対して

$$\frac{I_B}{I_0}=\frac{1}{1+\left(\dfrac{\Delta\beta}{2\kappa}\right)^2}\sin^2\left\{\frac{\pi L}{2L_0}\left(1+\sqrt{\frac{\Delta\beta}{2\kappa}}\right)\right\} \tag{9.56}$$

ここで κ はモード結合定数であり，最小完全結合長 L_0 を用いて

$$\kappa=\frac{\pi}{2L_0} \tag{9.57}$$

と表される。導波路Aと導波路Bが等価である場合には $\Delta\beta=0$ となり

$$\frac{I_B}{I_0}=\sin^2\frac{\pi L}{2L_0} \tag{9.58}$$

と表すことができる。電界を印加することにより伝搬定数を変えることができるため，導波路Bに生じる光出力 I_B をスイッチしたり変調をかけたりすることができるのである。

引用・参考文献

(1) 奥野保男：発光ダイオード，産業図書（1993）
(2) A. Koizumi et al.：Appl. Phys. Lett., **83**, 4521（2003）
(3) H. Amano et al.：Jpn. J. Appl. Phys., **28**, L2112（1989）
(4) S. Nakamura et al.：Jpn. J. Appl. Phys., **31**, L1457（1992）
(5) J. Y. Tsao：IEEE J. Circuits and Devices Maganzine, **20**, 28（2004）
(6) 伊賀健一 編：半導体レーザ，オーム社（1994）
(7) H. Kogelnik and C. V. Shank：Appl. Phys. Lett., **18**, 52（1971）；J. Appl. Phys., **43**, 2327（1972）
(8) H. Soda et al.：Jpn. J. Appl. Phys., **18**, 2329（1979）；K. Iga：IEEE J. Selected topics in quantum electronics 6, 1201（2000）
(9) J. Faist et al.：Science, **264**, 553（1994）

(10)　D. A. Kleinman：Phys. Rev., **126**, 1977 (1962)
(11)　A. Yariv：Quantum Electronics 3rd Ed., John Wiley & Sons, New York (1989)
(12)　宮澤信太郎：光学結晶，培風館（1995）
(13)　小川智哉：結晶光学の基礎，裳華房（1998）
(14)　岡田正勝（中澤叡一郎・鎌田憲彦 編）：光物性デバイス光学の基礎，7.1節，培風館（1999）
(15)　行松健一：光スイッチングと光インターコネクション，共立出版（1998）
(16)　齋藤冨士郎：超高速光デバイス，共立出版（1998）
(17)　J. Kosugi and K. Kajikawa：Appl. Phys. Lett., **84**, 5013 (2004)

索　　　引

——著 者 略 歴——

青柳　克信（あおやぎ　よしのぶ）

1965年　大阪大学基礎工学部電気工学科卒業
1970年　文部省奨励研究員
1971年　大阪大学大学院博士課程修了（物理系）
1972年　工学博士（大阪大学）
1972年　理化学研究所半導体工学研究室研究員
1985年　理化学研究所レーザー科学研究グループ副主任研究員
1988年　理化学研究所半導体工学研究室主任研究員
2000年　東京工業大学教授
2000年　理化学研究所半導体工学研究室招聘主任研究員（兼務）
2003年　理化学研究所ナノサイエンス研究プログラム推進本部・ナノサイエンス研究技術開発・支援チームチームリーダー（兼務）
2007年　立命館大学特別招聘教授（兼任）
　　　　現在に至る

南　不二雄（みなみ　ふじお）

1971年　東京大学工学部物理工学科卒業
1976年　東京大学大学院博士課程修了（物理工学専攻）
　　　　工学博士
1976年　科学技術庁無機材質研究所研究員
1981年　科学技術庁無機材質研究所主任研究員（1981年～1983年米国コロラド大学客員助教授）
1987年　北海道大学助教授
1992年　東京工業大学教授
　　　　現在に至る

吉野　淳二（よしの　じゅんじ）

1977年　東京工業大学理学部物理学科卒業
1982年　東京工業大学大学院博士課程修了（物理情報工学専攻）
　　　　工学博士
1982年　東京大学生産技術研究所助手
1986年　IBMトーマスワトソン研究所訪問研究員
1987年　東京工業大学助教授
1994年　東京工業大学教授
1997年　東京工業大学大学院教授
　　　　現在に至る

梶川　浩太郎（かじかわ　こうたろう）

1987年　東京工業大学工学部有機材料工学科卒業
1989年　東京工業大学大学院修士課程修了（有機材料工学専攻）
1989年　東京工業大学教務職員
1991年　東京工業大学助手
1992年　博士（工学）（東京工業大学）
1993年　理化学研究所フロンティア研究員
1994年　理化学研究所基礎科学特別研究員
1996年　名古屋大学助手
1999年　東京工業大学助教授
2007年　東京工業大学准教授
　　　　現在に至る

先端材料光物性
Optical Property of Advanced Material

2008年2月8日　初版第1刷発行

検印省略

著　者　青柳克信
　　　　南　不二雄
　　　　吉野淳二
　　　　梶川浩太郎
発行者　株式会社　コロナ社
　　　　代表者　牛来辰巳
印刷所　壮光舎印刷株式会社

112-0011　東京都文京区千石4-46-10
発行所　株式会社　**コ　ロ　ナ　社**
CORONA PUBLISHING CO., LTD.
Tokyo Japan
振替 00140-8-14844・電話(03)3941-3131(代)
ホームページ http://www.coronasha.co.jp

ISBN 978-4-339-00550-9　　(金)　　(製本：染野製本所)
Printed in Japan